AF346922

LETTRES

SUR LA

MINÉRALOGIE

ET SUR DIVERS AUTRES OBJETS

DE

L'HISTOIRE NATURELLE

DE L'ITALIE,

Écrites par Mr. FERBER à Mr. LE CHEV. DE BORN. Ouvrage traduit de l'allemand, enrichi de notes & d'observations faites fur les lieux,

PAR

Mr. le B. DE DIETRICH, Correfpondant de l'académie royale des fciences, Secretaire interprete de l'ordre militaire du mérite, Membre du corps de la noblefle immédiate de la bafle Alface & Confeiller noble au magiftrat de Strasbourg.

à STRASBOURG,

Chez BAUER & TREUTTEL, Libraires.

& fe vend à PARIS,

Chez DURAND NEVEU, Libraire, rue Gallande.

M. DCC. LXXVI.

AVEC APPROBATION ET PRIVILEGE DU ROI.

PRÉFACE

DE
M. LE CHEV. DE BORN,
ÉDITEUR ALLEMAND.

Il eſt inconteſtable, que l'Italie eſt de tous les pays celui que les gens de lettres & les amateurs des ſciences & des beaux-arts ont parcouru avec le plus d'avidité; aucun pays n'eſt pourvu d'un ſi grand nombre de deſcriptions. Nous connoiſſons ſon hiſtoire ancienne & moderne; nous ſavons ce qu'é-toient autrefois ſes habitants, ce qu'ils ſont aujourd'hui; nous ſommes inſtruits des dif-férents gouvernements de cette belle partie de l'Europe & des viciſſitudes qu'ils ont eſ-ſuyées. On nous a donné les détails des ſu-perbes reſtes de l'antiquité, qu'on y a décou-verts. Les artiſtes n'ont pas plutôt franchi les Alpes, qu'ils ſavent où ils doivent trouver

)(2

les beaux monuments d'architecture, de fculpture & de peinture, qui peuvent les inftruire & leur former le goût.

Un amateur de belles lettres enfin reconnoît fans peine ces contrées délicieufes *a*),

---

a) Cette belle campagne de *Rome*, cette fuperbe route de *Rome* à *Naples*, que font-elles aujourd'hui? Un pays défert, un terrein aride, des marais, qui infectent l'air, & détruifent l'efpece, qu'un gouvernement vicieux fait déjà diminuer journellement: "Omne Latium felix eft & omnium rerum ferax, ex„ceptis locis, quæ paluftria funt atque morbofa, qua„lis eft Ardeatinus ager;" ce font les paroles de STRABON. DENIS D'HALICARNASSE parle des environs de Rome en ces termes: Liv. IV. Sect. 13. "Omnia loca „circa urbem habitata funt fine mœnibus, quæ fi quis „intuens, magnitudinem Romæ inde colligere velit, fal„letur, nec dignofcere poterit, ubi definat urbs, ubi in„cipiat;" il n'en eft plus de même. Mr. DE LA CONDAMINE, *Mém. de l'académie des fciences*, année 1757, obferve que les environs de Rome ne font plus habités, hormis quelques lieux élevés, tels que *Tivoli*, *Frafcati*, *Albano*; la terre refte inculte, tandis qu'elle ne demande que des bras pour être fertilifée; on y laiffe croupir les eaux; l'air de la campagne, à l'exception des hauteurs, eft fi dangereux, qu'au commencement de

dont les poëtes Romains nous ont laiſſé des tableaux ſi riants. L'hiſtoire naturelle ſeule, cette ſcience ſi intéreſſante, ſi inſtructive, & à laquelle l'Italie offre un fonds ſi riche, a été tellement négligée, que nous n'en avons juſqu'ici que des notions très-ſuperficielles; non qu'il n'exiſte en différentes villes de l'Italie des particuliers, & même des académies, qui cultivent l'hiſtoire naturelle; mais leurs productions, comme tous les ouvrages

Juillet tous les gens, qui habitent les environs de Rome, ſe réfugient dans la ville, où ils reſtent juſqu'au mois de Septembre; les religieux même abandonnent leur cloître, pour s'y retirer. Il eſt ſurtout imprudent d'y paſſer les nuits; on aſſure qu'un homme, qui a le malheur de dormir ſur terre en plein air, périt infailliblement; cela me paroit probable; l'air d'un pays inculte n'eſt pas purifié par les émanations des végétaux (voyez dans le LXII. vol. *des Transactions philoſophiques* les obſervations de Mr. **PRIESTLEY**); les exhalaiſons ſe corrompent d'autant plus aiſément, que les jours étant très-chauds & les nuits très-fraîches, les vapeurs fétides ſe condenſent; perdant enſuite leur élaſticité, elles ne peuvent s'élever; le malheureux, qui en eſt environné, reſpire le principe de ſa mort, s'il n'eſt étouffé ſur le champ.

des favants italiens en général, paffent rarement au-delà des monts.

D'ailleurs la botanique a été jufqu'à préfent le principal objet de leurs recherches,
tandis que tout ce qui concerne le regne minéral, & fur-tout la géographie phyfique,
eft encore neuf pour eux, ou n'a été traité
que d'une maniere feche & aride; il y a fort
peu de minéralogiftes en Italie, qui fe foient
familiarifés avec la conftruction intérieure de
la terre, & qui puiffent la confidérer avec
des yeux de connoiffeurs, défaut qui leur eft
commun avec le plus grand nombre des naturaliftes allemands & des écrivains de toutes
les nations, qui nous ont laiffé des defcriptions de leurs voyages. Cette difette de
connoiffances dans l'hiftoire naturelle, fur-
tout dans la minéralogie de l'Italie, a déterminé Mr. J. J. FERBER à y faire un voyage,
pour s'occuper uniquement de cette partie;
il me promit de me communiquer toutes fes
obfervations, & il m'a tenu parole; fes lettres m'ont paru trop curieufes & trop intéreffantes, pour ne pas les rendre publiques,
quoiqu'il m'en ait accordé difficilement la

permiffion ; je me flatte, que fon amitié pour moi & le plaifir de pouvoir contribuer à étendre nos découvertes dans le monde phyfique, l'engageront à ne point me dés-approuver.

Mr. FERBER eut l'avantage de faire la connoiffance des plus fameux naturaliftes fuédois, allemands, françois, anglois & italiens ; il fe concilia par-tout leur eftime; admis au college royal des mines de Stockholm, il s'inftruifit & fe prépara fous la direction des plus fameux naturaliftes fuédois aux voyages qu'il devoit entreprendre; il parcourut enfuite la plus grande partie de l'Europe, examina par-tout avec la plus grande exactitude les phénomenes de la nature; defcendit dans les principales mines de Suede, d'Allemagne, d'Angleterre & de Hongrie; recueillit tous les corps naturels, qui lui parurent nouveaux, rares ou remarquables, & augmenta de cette façon fes connoiffances phyfiques déjà très-étendues. Les lettres, dont je fais part au public, en font des preuves convainquantes. Il eft donc inutile d'en recommander la lecture ; je fuis trop peu confidéré dans la république des

PRÉFACE.

lettres, pour que ma recommandation puiſſe être de quelque poids *b*).

Les connoiſſeurs liront avec ſatisfaction dans les Lettres de Mr. FERBER ſes remarques intéreſſantes ſur la formation des montagnes d'Italie, les deſcriptions exactes des minéraux, des volcans & d'autres objets de la nature, les conſéquences juſtes, les conjectures ſenſées, qu'il a tirées dans différentes circonſtances, & enfin les détails, qu'il nous donne des ſavants, qui s'occupent en Italie de l'hiſtoire naturelle.

Si c'eſt un mérite de faire connoître ces Lettres utiles & inſtructives, la ſatisfaction d'avoir procuré quelqu'amuſement à un grand nombre de ſavants, qui ſe vouent à l'étude de l'hiſtoire naturelle, ſera ma récompenſe.

Alt-Zedlitſch le 4. Janvier 1773.

IGNACE CHEV. DE BORN.

---

b) Mr. le chevalier DE BORN, membre des académies de Stockholm & de Sienne, conſeiller des mines de l'impératrice-reine, joint la modeſtie à la ſcience. Nous lui devons pluſieurs ouvrages, qui lui font honneur, & des découvertes agréables & inſtructives. Il étoit poſſeſſeur d'une des plus belles collections minéralogiques, qu'un particulier puiſſe avoir; mais elle a paſſé entre les mains d'un Anglois.

PRÉFACE

DU
TRADUCTEUR.

J'ai précédé Mr. FERBER en Italie; j'y ai vu la plupart des objets, dont il s'occupe dans fes Lettres; tout ce qui concerne la minéralogie y a particuliérement fixé mon attention: les volcans, qui font en même temps le fléau & la richeffe de cette agréable partie de l'Europe, y ont été fur-tout le fujet de mes remarques; je dois à l'étude, que j'ai faite des volcans d'Italie, la découverte que les collines, connues en Brisgau fous le nom de *Kayferftuhl*, qui ont dix à douze lieues de circonférence, font entiérement volcaniques; je les ai décrites dans un mémoire, que j'ai eu l'honneur de préfenter à l'académie royale des fciences l'année derniere.

Mes voyages en France, en Angleterre, en Hollande & en Allemagne ne furent ter-

minés que vers la fin de 1772. Je travaillois
à débrouiller le cahos de mes obfervations ;
j'avois même raffemblé celles qui concer-
noient la minéralogie de l'Italie ; je cherchois
à les mettre en état d'être publiées, lorsque
Mr. le chevalier DE BORN m'envoya les lettres de Mr. FERBER ; dès que je les eus lues,
je m'apperçus que j'étois prévenu, & con-
damnai la plus grande partie de mon travail
à un éternel oubli. Reconnoiffant la fupé-
riorité de l'ouvrage de Mr. FERBER, j'ai cru
rendre fervice aux François amateurs de l'hiftoire naturelle, de le faire paffer dans leur
langue ; cet ouvrage méritoit fans doute d'ê-
tre préfenté par une plume plus habile ; fi le
defir de plaire pouvoit fuppléer aux talents,
rien ne manqueroit à cette traduction.

J'ai placé quelques-unes de mes obfervations à la fuite de celles de Mr. FERBER ;
c'eft un véritable facrifice d'amour propre de
ma part. Je crois que le lecteur ne me faura
pas mauvais gré, d'avoir fouftrait à fes yeux
plufieurs petits détails de fociété contenus
dans les Lettres de Mr. FERBER ; détails toujours chers à deux amis qui s'écrivent, mais

rarement intéreffants pour ceux, auxquels
ils font étrangers; enfants de l'amitié ils ne
peuvent fortir de fon fein, fans perdre ordinairement tout leur prix.

EXTRAIT

DES REGISTRES

DE L'ACAD. ROYALE DES SCIENCES

du 3. Février 1776.

Mrs. MACQUER, LAVOISIER & DESMAREZ,
qui avoient été nommés pour examiner la
Traduction des Lettres de Mr. FERBER par Mr. le
baron DE DIETRICH, correfpondant de l'académie,
avec des notes du traducteur, en ayant fait leur
rapport, l'académie a jugé, que cet ouvrage méritoit d'être imprimé fous le privilege de l'académie &
avec fon approbation; en foi de quoi j'ai figné le
préfent certificat. A Paris le 3. Fevrier 1776.

GRANDJEAN DE FOUCHY,

Secretaire perpétuel de l'académie royale
des fciences.

SOMMAIRE
DU CONTENU DE CET OUVRAGE.

CONTENU DES LETTRES.

CONTENU DES LETTRES.

Extraits de deux relations de l'éruption du
Monte Nuovo, arrivée en 1538.   P. 497.

AVIS.

Nous prions le Lecteur de ne pas négliger à corriger
les *Errata*, marqués à la fin, pour éviter le
contrefens, auquel ils pourroient donner lieu.

PRE-

PREMIERE LETTRE.

Venife le 25. Sept. 1771.

Monsieur,

Enfin j'ai la fatisfaction de vous écrire de ce beau pays, que je defirois voir depuis fi longtemps ; le court efpace, que j'en ai parcouru depuis *Gœrz* jufqu'à *Venife*, me perfu...ue déjà, qu'il eft bien digne des louanges, que les voyageurs lui prodiguent. La douceur du climat, & les productions naturelles, en général la beauté de l'Italie, lui fait accorder la préférence fur toutes les autres parties de l'Europe.

Je vous ai promis, Monfieur, de vous communiquer mes obfervations ; elles fe borneront, comme nous en fommes convenus, à l'oryctographie & à la géographie phyfique ; fi je commets

A

des erreurs, vous les rectifierez lorsque vous irez vous même en Italie. En attendant je vous prépare la voie. Vous favez qu'en voyage on n'a pas le loifir de s'affurer par des effais de tous les objets qui frappent.

Je commence, Monfieur, par mon voyage de *Vienne* à *Venife*. Au fortir de *Vienne* on apperçoit du côté de la Hongrie, de l'Autriche & de la Styrie de longues chaînes de montagnes contiguës qui fe déployent, & dont les feftons fe dérobent à la vue; je n'ai pas quitté ces montagnes depuis *Vienne* jufqu'à *Wippach* (endroit qui n'eft qu'à deux poftes de *Gœrz*).

Une partie de ces montagnes s'élevent jufques aux nuës, elles s'écartent & laiffent entr'elles de grands vallons & de vaftes plaines, arrofées par les rivieres qui y prennent leur fource. On traverfe ces montagnes fur une belle chauffée impériale *a*).

Cette chaîne de montagnes fe fépare à *Wippach*, où l'on commence à s'appercevoir par les

---

a) Elle eft belle, il eft vrai, mais les montées en font fouvent fi roides, que fix à huit bœufs attelés devant quatre forts chevaux font à peine fuffifants pour trainer les carroffes au fommet de la montagne, quoiqu'on ait la précaution de faire mettre pied à terre aux voyageurs. Combien de montagnes avons-nous en France, que nous montons infenfiblement & qui font auffi élevées.

productions du pays & par la température de l'air de la douceur du climat de l'Italie; une partie fuit la gauche & traverfe le Frioul, s'étend le long de la mer adriatique, dans l'Iftrie, la Dalmatie & jufque dans l'Archipel. L'autre partie va joindre fur la droite les Alpes du Tyrol, qui communiquent aux montagnes du Trentin & du Véronois. L'efpace contenue entre ces deux grands chaînons eft un plat pays bien cultivé, planté de vignes, femé de bled de Turquie, de bled farafin, de mil & de *holcus forghum*; il y a peu de froment & de feigle. La pierre calcaire qui forme les montagnes, dont je vous parle, eft généralement d'un gris blanc, mais fa couleur s'obfcurcit quelquefois & devient entiérement foncée, ou elle eft feulement parfemée de cónes noirâtres, il y en a même de toute noire; ces pierres calcaires different en dureté. Il y a en Autriche, en Styrie & en Carniole des cantons d'où l'on tire de très-bons marbres; communément le grain de cette pierre eft fin, ferré & compacte au point qu'on ne peut le fentir au toucher; elle eft rarement écailleufe & jamais *faline b*); elle renferme de grands & petits coquillages pétrifiés, mais en médiocre quantité.

A 2

---

b) J'ai confervé le mot de *falin* que l'auteur avoit employé (*falinifch*, falin) parceque je le trouve très-propre à

La partie de ces montagnes, qui eſt en Autriche & juſques aux confins de la Styrie, offrent en général à la vue des vignobles & terres labourables ſans forét. Les montagnes de la Styrie ſupérieure plus élevées ſont couvertes de pins & de ſapins, tandis que les vallons qu'elles bordent, ſont garnis d'arbres à feuillages.

Il croit ſur les montagnes de la Styrie inférieure & de toute la Carniole des bouleaux, des hétres & des châtaigniers, à l'exception d'un très-petit nombre d'entre elles qui portent du ſapin ou du pin; elles ſont toutes formées de couches horizontales plus ou moins épaiſſes, entaſſées les unes ſur les autres, & qui (dans tous les pays, dont je viens de faire mention) ont pour baſe un véritable ſchiſte argilleux, c'eſt-à-dire une ardoiſe bleue, ou noire, ou bien un ſchiſte de *corne c)*;

---

caractériſer certaines pierres calcaires, dont les particules ont aſſés de reſſemblance avec de petits cryſtaux de ſel, comme celles du marbre de *Paros* & de pluſieurs autres marbres blancs.

c) C'eſt une variété de la pierre, que CRONSTEDT définit dans ſa Minéralogie §. 262. par *ſaxum compoſitum mica quartzo & forſan argilla martiali in nonnullis ſpeciebus.*

Il ſuit de-là que les allemands donnent à cette eſpece de pierre les mémes noms de *hornſchieffer, hornfels, hornſtein,* qu'au caillou & à la pierre à fuſil, Mr. WALLERIUS dénomme de la même maniere la liſiere des filons. L'auteur parle dans la derniere lettre de cet ouvrage de la confuſion qui en doit néceſſairement réſulter. Pour éviter que le mot

mélange de quartz & de mica pénétré d'une petite partie d'argille. J'ai eu presque à chaque pas l'occasion de me convaincre, que ce fchifte s'étend fans interruption fous ces montagnes calcaires; quelquefois même on le voit à découvert s'élever au-deffus du rez de terre; mais lorsqu'il s'eft montré pendant un certain temps, il s'enfouit de nouveau fous la pierre calcaire; c'eft dans ce même fchifte & au-deffous des couches accumulées de la pierre calcaire ftérile, qu'on exploite les mines de plomb de la *Styrie*, & les mines de mercure d'*Idria*; les échantillons de mine, & les

A 3

---

fchifte, que j'emploie fouvent, ne caufe quelque obfcurité dans cette traduction, je préviens que j'appelle ainfi toute pierre divifible par lames ou du moins paroiffant feuilletée. Il faut bien fe garder d'affigner le nom de *fchifte* à une fubftance pierreufe & feuilletée d'une feule efpece, quelques uns ont appliqué ce terme exclufivement à l'argille ferrugineufe endurcie & feuilletée, qu'on nomme communément ardoife, d'autres à des pierres calcaires lamelleufes; & font partis de-là pour ranger tous les fchiftes dans une claffe de pierres particulieres; les uns les ont mis au rang des pierres vitrifiables; les autres les ont comptés parmi les pierres calcaires &c. tandis que le mot *fchifte* défigne feulement la propriété feuilletée d'une pierre quelconque fimple ou compofée vitrifiable ou non, & ne doit nullement déterminer fa fubftance; c'eft pourquoi je dis ici *fchifte corné*, parceque cet adjectif fert à défigner la nature de la pierre feuilletée, dont on parle dans cet endroit.

obſervations ſur le Tyrol, que vous m'avez communiquées, Monſieur, me prouvent qu'il en eſt
de même dans ce pays limitrophe, & quoique
les mines de fer de la Styrie ſe trouvent dans la
pierre calcaire, il n'en eſt pas moins vrai, qu'il y
a du ſchiſte dans une plus grande profondeur; je
vais vous alléguer du moins quelques endroits de
ma route, où j'ai eu le loiſir de remarquer di-
ſtinctement cette formation des montagnes.

Près d'une poſte de la Styrie, qu'on nomme
Pégau, eſt un endroit appellé *Feiſtritz*, ſitué ſur
la *Moor*, où il y a des mines de plomb appartenantes à Mr. DE HEIPEL: ces mines ſont attaquées
par trois puits & trois galeries ; elles produiſent
annuellement 8 à 9000 quintaux de mines de
plomb, contenant trois gros juſqu'à un lot par
quintal d'argent ; ce minéral conſiſte en une galene à petits grains avec du ſpath calcaire & du
quartz. Il eſt diſpoſé par veines, qui ont pour
toit & pour mur le même ſchiſte bleu argilleux,
ſur lequel repoſent les hautes montagnes calcaires couvertes de pins de cette province; tous les
puits & galeries de cette exploitation ſont dans
le vallon peu au-deſſus du niveau de la *Moor*, qui
coule à côté des travaux. Ces mines ont été ouvertes à-peu-près dans la ligne horizontale même,- où la pierre calcaire eſt poſée ſur le ſchiſte;
le puits de *St. Paul*, qui ſert à l'extraction du mi-

nérai, eft profond de 52 toifes & conftruit dans ce fchifte. Les couches calcaires placées hors de terre font abfolument ftériles; la pierre, qui les forme, eft dure, d'un grain ferré, & contient quelques pétrifications.

Il y a des mines de charbon foffile à *Votfch-berg* à cinq ou fix lieues de Feiftritz & de meilleures encore à *Luim*, à 10 milles de Votfchberg, dans la Styrie fupérieure. J'ai fuivi la *Moor* depuis *Kriegloch* par *Merzhofen*, *Brugg*, *Radelftein*, *Pegau*, & jufque par delà *Gorizia*; la vallée que cette riviere arrofe, paroit devoir fon origine aux violentes ruptures des montagnes calcaires, dont elle eft bordée, ou peut-être auffi à l'action de l'eau, qui a peu à peu rongé & miné ces montagnes *d*).

---

d) Ces deux conjectures me paroiffent incompatibles.

Si un vallon s'eft formé par une violente rupture des montagnes, on doit néceffairement appercevoir les traces d'un bouleverfement, une maffe auffi énorme que celle d'une chaîne de montagnes ne fe peut féparer violemment, & laiffer entre fes parties tout l'intervale d'un grand vallon, fans y répandre en même temps des débris affez confidérables, affez fermes pour réfifter aux efforts du temps. S'il exifte des traces de bouleverfement, c'eft donc une forte commotion, qui a féparé ces montagnes & non l'effet lentement progreffif des eaux.

Si au contraire il n'exifte pas des veftiges d'un bouleverfement, il eft vraifemblable que ce font les eaux, qui en mi-

Je vis à *Grace* le cabinet d'hiftoire naturelle du college des Jéfuites, affez riche en minéraux & en infectes ; j'eus l'agrément d'y faire la connoiffance du Pere Biwald, qui eft bon botanifte. Pour pouvoir me fuivre dans la route, que j'ai tenue de *Grace* à *Gorizia*, prenez, je vous prie, la carte de pofte, vous y trouverez quelques endroits, que je vais vous nommer.

Depuis *Ernhoufen* jufqu'à *Marbourg* je defcendis conftamment une haute montagne calcaire grife. Il y avoit quelques veftiges de pétrifications dans les pierres à chaux détachées, qui étoient fur le chemin ; quelques-uns de ces-morceaux détachés étoient noirs, & formoient même de petites veines noires dans la pierre grife.

Lorsque j'eus defcendu la montagne, je pourfuivis ma route dans un vallon où *Marbourg* eft fitué, & qui s'étend au-delà de *Faiftritz* ; (cet endroit n'eft pas le même que Feiftritz, près de Pégau, que je vous ai nommé plus haut.) Je n'apperçus dans tout le vallon aucune trace de pierres calcaires ; il y a même aux endroits qui ne font pas couverts de terre végétale, de l'ardoife noire & blanche ou du fchifte *corné*, formé de quartz & de mica ; les morceaux de pierre détachée de-

____

vant fucceffivement les rochers, fur lesquels elles rouloient, fe font peu à peu ouvert un paffage, dont l'agrandiffement a formé le vallon tel qu'il eft aujourd'hui.

ftinés à l'entretien des chemins font de la même nature. Je recommençai à monter après avoir pafſé *Faiſtritz*, & vers le haut reparut la pierre calcaire grife, qui renferme quelques grands coquillages, comme *oſtracites*, *pectinites* &c. le grain de cette pierre eſt encore ſerré; mais une partie de la couche ſupérieure plus lâche & plus poreuſe reſſemble au tuf; il s'y trouve des cailloux roulés & autres pierres détachées maſtiqués enſemble; quelquefois cette couche ſupérieure eſt compoſée de *piſolites* difformes, ou allongées, mais toujours feuilletées & cohérentes. Il y a une partie de pierre à chaux grife, qui en s'endurciſſant s'eſt convertie en pierre de corne *e*). On y voit encore de la pierre à chaux noire avec des veines blanches, & on trouve aux environs de *Faiſtritz*, & même déjà entre *Ernhauſen* & *Marbourg* différentes pierres détachées

---

e) Si l'étendue de cet ouvrage eut permis à l'auteur d'entrer dans les différentes difcuſſions, dont cette matiere eſt ſufceptible, je crois qu'il n'auroit pas dit auſſi légérement qu'une partie de la pierre calcaire grife s'eſt convertie en cailloux. C'eſt en peu de mots établir une hypothefe ſur un objet qui a fait le ſujet des recherches de pluſieurs hommes célebres. Je vouloïs joindre ici quelques-unes de mes idées ſur la formation du caillou & ſur les raiſons de ſa préſence dans la pierre calcaire & particuliérement dans la marne; mais elles ne peuvent ſe renfermer dans les bornes étroites d'une note, & demandent toute l'étendue d'un mémoire.

bleuâtres plates de *trapp f)* & des criſtaux de ſchœrl à quatre facettes de grandeur médiocre. On voit entre *Faiſtritz* & *Cornowitz* des morceaux détachés de ſchœrl verd ſpathique, qui renferment de grands grenats rouges; quelques-uns de ces morceaux de ſchœrl ſont écailleux & d'un tiſſu micaſſé; de grand ſchœrl noir en rayons dans du quartz blanc, & enfin de jaſpe verd. Je ſais bien qu'on ne peut gueres s'en rapporter à des morceaux détachés. Cependant ils indiquent toujours la nature de quelque terrein du voiſinage, & il eſt permis de croire, que ceux, qui ſont entaſſés ſur les grands chemins & deſtinés à leur entretien, ne ſont pas tirés de fort loin, ſurtout lorsqu'on voit que les pierres ſont nouvellement rompues, & que ce ne ſont pas des cailloux roulés, qu'on pourroit avoir pris de quelques rivieres voiſines. Les montagnes calcaires ſont encore couvertes dans cette partie d'une légere couche de breche de cailloux roulés réunis par la chaux.

Je vis ſur le chemin de *Cilley* à *Franitz* un bolus rouge ferrugineux endurci & converti en une eſpece de pierre de corne *g)* ou *Silex*, mélé de veines quartzeuſes.

---

f) Voici la définition du *trapp* dans la *Minéralogie de* CRONSTEDT §. 265 *ſaxum compoſitum jaſpide martiali molli, ſeu argilla molli indurata.*

g) Pierre de corne ne doit pas être confondu avec le ſchiſte

L'ardoiſe noire feuilletée ſe montre tout à dé-couvert en allant de *Franitz* à *Uswald;* on la voit immédiatement derriere la pyramide, qui eſt poſée non loin de *Franitz*, laquelle ſert de borne aux frontieres de la Styrie & de la Carniole, tout au-près l'arc de triomphe, qu'on y a érigé.

Cette ardoiſe s'éleve à une aſſez grande hauteur, & s'étend juſque vers *Laubach*; mais on apperçoit toujours de côté les montagnes calcaires, qui la couvrent avant qu'elle a pris ſon eſſor.

Entre *Laubach* & *Ober-Laubach* d'autres terreins ſchiſteux ſemblables au précédent s'élevent encore de la même maniere, c'eſt-à-dire au-deſſus de la pierre à chaux, qui les couvroit. Je trouvai dans la forêt qui précede *Laubach*, à la superficie du terrein, une petite couche de ſable marin rougeâtre; il y en a une petite colline, que l'on avoit entamée pour l'entretien du chemin. Depuis *Oberlaubach* juſqu'à *Idria* l'ardoiſe eſt recouverte de pierre à chaux ordinaire, qui pendant un bon bout de chemin eſt d'un gris blanc, & devient noire.

Idria eſt une petite ville minérale *h*), bâtie

corné; la pierre de corne eſt un caillou, *ſilex*. Toutes les fois que notre auteur ſe ſert du mot de *hornſtein*, je le traduis par pierre de corne ou pierre à fuſil.

h) Les Allemands appellent ville minérale (*bergſtadt*) toutes les petites villes, dont les habitants tirent la plus grande

irréguliérement dans un vallon très-profond, fur
les deux rives d'une riviere, dont elle porte le
nom, & entourée de hautes montagnes de pierres calcaires. Dans ce vallon l'ardoife noire fe
remontre obliquement à découvert, & a pour
toit, comme pour mur, de la pierre calcaire. C'eft
dans une couche de ce fchifte que font les travaux des fameufes mines de mercure d'*Idria*; fon
épaifleur plus ou moins pénétrée de vif argent &
de cinnabre eft d'environ vingt toifes d'*Idria*,
& fa largeur ou étendue eft de deux jufqu'à trois
cent toifes; cette riche couche d'ardoife varie,
foit en s'inclinant, foit en fe replaçant horizontalement, fouvent même a contrefens. La profondeur des principaux puits eft de cent onze
toifes. Je ne vous parle pas des minéraux que
l'on en tire, puifque vous les poflédez tous dans
votre belle collection, & que Mr. Scopoli, le
confeiller des mines, les a déjà décrits dans fon
traité de *Hydrargyro Idrienfi*. Je remarquerai feulement, que j'ai vu aux parois de la miniere le
Halotrichum de Mr. Scopoli, coloré d'un beau
rouge par le cinnabre *i*). L'on tient la fonte,

---

partie de leur fubfiftance de l'exploitation des mines des environs, & qui doivent leur origine aux mines, telle eft *Hy-
dria*, tels font *Freyberg*, *Clausthal*, *Zellerfeld* & tant
d'autres; toutes ces villes font même fous-minées.

i) Mr. Ferber a publié en 1774 une très bonne defcri-

ou la maniere de tirer le mercure hors du miné-
rais fecrete, & l'on ne permet à aucun étranger
de voir le fourneau *k)*, quoique fon extérieur
trahiffe tout-de-fuite la méthode dont on fe fert,
la même que celle en ufage à *Almaden* en Efpagne, décrite exactement dans les Mémoires de
l'académie par Mr. DE JUSSIEU; ce n'eft fûre-

---

ption des mines d'*Idria*; elle renferme la nature du terrein,
la connoiffance de la couche mercurielle, celle de fon toit
& de fon mur; une notice de tous les minéraux, qui s'y trouvent; la conftruction de la mine, les ouvriers, leur falaire,
les machines, les bocards & lavoirs, les effais, l'extraction
du mercure, de fon minéral avec des remarques critiques fur
le fourneau, qui eft repréfenté par plufieurs planches; la direction des bois néceffaires; la maniere de rendre les com-
ptes; les frais d'exploitation; la quantité de mercure fabriqué; les employés, & des notes hiftoriques. On voit par les
objets, que renferme cet ouvrage, qu'il differe beaucoup de
celui de Mr. SCOPOLI, qui s'eft contenté de décrire chimi-
quement le minéral & le vitriol d'*Idria* avec les maladies,
auxquelles les mineurs font fujets. Cet ouvrage a fans doute
fon mérite, mais celui du Sr. FERBER eft écrit pour les minéralogiftes praticiens, & en cela il mérite certainement la
préférence.

k) L'ouvrage de Mr. FERBER, que je viens de citer, prouve, que le fecret n'a pas été gardé avec rigueur à fon égard.
J'ai été moi-même fur les lieux, & j'ai rapporté des plans des
fourneaux, qui fe trouvent entiérement femblables à ceux, que
Mr. FERBER a fait graver dans fon livre, quoiqu'on ufât en-
vers moi de la même retenue, dont il fe plaint, à quoi bon?

ment pas la méthode la plus parfaite; elle eſt ſuſceptible d'être perfectionnée de beaucoup. Il eſt à préſumer, que l'on n'eſt point perſuadé de cette vérité; ſans cela pourquoi cacher une manipulation auſſi connue? En général rien n'eſt plus nuiſible au progrès des ſciences & à l'utilité de l'état que de pareilles cachoteries. L'exemple de l'académie des ſciences de Paris, qui par les motifs les plus louables, qu'elle allegue dans la préface de la *Deſcription des arts & métiers*, fait connoître par l'impreſſion toutes les manipulations des artiſtes & manufacturiers tenues ſecrettes juſqu'à préſent, devroit faire naître aux autres pays la noble émulation de l'imiter, & de ſe rendre utiles par-là à tout le genre humain. Je conçois d'autant moins, pourquoi l'on cache la fonte de ces mines aux étrangers, qu'à l'exception du duché de Deux-ponts & du Palatinat, il s'en trouve en peu d'autres parties de l'Europe, & que la nature les a prodiguées en ſi grande quantité à *Idria*, qu'elles pourroient non ſeulement ſuffire à la conſommation de notre partie du monde, mais encore en pourvoir toute l'Amérique, ſi on le vouloit, & ſi on ne diminuoit pas l'extraction de la mine, pour ſoutenir le mercure à un certain prix. Il eſt encore plus incompréhenſible, que l'on tienne ſecrette une maniere de traiter des mines que l'on connoit déjà, & une méthode qui en ſoi-même eſt encore imparfaite.   Il y a longtemps que l'on a promis en Suede une récompenſe conſidérable à celui qui trouveroit le moyen d'abréger le raffinage de la mine de cuivre; les chymiſtes étrangers, comme ceux du pays, ont été invités à s'en occuper.   On a même récompenſé & ennobli le célebre KUNKEL,   quoique ſes ſoins n'aient pas répondu parfaitement à ce que l'on avoit attendu de lui.   Notre cuivre eſt encore le meilleur de l'Europe,   & l'on n'a pas à craindre que nous ſoyons dans le cas d'apprendre en Hongrie ou dans d'autres pays la méthode de le fondre.   C'eſt avec le ſecours de la chymie & de la métallurgie que l'on doit eſpérer de perfectionner de pareils objets; mais comment y parvenir, ſi l'on empêche tous ceux, qui ont des connoiſſances & qui pourroient donner de bonnes idées, de voir la méthode, dont on ſe ſert.

J'ai été aux mines de mercure du Palatinat & du duché de Deuxponts; j'en ai vu les fourneaux, je connois la méthode d'*Almaden*, & ce qui me flatte d'avantage, je ſçais par la chymie & la métallurgie les principes de cette opération.

Je deſirerois ſeulement trouver dans ma patrie une couche d'ardoiſe auſſi riche en mercure que l'eſt celle d'*Idria* ; je réponds qu'aucun de nos fondeurs pourvu de théorie ne ſeroit embarraſſé de l'extraire du minéral.

En allant de *Planina* à *Adelsberg* je traverfai cette fameufe forêt, qui doit s'étendre jufqu'en Turquie, dans laquelle il vient tous les ans des troupes entieres de bandits turcs, qui ne fe contentent pas d'attaquer les voyageurs, mais qui fe jettent fur des villages entiers, comme cela eft arrivé, il y a quelque temps, à *Planina*, où ils tuerent l'hôte de la maifon, dans laquelle j'ai diné bien paifiblement. Les détachements de troupes impériales, qui font diftribuées maintenant dans tous les villages, contribuent beaucoup à la fûreté publique.

Il y a dans les montagnes calcaires aux environs de *Planina* & d'*Adelsberg* diverfes grandes grottes fouterraines, revêtues d'une grande quantité de ftalactites très-variées par leur figure. Ces grottes ont quelquefois jufqu'à deux milles d'étendue fous terre. Il s'y précipite même des rivieres, c'eft ainfi que la riviere de *Poiyue* fe jette dans la grotte, qui eft près d'Adelsberg; on affure que le fameux lac de *Czirnitz* en Carniole, fitué à deux lieues de Planina, fur lequel on vogue, qu'on pêche, enfemence & moiffonne dans la même année, s'écoule auffi dans une femblable caverne.

De *Wippach* à *Maiftro* (d'où l'on va par eau à Venife) j'ai traverfé une plaine fertile en vin, plantée de figuiers, de mûriers, femée de bled

de

de Turquie & decorée de plufieurs autres planta-
tions des pays chauds. Les arbres entrelacés de
guirlandes de vignes plantées dans les champs labourables font paroître le terrein moins monoto-
ne que celui des autres pays plats Que n'êtes-
vous avec moi, pour jouir de ce beau coup d'œil!
Je fuis &c.

SECONDE LETTRE.

De Padoue le 30. Sept. 1771.

Je fuis arrivé à *Venife* dans un moment, où la
plupart des gens, dont je cherche la connoiffance, font à la campagne. J'ai entrepris un petit voyage à *Padoue*, *Vicence* & *Vérone*, pour
employer utilement le temps qui me refte jufqu'à leur retour. Me voici déjà depuis trois
jours à *Padoue*, & je fuis en état de vous rendre
compte des chofes les plus remarquables de cette
ville; mais je pafferai fous filence, ainfi que nous
en fommes convenus, celles dont les livres &
les defcriptions font mention, & je me bornerai
à ce qui concerne notre partie.

Le jardin de botanique eft un des plus beaux
& des plus riches en plantes, que j'aie vus; il eft
agréablement & très-commodement arrangé; Mr.
PONTEDERA, ancien profeffeur de botanique, a

beaucoup contribué à l'amélioration & à l'augmentation de ce jardin, avec le fecours des *Riformatori dello Studio di Padua.* Le fçavant profeffeur actuel, Mr. GIOVANNI MARSILI, qui a écrit *de Fungo Carrarienfi*, ou, autrement dit, *de Crepitu Lupi*, a une correfpondance très-étendue avec les plus célebres botaniftes de l'Europe. Pour conferver pendant l'hiver en plein champ dans les jardins les plantes, qui ne peuvent endurer le froid & les laiffer dans les couches, où elles font femées, il y a des couvertures de planches vitrées, que l'on pofe fur des pieux enfoncés en terre, & chaque automne on les place comme un toit fur le terrein du jardin environ fix pieds audeffus de la terre.

Le jardin économique eft un établiffement louable & très-utile, qui n'a été formé que depuis quelques années; il eft fous la direction de Mr. PIETRO ARDUINI, profeffeur de l'économie rurale, connu par plufieurs ouvrages de botanique. L'objet de cet établiffement eft d'élever dans une vafte étendue de terrein, qui lui eft approprié, toutes fortes de plantes & d'arbres économiques, pour en effayer l'utilité en agriculture, économie, teinture &c. Mr. ARDUINI a déjà commencé à publier un volume de ces effais. Quel bien ne doit-on pas attendre d'une entreprife, qui mérite tant d'applaudiffements! Mr. ARDUINI fuit le fyſteme de Linné pour ce qui regarde les plantes.

Le cabinet d'hiſtoire naturelle de l'académie renferme l'ancienne collection du ſçavant Antoine Valisneri, homme du plus grand mérite, qui s'eſt immortaliſé par ſes écrits (*Opere del S. Valisneri*, en trois vol. in fol.), & qui étoit profeſſeur d'hiſtoire naturelle à Padoue. Son fils *Il Cavaliere* Antonio Valisneri lui a ſuccédé; il eſt déjà d'un certain âge. La collection eſt couverte de pouſ-fiere; je la croyois plus confidérable & plus re-marquable qu'elle n'eſt; ce qui m'y a fait le plus de plaiſir, ce font des coquilles pétrifiées dans du jaſpe rouge, diverſes eſpeces d'agathe des envi-rons de *Breſcia*, de belles agathes de *Sicile*, du porphire rouge tacheté de blanc de *Cricetta* dans l'état Vénitien. Un morceau de cable couvert de tuf calcaire, qui renferme des coquilles non pé-trifiées, on me montra auſſi deux morceaux de fer natif, l'un de la *Styrie*, l'autre de *Johann-Geor-genſtadt* en Saxe, du mérite desquels je ne déci-derai pas *a*). Le démonſtrateur de ce cabinet eſt un

B 2

---

a) L'auteur doute avec raiſon que ces deux morceaux ſoient du fer natif; ils m'ont auſſi paru fort ſuſpects, non que je revoque en doute l'exiſtence du fer viergè, j'en ſuis au contraire très convaincu: Mr. Margraff en poſſede un morceau tiré d'*Eybenſtock* en Saxe, qui eſt encore renfermé

apothicaire, éleve de *Pontedera*, qui a lui-même un
affez bon herbier, quelques pétrifications & des
laves de fon pays; il m'a montré entre autres
1) de la lave grife, parfemée de petits points de
fchœrl noir, dont l'un des côtés étoit entiérement
couvert de ce que l'on nomme agathe noire d'Islande (voyez la *Minéralogie de Cronftett* §. 295.);
ce morceau eft du mont *Catajo*, près de Padoue.
2) De la lave noire compacte renfermant des grains
de fchœrl verd, qui reffemblent à une chrifolite,
du même endroit. 3) Des colonnes de bafalte
criftallifé de la même montagne, & des autres
montagnes Euganiennes près de *Padoue*.

Le laboratoire chymique de *Padoue* avec l'au-
ditoire, qui en dépend, ainfi que la collection
des minéraux qu'on y conferve, eft tout nouvellement & très-commodément arrangé par Mr. le
comte MARCO CARBURI, profeffeur actuel de
chymie, Grec de naiffance, qui a voyagé aux dépens de la république, & qui a vu les mines de
Saxe, du Harz & de Suede. J'avois déjà fait
fa connoiffance à Upfal en 1762; le frere de
Mr. le comte CARBURI étoit médecin du roi de
Sardaigne; mais il y a un an qu'il eft allé à Paris.

---

dans fa matrice compofée de grenats d'étain. La mine de
Groskamsdorf fournit auffi du fer natif, qui eft tout-à-fait
malléable.

Le théatre anatomique eſt petit & obſcur, mais l'anatomie eſt ſans contredit très-bien pourvue dans cette univerſité; le célebre Mr. JEAN BAPTISTE MORGAGNI, Allemand de naiſſance, donne encore des leçons, quoiqu'il ſoit fort avancé en áge; Mr. CALDANI, profeſſeur & docteur en médecine, poſſede de très-belles préparations anatomiques en cire fort artiſtement faites.

On voit chez Mr. VANDELLI, profeſſeur de chirurgie, une petite collection de pétrifications tirées des montagnes du Vicentin & du Véronois, collection raſſemblée par ſon fils, Mr. DOMINIQUE VANDELLI, aujourd'hui profeſſeur de botanique à *Lisbonne*, qui a publié nouvellement un *Faſciculus plantarum rariorum*, imprimé à *Lisbonne* cette année, & qui nous promet tous les regnes de l'hiſtoire naturelle du Portugal, ainſi que ſes remarques ſur les montagnes du Milanois. Son traité de *Thermis agri patavini cum bibliotheca hydrographica*, imprimé à *Padoue* en 1761. in 4. eſt très-utile, & le *Conſpectus Muſei Domenici* VANDELLI, qui eſt conſervé chez le pere, ſe trouve dans les *Novelle letterarie di Firenze*, de même que dans la *Gazetta medica del S. Dott.* PIETRO ORTESCHI *no.* 2. 1764.

A huit milles de Padoue eſt la belle campagne de Mr. PHILIPPE FARSETTI, noble Vénitien, qui porte le nom de *Sala*. On y bâtit un palais, qui

fera décoré des plus beaux marbres antiques &
de colonnes de granite, que l'on a fait venir de
Rome: on y voit un très-beau jardin botanique,
riche en plantes rares.

Les montagnes du Padouan, détachées & iſolées (*monti iſolati*), que l'on appelle *montes Euganei*, ſont formées des laves d'anciens volcans
éteints, dont aucun écrivain ne fait mention.
C'eſt avec cette lave rouge, noire, griſe & blanche toujours remplie de criſtaux de grenats blancs,
& de grains de ſchœrl noir, & avec les colonnes
de baſalte, tirées des mêmes montagnes, que
ſont pavées toutes les rues de *Padoue* & de *Veniſe b).* J'aurai bientôt occaſion de parler plus
au long de cette matiere. Outre ces montagnes
volcaniques iſolées & détachées, le Padouan eſt
encore traverſé par les Alpes.

Environ à 20 milles de Padoue ſont les *Bagni
d'Abano*, dont VANDELLI a parlé dans ſon livre
de Thermis cité ci-deſſus. Mr. JOHN STRANGE,
Anglois, qui pour ſa ſanté y paſſa quelques années, a examiné avec ſoin les *monts Euganiens*, &
a fait un catalogue raiſonné de toutes les eſpeces
de pierres & de laves qu'il y a trouvées; il le

---

b) La plupart de ceux qui ont donné des deſcriptions
d'Italie, entr'autres Mr. DELALANDE, prétendent que *Veniſe* eſt pavée de marbre piqué, ce n'eſt que de la lave.

deſtine à la Collection d'hiſtoire naturelle de la ſociété royale de Londres.

TROISIEME LETTRE.

De *Verone le* 5. *Octobre* 1771.

J'ai paſſé par *Vicence* pour arriver à *Verone*, ainſi je vous parlerai d'abord de la premiere de ces deux villes. J'y ai fait la connoiſſance de Mr. le Docteur ANTONIO TURRA, naturaliſte célebre, qui a une jolie collection de foſſiles ou de corps pétrifiés, que l'on trouve dans les montagnes calcaires du Vicentin, ſur-tout dans les monts *Berici*, & dans le mont *Brendola.* Son herbier eſt conſidérable; il écrit une *Flora Italica*, qui eſt presque achevée; il a ſuivi la méthode de LINNÉ. On en auroit déjà publié une partie, ſi les frais d'imprimerie n'étoient pas trop conſidérables pour un auteur en Italie.

Mr. ANTONIO MASTINI, habile médecin, qui demeure à *Valdagne*, environ à 20 milles de Vicence, a raſſemblé avec ſoin les produits, dont la nature a pourvu les environs de ſon habitation & de ſon pays.

J'ai eu l'honneur de faire ma cour à *Vicence* à *Monſignor* MARCO CORNERO, évêque de cette ville, qui poſlede un jardin & une bibliotheque botanique. Il avoit auparavant établi à *Morano* un jardin botanique, qu'on a laissé dépérir. Celui de *Licence* est situé sur une colline élevée, d'où l'on monte à la *Madonna di monte Berico*; cette colline est entiérement formée de cendres de volcans d'un brun noirâtre, dans laquelle se trouve une très-grande quantité d'une espece de cailloux, de calcedoine ou d'opale; les uns formant des *trufes*, dont les parois peuvent avoir l'épaisseur d'un brin de paille; les autres ayant la figure de petits cailloux elliptiques creux intérieurement & quelque fois remplis d'eau: la grandeur de ces derniers varie depuis le diametre d'un petit pois jusqu'à celui d'un demi-pouce *a*). Il est à présumer que ces cailloux ont été produits dans la cendre après la formation de la colline, & que l'eau, qu'ils renferment quelquefois, a filtré du jour dans l'intérieur de la colline: on monte ces cailloux en bagues; j'en ai vu deux chez le Docteur TERRA, qui, après avoir été portés quelque temps, avoient perdu l'eau qu'ils renfermoient; elle s'étoit selon toute apparence évaporée par

---

a) J'ai vu dans plusieurs cabinets de ces cailloux sous le nom d'opales, qui renferment de l'eau, on les regarde comme très-precieux, & on les paye fort cher, tandis qu'ils sont assez communs: c'est ainsi que les brocanteurs profitent de l'ignorance de ceux, à qui ils ont à faire; celui du cabinet de *Mgr. le Prince* CHARLES à Bruxelles a été bien payé.

des petites crevasses imperceptibles. Il y en a dans lesquels l'eau demeure toujours. Ces *Enhydri* existent dans plusieurs collines également volcaniques du Vicentin; ils ressemblent assez aux calcédoines ou aux opales. Les boules de calcédoine & de zéolithe de *Faerroë* en Islande se trouvent nichées dans une terre d'un brun noirâtre de la même maniere que les cailloux, dont il est ici question. La terre brune d'Islande seroit-elle aussi le produit d'un volcan *b*)?

Il y a à *Vicence* une académie d'agriculture, qui a pour objet toute l'économie, sur-tout l'économie rurale & la culture des vers à soie, très-

B 5

---

b) La quantité de grottes peu interessantes fait sans doute negliger à l'auteur celles, qui sont aux environs de Vicence; la grotte de *Covoli* connue par son étendue n'a en effet que ce seul mérite, mais je suis étonné que Mr. FERBER n'ait pas fait mention de celle de la montagne de *Luminiani*, les terres spathiques qui en revêtissent les parois sont trop belles pour qu'on les passe sous silence.

Cette derniere grotte est à 8 milles de *Vicence:* les cristallisations, qu'on y trouve, sont jaunâtres & ressemblent au plus beau sucre candi; les cristaux sont en forme de pyramides triangulaires, dont le sommet est très-aigu, communément elles sont verticales; de nouvelles pyramides sortent des côtés de ces premieres & deviennent horisontales. On peut en détacher de très-grands blocs qui feroient ornement dans les plus beaux cabinets. J'en ai rapporté de très-beaux, que je conserve dans ma collection.

confidérable dans le Vicentin; Mr. le Docteur TURRA eft fecretaire perpétuel de cette académie.

Verone eft un endroit agréable; il y regne de l'activité & du goût pour plufieurs parties des fciences. Le chemin de *Padoue* à *Verone* eft certainement l'un des plus agréables de la Lombardie; à la droite de cette route & à un certain éloignement font les Alpes, qui féparent l'Allemagne de l'Italie, ou les montagnes du Padouan, du Vicentin & du Veronois; à main gauche eft un plat pays femé de maïs & de divers autres grains, qui s'étend jufqu'au pied des Appennins par delà Boulogne. Les champs font ornés de rangées de mûriers, unis enfemble par des feftons de vignes, qui forment un toit de feuillages chargé dans la faifon de grappes fuperbes de raifin.

Je neglige pour cette fois de vous parler des montagnes du Vicentin & du Veronois, qui féparent l'Italie de l'Allemagne, & qui appartiennent à la chaîne des alpes. En général elles font calcaires, & fourniffent de beaux marbres rouges, jaunes & d'autres couleurs; il paroît par la grande quantité de lave & d'autres produits, qu'elles ont autrefois effuyé de frequentes & violentes éruptions de volcans. Le *monte Baldo* *), renom-

---

*) Le *monte Baldo* renferme un marbre jaune tacheté de violet, femblable à la brocatelle de *Sienne;* la terre de cou-

mé par ſes plantes rares, décrites par Mr. Seguier *de Nismes* dans ſa *Flora Veronenſis* pendant
ſon ſéjour à Verone chez le célebre Maffei, eſt
ſitué du côté de *Roveredo* & du *Trentin.*

Le *monte Bolca* eſt une autre montagne du Veronois, connue par les belles impreſſions de poiſſons qu'on y trouve.

Spada a décrit *in Corporum lapidefaEtorum agri
Veronenſis catalogo, Veronæ* 1744. *in* 4. la colle-
Etion qu'il. avoit de ces pétrifications. Je les ai
vues à *Nismes* chez Mr. Seguier, qui les a ache-
tées à la mort de Spada, & en a encore augmenté
le nombre. On voit une belle ſuite de ces foſſiles chez Guilio Cesare Moreni, apothicaire de
Verone, ainſi qu'un herbier conſidérable, compoſé de plantes des alpes, du *monte Baldo* &c.
Si la ſituation des affaires de Moreni le forçoit à
chercher à ſe défaire de ſes richeſſes, le grand
duc de Toſcane pourroit bien en faire l'acquiſition.
On trouve dans ſa colleEtion le poiſſon ailé,
quelques poiſſons du Bréſil, qui ne vivent ni dans
la Mediterranée, ni dans l'Adriatique, la pinne
marine, des os d'animaux & des plantes exotiques, pétrifiées & imprimées ſur du ſchiſte calcaire, qui exhale en le frottant une mauvaiſe

---

leur verte, qui fait un grand objet de commerce, vient des
environs de *Brentonico,* au nord du *monte Baldo.*

odeur. Le Sr. MORENI prétend avoir tiré du *monte Baldo* diverfes plantes, dont Mr. SEGUIER n'a pas parlé dans l'énumération qu'il en a faite; entr'autres les variétés blanches & rouges de *l'Albffum Pyrenaicum*; cela peut être, mais n'ôte rien au mérite du digne Mr. SEGUIER, qui vit & a toujours vêcu en vrai philofophe. Mr. SEGUIER a vu du plus grand fang froid publier fa bibliotheque botanique par un Hollandois, qui fe l'attribuoit, perfuadé apparemment, que l'auteur ne vivoit plus.

Outre la collection du Sr. MORENI il y a encore celle de Mr. GASPARO BORDONI & de l'apothicaire VICENZO BOZZA, qui ont aulfi des poiffons pétrifiés &c. du *monte Bolca*. Le dernier a écrit un bon traité chymique de *Aquis medicatis martialibus Veronenfibus*.

QUATRIEME LETTRE.

Venife le 2. Novembre 1771.

Je fuis de retour à *Venife* depuis le 7. Octobre. Je vous ferai par la préfente le récit des connoiffances utiles, que j'ai faites dans cette ville, ainfi que des chofes remarquables en hiftoire naturelle, que j'ai vues ici & dans les environs.

Le Sr. GIOVANNI ARDUINI, fur - intendant

d'agriculture dans l'état de Venife, favant minéralogifte, métallurgifte & chymifte, fait lui feul prefque toute la befogne du *Magiftrato d'agricoltura;* il propofe, confeille, & toute la charge de ce bureau, qui n'eft compofé que de nobles Vénitiens, comme tous ceux de Venife, repofe en quelque façon fur lui. Il eft auffi obligé par fa place d'aider de fes lumieres le bureau des mines. On commence dans l'état Vénitien à rendre à l'agriculture l'honneur qui lui eft dû, & que les Romains lui ont rendu autrefois. On y écrit beaucoup fur cet important objet.

Il y a à *Udine,* à *Vicence* & à *Brefcia* des academies ou fociétés fçavantes d'agriculture, dont les mémoires font communiqués au *Magiftrato d'agricoltura,* qui donne une recompenfe aux auteurs de ceux qui la méritent.

Par une fuite de ce goût on a établi nouvellement à *Padoue* une chaire d'agriculture & d'économie pratique, qui eft occupée par le S. PIETRO ARDUINI, frere de celui, dont il eft ici queftion; mais j'en reviens aux connoiffances minéralogiques du Sr GIOVANNI ARDUINI. Il a été pendant longtemps directeur de quelques mines dans le pays de *Trente* & à *Schio* dans le Vicentin, après quoi on l'a chargé de l'exploitation des mines de *Gerfalko* & de *Mouthieri,* dans le *Siennois* en Tofcane, où il fejourna deux ans, & fut enfuite rappellé à Venife; ce naturalifte a ramaffé des foffiles de tous côtés, & y a joint les obfervations les plus exactes, dont quelques-unes font contenues dans deux lettres écrites au Sr. ANTOINE VALIS- NERI à Padoue, imprimées dans la *Raccolta d'opu- fcoli filologici*, *preffo Simone Occhi*. On trouve dif- férentes autres obfervations de ce fçavant dans le *Giornale d'italia fpettante alla fcienza naturale*, qu'on imprime à Venife, & il en refte encore un grand nombre en manufcrit, qu'il garde entre fes mains; il feroit à defirer qu'elles fuffent toutes connues, & que fa plume coulante leur donnât l'ordre & la connexion, qui leur convient. Mr. ARDUINI eut la bonté de m'en communiquer la plus grande partie, que je vérifiai fur les lieux mêmes en parcourant le Padouan, le Vicentin & le Veronois. J'ai reconnu, conformément à ces obfervations, qu'il y a toujours du fchifte fous les terreins calcaires des montagnes du Padouan, du Vicentin & du Veronois, qui font partie de la chaî- ne qui fépare l'Allemagne de l'Italie, ainfi que dans les montagnes d'Autriche, de Styrie & de la Carniole. Mr. ARDUINI m'a affuré qu'il en eft de même dans une partie des Appennins, & c'eft auffi la remarque de Mr. TARGIONI TOZZETTI dans fes *Voyages en Tofcane*, & de Mr. le profeffeur BAL- DASSARI *in Actis Academiæ Sienenfis*.

Il n'y a pas jufqu'au marbre falin de ***Carrara***

& de *Seravezza*, qui n'ait du fchifte pour bafe ; j'efpere avec le temps pouvoir vous faire part des remarques, que je ferai moi-même à ce fujet. Qu'il vous fuffife, quant à préfent, de favoir, que le fchifte s'étend fous les montagnes calcaires du Vicentin & du Veronois, & que malgré le filence des plus anciens écrivains *a*) il y eut autrefois

---

a) Il en eft de même de prefque tous les Volcans éteints que l'on connoît ; ils ont été embrafés, on n'en fauroit douter ; mais dans des temps fi reculés, qu'il n'en refte d'autres preuves que les monuments, qu'ils fe font élevés eux-mêmes ; trouve-t'on dans nos auteurs français & allemands, les plus anciens, la plus petite trace d'éruptions volcaniques arrivées dans cette grande partie de l'Europe ? Je viens de découvrir des Volcans dans le Brisgau d'autant plus intéreffants à l'hiftoire du pays, qu'ils font fans contredit la caufe des variations, que le Rhin a éprouvées dans fon lit, & qui n'ont jamais pu être indifférentes : cependant les plus anciens écrivains & les archives allemandes ne difent pas un mot, qui puiffe y avoir rapport, les habitants de ce canton ignorent abfolument que leur fol eft le produit d'un des plus terribles efforts de la nature ; il n'eft pas furprenant que nous n'ayons dans nos pays aucun témoignage de ces événements. On ignore ce qui fe paffa chez les Germains avant l'hiftoire de TACITE, & ce n'eft que depuis la conquête des Gaules par JULES CESAR que l'on fait un peu ce qui s'eft paffé dans l'intérieur de ce pays : on ne connoiffoit auparavant les Gaulois que par leurs invafions, & on n'avoit aucune relation des pays qu'ils habitoient ; mais que les anciens volcans d'Italie aient été abfolument inconnus, qu'aucun écrivain n'en parle, voilà ce qui prouve leur antiquité ; les volcans du Veronois, du Vicentin,

dans beaucoup de parties de ces montagnes des éruptions de volcans, qui vraifemblablement avoient leur foyer au-deſſous de la pierre calcaire, dans le fchifte & même plus bas. Ces éruptions ont élevé de hautes montagnes de lave, occaſionné toute forte de crevaſſes & de fituations obliques dans les couches de ces montagnes calcaires, & enfin laiſſé les traces les plus diftinctes, les moins fujettes à la contradiction, du bouleverfement qu'elles ont cauſé. Je dois vous faire mention du P. ALBERTO FORTIS, Auguftin de beaucoup de mérite, très-inftruit en oryctographie, qui a fait un voyage en Dalmatie, & vient de publier fes *Oſſervazioni ſopra l'iſola di Cherſo & Oſero, in*-4. Il y a beaucoup d'articles de lui dans le *Giornale d'Italia*, ainſi que dans une feuille nommée *Europa litteraria*, qui paroît chaque femaine à *Veniſe*.

Le pere VIO, Dominicain du couvent de St. Mathieu à *Morano*, près de Veniſe, avoit une aſſez belle collection de pétrifications & d'autres

curiofités

---

du Padouan, de la Tofcane, ont été ignorés des anciens, & ce n'eft qu'avec bien de la peine qu'on trouve des paſſages de TITE-LIVE, qui puiſſent être rapportés à quelques éruptions du *monte Albano* aux environs de Rome. Nous trouverons de plus fortes preuves de cette antiquité dans le cours de cet ouvrage.

curiosités naturelles, qu'il a vendues à Mylord Butte; ce pere en a depuis recommencé une nouvelle, où se trouve une quantité prodigieuse de coquilles & de lithophytes, qu'il faut voir au microscope; les unes sont tirées du sable de l'Adriatique; les autres, qui sont pétrifiées, viennent des collines du Vicentin & du Veronois. Le pere Vio a eu la précaution de les coller sur du papier noir. Grand nombre de ces coquilles nous étoit inconnu. Ce pere me fit voir aussi des coquilles pétrifiées dans du jaspe rouge mêlé de quartz, des environs de *Brescia*, où la superficie des montagnes calcaires, ainsi que dans le Vicentin & le Veronois, est composée de petites couches, dans lesquelles on découvre du jaspe, de la pierre à fusil de couleur rouge & noire (on y nomme ces couches la *Scaglia*). Je vis de plus chez lui des pétrifications & impressions de *cornes d'Ammon* dans une pierre de corne ou pierre à fusil grise (*Petrosilex*) de l'isle de *Cérigo* dans l'Archipel, qui appartient aux Vénitiens.

Le Sr. Giacomo Morosini, noble Vénitien, a près de Venise un jardin de botanique assez curieux, & possede une petite collection des trois regnes de l'histoire naturelle, qui renferme différents morceaux assez rares. Je vis chez lui l'agathe noire d'*Islande* (Cronst. *Min.* §. 295.) & un verre bleu céleste, qui ressembloit si fort à

une efpece de fcorie de fer bleue *b*), que je ne
pouvois me perfuader que ce fût autre chofe;
mais différents connoiffeurs dignes de foi m'affurerent unanimement, qu'on trouvoit en abondance de ces verres bleus & noirs parmi les matieres volcaniques du Véronois, du Vicentin &
d'*Azulano*, dans l'état Vénitien.   Mr. MOROSINI
me montra auffi dans une terre calcaire rougeâtre,
ainfi que dans un terrein endurci de la nature du
jafpe, des os calcinés, dont quelques-uns me pa-

---

b) La fonderie de la forge du *Jægerthal* en baffe Alface,
dont le fer a depuis longtemps la plus grande réputation, con-
fommoit autrefois une petite partie de mines en grains peu
riche, mais qui avoit la qualité de bonifier infiniment le fer,
qu'on tiroit des autres mines en grains qu'on chargeoit en même temps: cette petite quantité de mine fuffifoit pour donner aux fcories cette belle couleur bleue dont l'Auteur parle
ici. Mr. le duc de DEUXPONTS poffède fur les limites de
la baffe Alface la forge de *Schænau*; la mine qu'on fond au
fourneau de cette ufuine eft en roche & les fcories en font
également bleues. Je n'ai pas encore eu le loifir de faire l'a-
nalyfe de ces fcories & des mines qui les produifent; mais
il eft certain que cette couleur bleue n'eft pas due au cuivre, fans
cela le fer qui proviendroit de ces mines feroit très-aigre
Il eft très-poffible que le fer qui refte dans la fcorie rencontre la matiere colorante dans la maffe des fcories fluides, comme il la rencontre dans la fabrication du bleu de Pruffe.

Les Volcans qui produifent des fcories ou laves ferrugineufes noires peuvent donc auffi facilement en produire de bleues
comme dans le cas préfent.

rurent des parties de crâne humain, de l'isle de *Cherso.* Ces fossiles sont décrits dans le traité du P. Fortis, dont je viens de parler.

Je ne fus pas peu surpris de voir dans cette collection une *zéolithe* d'un jaune brûlé exactement semblable à celles, que l'on trouve dans les mines d'or d'*Edelfors* en Suede; cette zéolithe vient des environs de *Schio,* où l'on exploite des mines. Je vous donnerai avec le temps des échantillons de toutes les choses, dont je vous parle. Faites moi en revanche le plaisir d'envoyer à Mr. Arduini de votre singuliere mine d'or de *Nagyag c)* & de la pyrite aurifere de *Facebay.*

Le Sr. Francesco Pataroli, grand amateur de botanique, a une bibliotheque assez nombreuse dans ce genre & un jardin botanique, de même

C 2

---

c) (Voyez la minéralogie de Cronst. §. 165. No. 1. & 8.) Mr. le Chevalier de Borne a lui-même un très grand intérêt dans l'exploitation de la mine de *Nagyag;* j'en conserve dans mon cabinet plusieurs beaux morceaux, que je tiens de lui. Mr. Scopoli a déjà examiné cette mine, mais Mr. de Borne a décrit lui-même toute l'exploitation de la mine de *Nagyag,* ainsi que toutes les variétés de minéraux qu'on y trouve, avec toute l'exactitude possible dans ses excellentes lettres à Mr. Ferber imprimées en 1774; il seroit à desirer, que ces lettres fussent également traduites, elles font des plus instructives: j'aurois volontiers transcrit ici l'article de *Nagyag,* mais il est beaucoup trop étendu.

que Mr. SESSLER, vieux médecin allemand, &
le Sr. PELLEGRINO GOZZI, l'apothicaire.

Puifque je fuis fur le chapitre de la botanique,
la derniere fois, que j'allai au jardin des plantes
de Padoue, je fis avec la permiffion de Mr. le Profeffeur MARSILI une moiffon affez abondante de
plantes rares, parmi lesquelles il y a plufieurs
doubles, que je deftine à votre herbier. C'eft
dommage que l'approche de l'automne n'ait pas
laiffé beaucoup de plantes en fleurs; j'efpere m'en
dédommager l'été prochain; je pourrai prendre
alors ce que je n'ai pas encore. J'ai déjà été plufieurs fois de Venife *al Lido*, l'endroit le plus
proche de l'Adriatique, où l'on trouve quantité
de plantes rares du pays, comme *l'Apocynum
Venetum*. ZANNICHELLI, droguifte de Venife, pof-
feffeur d'une collection d'hiftoire naturelle, qui
fut à fa mort réunie à celle de l'Académie de Padoue, en a décrit un grand nombre. Je cueillis
derniérement dans la *Brenta* & près de Padoue la
Valisneria, la *Najas* & la *Marfilæa quadrifolia*.

Le Sr. FRANCESCO GRISELINI, homme très-inftruit, donne des preuves de fes lumieres en hiftoire naturelle dans le *Giornale d'Italia fpettante
alla fcienza naturale* &c., dont il eft auteur. Ce
journal utile & favant traite de tous les livres
italiens nouveaux, des découvertes & établiffe-
ments, qui concernent l'hiftoire naturelle, la

chymie, l'agriculture & l'économie; cet ouvrage forme déjà sept volumes in-4. que l'on peut avoir chez MILOCCO à Venise. Le Sr. GRISELINI écrit aussi le *Giornale di Medicina*, aussi intéressant dans cette partie que le premier.

L'*Europa letteraria* est le titre d'un autre journal, qui n'est pas borné aux productions de l'Italie seule; il embrasse celles de toute l'Europe: Mdlle. ELISABETH CAMINER fournit le plus grand nombre des articles de cette production; cette jeune personne s'est fait connoître par diverses poésies & autres ouvrages italiens, ainsi que par plusieurs bonnes traductions de pieces du théatre français.

Il me reste à vous parler de différentes choses remarquables à Venise. Les canons de l'arsenal de cette ville, coulés aux fonderies de fer du Brescian & du Bergamasque, sont si mauvais, si remplis de défauts & de crevasses, que sur les remontrances du Général PATISSON, Anglois, au service de la république, on s'est déterminé à les réformer. Comme les mines de fer du Brescian & du Bergamasque sont pour la plupart couleur de fer, comme nos mines de Suede (CRONST. *Min.* §. 203. & 212.), ou semblables à la mine d'acier de la Styrie *d*), il faut nécessairement que

C 3

---

d) Oui sans doute les défauts de ces canons ne viennent

la mauvaife qualité de ces canons auffi bien que du fer forgé provienne de quelques vices dans·les opérations de fonte & de forge.

Je ne vous dis rien, Monfieur, de la fabrique de corail de Venife, très-bien décrite dans le *Giornale d'Italia*, d'ailleurs pareille aux fabriques de Livourne, que je verrai par la fuite. Le diamant fe polit à Venife de la même maniere qu'à Amfterdam.

---

que de la maniere de traiter cette mine dans la fufion. La mine de Styrie, dont l'auteur parle, eft celle que CRONSTEDT décrit aux §§. 30 & 31 de fa *Minéralogie*; & le n°. 3. du §. 253. de la *Minéralogie* de WALLERIUS. Cette mine eft généralement fi bonne, qu'on en tire arbitrairement par une fimple différence d'inclinaifon de la thuyere, de l'acier ou du très-bon fer; auffi nomme-t'on en allemand cette efpece de mine de fer écailleufe fpathique, Pierre d'acier, *Stahlftein*. Le pays de Naffau-Siegen, Schmalkalden, la Styrie, la Saxe, le Tyrol &c. fourniffent abondamment de cette mine, partout on en fait de très-bon fer ou de l'excellent acier. Dans le Bergamafque, & le Brefcian on en tire de l'acier très-en vogue dans le commerce, fous le nom d'acier Prefan à trois pointes; mais on ne fait pas encore y fabriquer de fer doux; la mine d'*Alvare* en Dauphiné eft de la même nature, on n'en fait que du gros acier & du fer très-inférieur à celui de la Comté & de l'Alface. Ce n'eft certainement point la faute de la mine, mais abfolument celle du fabriquant: je defirerois trouver de cette efpece de mine dans le voifinage de nos fonderies de la baffe Alface, je ne ferois pas embarraffé d'en extraire de très-bon fer & de l'acier auffi bon que celui de Styrie.

La fabrique de criſtaux de Veniſe, la manufacture de miroirs & la verrerie de *Morano e)* n'ont plus rien de particulier; ces marchandiſes ſe font partout de la même maniere; la manufacture royale de St. Gobin ſurpaſſe de beaucoup la manufacture des glaces de Morano; car les Vénitiens ne ſachant que ſouffler les glaces, il s'en faut bien qu'ils parviennent à en faire de la grandeur, dont on les coule en France. On fabrique dans la manufacture des criſtaux de Veniſe des frittes de verre & d'émail de différentes couleurs pour l'étranger & de la fritte blanche, qu'on taille à Veniſe pour toute forte de bijoux, comme boucles &c. c'eſt à Morano que ſe fait le plus grand nombre de bouteilles & de verres, dont on ſe ſert dans toute l'Italie, juſqu'à ces minces bouteilles de Florence, que l'on transporte à dos de mulets au-delà des Appennins.

Le rafinage du borax, du camphre, la ſublimation du mercure & du cinabre ne ſont plus aujourd'hui des ſecrets propres aux Vénitiens; les mêmes manipulations ſont en uſage en Hollande, à Londres & à Paris. La fameuſe thériaque ſe fait

C 4

---

e) On emploie aux verreries de Veniſe du ſel de ſoude, qui vient de la Sicile, où la ſoude eſt très-abondante; on la cultive ſur-tout aux environs de *Marſala*.

chez les apothicaires & dans les couvents de Venife; mais on en compofe auffi ailleurs. Près de
Venife eft une bonne fabrique de porcelaine, dont
la terre fe tire des petites collines du *territorio di
Tretto, vicariato di Tiene* dans le Vicentin. Il y
a fous cette terre argilleufe du fchifte & des matieres volcaniques, dans lesquelles on exploita
autrefois des mines d'argent; on emploie cette
même terre à la manufacture de porcelaine de Florence; elle eft bonne, fine & affez blanche, mais
il lui manque les parties douces, graffes & mi-
caffées, que doivent avoir les très-bonnes terres
à porcelaine *f*). On a trouvé nouvellement dans
un vallon près de *Bergame* une terre à porcelaine
fort blanche, mais qui manque auffi de ce mica,
dont il eft queftion. Je remarquai que les vaiffeaux, dans lesquels la porcelaine fe met au fourneau, étoient d'une autre argille grife parfemée
de points blancs comme le porphyre.

Les favants d'Italie prétendent que la mer
adriatique, aulieu de fe retirer, s'avance de jour
en jour fur le continent; ils alléguent entre autres
preuves, qu'en fouillant dans la terre à Venife
on trouve quelquefois deux pavés, comme on l'a
remarqué à la place de St. Marc, au-deffous du

---

f) Ce font les qualités du *Kaolin*, du *Petuntz* & des terres
à porcelaine qui en approchent le plus.

pavé actuel; & concluent que c'est le hauffement
des eaux, qui fucceffivement a obligé de pofer
de nouveaux pavés fur l'ancien. Il eft vrai qu'en
automne & lors des grandes pluies les ouragans
font rentrer avec violence les eaux dans les terres,
& qu'il faut traverfer en gondoles la place de St.
Marc, pour aller d'un caffé à l'autre: mais il feroit très-poffible, que le poids des maifons de
toute une ville eût affaiffé un terrein auffi marécageux g).

La pierre à bâtir, dont on fe fert à Venife
pour la conftruction des églifes ou palais (car la
plupart des maifons particulieres font de briques),
eft une pierre à chaux blanche d'Iftria, appellée

C 5

---

g) Rien n'eft plus naturel, que les rues d'une ville bâtie
dans les eaux foient fous les eaux dans les gros temps & dans
les faifons pluvieufes. On ne fauroit inférer delà, que la mer
Adriatique gagne fur les terres; l'argument des pavés trouvés
les uns fur les autres feroit plus concluant, s'il n'étoit com-
battu par l'objection, que l'auteur fait de l'affaiffement du
terrein. En effet on eft d'autant plus porté à penfer, que ce
n'eft point la mer qui a hauffé, que dans les temps fecs
beaucoup de canaux de Venife manquent d'eau, & qu'on ne
peut y paffer en gondole; il eft même étonnant qu'il n'y ait
pas de maladies contagieufes dans cette ville. J'y étois au
mois de Mars, il faifoit encore froid & les canaux infectoient
déjà, les vapeurs du fel marin empéchent probablement que
l'air ne fe corrompe.

Pietra d'Iſtria, parmi laquelle il y a beaucoup de ſtalactites d'un tiſſu compact, & ſouvent d'un diametre deux fois plus grand que celui du corps d'un homme très-gros; ces ſtalactites ſe forment en abondance dans les voutes ſouterraines des montagnes calcaires du pays. Ces pierres ſe décompoſent ſi facilement, que l'on vit, il y a quelques années, à l'entablement ſupérieur de la façade de la belle égliſe neuve des Jéſuites (auſſi bâtie de *pietra d'Iſtria*) pluſieurs grandes ſtalactites, qui s'étoient formées ſucceſſivement par l'égoutement lent des eaux, qui avoient ſéjourné ſur cet entablement. C'eſt de la même maniere qu'elles ſe forment dans les ſouterrains des montagnes, puiſque leur grain ou leur compoſition y incline. Les rues & les ponts de Veniſe ſont pavés de lave noire, griſe & même rouge, que l'on tire des *monts Euganiens* près de Padoue. Ces laves renferment de petits criſtaux blancs à beaucoup de facettes de la nature du ſchœrl, & une grande quantité de petites feuilles de ſchœrl noir. On ſe ſert beaucoup du marbre rouge & jaune de *Verone* pour les portes, tables, cheminées & autres ornements dans les maiſons, comme dans les égliſes *h*).

---

h) Il y a dans le Veronois au moins 30 carrieres de marbre qui en fourniſſent au delà de 200 variétés; les différences ſont à la vérité ſouvent très-légeres, mais le marchand de marbre

Quoique je vous aie prévenu, que je ne vous dirai rien des beautés de l'art, je ne finirai pas cette lettre fans vous recommander de voir, lorsque vous irez à Venife, la belle collection de modeles des plus belles fculptures & ftatues de l'Italie, qu'on conferve au palais *Farfetti*.

CINQUIEME LETTRE.

Venife le 12. Novembre 1771.

Je vais quitter Venife pour me rendre à *Bologne*; auparavant je vous donnerai encore un extrait de diverfes remarques faites par Mr. Jean Arduini depuis une longue fuite d'années fur les montagnes du Vicentin & du Veronois; vous jugerez par elles, combien cet homme favant eft bon minéralogifte, & quelle perte ce feroit pour l'hiftoire naturelle, s'il ne rendoit pas fes obfervations publiques. Dans deux lettres imprimées, adreffées à M. Valisneri, Mr. Arduini a divifé les montagnes du Vicentin & du Veronois, avec lesquelles celles du Brefcian ont vraifemblablement beaucoup d'analogie, en montagnes *primai-*

les trouve remarquables, puisqu'il vend encore un plus grand nombre d'échantillons. Voyez *les Memoires de* M. Guettard Tome I. p. 399.

res, *fecondaires* & *tertiaires*, relativement à leur poſition ſupérieure ou inférieure & à la différence de leur âge & de leur formation.

Il appelle *montes primarii* les montagnes de ſchiſte, qui s'étendent par-deſſous les montagnes calcaires, auxquelles elles ſervent de baſe, & qui par conſéquent doivent avoir exiſté avant elles.

Il nomme *montes ſecundarii* les hautes montagnes, qui conſiſtent en couches de pierres calcaires d'un grain ferme & compact, où ſe trouvent des corps marins pétrifiés, & qui compoſent une partie de cette grande chaîne des Alpes, qui ſépare l'Italie de l'Allemagne.

Il entend par *montes tertiarii* ou *colles* les collines peu élevées, formées de petites couches de pierres à chaux, qui renferment des pétrifications, & par-ci par-là de petits lits de ſable ou d'argille, dont la formation eſt poſtérieure à celle des montagnes ſecondaires, puiſqu'elles ſont poſées au-deſſus d'elles, & qu'elles doivent leur origine à des parties détachées & enſuite réunies par les flots à cette eſpece de colline. Il faut ajouter les montagnes volcaniques, ou ce qu'il reſte encore ſur pied de ces volcans, & les bouleverſements qu'ils ont anciennement occaſionnés. Souvenez vous de ce que je vous ai déjà dit dans mes lettres précédentes, ſavoir que leur foyer étoit à une grande profondeur dans le ſchiſte, ou même au-deſſous, & que leur éruption s'eſt fait jour au travers des montagnes ſecondaires ou tertiaires, comme la ſimple vue de ces contrées le prouve clairement.

Permettez moi de vous parler ſéparément de ces quatre eſpeces de montagnes, que l'on trouve dans le Vicentin & le Veronois *a*).

1. DES MONTAGNES INFÉRIEURES
formées de ſchiſte.

(*De montibus primariis.*)

Ce ſchiſte eſt argilleux, communément très-micaſſé, & par-là même quelquefois argenté; il eſt feuilleté & traverſé par pluſieurs petites veines de quartz & diſpoſé en divers endroits en couches tortueuſes ondulées.

L'on n'a jamais pénétré dans le Vicentin, ni

---

a) L'auteur ne veut point attribuer à M. ARDUINI la diſtinction, que tous les naturaliſtes font depuis longtemps, des montagnes primitives & récentes. Mais comme ces claſſes comprennent des ſousdiviſions, que Mr. ARDUINI a faites très-judicieuſement, il étoit naturel de déſigner ce qu'il comprend ſous chaque claſſe; d'ailleurs il étoit eſſentiel de faire voir que les diſtinctions de Mr. ARDUINI n'étoient pas fondées ſur la formation extérieure, ce qui feroit une erreur bien groſſiere, mais ſur leur ſtructure intérieure. On ne peut en général aſſez remercier Mr. FERBER d'avoir rendu les obſervations de Mr. ARDUINI publiques.

dans le Veronois au-deffous de ce terrein, & l'on ignore, s'il en eft de même ici qu'en d'autres pays de montagnes, c'eft-à-dire, s'il y a au-deffous de ce fchifte du granite, ce que je préfume cependant; car le granite pénétre & s'éleve au-deffus du fchifte dans les hautes montagnes du Tyrol, & le granite gris ou *granitello b)* fe montre déjà à découvert du côté de *Tazzino* & de *Primiero (Stato Auftriaco)*, où la riviere de *Cifmonoe*, qui fe jette dans la *Brenta*, prend fa fource. Il y a dans le Vicentin, du côté de *Schio*, des montagnes entieres de porphyre, qui eft, dit-on, auffi fort abondant dans le Brefcian & le Bergamafque. Mais Mr. ARDUINI affure, qu'il eft au-deffus du fchifte,

---

b) Il en eft de même dans les Voges, qui féparent l'Alface de la Lorraine; dans les travaux de *Géromanie* à deux lieues de Belfort on trouve au-deffous du fchifte de très-beau porphyre, couleur de foie foncé avec des taches vertes oblongues parallélipipedes; le fameux *Ballon* qui eft derriere Géromanie nous montre auffi un granite, qui s'éleve au-deffus du fchifte compofé de fpath dur blanc & couleur de chair, & de mica de fchœrl noir: ces deux efpeces de pierres prennent le plus beau poli.

Les montagnes de *Ste. Marie* nous offrent du granite dans la même fituation, ainfi que celles de la baffe Alface du côté du comté de Bitche, furtout dans les terres de Mr. le Baron de DIETRICH, derriere la forge du *Jægerthal*, feigneurie de *Niederbronn*, où le granite s'éleve au-deffus du fchifte dans un vallon fort refferré, il eft grifâtre tel que les *granitello*, dont Mr. FERBER parle ici, & fufceptible d'un beau poli.

& le regarde comme un produit de volcans ; j'e-
fpere bientôt avoir occafion de m'éclaircir fur ce
point.   C'eft le fchifte , qui renferme ici , comme
dans beaucoup d'autres pays , le plus grand nombre de veines métalliques *c*).

Les filons métalliques fe trouvent communément entre le fchifte & la pierre à chaux , aux
endroits où la pierre touche le fchifte ; il en eft de
même de la veine confidérable de pyrite cuivreufe
d'*Agorth* dans le *Bellunefe in valle Imperina* , à l'endroit où les montagnes fchifteufes du Tyrol s'en-
fouiffent fous les Alpes calcaires de l'état Vénitien ,
& fe plongent dans l'intérieur.   On fabrique annuellement beaucoup de cuivre , de foufre & de
vitriol à *Agorth* , lorsqu'on fait évaporer la leffive
vitriolique , qui eft très-riche en cuivre ; on y
jette du fer , au moyen duquel on obtient une
grande quantité de cuivre de cément *d*).   En

---

c) Cela eft tout naturel.   On fait que c'eft principalement
dans les montagnes primitives que fe trouvent les vrais filons
métalliques, & que celles de formation plus récente ne contiennent gueres que des branches d'un filon principal ; le
fchifte compofant en partie les montagnes primitives les
filons métalliques doivent s'y rencontrer communément.

d) Le cuivre de cément eft trop connu pour que j'en faffe
ici la defcription, je dirai feulement que dans la plupart
des travaux de mines on ne fe fert point des minéraux, qu'on
retire des fouilles, avec tout l'avantage dont ils font fufce-
ptibles ; rien n'eft plus ordinaire que de négliger entiérement

ſuivant cette poſition du ſchiſte & de la pierre
calcaire tout le long de la chaîne des Alpes, on
trouve différentes minieres & veines métalliques
entre la partie ſupérieure des montagnes ſchiſteu‑
ſes & la baſe des calcaires; lorsqu'on va, par exem‑
ple, de la *valle Imperina* vers le couchant, le long
de cette ſéparation du terrein, on voit à *Feltrino
in valle delle Monache* (qui eſt à ſix milles de la
valle Imperina) des mines de mercure, que le
Magiſtrato delle miniere de Veniſe a fait exploiter
pendant nombre d'années, mais qui ſont aban‑
données à préſent. Il y a dans le même vallon
des traces d'anciennes fouilles, qu'on a faites ſur
quelques autres minéraux. Le filon principal de la
miniere du *monte Narro* à *Schio* ſuit auſſi cette ſé‑
paration du ſchiſte, qui lui ſert de mur, & de la
pierre calcaire, qui forme ſon toit; ce filon pro‑
duit de la mine de plomb, de la pyrite cuivreuſe,

de

---

les pyrites, dont par l'elixivation on pourroit faire des vitriols
de cuivre, de fer & du cuivre de cément; j'ai obſervé cette
indifférence dans pluſieurs exploitations de France. Mrs. JARS
ont très ſagement employé toutes ces manœuvres aux mines
de *St. Bel* près de Lyon. On ſait que le plus fort de leur
mine eſt de la pyrite cuivreuſe; cette pyrite n'eſt pas toute
également riche. Il y en a qui ne ſupporteroit pas les frais
de la fuſion, toujours très‑conſidérables pour l'affinage; on
ſe contente d'en faire une leſſive, dont on retire du cuivre de
cément & du vitriol.

de la blende, de la calamine blanche, de la pyrite & de la manganefe dans du fpath calcaire;
la calamine paroît devoir ici fon origine à la diffolution de la blende produite par l'acide vitriolique de la pyrite, de laquelle diffolution elle peut
avoir été précipitée au moyen de la chaux, qui
a plus d'affinité avec cet acide que l'ochre de
zinck.

Je parlerai plus bas de quelques veines, qui fe
trouvent à Schio dans la pierre calcaire, qui eft
au-deffus du fchifte; on exploitoit auffi autrefois
à *Tretto* dans le Vicentin, dans les montagnes de
S. Ulderici, quelques mines d'argent: on y trouve encore aujourd'hui du fpath *rumboïdal* fort
lourd, qui contient du plomb.

Il y a encore d'anciennes mines aux environs
de *Recoaro*; cet endroit eft tout-à-fait dans le
fchifte. Mr ARDUINI a parlé de ce canton dans
le *Giornale d'Italia* & dans fes lettres à Mr. VALIS-
NERI. Non loin de *Recoaro* font des eaux minérales, qui tirent leur fource d'un terrein calcaire,
& forment de belles incruftations.

2. DES ALPES CALCAIRES.
(*De montibus fecundariis.*)

Je vous ai déjà dit que ces montagnes *fecon-*
daires font pour la plupart formées d'une pierre
calcaire, dont le grain eft ferme & compa 3, que

cette pierre a rarement une texture *) *faline*;
qu'elle eft difpofée en couches, & que l'on y
trouve des corps marins pétrifiés. Ces couches
different entre elles par leur dureté, leur fineffe,
leur compofition, leur tiffu feuilleté, leur denfité, leur couleur, la quantité de leurs crevaffes
perpendiculaires, & enfin par la variété des pétrifications, qui varient prefque dans chaque couche; mais on n'en trouve jamais qu'une feule
efpece dans la même couche.

Les couches de ces Alpes calcaires de la bafe
au fommet confiftent pour la plupart dans les
fuivantes :

1) En confidérant ces montagnes calcaires depuis leur pied jufqu'à la moitié de leur hauteur,
elles font compofées d'un nombre infini de très-
petites couches, coupées extérieurement d'une
quantité prodigieufe de fentes perpendiculaires,
formées par l'écoulement des eaux, qui ont produit des élevations pyramidales d'une couleur de
plomb fombre dégagées du corps du rocher. Les

---

*) Il y a cependant dans ces montagnes en quelques endroits
de la pierre à chaux écailleufe *faline*; car il exifte une veine
de marbre blanc non loin d'*Œna* près de *Lovegno* dans le
Vicentin. Ce marbre traité avec l'acide vitriolique doit fournir un fel particulier de la même efpece que celui trouvé par
Mr. ARDUINI dans les eaux martiales de *Recoaro* & qu'il
a décrit.

pétrifications, qu'on rencontre affez rarement dans ce premier lit, n'offrent communément que de petites moules & tellines ftriées creufes, dont il n'exifte quelquefois que le noyau, ou l'animal même fans coquille, dont l'intérieur eft égale- ment creux & rempli de criftaux de fpath calcaire ou de fpath.

2) Ce premier lit eft furmonté *e*) d'un autre petit lit de pierre à chaux plus denfe, plus blan- che & moins brifée, dont on peut faire quel- que ufage pour des chambranles de portes, de fe- nêtres &c. au lieu que les fentes de la couche précédente en rendent les pierres inutiles. On trouve près du lit inférieur de cette feconde cou- che quelques petites oftracites inconnues, au- deffus desquelles il n'y a plus de pétrifications.

3) Le troifieme lit calcaire confifte ordinaire- ment en beaucoup de petites couches, fans aucun corps étranger en quelques endroits, en d'autres au contraire renfermant chacune différentes efpe- ces de coquilles de mer pétrifiées. Les couches les plus voifines du quatrieme lit font un compofé de grandes ou petites *Oolites*.

D 2

---

e) Je diftingue ici entre *lit* & *couches*, pour pouvoir mieux me faire comprendre ; j'entends par *lit* ou *ftratum* une maffe de terre compofée de plufieurs *couches*, & par conféquent la

3) Ce quatrieme lit eft encore formé d'un grand nombre de petites couches calcaires; les unes, d'où l'on tire le marbre rouge de Verone orné de cornes d'ammon *f*), font rouges & remplies d'ammonites, qui pefent jufqu'à 150 livres; les autres, blanches comme neige, font fans pétrifications, à l'exception de quelques cornes d'ammon, qui y font clairement parfemées.

5) Il y a encore par-deffus ce quatrieme lit une prodigieufe quantité de petites couches d'une pierre calcaire blanche; quelques-unes de ces couches, fur-tout celles des plus hautes montagnes, ne renferment aucun corps marin. On n'en voit point par exemple au *monte Torraro* dans le Vicentin; mais chacune de ces petites couches contient des corps marins différents.

6) La couverture fupérieure de ces Alpes eft appellée *Scaglia*; c'eft une croute calcaire remplie de cailloux de différente couleur placés par nids & par petites couches, qui font feu avec l'acier. Cette croute couvre la fuperficie des Alpes, & s'enfonce fous les *montes tertiarii berici*,

---

couche n'eft qu'une partie du *lit*. Ces deux termes ont ordinairement la même fignification.

f) Il faut bien fe garder de confondre les *anomites* avec les *ammonites*, les premieres font des *terébratules*; les autres des *cornes d'ammon*, dont il eft ici queftion.

& reparoît de l'autre côté vers les montagnes volcaniques du Padouan, fur les penchans desquelles
elle eft encore appuyée   Cette *Scaglia* avoit d'a-
bord été foulevée par d'anciennes éruptions de
volcans, qui fe font enfuite fait jour au travers.

La *Scaglia* n'accompagne pas partout la fuperficie des alpes, le temps l'a détruite en plufieurs endroits, & ce n'eft que dans les petits enfonce-
ments & dans les vallons, qu'elle n'a pas été en-
dommagée.

Mr. ARDUINI a ramaffé au *monte di S. Pancrazio* des cailloux rouges, qui reffemblent à des
branches de corail.

Il fort de la *Scaglia*, qui repofe fur la pente
des collines volcaniques, des fources d'eau chaude
fulphureufe (*Putizze*), qui fentent le foie de
foufre, comme on en voit près de Padoue.

La nature avoit difpofé horizontalement les
différentes couches des alpes, que je viens de décrire, comme celles des autres montagnes; mais
cette pofition primitive a été changée par diverfes
caufes; les tremblements de terre, les éruptions
de volcans ont occafionné des bouleverfements;
les montagnes fe font entr'ouvertes; il s'eft formé
des gouffres ou crateres, des fentes & des crevaffes en divers fens, au travers desquelles la lave
a pénétré.   Par toutes ces révolutions les couches
déplacées, affaiffées en quelques endroits, éle-

vées en d'autres , d'horizontales qu'elles étoient, font devenues perpendiculaire ou inclinées , quelquefois même ont été entiérement renverfées. Les crues d'eau & les rivieres , dont le cours a fans doute fouvent changé par des commotions fouterraines ou d'autres caufes , ont également occafionné dans les alpes des crevaffes transverfales & irrégulieres , comme à *Agorth* dans le *valle Imperia* , où font les minieres , & même un dérangement total dans leurs couches , comme je vais vous le faire voir.

Il y a de gros morceaux de granite , de quartz & d'autres pierres , qui viennent des *montes primarii* du Tyrol , épars fur les champs des environs de *Gallio* , d'*Afiago* , de *Campo ai Rovere* & d'autres endroits , qui appartiennent à ce que l'on appelle les *Sette communi* , tous fitués dans la montagne & fort élevés au-deffus du niveau de la mer.

Les mêmes pierres fe trouvent en différents autres endroits des alpes , comme à *Feltrino* (*Stato Veneto*) (qui n'eft féparé de ces villages que par la *Brenta* , & fitué au même dégré d'élevation) & dans les alpes voifines , du côté du couchant , depuis *Aftico* jufqu'à l'*Adige* &c. C'eft à *Tonezza* & près de *Folgaria* , bourgs fitués dans les montagnes appartenantes à l'Impératrice Reine , qu'on rencontre le plus grand nombre de ces blocs épars de différente grandeur. Les cailloux & les fables, qui les compofent , font très-groffiers.

Cependant les montagnes, où on trouve ces pierres détachées, font entiérement formées de couches calcaires, qui contiennent des corps marins pétrifiés, & on ne découvrira jamais dans le corps ou dans les parties folides de ces montagnes d'autre efpece de roche que de la pierre à chaux.

Comment ces roches détachées peuvent-elles avoir été transportées où on les voit? Elles font femblables, il eft vrai, à celles qu'entraînent par leur cours l'*Adige* & la *Brenta*, en traverfant les montagnes du Tyrol; mais ces rivieres ont-elles pu dépofer ces roches roulées en des lieux élevés aujourd'hui de quelques milliers de pieds audeffus de leur lit? cela paroît impoffible. Toute la violence des eaux dans leurs plus vaftes débordements ne fauroit porter à une hauteur auffi confidérable des blocs d'un fi grand poids. Il eft donc plus naturel de croire, que l'*Adige* & la *Brenta* avoient autrefois leur cours à la hauteur, où l'on voit maintenant ces roches, qu'elles y ont dépofées alors *g*). Le paifible courant des eaux a peut-

D 4

---

g) Les lits des grandes rivieres ou fleuves, comme celui des torrents, doivent peu-à-peu s'abaiffer, les eaux minent conftamment le terrein, qu'elles parcourent, les vallons deviennent infenfiblement plus profonds. J'ai vu une petite rigole devenir un ravin confidérable en quelques années; j'ai obfervé des grands fleuves, dont les bords efcarpés & fort élevés n'étoien

être fuffi pour couper & percer des vallons fi fort au deffous de ceux, qu'elles arrofoient; fi cela eft, quel doit donc être l'effet des inondations, des violentes éruptions, des commotions fouterraines, par lesquelles les eaux doivent avoir été vivement comprimées & gonflées, & leur cours entiérement changé?

Les alpes calcaires ou montagnes fecondaires renferment beaucoup de grottes revêtues de ftalactites. On trouve auffi dans la pierre à chaux denfe & ferme, qui forme le premier lit principal de ces montagnes, quelques petites veines métalliques, qui ne fe foutiennent point, & ne font jamais fituées entre les différentes couches de ce lit; on ne les apperçoit que dans les crevaffes & conftamment dans la proximité du fchifte, qui eft au-deffous, de maniere qu'elles ne font que des ramifications de filons principaux, qui font dans le fchifte *b*,. Les crevaffes des mon-

---

compofés que de couches de cailloux dépofés fucceffivement par les eaux de ces rivieres; telle eft la rive droite du *Rhin* depuis Basle jusqu'à quelques lieues du vieux Brifach ; le lit de ce fleuve a été vifiblement beaucoup plus élevé, qu'il ne l'eft aujourd'hui C'eft un fait, duquel je pourrois alléguer plufieurs autres exemples; à la vérité je n'en trouverai point qui approche de celui, dont nous parle l'auteur, mais il eft permis de juger par analogie.

h) Je m'étois perfuadé d'après mes propres obfervations, que les filons métalliques de quelque importance ne fe trou-

tagnes fecondaires, remplies de matieres volcaniques, contiennent auffi quelques minéraux, comme on le voit à *Schio*. J'aurai occafion de m'étendre

---

voient jamais dans les montagnes de formation récente; mais j'ai éprouvé en cette occafion, comme en bien d'autres, qu'il n'eft point permis à un naturalifte de fe former de principes fixes. J'ai été bien furpris en vifitant les mines de Derbyshire, de voir des veines de mine de plomb très-confidérables toutes renfermées dans une pierre à chaux coquillere, à laquelle on donne un très beau poli & dont on fait au moulin d'*Afchford* des vafes, pyramides & autres ornements. On polit & façonne au même moulin des fluors fuperbes, qui proviennent de ces mines, & fe vendent avec les marbres, qu'on envoie à Londres en grande quantité Quelqu'un d'induftrieux pourroit faire le même ufage des beaux fluors de *Géromanie*.

Les mines de *Hagmine*, de *Renter*, de *Gangveine*, & de *Seidmine* aux environs de *Mettlock*; celles de *Follow*, de *Watergroowe*, d'*Eyam* & de *Caftelton* aux environs de *Buxton*, font autant de mines de plomb confidérables de la province de Derby, dont les filons d'une richeffe étonnante fe trouvent tous dans les montagnes récentes; ce dont on ne fauroit douter, puisque la pierre à chaux de ces montagnes contient toutes fortes de corps marins pétrifiés *orthocératites*, *buccardites*, *cames* &c. On trouve même à la mine de *Hagmine* des laves (qu'on appelle *todstone*) difperfées par blocs dans de petites veines de terre glaife, qui coupent le filon de la mine de plomb.

Cependant en Derbyshire, comme ailleurs, la pierre à chaux eft pofée fur le fchifte, qui s'éleve très-rarement hors de terre, mais il n'en exifte pas moins; car on exploite, à quelques milles d'*Alfreton*, la mine de charbon de *fwanwich*, qui eft dans le fchifte, & fournit même de belles impreffions

à ce fujet à l'article des volcans. Il ne fe trouve point de minéraux dans les couches fupérieures des alpes calcaires, couches feuilletées & très-écailleufes ; les minéraux font toujours placés dans la partie la plus folide & la plus compacte de ces montagnes, comme on le voit

1) Par les anciennes mines de la montagne de *Ste. Catherine* à *Tretto*, d'où l'on tiroit de la mine d'argent dans du fpath pefant.

2) Par les vieilles minieres, qu'on exploitoit au *monte di Trifa*, au *monte Narro* & au *monte del Caftello di Pieve*, près de Schio ; car ces montagnes font formées d'une pierre calcaire ferme, mélée de matieres volcaniques ; il y a auffi d'anciens travaux du côté du couchant vers *Recoaro;* ces minieres produifent de la mine d'argent, de plomb & de cuivre dans une matrice de fpath pefant, avec de la pyrite, de la manganefe & de la Blende.

---

de plantes ; c'eft principalement aux environs d'*Eyam* que fe trouvent les beaux fluors de Derbyshire.

Malgré cette exception à la regle il n'en eft pas moins vrai, que les montagnes de nouvelle formation renferment rarement de vrais filons de mines. Dans la province de Derby il feroit très-extraordinaire d'en trouver dans les montagnes de fchifte, on n'en connoît point jufqu'aujourd'hui. En Cornouaille ce feroit un phénomene de trouver une veine métallique dans la pierre à chaux.

3) Par les ouvrages anciennement pratiqués au mont *Sivellina*, près Recoaro, où la pierre à chaux eft en maffe dure & ferme, fans être dif-pofée par couches & fans contenir des pétrifica-tions, fur un filon de mine de plomb dans du fpath à gros cubes avec de la manganefe & de l'améthifte.

4) Et par la mine de plomb mêlée de blende, qui fe trouve dans les montagnes fecondaires de la vallée *de Giorno* dans le Bergamafque.

3. DES COLLINES.

(De montibus tertiariis.)

Les collines ou *montes tertiarii* font d'une ori-gine moins reculée que les montagnes fecondai-res & pofées fur ces dernieres, les unes placées dans les vallons, les autres à une hauteur affez confidérable. Elles doivent leur origine à des parties détachées des montagnes fecondaires, qui ont rencontré des couches de fable & d'argille. On y trouve même des couches régulieres & di-verfes pétrifications, furtout des *nummulaires i)* &

---

i) Voici une de ces confufions de noms, qui font fi fre-quentes en hiftoire naturelle, parcequ'on ne s'applique pas à attacher à chaque objet un nom particulier. *Nummulaire* s'emploie par plufieurs naturaliftes au lieu de *Nummismales;* ce font cependant deux chofes fort différentes; *Nummulaire* eft une efpece de *Lyfimachie*, & *Nummismale* eft un corps marin

des *lenticulaires*.   Cette claffe de montagnes a été,
comme les montagnes fecondaires, en proie aux
viciffitudes & aux bouleverfements, que les éruptions des volcans ont occafionnés.   De-là vient
la fingularité de rencontrer de gros morceaux de
pierre à chaux, des pétrifications & plufieurs autres corps étrangers dans la lave & les autres
produits volcaniques; vraifemblablement la lave,
étant encore fluide, a enveloppé tous les corps,
qu'elle a rencontrés, & les a retenus en fe refroidiffant; ou les cendres volcaniques les ont comme
fubmergés & enfévelis.   Une partie des *montes*
tertiarii ne s'eft formée qu'après les éruptions des
volcans, fur les produits desquels elles font affi-
fes; fi l'on y rencontre auffi des blocs de lave &
des pierres ponces, c'eft qu'ils ont été réunis &
enveloppés par les dépôts des eaux, qui ont formé
ces montagnes.   Dans plufieurs endroits du Vicentin, du Veronois & d'autres cantons de l'état
Vénitien quelques-unes de ces collines offrent des
couches de charbon de terre, qui renferment
quelquefois des corps marins pétrifiés.   On a
trouvé au *monte Viale* dans le Vicentin un poiffon
pétrifié dans un fchifte de charbon de pierre; mais
les montagnes de cette claffe contiennent rarement des minéraux ou filons métalliques; je doute

____

pétrifié.   C'eft le *porpite* de WALLERIUS; on voit très-bien
que l'auteur parle ici de *Nummismales*.

même, qu'il y en ait, car je ne fais, fi je dois admettre pour preuves de leur exiftence le peu de mines de plomb, de cuivre & de fer, qui fe trouve avec le charbon de pierre, le gyps, l'albâtre & la pyrite dans quelques collines fablonneufes & argilleufes de la vallée de' *Signori* dans le Vicentin. Plufieurs de ces collines du Vicentin & du Veronois font renommées par le grand nombre & la beauté de leurs pétrifications; les *monti Berici* près de Vicence font de ce nombre. Je vais vous nommer quelques-unes de ces montagnes. Le *monte Creazzo*, qui eft à trois milles de Vicence, fournit des noyaux & impreffions de *cames*, des *pectinites* bien confervées; l'*arche de Noé*, le *chiton* de Linné, qui eft rare, & des *gloffopetres*. Le fable contient de petits fragments de *madrepores*, de très-petits *nautiles* ou *cornes d'ammon*, & quelques dents de poiffons.

Les *colli di Montecchio e Caftell' Gomberto* font très-riches en pétrifications.

La couche inférieure de la colline de la *Brendola*, fituée à dix milles d'Italie de Vicence, eft compofée d'une argille bleue remplie de corps marins; au-deffus de cette argille eft un nombre infini de couches calcaires, pleines de coquilles pétrifiées, différentes de celles, qui font dans l'argille. Du côté de la mer ou du levant ces couches s'enfoncent obliquement fous la terre; tout

le côté occidental de la colline eft couvert de lave
prefque toute ftriée comme du fchœrl, dans laquelle il y a quantité de boules de lave ovales,
affez grandes & feuilletées. On découvre dans
le vallon, que l'on nomme le *Speffe*, fous une
petite fource, qui l'arrofe, un ancien limon dépofé par la mer, prodigieufement fourni de madrepores, de petites *fongites*, de grandes & d'ex-
trêmement petites coquilles exotiques & de *moules*; rien n'eft plus intéreffant que de voir ici le
mélange des corps marins & des matieres volcaniques. Ce vallon paroît devoir fon origine à un
tremblement de terre, qui a fait éclater ou entr'ouvert la lave, dont il eft formé, ou bien au
fimple refroidiffement de la lave. Il y a un grand
nombre d'*oftracites* à *S. Vido*, à deux milles de la
Brendola; on trouve beaucoup d'ourfins pétrifiés
de diverfes efpeces à *Grancona*, à une petite diftance de *Brendola*, à côté de la chauffée, qui
paffe devant la maifon de campagne de Mr. FIGI-
NI, & particuliérement l'*Echinus orbiculus*, LINN.
Syft. nat. *p*. 666. *nut* 17. *var. s.* ou de GUALTHIERI
*Teftac. tab.*11℃. *fig. B*, dont l'analogie nous vient de
la mer des Indes, ainfi que la *Serpula Lumbricalis*
LINN. *S. n. p.* 787. *n.* 698. Environ à cent pas à
la gauche de cette maifon de campagne il y a de
jolies *nummulaires k*) & de petits glands de mer,
qui n'ont peut être pas encore été décrites.

____

k) *Nummismales.*

La *Favorita* eft une colline ifolée du Vicentin, dans laquelle Mr: ARDUINI a découvert des os & des dents de crocodiles , qu'il a décrits dans le *Giornale d'Italia.*

Les montagnes du Veronois, remarquables dans ce genre, font la *Ronca* , haute colline de la vallée *del Bufo.* Les flots & les flammes ont également contribué à la formation de cette montagne; fon fommet eft entiérement volcanique , fans veftiges de pétrifications; on trouve au - deffous des couches de pierres à chaux , qui renferment des bivalves pétrifiés, des *nummales l)* & des *turbinites;* plus bas une lave noire très-dure brifée en petits morceaux prifmatiques, qui approchent de la figure d'un parallélipipede anguleux; au deffous de l'argille rouge, ou de la marne avec des pétrifications; plus bas une nouvelle lave avec beaucoup de pierres ponces; des breches compofées de lave maftiquée avec de la chaux; puis encore des pierres à chaux avec des pétrifications.

Cette colline eft très-abondante en beaux corps marins très - bien confervés, en *oftracites* de différente efpece, *muricites, anomites* & en offements; l'on y pourroit compter trente différentes efpeces de coquilles pétrifiées très-belles. Mr. D'ARGENVILLE en fait mention pag. 175. elles fe trouvent non feulement dans les couches calcaires,

---

l) Ici l'auteur appelle les nummismales *nummales.*

mais encore dans la lave & dans les cendres volcaniques; ces cendres compofent auffi des breches
avec la pierre à chaux. On y voit différentes
efpeces de pierres ponces. On m'a affuré, qu'une
nouvelle éruption de feu fouterrain, annoncée
par beaucoup de fumée & de puanteur, avoit
dérangé & bouleverfé quelques années auparavant
une grande partie de cette montagne.

Il y a beaucoup de *lenticulaires* à *St. Giov. Ilarione* dans le Veronois, du côté de la riviere, qui
eft oppofée à la maifon de Mr. BALZI.

Le *Bolca*, fitué à 20 milles de Verone, eft une
montagne ou haute colline fort roide, aride, formée de grandes couches calcaires, & où fe rencontre de temps en temps d'anciens abîmes de
volcans & des laves.

La pierre à chaux renferme des cailloux de
différente couleur, rouges, noirs, verdâtres &
blancs, qui font feu avec l'acier; c'eft de cette
montagne que viennent les fameufes impreffions
de plantes & de poiffons fur du fchifte calcaire;
l'impreffion la plus remarquable, que j'aie vue, eft
celle d'une *murene* de trois palmes romaines de
longueur. Mr SEGUIER en a une, & l'apothicaire
BOLZA de Verone une autre. Les environs du
Bolca ne font que laves, pierres ponces & matieres brûlées.

Lo Scoglio della Limpia eft une des collines calcaires

caires & fabloneufes, fituées dans le voifinage de *Recoaro*. Celle-ci fe diftingue par la quantité d'*en-troques*, de *gryphites*, de *térébratules*, de *pectuncu-lites* & de pointes d'*échinites*, qu'on y voit.

La carriere du beau *marmo pavonazzo brecciato di Tungara* eft un peu plus en arriere, feulement à deux milles de *Valdagno*. Les collines des envi-rons de *Leonedo* fourniffent des pétrifications de coquilles de la mer Adriatique très-belles & fort bien confervées.

Il y a des *lithophytes*, des *cornes d'ammon* au-près de *Caftegnero* dans le Veronois.

On trouve des crabes pétrifiés (*granci e pagu-ri*) du côté de *Cerna*, près de la maifon de Mr. CESARINI.

Je vous défigne bien exactement le local, pour que vous ne foyez pas dans le cas de chercher longtemps, lorsque vous irez fur les lieux.

4. DES ANCIENS VOLCANS,

DE LEURS EFFETS ET PRODUCTIONS.

La vue des crevaffes obliques remplies d'une lave couleur de rouille, qui font dans le fchifte de *Recoaro*, fournit une des preuves les plus con-vaincantes de ce que le foyer des volcans exifte en la plus grande profondeur dans le fchifte & même au-deffous. Les fiffures qu'on voit ici dans le fchifte, doivent encore leur origine au des-

séchement des parties précédemment impregnées
d'eau, aux violentes commotions & tremblements
de terre, enfin aux efforts prodigieux, que fait
de bas en haut la matiere enflammée d'un volcan.
Delà les couches calcaires, dont la position primitive étoit horizontale, sont devenues obliques,
telles que sont les couches calcaires supérieures
de la *Scaglia*, adossées aux côtés des *monts Euganiens.* Delà les fissures des rochers calcaires ont été
remplies de laves, qui ont même pénétré entre leurs
différentes couches, & les ont séparées, comme
il se voit dans la vallée de *Polisella* dans le Veronois & en beaucoup d'autres endroits.

Les flots & les inondations ont déposé des
couches accidentelles (*Strata tertiaria*), qui ont
couvert tout le désordre causé par les volcans;
de nouvelles éruptions sont survenues, & il est
facile d'entrevoir, que dans peut-être plusieurs
milliers d'années ces événements peuvent s'être
réitérés un grand nombre de fois. Cette succes-
sion de révolutions dues alternativement au feu
& à l'eau doit avoir occasionné une grande con-
fusion & un mélange surprenant des produits de
ces deux éléments.

Il ne faut donc point s'étonner, si au milieu de
la pierre ponce on trouve des pétrifications dans
une matrice de lave & de cendres volcaniques,
semblables à celles qu'on tire de la montagne de
la *Ronca* & de plusieurs autres.

C'eſt par de ſemblables révolutions, que la couche de charbon de terre du *monte Viale* dans le Vicentin a été environné de laves.

On voit au *monte Ronca* & en pluſieurs autres endroits des couches entieres d'un mélange de laves & de marbre ou de pierres calcaires, réunies en breche, qui ont la même origine. Au dos d'un rocher calcaire des alpes du Vicentin, qu'on nomme *lo Spiſſo di Tonneſa* (où on exploitoit une mine de fer), eſt une grande fente perpendiculaire, qui deſcend juſque dans l'*aſtico*, torrent très-impétueux; cette fente eſt remplie d'une eſpece de marbre, ſemblable à la *Breccia Africana*, mais compoſé de lave noire & de morceaux d'un marbre blanc ſalin, dont le grain eſt très-fin, & qui prend parfaitement bien le poli. Cette lave en brocatelle ou breche n'eſt point rare; il y en a dans la vallée d'*Eriofredo* au-deſſous de *Tonneſa*.

On en trouve encore au bas du *Caſtello del Tovo*, rocher élevé & difforme, ſitué vers l'oueſt du côté des lacs *di Poſena*, & dans les grands vallons de la *Communità d'Arciero*, qui ſont encore plus au couchant au-delà de ces lacs, de même que dans la montagne *di Lovegno*, du côté de la maiſon de campagne d'*Alba*, entre *S. Rocco* & *S. Ulderico*; on voit auſſi de la brocatelle de lave au couchant de *S. Catharina*, du côté d'*Aena*.

La lave en eſt d'un verd noirâtre; ce marbre mêlé de lave eſt encore très-commun dans les alpes de *Recoaro*.

Le nombre des gouffres ou crateres de volcans éteints eſt conſidérable dans les montagnes ſecondaires, comme dans les collines ou montagnes de troiſieme formation de cette partie de l'Italie.

On voit deux crateres à une montagne voiſine du *Borgo Vicariale di Malo* dans le Vicentin, où eſt placée l'égliſe de la *Madonna di Malo*. Il y a un autre gouffre ouvert au *monte di Sette Fongi*, ſur lequel eſt ſitué le *Caſtello di Maroſtico* dans le Veronois.

Au ſommet de la montagne calcaire *di Lovegno* dans le Vicentin eſt une ancienne bouche de volcan très-vaſte & très-profonde, qui a la forme d'un cône renverſé; le fond eſt encore rempli de lave mêlée de beaucoup de fragments de quartz & de ſchiſte provenant du *ſciſto primigenio*, qui eſt au-deſſous, & au travers duquel la lave s'eſt formé un paſſage; au nord de ce cratere ſe voit une ouverture ou fente profonde, qui ſert de paſſage aux eaux de neige & de pluie, qui tombent dans le gouffre, & qui vont ſe fondre avec les eaux du torrent *di Poſena.*

Dans tous les environs de la montagne on trouve les différents courants *m)* de lave, qui ont

---

m) Il faut avoir vu des volcans, pour bien comprendre cette

coulé, & les couches de cendres, qui ont été vomies autrefois par ce volcan. Presque toutes

expreſſion qui eſt très-juſte. La lave ſort d'une bouche quel-conque, & prend en coulant la direction que lui donne le vent, & la pente de la montagne. Comme c'eſt une maſſe fluide, elle avance en formant des ondes à l'inſtar des eaux, & occupe ſelon la quantité de matiere, que vomit le gouffre, un eſpace plus ou moins large; de maniere qu'elle forme un torrent ardent. On diſtingue beaucoup mieux ces torrents de lave aux environs des montagnes enflammées, d'où la lave a coulé récemment, qu'autour des volcans éteints, où la lon-gueur des temps a confondu les torrents des différentes érup-tions par beaucoup de révolutions; ces courants ou torrents de lave ſont très-diſtincts & très-multipliés au Véſuve.

Qu'on ſe repréſente des matieres enflammées & liquides, ſortant du ſommet d'une montagne, couvrant un terrein de 25 à 30 toiſes de largeur ſur une épaiſſeur d'une à deux toiſes, que leur tenace fluidité fait gravement ondoyer ſur la pente d'un volcan, ſe répandant ſucceſſivement ſur une ou deux lieues de terrein, détruiſant tout ce qu'elles rencontrent, for-mant des caſcades de feu, comblant les précipices, ſe conden-ſant peu à peu, & laiſſant ſur tout le terrein qu'elles ont noyé de feu, une maſſe vitrifiée noirâtre, qui conſerve intérieure-ment ſa chaleur pendant des années entieres, & on aura quel-que idée de ce qu'on appelle torrent ou courant de lave. Il y en a de plus petits, mais il y en a auſſi d'infiniment plus conſidérables en largeur & en hauteur. Il y eut en 1669 une éruption à l'Etna; il coula alors de la bouche de ce volcan un torrent de lave, qui avoit 6 milles de largeur & 6 toiſes d'épaiſſeur, & qui ne s'arrêta qu'à quatorze milles de ſa ſource.

"Lapide in crateribus colliquato ac deinde ſurſum egeſto, „humor vertici ſuperfuſus cœnum eſt nigrum, per montem

les collines du pays de *Tretto* & tous les bas fonds du canton en font couverts. Les laves en font noires & remplies, comme prefque toutes les laves, de criftallifations blanches, à beaucoup de facettes de la nature du fchœrl; on pourroit donner à ces criftallifations le nom de grenats blancs.

On tire des petites collines de *S. Ulderico del Tretto*, qui font aux environs de la montagne *di Lovegno*, l'argille blanche ou la terre à porcelaine, dont on fe fert à *Morano* pour faire les creufets, dans lesquels on fond le verre, & pour la porcelaine des manufactures de Venife & de Florence.

Toute cette contrée eft volcanique; il paroît vraifemblable à Mr. Arduini, que cette argille a été anciennement vomie de la montagne de *Lovegno*; il fuppofe qu'elle a été mêlée de beaucoup d'eau, & n'eft qu'une fine diffolution de fchifte, qui eft dans les fonds, d'autant plus que cette terre eft remplie de petits morceaux de fchifte, de petites veines de quartz, qu'il renferme, & de ce mica groffier & argenté, qui l'accompagne.

Ce favant attribue la même origine à un bol

„deorfum fluens: deinde ubi concrevit, lapis fit molaris.
„Strabo Lib VI.

    „Vidimus undantem ruptis fornacibus Aetnam,
    „Flammarumque globos, liquefacta volvere faxa.”
Virgil. Georg. Lib. I. v. 472.

rouge, en partie tellement endurci, que l'on en fait du crayon. Ce bol vient d'une couche de matieres volcaniques, qui eſt ſous la *Scaglia* du *monte di S. Pancrazio*, ſur le chemin de *Barbarano*, au *Ponte di Moſſano*. Et il regarde tous les autres bols *n)* rouges, bleus, jaunâtres & gris de

---

n) L'argille blanche ſe rencontre aſſez ſouvent aux environs des volcans ; notre auteur prouve plus avant dans cet ouvrage, que cette argille blanche n'eſt communément qu'une diſſolution de lave, dont la terre vitrifiable s'eſt unie à l'acide ſulfureux, qui s'exhale des ſouterrains des anciens volcans. J'ai obſervé la même choſe en pluſieurs endroits, entr'autres à la montagne de *Poligné* en Bretagne ; j'aurai occaſion de communiquer mes remarques à ce ſujet, lorsqu'il ſera queſtion de la ſolfatare.

Ce qui prouve au moins, que Mr. ARDUINI a trop généraliſé ſon idée, en diſant que toutes les argilles & les bols, qu'on trouve aux environs des volcans du Vicentin, ont été vomis par ces volcans, & font une diſſolution de ſchiſte, qui eſt dans la profondeur. Le plaiſir d'avoir une preuve de plus, que le foyer des volcans de ce pays étoit dans le ſchiſte, ou au-deſſous, peut l'avoir entrainé à étendre ſi fort cette opinion, quoiqu'elle ne puiſſe être adoptée que bien rarement: car ſelon Mr. ARDUINI lui-même ces terres ne peuvent être élevées hors du volcan, que lorsque les vapeurs fortement dilatées parviennent à élever des tas de pierres ou de grands volumes d'eau hors du gouffre. Mais une matiere lancée hors d'une bouche de volcans doit ſe mêler avec les autres corps qui ſont néceſſairement élevés avec elles ; cependant cette argille blanche, propre à faire de la porcelaine, n'a pas été altérée dans ſa pureté ; le cas, où je vois le plus de probabilité

cette nature, qu'on trouve dans les couches volcaniques du Vicentin, comme du fchifte forti des
volcans du voifinage & diffous par l'eau. Tous
ces bols font très-gras, & lorsqu'on les diffout
dans l'eau, ils laiffent tomber un fable fin ferrugineux, attirable à l'aimant, entiérement femblable
à celui que les eaux de pluie détache de toutes
les collines volcaniques, & que le ruiffelement de
ces eaux ramaffe par ci par là en petites bandes.

Il eft à propos de remarquer, que dans beaucoup de cantons volcaniques du Vicentin, du
Veronois &c. il fe trouve au milieu de la lave &
de la cendre différentes efpeces de cailloux, qui
font feu avec l'acier, tels que des pierres à fufils,
des jafpes, des agathes rouges, noires, blanches,
verdâtres & de plufieurs autres couleurs. Mr.
ARDUINI a décrit féparément dans le *Giornale d'I-*

---

dans le fentiment de Mr. ARDUINI, eft, lorsque le volcan
vomit de l'eau; alors je conviens que cette eau peut tenir
l'argille en diffolution & la dépofer; mais un pareil dépôt ne
fauroit être pur; d'ailleurs ce ne font pas les éruptions d'eau qui
font les plus fréquentes dans les volcans connus, au contraire
elles font fort rares.

Je ne nie donc point que quelques-uns de ces bols peuvent avoir été jettés hors des volcans du Vicentin; mais comme nous avons une certitude phyfique de la maniere dont ces
bols blancs & colorés fe forment fous nos yeux par une décompofition de la lave, je crois qu'une grande partie des
bols du Vicentin font auffi l'effet d'une femblable décompofition de lave.

talia des hyacinthes, des chryfolites & des *pietre obfi-diane*, qu'on trouve à *Leouedo*.   On voit encore dans les collines du Vicentin, qui fonf formées de cendres volcaniques, des cailloux de la nature des calcédoines *o)*, ou des opales (*opali enhydri*), qui contiennent de l'eau.   "On pourroit dire *p)*,

---

o` Ce font les mêmes cailloux, dont il eft queftion Lettre troifieme note *a*.

p) Il faut que je l'avoue, j'ai de la peine à concevoir ce paffage de notre auteur ; je puis attefter que je l'ai traduit mot à mot, & que j'ai bien faifi le fens de l'original.   Voici donc ce qui m'embarraffe ; quelques lignes plus haut Mr. FERBER allegue toutes les raifons qui étayent l'opinion de Mr. ARDUINI au fujet des bols, que j'ai combattue dans la note *n*).   Il eft vrai qu'il dit conftamment, que c'eft Mr. ARDUINI, qui croit que tous les bols des cantons volcaniques du Vicentin ont été vomis par les volcans qui y étoient ; mais il ne contredit point ce favant.

Il eft notable que c'eft à l'occafion de la terre à porcelaine de *S. Ulderico del Tretto*, que Mr. FERBER développe le fyfteme de Mr. ARDUINI, & qu'il dit lui-même que tous les environs font volcaniques.   Cependant pour donner un air de vraifemblance à l'idée qu'on pourroit avoir, que les cailloux qu'on trouve dans les collines volcaniques du Vicentin, peuvent avoir été détachés de la *Scaglia* & mêlés à la lave par les eaux, il dit qu'il faut convenir, que la terre à porcelaine des collines de *Tretto* renferme auffi de ces cailloux, comme s'il étoit perfuadé, que cette terre à porcelaine eft comme d'autres argilles un dépôt des eaux, qui font à la furface de la terre, & non une production volcanique ; il forme même une queftion en conféquence, en demandant

„que tous ces cailloux ont été détachés de la *Sca-*
„*glia*, & que les eaux les ont unis à la lave. Il
„faut même convenir, que la terre à porcelaine
„des collines de *S. Ulderico del Tretto* contient
„un nombre infini de cailloux, de jaspes &c.
„ainsi que les terres à porcelaine des autres pays,
„telles que celle de Saxe &c." Mais comment
ces cailloux sont-ils arrivés dans les collines pu-
rement volcaniques, qui ne nous offrent aucun
vestige d'une argille quelconque, comme cela se
voit aux collines de *S. Rocco*, près de *S. Ulderico?*

Dira-t-on que ces cailloux ont été détachés,
par l'effort du feu, des couches, qui existent peut-
être dans la profondeur des souterrains. On con-
cevra à la vérité dans cette supposition, comment
ces cailloux se sont logés dans la lave & l'argille;
car les volcans peuvent avoir rejetté en même
temps toutes les matieres de leur sein; d'autant
que ces produits volcaniques contiennent aussi

---

pourquoi ces pierres se trouvent-elles donc dans des collines
volcaniques, où il n'y a point d'argille, où par conséquent
elles n'ont pu être déposées par les eaux extérieures? Mais
cette question ne m'empêcheroit pas de dire, si je voulois
soutenir cette hypothese, que tous ces cailloux viennent de
la *Scaglia*; car la *Scaglia* couvroit toutes les montagnes
calcaires du Vicentin; il a fallu que le volcan la rompît pour
s'élever, & en la brisant, les cailloux, dont elle est formée,
pouvoient très-bien s'être dispersés sur la colline volcanique,
qu'il s'y trouve de l'argille ou non.

des morceaux détachés de quartz criftallifé & de marbre. Mais comment prouvera-t'on l'exiftence de toutes ces veines fouterraines de jafpe & d'agathe? D'où vient que les hyacinthes, les chryfolites, & les *pietre obfidiane* du Vicentin (qui font toutes des verres naturels, & approchent affez de la dureté des véritables hyacinthes & chryfolites) ne fe rencontrent que dans la lave dure, & non dans la terre à porcelaine, comme les jafpes? Ces objections doivent faire adopter le fentiment de Mr. ARDUINI, qui penfe que tous les cailloux *q*), qu'on trouve ici au milieu des

q) Il me paroît encore que Mr. ARDUINI auroit pu reftreindre fon opinion. Il confond les agathes & les jafpes avec les prétendues pierres précieufes, & leur attribue la même origine; les agathes & les jafpes font partie de la *Scaglia*, & il y a toute apparence que ce font les reftes de fa déftruction; mais on ne trouve point dans la *Scaglia* de pierres, qui imitent les hyacinthes, chryfolithes &c. Or comme il eft très-vrai, que l'art vient à bout d'imiter ces pierres, nous ne pouvons refufer au feu d'un volcan, toujours abondamment pourvu de fel, le pouvoir de fondre les terres vitrifiables, & de produire des efpeces de pierres précieufes, dont la couleur dépend des mélanges qui fe font fous terre; la lave fluide n'eft autre chofe qu'une pareille vitrification, ôtez à cette lave le principe de fa couleur noire, il peut s'y mêler toute autre fubftance colorante, qui produira un verre différent, fufceptible d'une très-grande dureté, felon la violence du feu qui l'aura fondu. J'ai vu chez Mr. MARGRAFF une pierre d'un bleu foncé, qu'il avoit préparée, & qui avoit pris un poli fuperbe, & faifoit feu avec l'acier.

matieres volcaniques, font de vrais produits du
feu fouterrain & des fufions, qu'il a occafionnées.
Si le foible feu d'un fourneau chymique parvient
à imiter les pierres précieufes les plus dures, pourquoi refufer à la nature le pouvoir de les produire
dans fon laboratoire immenfe par un feu auffi terrible que celui des foyers de volcans.   Je ne conclus pas de-là, que toutes les pierres précieufes,
les jafpes, les agathes & les pierres à fufils proviennent des volcans.   Il fuffit de favoir qu'on
trouve du jafpe dans la *Scaglia* des montagnes du
Vicentin, pour être perfuadé, que cette pierre
peut auffi être formée par les eaux.

Je crois que la nature fe fert de ces deux voies.
Les minéralogiftes, qui n'ont vu que des pierres
dues aux dépôts des eaux & à la confolidation de
ces dépôts, qui ne connoiffent pas les volcans,

On nomme communément ces pierres artificielles *fluors*;
je n'ai pas voulu me fervir de ce terme, parcequ'il eft encore employé pour les criftallifations, dont la couleur approchent de celle des pierres précieufes.

Quelquefois on n'appelle *fluors* que les pierres colorécs
vitreufes, qui ne font que des variétés du criftal de roche;
d'autres fois on étend ce nom aux criftallifations colorées
calcaires & fpathiques, & on le donne auffi aux pierres artificielles; Mr. WALLERIUS même a commis cette faute.   Je
voudrois qu'on évitât toujours d'employer les mêmes dénominations en différents fens, à caufe de la confufion qui en
réfulte.

& qui ne les ont confidérés que fuperficiellement, trouveront peut-être mon opinion abfurde; c'eft ce qui arrive, quand on fe forge des fyftemes généraux, fondés fur des obfervations faites dans un feul pays, & que l'on croit avoir dévoilé tous les myfteres de la nature, tandis qu'on connoît à peine une feule de fes méthodes.

Les Italiens ufent de repréfailles; car fi nos minéralogiftes cifalpins attribuent trop d'effet à l'eau, les Italiens expliquent tous les phénomenes des autres parties du monde par les volcans, dont ils étendent'le pouvoir dans les pays, où on n'en connoît point ou très-peu.

Rien n'eft plus dangereux que les fyftemes en hiftoire naturelle; voir par foi-même, juger en conféquence, fe réfoudre à voir bouleverfé par un feul phénomene toutes les idées qu'on s'eft formées, tel eft le devoir d'un obfervateur fidele. Vous vous fouvenez fans doute, Monfieur, de différents bafaltes, que nous avons examinés l'été dernier dans les montagnes de Boheme; nous ne nous attendions pas à découvrir dans ces montagnes des corps, qui n'auroient pas été produits par les eaux. Il me femble vous avoir fait part des remarques, que j'ai faites de concert avec Mr. RASPE dans le *Habichtswald*, près de la fameufe machine d'eau de Caffel, où nous avons trouvé beaucoup de traces d'anciens volcans; Mr. RASPE a même adreffé à la fociété littéraire de Londres un traité fur les montagnes de bafalte en colonnes de fon pays, dans lequel il foutient avec affez de probabilité, qu'elles doivent leur origine à une matiere, qui, après avoir été mife en fufion par les feux fouterrains, a adopté une figure de colonne. Il y a plufieurs montagnes du Padouan du Vicentin & du Veronois, dont toute la lave, ou du moins une partie, fe trouve fous la même forme. C'eft la vue de ces bafaltes, qui a déterminé Mr. DESMARAIS à avancer dans un traité, qu'il a préfenté à l'académie des fciences, que les bafaltes font dus à la fufion opérée par un feu fouterrain.

Mr. GUETTARD, à qui les naturaliftes doivent beaucoup, croit au contraire dans fon traité des bafaltes, que c'eft par la voie humide, que le bafalte s'eft criftallifé. Il ne peut s'imaginer que des corps réguliérement criftallifés puiffent être produits par le feu *r* . Je ne le conçois pas plus

---

r) Peut-être Mr. GUETTARD a-t-il changé de fentiment depuis le voyage qu'il a fait en Italie, où il a été à portée de voir des colonnes de bafalte dans la plupart des cantons volcaniques; les principaux motifs, qui le déterminoient à penfer, que le bafalte ne pouvoit devoir fon origine à la fufion, étoient d'abord que la plupart des criftallifations ne fe faifoient que dans un milieu tranquille. Je crois qu'il n'y a gueres de milieu plus tranquille qu'une maffe de feu affez tenace, pour n'être pas agitée par l'air, & affez fluide pour

que lui, néanmoins le plus grand nombre des laves du Vicentin, du Veronois & du Padouan ren-

laisser par une condensation lente le temps aux différentes
parties homogenes de se rapprocher; & en second lieu, que
la substance du basalte est bien différente de celle des laves,
qui est poreuse. Je pense que si Mr. GUETTARD avoit examiné à la loupe le basalte, il y auroit trouvé les mémes
particules de mica & de schœrl, que dans la lave, & qu'il
se sera depuis convaincu, que toutes les laves ne sont pas
également boursoufflées & poreuses, mais qu'il y en a, dont
la substance est absolument pareille au basalte.

Il y a plusieurs autres raisons, qui empéchent Mr. GUET-
TARD d'être à cet égard du sentiment de Mr. FERBER; mais
les bornes d'une note ne me permettent pas d'entrer en de si
grands détails; j'ajouterai seulement que Mr. GUETTARD
cherche à répondre aux différentes objections, qu'on pourroit
faire à son systeme, en disant que le régule d'antimoine,
qui forme une étoile, n'est pas une vraie cristallisation; que
l'amianthe ferrugineuse des fourneaux n'est qu'une vapeur, &
que les petits cristaux, dont sont tapissés les parois des laves,
sont communément rouges, que ce n'est que l'arsénic répan-
dû sur les corps volcaniques, qui s'y est niché sous cette forme, lorsque la lave s'est refroidie.

Mais le cuivre contenu dans sa mine ne se réunit-il pas
en forme de grappes &c. quand on la grille? & pour répondre à Mr. GUETTARD, il me paroît que le régule d'antimoine, adoptant seulement la figure d'aiguilles, est déjà une cristallisation; je vois des métaux, qui en se condensant prennent une forme déterminée; l'arbre de Diane, les stries du
cinnabre, sont des formes régulieres bien plus difficiles à acquérir, que les formes d'une colonne de basalte; le basalte
en se refroidissant a cessé de faire une masse de lave contiguë,

ferment une quantité infinie de petits criſtaux de
grenats , ou de fchœrl blanc à beaucoup de facettes , dont la figure eſt auſſi réguliere & beaucoup plus anguleuſe que celle du baſalte; ils ne
peuvent cependant avoir été produits , que pendant que la lave étoit en fuſion; car outre qu'ils
ſont d'une nature & d'une figure, qui ne s'eſt vue
juſqu'ici dans aucun terrein de notre globe, ſi
non dans la lave, leur nombre eſt prodigieux.
Ainſi ſans faire mention de beaucoup d'autres difficultés, il paroît incroyable , que ces criſtaux

ſe

& s'eſt rompu en colonnes quarrées, pentagones &c. comme
on voit certaines pierres ſe briſer en morceaux, qui ont la
figure de rhombes &c.

De plus ce ne ſont pas les criſtaux rouges, qui ſe forment
dans les cavités des laves, lorsqu'elles ſe condenſent, qu'on
oppoſera à l'opinion de Mr. GUETTARD ; ceux-là ne ſont
certainement dûs qu'aux vapeurs arſénicales ; mais ce ſont
les prétendues pierres précieuſes, les fchœrls &c., que Mr.
FERBER allegue avec raiſon, comme la plus forte preuve,
que les colonnes de baſalte peuvent avoir été formées par le
refroidiſſement de la lave.

Certainement ces colonnes quelques régulieres qu'elles
ſoient, ne ſont qu'une criſtalliſation très-groſſiere en comparaiſon de celle des petits criſtaux, qui ſont dans la lave, &
qui ne peuvent provenir que d'une ſéparation de molécules
homogenes noyées dans de la lave fluide, auxquelles une lente
condenſation de cette lave a permis de ſe rapprocher & d'a-
dopter une figure réguliere. Voyez lettre 17. note *d*.

fe trouvent en fi grande quantité juftement dans les abymes, où il y a des foyers de volcans, pour que toutes les montagnes, qui vomiffent du feu, en jettent hors de leur fein. Ces criftaux font donc dus à la fufion; cela étant, pourquoi les bafaltes n'auroient-ils pas la même origine? Je ne prétends pas pour cela, que tout le bafalte provienne des volcans; il peut s'en être criftallifé dans les eaux. Les bafaltes de Saxe & de Boheme m'ont paru devoir leur origine à cette derniere voie *s*). Quel plaifir n'aurois-je pas de les examiner encore une fois! Ce qu'il y a de certain, c'eft que les montagnes de bafalte du Padouan, du Vicentin & du Veronois faifoient partie autrefois d'anciens volcans, & que ces bafaltes font formés de la même lave que les autres parties de ces volcans. Il n'y a point de difference, fi non qu'une partie de la lave a adopté une forme réguliere de colonne, tandis que l'autre n'en a point de déterminée. Je vais vous donner, Monfieur, quelques exemples de ce que je viens d'avancer.

F

---

s) Depuis que les lettres de Mr. FERBER font imprimées, Mr. DE BORN a découvert près de la ville d'*Egra*, en Boheme, des volcans, qui font le fujet d'une lettre, qu'il a écrite à Mr. le comte de KINSKY, & c'eft juftement dans le voifinage de ces volcans que font les colonnes de bafalte; auffi Mr. DE BORN ne doute-t-il point, qu'elles n'en foient des produits,

Il monte di S. Luca sopra Masone nel Marusti-cano, in Vicentino congiunto alle pendici meridionali delle montagne di sette communi a de la pierre calcaire à sa base & à son sommet des matieres volcaniques & du basalte en colonnes.

Il monte Rosso nel Paduano est entiérement formé de colonnes de basalte.

Dans le voisinage de *Gambellaro*, près de *monte Bello* & de *Sorio* dans le Vicentin, est une autre montagne composée de colonnes de basalte.

Il y a au *monte di Diavolo*, à une mille d'Italie au-dessus de la *villa di S. Giovanni Ilarione* dans le Vicentin, vers les frontieres du Veronois, du basalte noir, fort dur, formant des prismes isolés; ces prismes sont inclinés, de maniere que leur sommet est dirigé vers le couchant, & leur pied du côté du levant. Les deux côtés de la vallée de *Giovanni Ilarione* sont entiérement volcaniques & remplis de laves; il n'y a que la partie orientale du vallon qui soit disposée en colonne; on la nomme *lo Scoglio del Diavolo.* Cette montagne est calcaire dans toute sa base, & au-dessus sont des *strata tertiaria.*

Au *monte Ronca* est une autre couche de laves prismatiques, comme je l'ai dit plus haut *t*).

____

t) Mr. DESMAREST avoit observé avant Mr. FERBER les laves prismatiques de l'état Venitien. Il en fait mention dans son excellent mémoire sur les Basaltes, imprimé dans les *Mem. de l'A-*

Les *piperini*, pierres compofées de cendres de volcans endurcies & de feuilles de fchœrl micacé, abondent dans la plupart de ces cantons volcaniques.

Il y a même des collines uniquement formées de cendre grife, ou brune, que les eaux ont rendu compacte; telles font les collines de *Bruganza*, de *Sarcedo*, de *Montechio*, de *Precalcino*,

---

cad. roy. *des fciences année* 1771. Voici ce qu'il en dit p. 746.
"J'ai vu ce bafalte aux environs de Vicence, dans les états „de la république de Venife, conftamment au milieu des „autres produits du feu; tels que les fcories, les laves trou- „ées, les ponces & les terres cuites: il s'y montre de plus en „maffes informes, en boules, en corps à facettes, comme „en Auvergne. J'ai trouvé quelques prismes à *Moncelefe*; „d'autres maffes prismatiques proche les villages de la *Bren-* „*dola*, de *Gambelara* & de *Terroffa*; mais la vallée de „*Ronca* m'a préfenté des rideaux de prismes plus beaux & „plus réguliers. On jouit du même fpectacle tout le long du „vallon de l'Alpon, particuliérement depuis *S. Giovanni Hi-* „*larione* jufqu'à *monte Bolca*, fur une étendue de 3 lieues: „les rochers de bafalte prismatique fe montrent de toutes „parts le long des croupes de ces deux vallées profondes, & „font encore engagés en partie dans des fcories, dans leurs „débris, & dans des terres cuites, qui les recouvroient en „entier avant que les eaux euffent dégradé ces terreins mo- „biles. Les mêmes matieres fervent auffi conftamment de „lit à ces rochers de prismes. De Moncelefe à *monte Bolca* „il y a environ 20 lieues, qui offrent partout des veftiges du „feu, fur une largeur de fix à fept lieues &c.

F 2

de *Zujano* & de plusieurs autres montagnes du Vicentin.

La plupart des volcans des pays, dont j'ai
parlé, ayant fait leurs éruptions au travers des alpes, ou collines calcaires, n'ont pu avoir la forme
réguliere, qu'affectent les autres; mais les *montes
Euganei* près de Padoue, qui s'étendent depuis la
plaine de Padoue jusqu'aux alpes, font très-régu-
liérement formés, c'est-à-dire détachés de tous
côtés & isolés.

La *Scaglia* compofée de couches calcaires, traverfées par de petites veines de pierres à fusil,
environne de toutes parts les *monts Euganiens*; elle
est obliquement adoffée aux penchants de ces
montagnes; au lieu qu'elle couvroit en forme
de croûte la fuperficie des lieux, d'où les efforts
des volcans l'ont foulevée: ce qui vient fans doute
de ce que ces collines de laves fe font élevées peu-
à-peu, à mefure que la lave, en fortant d'un même centre, s'est étendue fur toutes les parties
d'une circonférence, dont elle a augmenté en
même temps la périphérie & la hauteur.

Avant de terminer cette longue lettre je
vous rendrai compte encore des minéraux, qui fe
trouvent de temps en temps dans les parties volcaniques, dont je vous ai parlé. Ces minéraux ont
été fublimés en vapeurs feches ou humides jufqu'au fommet de la bouche des volcans par le feu

souterrain, ou bien la lave les a détachés des fonds, les a enveloppés & enlevés avec elle hors du gouffre. C'est de la premiere maniere que le soufre se sublime hors de la bouche des volcans, que le vitriol se forme par l'union de l'acide sulphureux avec le fer, que l'alun est produit de l'union de ce même acide avec des terres ou des pierres argilleuses, & qu'enfin il résulte de la sélénite & du gyps, lorsque cet acide a rencontré des terres calcaires dans différents cantons volcaniques.

Je ne doute pas que le cinnabre, qui se trouve à la superficie du terrein à *Silvena nella Contea di S. Fiore* n'ait été pareillement sublimé.

Jamais on ne trouve dans la lave de filons métalliques, qui se soutiennent; néanmoins celles, qui remplissent les fentes des montagnes calcaires du Vicentin, contiennent de temps en temps quelques minéraux. Toutes laves *u*) sont ferrugineuses, les unes plus, les autres moins.

Il y a dans la lave de la vallée *Polisella* deux grandes & riches veines de mine de fer.

F 3

---

u) On donne assez abusivement le nom de *lave* à tous les produits volcaniques; ce n'est pas dans ce sens que l'auteur dit, que toutes les laves sont plus ou moins ferrugineuses; il n'entend ici que les productions de volcans, qui ont été en fusion ou scorifiées, que l'on devroit nommer *laves*, à l'exclusion des autres matieres, qui sortent des volcans.

Dans la lave de la vallée *Pantena nel monte di fitte funghi*, dans le Veronois, eft une veine de bol endurci d'un jaune rougeâtre, mêlée de beaucoup de verd de montagne ; mais en fuivant cette veine ce mélange cuivreux fe perd & fe remplace par une mine de fer ochreufe. Près de là fe trouve de la manganefe, & dans les crevaffes d'une montagne calcaire fecondaire de la vallée *di Garno* dans le Bergamafque une lave, qui renferme de la mine de plomb & de la blende.

Ou ces minéraux exiftoient dans ces fonds, avant que la lave s'y foit introduite, ou ils ont été vomis avec elle ; il en eft de même des mines de plomb, qu'on tiroit autrefois de la lave des petites collines volcaniques, appellées le *Guizze*, dans le territoire de *Tretto* près d'*Oena*; ces mines font toutes abandonnées, ainfi que celles des *Collicelli di Pofena*, fituées au pied de la montagne *di Pafubbio*.

On doit ranger dans cette claffe les mines de plomb, de cuivre, d'argent, la pyrite, la manganefe & la blende, qu'on a tirées autrefois de diverfes montagnes calcaires & volcaniques (*ordinis montium fecundar. vel tertiariorum*), voifines de la *Leogra* dans le *Vicentin*, telles que le *monte Narro*, le *monte Trifa*, le *monte Caftello di Pieve*, & d'autres encore, qui font au couchant du côté de *Recouro*. A l'endroit où l'on trouve le cinnabre, dont j'ai fait mention ci-deſſus, on voit auſſi des morceaux d'une lave noire & dure, parſemée de longues & brillantes éguilles d'antimoine, qui doivent par conſéquent avoir été renfermées dans cette lave, lorsqu'elle étoit fluide & jettées avec elle hors d'un gouffre de feu.

SIXIEME LETTRE.

De Boulogne le 26. Nov. 1771.

J'ai été de Veniſe à *Chiozza* & à *Ferrare* par eau ſur le Po & des canaux au travers d'un pays parfaitement plat & très-bien cultivé; cette plaine s'étend environ un mille au-delà de Boulogne, où on commence à monter les Appennins; j'ai ſéjourné deux fois vingt-quatre heures à *Chiozza*; j'y ai vu une partie de la collection de plantes de Mr. BARTOLOMEO BOTTARI, Docteur en medecine; elle eſt riche en *fuci* & autres plantes marines de la mer adriatique, dont quelques-unes n'étoient certainement pas connues; ſes coquilles, ſes *lithophytes*, ſes *ſertularia* & les autres corps marins, qu'il poſſede, ſont admirables; il a auſſi des *nautiles*, *lithophytes* & autres petites coquilles microſcopiques très-curieuſes, tirées du ſable de la greve.

Ce ſavant a couché par écrit pluſieurs obſer-

vations fur les plantes & arbriffeaux de fon pays;
il feroit à défirer qu'il les rendît publiques; fa bibliotheque italienne eft peu, nombreufe, mais
bien choifie; il a raffemblé les meilleurs auteurs
de fa patrie fur tout ce qui a paru de mieux en
fait d'hiftoire naturelle, de poéfie & de beaux
aits. Je vis auffi Mr. le Docteur VIANELLI, homme déjà avancé en âge, connu par fon traité *de
Noctiluca marina*, dans lequel il prouve que cette
efpece de ver eft ce qui rend la mer lumineufe
pendant la nuit *a*, quand on la met en mouve-

---

a PONTOPPIDAN dans fon *Hiftoire naturelle de Norvége*
obferve, que la mer du nord luit & étincelle de même, fur-
tout la nuit, lorsqu'on met les eaux en mouvement; les marins du pays appellent cette lumiere *Morild*; on a cru quelque temps, que c'étoit une lumiere pholphorique; Mr. DE
LA COUDRENIERE s'eft nouvellement efforcé de donner du
poids à cette hypothefe. Comme cette lumiere & ces étincelles ne brillent gueres que lorsqu'on met la mer en mouvement, on a penfé que ce feu pouvoit avoir quelque analogie
avec la matiere électrique. Les nouvelles expériences faites
par Mr. BAJON, Médecin à Cayenne, dans fa traverfée de
France à Cayenne, donnent quelque vraifemblance à cette
hypothefe (voyez l'excellent *Journal de phyfique* de Mr.
l'Abbé ROZIER, année 1774. *Tome III. p.* 106. & année
1775. *Tome V. p.* 451.); mais le Docteur VIANELLI n'a laiffé
aucun doute fur la caufe de cette apparition; il a filtré fur
un linge de l'eau de mer lumineufe; le linge eft devenu lumineux, & l'eau a perdu cette qualité; il a regardé les petits
points lumineux du linge avec une loupe, & il a trouvé, que

ment; mais la mer n'a pas en tout temps cette faculté de luire; on affure qu'on voit le même phénomene fur les canaux de *Chiozza* & de Venife, & fur la mer de Naples.

On profite à *Chiozza* des grandes chaleurs pour extraire le fel de l'eau de la mer. Il part de toutes les extrémités de cette ville des routes pour la terre ferme, pour Padoue, Boulogne &c. La route de la greve conduit à Ravenne, Rimini, Pefaro, Ancona, la Lorette, Spolette *b*) & à Ro-

F 5

c'étoient de vrais infectes de mer, brillant, lorsqu'on met l'eau, qui les contient, en mouvement, comme cela arrive dans les autres mers. Mr. l'Abbé NOLLET a réitéré ces expériences; elles font rapportées dans les *Mem. de l'acad. des fcienç.* année 1750. p. 57.

b) En allant d'*Ancone* à *Rome* on traverfe les Appennins; les montées font très-roides fur cette route; ces montagnes n'offrent rien de particulier, qu'on ne voie dans les autres parties des Appennins, & font formées à-peu près comme celles, qu'on traverfe de *Boulogne* à *Florence*; les eaux du fameux aqueduc de *Spolette*, qui incruftent la mouffe & les autres corps, fur lesquels elles jailliffent, & les *bocche* ou *grotte di Vento* de la ville de *Cefi* font les objets les plus intéreffants, que cette route offre à un naturalifte. Ces cavernes font dans la ville même; il en fort par plufieurs iffues un vent réglé, qu'on conduit dans les maifons par des tuyaux pour rafraichir le vin, les caves & les appartements. Je ne parle pas de la cafcade de *Terni*, appellée *Cafcata delle marmore*. Tous les voyageurs en font mention. Voyez les *Mem. de Mr.* GUETTARD T. I. p. 391. & les *Mem. de l'Açad. des fciences* année 1757. p. 397.

me; cette route eft, dit-on, très-agréable, & le
pays, qu'elle traverfe, doit aller de pair avec les
plus belles parties de l'Italie; ce qui prouve, qu'il
ne faut pas juger de tout l'état eccléfiaftique par
les ftériles environs de Rome.

Le comte FRANCESCO GINANI, dont la belle
collection d'hiftoire naturelle a été décrite en un
in - 4. imprimé à *Lucques* en 1762, demeure à *Ra-*
venne.

Le docteur GIOVANNI ANTONIO BATARRA & le
docteur JANO BIANCHI font établis à *Rimini*; le
premier a donné un traité *de fungis agri Arimi-*
nenfis, Faenza in- 4. 1755; il doit être préfentement occupé à faire imprimer à Rome tous les ouvrages de BONANNI avec des remarques. Le docteur
B I A N C H I (*Plancus*) eft connu pour avoir publié
les ouvrages intitulés *Fabii Columnæ Ecphrafis c*) &

---

c) Il feroit à défirer, que Mr. BIANCHI eût en effet donné
une nouvelle édition de l'*Ecphrafis*; malheureufement il ne
l'a pas fait, & ce livre fe paye au poids de l'or, quand on a
le bonheur de le rencontrer. Il n'en eft pas de même du
Phytobazanos, que Mr. BIANCHI a réellement fait réimpri-
mer. J'ai vu chez ce favant les coquilles, qu'il a décrites. Il
m'a remis lui-même une bonne provifion du fable, d'où il les
a tirées.

Mr. BIANCHI a une collection d'hiftoire naturelle & d'antiques, qui eft dans un défordre affreux & tellement couverte
de pouffiere, qu'on n'oferoit y toucher; la plus grande partie
de cette collection eft compofée de productions de la mer
adriatique.

Phytobazanos avec des notes, & par son livre *de Conchis minus notis*, dans lequel il a décrit différentes coquilles microfcopiques, qui fe trouvent dans le fable de la greve de *Rimini*. A *Pefaro* habite Mr. Passeri, favant, qu'on dit avoir une belle collection de foffiles & de minéraux, & qui a écrit quatre lettres très-inftructives *fopra gli foffii del Pefarefe*, inférées dans quelques parties de la *Raccolta d'opufcoli jcientifici & filologici, ftampata in Venezia preffo Simone Occhi*; mais je n'ai pas eu l'honneur de le voir, ayant été directement par eau de *Chiozza* à *Boulogne*.

Je n'ai pas grand-chofe à vous dire de l'univerfité de Boulogne & de fa conftitution. Il y a beaucoup d'auditoires; la bibliotheque eft riche; le théatre anatomique très-beau & orné de fculpture fort délicate; le jardin de botanique a été nouvellement aggrandi & embelli, mais il eft placé dans un lieu trop écarté. Il fuffit de foutenir des thefes pour être reçu docteur dans cette univerfité; rien n'eft plus rare que de voir approfondir une matiere.

L'inftitut de Boulogne, de la plus grande utilité, eft admirable, & tient de la magnificence; il a été décrit d'une maniere fi détaillée par tant de voyageurs & même dans un livre particulier, qu'il refte peu de chofes à dire à fon fujet.

Les préparations des mufcles de fquelettes en-

tieres font ce qu'il y a de plus remarquable dans
la falle d'anatomie. On voit dans la falle d'accou-
chement une quantité infinie de matrices de cuir
avec leur fœtus dans toutes les pofitions poffibles.

Les inftruments de phyfique expérimentale
font beaux; la favante SIGNORA LAURA BASSI eft
en même temps profeffeur de cette fcience, &
membre de l'académie de Boulogne.

Le laboratoire chymique n'a rien de particulier. La collection d'hiftoire naturelle, l'une des
plus fameufes de l'Europe, mérite la plus haute
confidération par les noms de fes anciens colle-
cteurs, les ALDROVANDI, COSPI & MARSIGLI;
on y a raffemblé tous les regnes de l'hiftoire naturelle; quelques morceaux font très-beaux & très-
rares: mais il y en a d'autres, qui par leur vétufté
font devenus peu intéreffants; en général ce cabinet eft fufceptible de beaucoup d'augmentation.
Quoiqu'il en foit, il a toujours le grand mérite
de renfermer une partie des corps naturels décrits par ALDROVANDI, dont la famille exifte encore à Boulogne; tous ceux qu'avoit COSPI,
& qui font décrits *in Mufeo Cofpiano in-fol.* 1677,
imprimé à Boulogne; & enfin la collection de
Mr. le comte DE MARSIGLI, qui s'eft rendu célebre par fes beaux ouvrages fur le Danube, fur
les coraux &c. La partie minérale *d*) eft très-

____

d) Il y a, on ne peut pas moins, d'échantillons de mines

pauvre; néanmoins j'y ai vu avec plaifir les foffi-les des environs de Boulogne, favoir:

1) Des impreffions de feuilles & d'autres par-ties de plantes dans du gyps gris, compofé d'é-cailles ou lames minces toutes pénétrées de foufre vierge.

Ce gyps, qui renferme fouvent de gros mor-ceaux de foufre vierge, vient des carrieres de gyps & fabriques de foufre du *l'efarefe in territo-rio Forolovienfi*, dans l'état eccléfiaftique; le comte VICENZO MASINI a traité de ces carrieres dans fon poëme intitulé *il Zolfo in trè libri divifo*, im-primé pour la feconde fois à Boulogne in - 4. 1762. Ce gyps, dont il eft ici queftion, s'em-ploie à Venife pour les moules de la manufacture de porcelaine.

2) Des *Ludus Helmontii*, ou bien des morceaux de marne quadrangulaires, formés par les eaux, dont un marqué de veines de fpath calcaire de *rio delle maraviglie preffo al Martignone ful Bo-lognefe.*

3) Différentes coquilles pétrifiées du Boulon-nois, dont les plus remarquables & les plus pe-tites ont été décrites *in Actis Bonon.* par Mr. BASSI.

---

dans le cabinet de l'inftitut, & le regne animal y eft peu confidérable. En revanche on y voit un grand nombre de belles pétrifications, ce qui n'eft pas furprenant, vu leur abondance dans les environs de Boulogne.

4) Le fameux *lapis Bononienfis*, fpath gypfeux, qui, après avoir été calciné un certain temps, devient lumineux; le célebre Margraf de Berlin nous a donné un très-bon traité fur cette pierre & d'autres de la même nature. Un des concierges de l'inftitut prépare avec le *lapis Bononienfis*, au moyen de la *tragacantha*, des étoiles, qui luifent dans l'obfcurité. Cette pierre fe trouve en gros & petits morceaux de couleur d'eau opaque & fouvent transparente, entiérement folides, ou en boules, du centre desquelles il part des rayons en forme de coin; on le tire du *monte l'aterno* à trois milles d'Italie de Boulogne, où il eft difperfé en morceaux détachés dans l'argille & la marne. On le découvre très-facilement, lorsque le terrein a été lavé par l'eau de pluie.

5) On fe fert à Boulogne d'une pierre de fable jaune d'un tiffu plus ou moins dur, qu'on nomme *macigno*, pour les fondations des bâtiments & pour les colonnes des façades; celle, qui eft molle, fe décompofe à l'air, & n'eft par conféquent pas propre à cet ufage; c'eft de cette pierre molle que font formées plufieurs collines, qui font au pied des Appennins dans le voifinage de Boulogne, du côté de Florence. Le meilleur *macigno* dur fe tire de *l'ontixano*, à trente milles d'Italie de Boulogne. Enfuite vient celui de *Piancio*, à quatorze milles de Boulogne; l'efpece la plus molle fe

trouve près des murs de la ville, *in villa Barbiana ad Scottas.*

6) Les collines d'argille des environs de Boulogne font remplies de *geffo fcajola o fcagliola, glacies Mariæ, lapis fpecularis* ; on fait du plâtre de celui, qui eft le plus pur, & on conftruit des murs avec celui, qui l'eft moins.

7) Du fel gemme rouge de *Catalogne.*

Les manufcrits d'ALDROVANDI *e)* & DE MARSIGLI font un tréfor, que l'on conferve dans la bibliotheque de l'inftitut; une partie de ceux de MARSIGLI mériteroient bien d'être imprimés. ALDROVANDI a écrit en fi petit caractere & avec tant d'abréviations, que l'on a bien de la peine à le lire.

Dans la collection de l'hiftoire naturelle du célebre apothicaire ZANNONI de Boulogne, qui eft aujourd'hui entre les mains de fon neveu, il y avoit beaucoup de pétrifications, des coquilles naturelles, des amphibies confervés dans de l'efprit de vin & un grand herbier; différentes plan-

---

e) Dans la quantité énorme de volumes de ces manufcrits on diftingue 14 in-folio de figures de plantes & d'animaux, mais la plupart affez mal peintes & placées fans ordre & fans méthode.

Le célebre GESSNER, chanoine à Zurich, a fait peindre ainfi fa collection de coquilles, de plantes &c.; mais elle eft bien deffinée & bien mieux colorée que les peintures d'ALDROVANDI.

tes rares de cet herbier ont été décrites dans une
ouvrage in-folio intitulé: *Stirpes* Zannoni *cum
annotationibus* Monti; parmi les pétrifications j'ai
diftingué la *concha polyginglyma, tefta craffa foliacea
margaritacei coloris, cardinibus paralleliter multo
fulcatis*, que l'on trouve dans les collines des environs de Boulogne, en Suiffe & dans quelques
parties de l'Allemagne; j'ai remarqué de plus des
turbinites, dont les *Anfractus f*) font affez écartés
les uns des autres, & toute la coquille convertié
en agathe; il y en a qui approchent de la *fcalata*.
Mr. Bassi en a décrit & deffiné plufieurs efpeces
ex agro Bononienfi in Actis Bonon. Mr. Ferdinand
Bassi, membre de l'académie & directeur du jardin botanique, s'eft rendu célebre dans la botanique & en d'autres parties de l'hiftoire naturelle;
les *Baffia* portent fon nom; ce favant s'eft fait
connoître par divers ouvrages inférés *in Act Bonon.* & entr'autres par une petite piece intitulée
Ambrofina, novum plantæ genus, & par une autre,
qui a pour titre: *Analifi delle terme Porctane
in-4. Roma* 1768. Sa collection de coquilles
& de foffiles *g*) eft curieufe. Mr. Bassi fait deffi-
ner les portraits de tous les favants naturaliftes; il
en a déjà raffemblé un grand nombre; c'eft dommage

---

f) *Anfractus*, fpirales ou tournants.

g) Ces pétrifications font de toute beauté.

mage, que fa fanté ait été altérée par quelques at-
taques d'apoplexie.

Mr. CAJETANO MONTI, profeffeur d'hiftoire
naturelle de l'univerfité & de l'inftitut, membre
de l'académie, favant profond, rempli de feu, demeure au jardin botanique, & a publié en un in-4.
imprimé à Boulogne en 1762 les *Stirp-s* ZANNONI
avec des remarques, ainfi qu'un difcours pro-
noncé lors de la promotion doctorale du Sr. CA-
SIMIR GOMETZ OTTEGA. Le pere de ce MONTI
étoit déjà un grand naturalifte; il eft l'auteur de
l'ouvrage, qui a pour titre: GIUSEPPE MONTI *Pro-
dromus Floræ Bononienfis*.

L'abbé GABRIEL BRUNELLI, furvivancier de
Mr MONTI, le feconde tant au jardin botanique
qu'au cabinet de l'inftitut; peut-être nous donnera t-il un catalogue de ce cabinet.

La *Signora* ANNA MORANDI, *Vedova* MANZO-
LINI, imite en cire les préparations anatomiques;
elles font auffi belles que de pareilles imitations
faites auffi par une femme à Paris.

Le profeffeur GIACOMO BARTHOL. BECCARI,
célebre dans fon temps, eft mort depuis longtemps; mais il s'eft immortalifé par divers écrits,
entr'autres celui *de Phofphoris* &c.

Il y a eu à Boulogne de grands hommes dans
tous les genres; leurs ouvrages font rapportés
dans un livre très-utile, intitulé: *Notizie degli*

*scrittori Bolognesi e dell' opere loro stampate e mano-
scritte, raccolte da Fr.* PELEGRINO ANTON. ORLANDI,
in-4. Bologna 1714; on est occupé à augmenter & à continuer cet ouvrage jusqu'à nos jours;
il seroit à desirer, que toutes les universités pu-
bliassent un livre dans ce genre. Mr. TESSARI,
qui a fait imprimer à Venise la LINNÆI *Materia
medica omnium trium regnorum* avec des notes, &
des *Eléments de Chymie*, in-8., est encore actuellement professeur à Boulogne

La collection de fossiles du docteur MARCELLO
CORTINORIS, pere Barnabite, se voit actuellement
dans le séminaire des Barnabites à Boulogne; ce
pere avoit fait un voyage à *Calécut*, comme mission-
naire, par goût pour l'histoire naturelle.

SEPTIEME LETTRE.

De Florence le 11. Décembre 1771.

J'eus à peine passé les portes de *Boulogne*, je n'en
étois pas à un ou deux milles, que je commençai à monter premiérement les collines de sable, de marne & de pierres à chaux du Boulon-
nois, ensuite les monts Appennins; ces montagnes
sont formées d'une pierre à chaux grise, à grain
ferme, pourvue de pétrifications, disposée en différentes couches placées les unes sur les autres.

Pietra mala eſt ſitué au plus haut point de la traverſée de Boulogne à Florence ; depuis ce village
on ne ceſſe de deſcendre les Appennins juſqu'à
l'endroit nommé le *Muſchere*, à quelque milles de
Florence, où l'on abandonne les Appennins, qui
ſont remplacés par les agréables collines de la Toſcane. Les ciprès, les pins, les ſapins, les me-
laiſes, les noyers & les oliviers, qui couvrent
ces collines, produiſent une variété de verdure
délicieuſe, qui délaſſe l'œil ennuyé de la couleur
griſe des Appennins. Ce ſeroit le moment de vous
faire part des obſervations minéralogiques, que
j'aurois dû faire dans ce voyage ; mais je vous
avoue que pluſieurs détails me ſont échappés, de
maniere que je ferai forcé de faire le chemin encore une fois, ſi je n'ai le bonheur de rencontrer
le célebre Mr. GUETTARD *a*), qui doit être actuel-

G 2

---

a) Je n'entreprendrai point de détailler tout ce que Mr.
GUETTARD a fait pour l'hiſtoire naturelle; ſes ouvrages ſont
connus, & ſa réputation juſtement méritée eſt ſi bien établie, qu'il n'a pas beſoin de panégyriſte. Qu'il me ſoit permis
cependant de dire, que nous avons peu de naturaliſtes, qui
aient fait autant d'attention que Mr GUETTARD à la géographie phyſique des pays, qu'ils ont vus; que nous lui devrons
bientôt des cartes minéralogiques de toute la France, qui
mettront les minéralogiſtes en état de ſe former un ſyſteme
général ſur tout ce royaume. Il eſt à deſirer, que cet exemple ſoit ſuivi en d'autres pays. Chaque minéralogiſte devroit

lement à Rome ou à Naples, pour apprendre de lui ce que je n'ai pu examiner exactement, parceque j'ai été obligé de voyager de nuit. Comme nous sommes à présent dans les mois pluvieux de l'Italie, & que cela me dérange beaucoup dans mes observations, je suis déterminé à partir de Florence dans peu de jours pour Rome, où je ne m'arrêterai que fort peu de temps, pour pousser tout-de-suite jusqu'à Naples; je sais que cet endroit m'offrira de quoi m'occuper utilement, le climat y étant plus doux que dans le reste de l'Italie; je pourrai y rester durant la mauvaise saison, retourner à Rome, à Sienne & à Florence dans un temps plus agréable, & m'y arrêter autant que je le trouverai nécessaire; mes observations feront plus complettes & plus dignes de foi, lorsque j'aurai suivi deux fois la même route; je remets donc, Monsieur, à ce temps-là le plaisir de m'entretenir avec vous de ce qui regarde les villes & le terrein de la route que je tiendrai. Je puis cependant vous donner actuellement quelques détails de ce que j'ai vu à Florence. Cette belle ville a toujours été le siege des sciences & des beaux arts; les Toscans ont en général la réputation d'avoir beaucoup de finesse d'esprit; on préfere leur langue pour son agrément, & sa pu-

---

se faire une fête de contribuer au succés d'une pareille entreprise.

reté, même dans la bouche du peuple *b*), à celle de toutes les autres provinces de l'Italie.

La nature du pays, qui eſt coupé de collines bien aérées, a des attraits ; le goût, l'encouragement & les réglemens ſages d'un bon gouvernement, une aiſance de fortune plus commune que dans les autres parties de l'Italie, font naître la gaieté & le contentement dans le cœur des habitans. Ce ſont des avantages réels, qui influent ſur l'eſprit, & lui donnent de l'eſſor ; de-là toutes les productions ſavantes de la *Toſcane*. Qui ne connoît pas les beaux mémoires de l'académie *del Cimento* & le mérite *della Cruſca ?* Que de particuliers ſe ſont rendus célebres dans tous les genres de ſciences & d'arts ?

Il y a encore aujourd'hui à Florence une ſociété d'agriculture, & une autre de botanique, qui ſont fort eſtimées.

Les univerſités de *Piſe* & de *Sienne* ſont bien conſtituées, & l'académie des ſciences de cette derniere ville a acquis de la réputation par ſes écrits. Il y a auſſi une ſociété conſidérable de bo-

G 3

---

b) La langue Toſcane eſt en effet la plus pure ; mais elle n'eſt pas la plus agréable. Le vieux proverbe, *Lingua Toſcana in bocca Romana*, eſt fondé ſur ce que la prononciation Toſcane a quelque choſe de déſagréable, que l'on ne ſauroit reprocher à la Romaine.

tanique à *Cortone*. Le nombre de ces établiſſements pour un pays, dont les limites ne ſont pas fort vaſtes, eſt conſidérable. Le grand prince, qui le gouverne, animé par ſes propres lumieres, s'empreſſe à donner encore plus de luſtre à ſa réſidence par l'établiſſement d'une nouvelle académie. qui doit embraſſer toutes les ſciences pratiques & utiles au public; on n'épargnera rien pour y parvenir. Le grand-duc a acheté l'hôtel du marquis TORRIGIANO; on eſt occupé à y arranger des auditoires. des ſalles pour la bibliotheque, le cabinet d'hiſtoire naturelle, les inſtruments phyſiques, les préparations anatomiques & le laboratoire chymique; on y conſtruit un obſervatoire & un jardin de botanique; le prince s'eſt reſervé un appartement, pour s'y délaſſer des fatigues du gouvernement; on établit des profeſſeurs dans toutes les parties de la ſcience pratique.

Mr. l'abbé FELICE FONTANA, autrefois profeſſeur de mathématique à Piſe, & préſentement phyſicien & mathématicien du grand-duc, eſt chargé de cet établiſſement & de ſon arrangement; peut-être même en aura-t-il la direction *).

---

*) Mr. l'abbé FONTANA s'eſt fait connoître par les ouvrages ſuivants :

1. *De' i moti dell' Iride*, *Lucca*, in-8.
2. *De Legibus Irritabilitatis nunc primum ſancitis*, *Lucca*, 8. Ce traité a été joint par Mr. de HALLER à ſon ouvrage de l'irritabilité & ſenſibilité.

Mr. l'abbé FONTANA m'a montré lui-même une partie des découvertes microfcopiques *c*), dont il a donné le détail dans les ouvrages ci-deffous indiqués.

Toutes les anciennes machines de phyfique, dont fe fervoit autrefois l'*Accademia del Cimento*, ont été transportées dans l'hôtel du marquis TORRIGIANO; on en a acheté beaucoup de nouvelles,

---

3. *Ricerche fifiche fopra il veleno della vipera, con alcune offervazioni fopra le anguillette del grano fperone, Lucca* 1767. 8.

4. *Nuove offervazioni fopra i Globetti roffi del fangue, Lucca* 1766. 8.

5. On a inféré le projet d'un nouvel ouvrage de Mr. l'abbé FONTANA, qui doit avoir beaucoup de planches, dans le *Giornale di Firenze*, *Giugno* 1771. fur les maladies du grain, qu'on appelle l'*ergot* & la *volpe*, comme auffi fur les vers en forme de ferpent, qui font contenus dans le vinaigre.

c) Mr l'abbé FONTANA a fait des obfervations fur la maladie du grain, qu'on nomme *Ergot*, *Cornuto* chez les Italiens; il a bien diftingué le grain exotique du bled rachitique ou charbonneux, qu'il nomme *volpe*. Cependant il a trouvé, comme Mr. TILLET, des anguilles dans le grain ergoté. Il paroit d'un autre côté par les nouveaux mémoires de D. MAURICE ROFFREDI, qu'il a également découvert de petites anguilles dans le bled rachitique (voyez le *Journal de Phyfique* de Mr. l'abbé ROZIER du mois de Juillet 1774, de Janvier & de Mars 1775.

Mr. l'abbé FONTANA a auffi fait des remarques fur les mouvements de la *Tremella*.

dont une partie vient de Londres; les autres fe font à Florence. Pour commencer une bibliothe- que on s'eſt emparé de tous les livres d'hiſtoire naturelle, de phyſique, de mathématique, qui éloient dans la *Libreria Maghabechiana*. Un jeune Florentin fait en cire, fous les yeux de Mr. Fon- tana *d*), les préparations de différentes parties du corps humain; on ne peut rien voir de plus beau. Il fe fert pour ce travail de cire blanche, mélée avec différentes fortes de gommes blanches, afin que la chaleur ne puiſſe pas fondre ces prépara- tions, & que le froid ne les faſſe pas fendre; la couleur de ces préparations eſt toujours d'après nature; différentes parties de la tête font déjà achevées; les yeux, les oreilles, la langue &c. le tout eſt fait avec des foins infinis; on croit avoir la nature devant les yeux.

Le cabinet d'hiſtoire naturelle fera compofé 1) de la collection, qui appartenoit à Mr. Rumph; 2) de celle de van Spröchel, & 3) de quelques corps naturels *e*), qu'on confervoit dans la ga-

---

d) Actif & intelligent, autant qu'on peut l'être, Mr. l'abbé Fontana a tout le zele qu'il faut pour monter une machine pareille; d'ailleurs il eſt vivement encouragé par l'attention, qu'y donne journellement le grand-duc; on ne peut rien voir de plus propre que les machines de phyſique & autres, que ce favant fait conſtruire.

e) On remarque principalement deux pierres d'aimant

lerie ducale, parmi lesquels il y a de gros morceaux d'ivoire foſſile, trouvés près du *Lago di
Traſimene* ou *Perugia*; cet ivoire eſt friable ou
calciné, & d'un blanc de farine.

La collection de van SPRÖCHEL *f*) appartenoit
à un droguiſte de Livourne; le grand-duc l'a
achetée de ſes héritiers, il y a deux ans, pour 2000
pezze Toſcane; elle renferme des minéraux, des
pétrifications, des coraux, des plantes marines
(*zoophytes*), des coquilles, des terres & une *materia medica*.

Un des morceaux de cette collection eſt dé-
nommé dans le catalogue *éponge pétrifée* trouvée
à *Luciana* en Toſcane; la vue, la forme & même
la couleur le font paſſer pour tel; je l'aurois pris
volontiers pour une pierre ponce, ſi le poids,
qui en eſt aſſez conſidérable, ne m'en eût fait douter; vous en jugerez vous même, quand vous
viendrez ici. Mr. BERTRAND parle d'éponges
pétrifiées dans ſon Dictionnaire oryctographique.

G 5

---

d'une taille monſtrueuſe, l'une desquelles, à ce qu'on dit,
doit porter près de 450 livres; l'autre eſt taillée en ſphere.
On y a marqué l'équateur & les méridiens; en poſant la
bouſſole ſur l'équateur, elle fait le même effet que lorsqu'on
paſſe la ligne, c'eſt-à-dire, que l'aiguille n'indique plus de
direction; on y voit auſſi, qu'elle ne marque pas exactement
le nord au pole.

f) Elle renferme ſurtout une belle ſuite de trufes.

La collection de Rumph, la même qu'il a décrite dans son *Cabinet de raretés*, fut achetée à Rumph lui-même par le grand-duc Cosmo III, & transporté d'Amboina à Livourne. Le cabinet étoit accompagné d'une defcription, faite par Rumph lui-même, d'animaux & de poiffons d'*Amboina* avec beaucoup de figures; mais le vaiffeau, qui transportoit le manufcrit à Livourne, a fait naufrage; heureufement le cabinet étoit fur un autre navire, qui eft arrivé à bon port.

Le cabinet de Rumph étoit magnifique & très-nombreux en coquilles rares & choifies (il y en avoit jufqu'à vingt de la même efpece), en coraux, en riches mines d'or, en pierres précieufes &c. on l'avoit placé à la grande galerie. Le vieux baron de Baillou de *Lucques*, & Gualthieri, médecin de la cour de Florence, ont eu la permiffion d'enlever beaucoup de doubles, & différents beaux morceaux, tels que la grande *Scalata* de Rumph &c., ont été transportés à Vienne par ordre de l'empereur François I; & le dernier infpecteur du cabinet paroît s'être approprié plufieurs chofes, de maniere qu'il a fouffert une diminution confidérable; parmi les coraux rouges il y en a de branchus, dont on ne peut reconnoître la bafe, qui font d'une rare beauté. Cette collection renferme auffi différentes racines & gommes, plufieurs corps artificiels, entr'autres

des boules de laiton fort minces, creufes en - de-
dans, & renfermant d'autres boules femblables,
qui au moindre contact font mifes en mouvement;
elles confervent pendant longtemps de fortes vibrations. On prétend, que les femmes Indiennes
s'en fervent à fatisfaire plus voluptueufement leur
lubricité.

La gomme élaftique eft employée, dit-on, au
même ufage dans l'isle de S. Domingue; Mr. Macquer s'eft affuré par des expériences, que cette
gomme fe diffoud dans l'æther.

Différents particuliers de Florence ont des collections d'hiftoire naturelle; celle de Mr. le docteur Targioni Tozzetti, célebre médecin &
bibliothécaire de la *libreria Magliabechiana* eft la
plus confidérable en minéraux & en foffiles. Elle
inftruit parfaitement de la géographie phyfique
de la Tofcane & de différentes autres parties de
l'Italie; le favant propriétaire de cette collection
eft un digne éleve du grand Micheli, fi célebre
par fes profondes connoiffances en botanique. Mr.
Targioni a eu à fa mort fa collection & fes manufcrits, & les a beaucoup augmentés; Mr. Targioni Tozzetti s'eft fait connoître par différents ouvrages *), mais furtout par les *Viaggj*

---

*) 1. Petri Antonii Micheli *Catalogus plantarum horti
Cæfar. Florentini cum præfatione D. Giov.* Targioni
Tozzetti, *in fol.*

per la Tofcana, dans lesquels il a fait connoître »
l'hiftoire naturelle de fon pays; le cabinet de ce »
favant contient ,

1) Toutes les efpeces de pierres, terres, marbres, pétrifications, mines & lavés de Tofcane,
qu'il a décrites dans fes voyages; je ne vous cite
que quelques - uns de ces morceaux :

a) Des calcédoines de la *Maremma di Volterra*
en Tofcane, tirées d'une carriere, qui eft entre le *mònte Ruffoli* & le *monte Canneto*, qu'on
nomme la *Cava di Sua Altezza Reale*, où elles

---

2. *Prodromo della Corografia e Topografia fifica della
Tofcana dal S.* TARGIONI TOZZETTI, 1754. 8.
Firenze.

3. *Viaggj per la Tofcana. Ediz. I. Tom. VI. in* 8.

4. *Relazione d'alcuni viaggj fatti in diverfe parti della
Tofcana &c. Ediz. II. in* 8. *Firenze, Vol. I. & II.* 1768.
III 1769. *IV.* 1770. Il devoit encore paroître fix Tomes de cet ouvrage; mais ils font retardés, parceque le
libraire, qui fait les frais de l'impreffion, a fait banqueroute.

5. *Halimurgia o delle piante che fervono di nudrimento
in tempo di careflia.*

    *Analifi e difefa della celebre opera intitolata: Ali-
murgia &c. in* 8. fans le nom de l'auteur, imprimé à
Venife en 1769.

6. *Raggionamenti full' agricoltura Tofcana, Lucca* 1759.
in 8.

7. *Iftruzione circa le varie maniere d'accrefcere il pane
con l'ufo d'alcune foftanze vegetabili, Pifa* 1767. 8.

font, à ce qu'on affure, difpofées par couches *g*).

b) Du jafpe rouge fanguin, veiné de blanc, provenant de *Barga* dans les Appennins de la Tofcane, où des couches confidérables, & même des montagnes entieres, font formées de ce jafpe. Les murs de la *Capella di S. Lorenzo* à Florence font revêtus de très-belles & grandes plaques de ce jafpe, qui prend très-bien le poli. Un peu au-deffous du château de *Montieri*, dans le pays de Sienne, eft la *montagna di Montieri*, formée de fchifte micacé ; on y trouve d'anciennes minieres d'argent, de cuivre & de plomb, & une grande couche au moins de trois toifes d'épaiffeur d'un gros jafpe rouge, qui s'étend jufqu'au *Caftello di Gerfalco*; mais ce lit étant compofé de plufieurs petites couches minces, qui ont beaucoup de fentes, on ne peut pas s'en fervir.

c) De la mine de cuivre grife avec de l'antimoi-

---

g) S'il eft vrai, que ces calcédoines foient difpofées par couches, c'eft une chofe fort extraordinaire ; mais je crois qu'il faut entendre cela d'une maniere plus analogue à nos connoiffances ; je penfe que ces calcédoines font difperfées dans des couches diftinctes, formées d'autres pierres, comme on voit des cailloux & pierres à fufil épars dans des couches de pierre à chaux &c.; mais je ne crois point, qu'il y ait des couches entieres & contiguës uniquement formées de calcédoines.

ne en aiguilles dans du quarz & du fpath
calcaire, trouvée, il y a quelques années,
en Tofcane; les aiguilles de l'antimoine
font grolles & fines; il y en a en plumes très-
délicates.

d) Du très-beau cuivre vierge dans de la mine
de cuivre terreufe brune, avec du fpath calcaire, fi ce n'eft même de la *zéolithe*; ce cuivre vierge reffemble à celui, qui fe trouve à
Ferroë en Islande dans une terre brune tout-
à-fait pareille mêlée de zéolithe. Il y a quelques années qu'on fit la découverte de ce
filon de cuivre en Tofcane; mais la veine fe
perdit bientôt, il fallut ceffer les travaux.
En général les filons de la Tofcane & de l'I-
talie fuivent prefque tous les couches fupérieures du terrein, & n'entrent pas dans la
profondeur.

e) Quelques pétrifications dans de la pierre de
corne. Mr. TARGIONI avoit autrefois une bé-
lemnite en jafpe, qui provenoit de la collection du célebre MICHELI; il a cédé ce rare
morceau à Mr. FUNK, gentilhomme Suédois,
qui voyageoit en Italie.

f) Des parallélipipedes très-réguliers d'un fchœrl
blanc plus ou moins calciné, de la longueur
& de l'épaiffeur d'un doigt, dans de la lave
noire; ils proviennent auffi de la collection

de Mr. MICHELI ; mais il n'a pas marqué, d'où il les avoit tirés ; cette lave reſſemble au *ſerpentino antico*, quoique les taches en ſoient généralement plus grandes.

g) Un ſpath gypſeux lumineux parfaitement ſemblable à celui de Boulogne; on en trouve abondamment en Toſcane en pierres détachées, dans des terreins calcaires & argilleux, dont les couches toutes briſées & rompues ſont appellées dans le pays *Galeſtri*. Voyez ci-après.

h) De la ſélénite en criſtaux transparents en rhomboïdes réguliers de différents endroits de la Toſcane.

i) Des boules argilleuſes à demi endurcies, qui ſe ſont fendues par-ci par-là en ſechant, du *Valle d'Arno ſopra Firenze*. Quelques-unes de ces boules ſont à moitié cailloux, & ont une ſuperficie terreuſe blanche. On trouve auſſi au *Valle d'Arno* des *géodes* & autres pierres figurées.

k) De la pierre d'alun blanche argilleuſe, pareille à celle de la *Tolfa*. Il y en a dans pluſieurs endroits de la Toſcane; voyez les voyages de Mr. TARGIONI.

l) Du *gabbro* (la même pierre que la ſerpentine de Saxe); il y en a de noir, avec des taches blanches de *Cecina*, *nella maremma vol-*

terrana, où il se trouve par couches; du *gab-bro* blanc, noir, rouge & verd, qui renferme de l'asbefte, de *Prato*; du *gabbro* noir, mêlé de mica, du *monte Ferrato di Prato*; ce dernier a souvent de petites veines de spath calcaire blanches; les tailleurs de pierres l'appellent *nero di Prato*, comme on appelle le verd *verde di Prato*; on s'en sert pour l'ornement des églises & autres bâtiments.

m) Différentes belles plaques du fameux *marmo Fiorentino*, qui vient de divers endroits du territoire de Florence, entr'autres de *Rimacio* près *S. Caciano*, à deux milles d'Italie de Florence. Ce marbre n'est pas en masse, mais disposé par petites couches minces dans une pierre à chaux compacte, pour l'ordinaire grise & accompagnée de beaucoup de dendrites; on fait d'excellente chaux de cette pierre calcaire grise; on la nomme *alberese*, *albereno* ou *albazzano*.

Le *marmo Fiorentino*, qui représente des ruines, porte aussi le nom de *marmo Paesino*, & celui, qui a des dendrites, est appellé *Alberino*; les ouvriers en pierres dures de la galerie de Florence vendent de très-belles tablettes de *marmo Paesino*.

2) Différents minéraux, pierres, terres, laves des autres provinces de l'Italie, ainsi que des pays étrangers. Les diverses especes d'agathe de la Sicile font de toute beauté.   3) Une

3) Une collection de coquilles naturelles & pétrifiées, *zoophytes*, *coraux* &c. particuliérement de l'adriatique & de la méditerranée.

4) Des femences, fruits & racines de plantes exotiques.

5) Un herbier confidérable, raffemblé par Mr. TARGIONI lui-même.

6) L'herbier de MICHELI.

7) Une bibliotheque choifie, dont une partie provient de MICHELI.

8) Tous les manufcrits de MICHELI, ainfi que ceux de beaucoup d'autres célebres auteurs Italiens & Tofcans; Mr. TARGIONI en a nommé quelques-uns dans le *Profpectus* de la *Corografia Tofcana*, fans faire mention des manufcrits de RICCIUS, ni de plufieurs autres, qui n'ont point encore été imprimés. On efpere que Mr. TARGIONI publiera quelques manufcrits de MICHELI, au moins ceux qui fervent de continuation à fon ouvrage de botanique, & qui traitent des *fucus*, *zoophytes* & *coraux*; il y a déjà 150 planches gravées pour cet ouvrage dans l'imprimerie du libraire BOUCHARD.

9) Différents fquelettes d'animaux, des offements & dents d'éléphant *h*), que l'on trouve en

H

---

h) Ces dents d'éléphants font pareilles à cel'es, que l'on trouve quelquefois dans le *Rhin* depuis Basle jufqu'à Duffel-

Tofcane; les dents font pour la plupart blanches
& calcinées par l'air & le temps; je vis dans la cavité de la poitrine de la carcaſſe d'une grue, une
trachée artere très-longue pliée en double, afin
que cet oifeau, qui vole très-haut, puiſſe remplir
dans l'atmofphere inférieure la trachée artere d'un
air épais, pour pouvoir demeurer dans l'air plus
raréfié, lorsqu'il s'éleve.   Mr. TARGIONI a inféré
cette remarque dans fon *Halimurgie*.

10) Un grand nombre de manuſcrits & d'ou-

---

dorf. Il y en a une dans le cabinet impérial à *Vienne*, convertie en charbon de pierre, du pays de *Würtemberg*. Il eſt
bien moins fingulier d'en trouver en Italie que dans nos
contrées, où il n'eſt jamais venu d'armées Carthaginoiſes : il
eſt vrai que les armées Romaines y ont pu amener les éléphants, dont ces dents doivent provenir, à moins qu'on ne
veuille admettre, que ces dents foient parvenues dans nos cantons par une de ces révolutions, qu'on ne peut expliquer;
comme le crocodile, que poſſede Mr. HOFFMANN, chirur-
gien-major de Maſtricht, qui s'eſt logé dans la montagne de
S. *Pierre*, auprès de cette ville, ou comme ces coquilles pétrifiées inconnues, qu'on trouve dans nos mers Européennes.
Il vaut mieux s'en tenir à des caufes plus naturelles; des
gens plus inftruits que moi dans l'anatomie des animaux révo-
queroient peut-être en doute, que la pétrification du Sr. HOFF-
MANN foit vraiment un fragment de crocodile. On pourroit auſſi fuppofer, que les coquilles, que nous ne connoiſſons
pas dans nos mers, en font cependant des productions, aulieu qu'on ne fauroit nier, que les Romains n'aient été dans
nos contrées.

vrages, que Mr. Targioni a fait pour compléter l'hiftoire naturelle de la Tofcane, & qui mériteroient affûrément d'être imprimés. Un de ces manufcrits eft le projet d'un ouvrage, qui comprendra la defcription, le nom, la fituation & l'utilité de toutès les fortes de terres, de pierres, de carrieres, de minéraux &c. de la Tofcane. Plufieurs de ces articles font déjà achevés; le catalogue de la collection de minéraux de Mr. Targioni eft encore très-inftructif; c'eft un vrai catalogue raifonné.

11) L'herbier du celebre Clusius, dont le prince Eugene a fait préfent à Mr. Targioni.

Pour comprendre les voyages de Mr. Targioni, ainfi que les écrits des autres minéralogiftes italiens, il eft néceffaire de connoître les noms, qu'ils donnent aux différentes efpeces de pierres; ces noms font en partie pris & adoptés d'après les dénominations des gens de la campagne; les autres font tirés du Grec, quoiqu'il y ait peu de termes de mineurs dans la langue italienne, parcequ'il y a peu de minieres; il faut cependant favoir le petit nombre de ceux, qui font reçus, fi on veut les entendre. En voici un petit vocabulaire.

On nomme *Cicerchina* une petite breche calcaire ou *Pouddingftone*, compofée de beaucoup de particules de fpath calcaire, d'une moindre quantité de quarz & d'un grand nombre de morceaux de lave roulée, le tout lié par un ciment calcaire. On trouve cette efpece de breche à *Fiefoli* &c. on s'en fert pour polir le marbre.

Macigno eft une pierre micacée, qui a pour bafe de l'argille, mêlée quelquefois d'un peu de chaux. Cette pierre paroît à la vue n'être formée que de mica; au jour elle eft feuilletée & fchifteufe, & plus on entre dans la terre, plus elle devient denfe & ferme; elle eft même très-dure dans la profondeur; de-là vient, que lorsque PETRARQUE & d'autres poëtes fe font plaints de l'inflexibilité de leurs belles, ils leur ont donné un *petto di macigno*. On diftingue le *Macigno* par fa couleur & fa denfité

1) En *Pietra bigia*, d'un jaune grifâtre, couleur, qui lui vient d'une ochre ferrugineufe; cette efpece réfifte plus à l'air que la fuivante; auffi s'en fert-on pour l'extérieur des maifons, pour des murs, des colonnes &c.

2) En *Pietra Serena*, *Pietra Colombina* ou *Pietra Turchina*; elle eft d'un gris bleuâtre & poreufe; on l'emploie pour les colonnes dans les églifes &c. Les deux efpeces fe rencontrent fouvent dans le même bloc, & ne font que des variétés; dans le *Sanefe* ou aux environs de Sienne on nomme auffi le *Macigno*, *Pietra di Torre*.

Les tailleurs de pierre appellent *Pietra morta* les couches fupérieures de grais ou de *Macigno*, qui ne font bonnes à rien ; ces couches font lâches, & fe brifent aifément. Il ne faut pas confondre cette dénomination avec *Saffo morto* ou fchifte, auquel on a donné ce nom, parcequ'il eft très-fouvent couvert & comme enfeveli fous la pierre calcaire.

La *Pietra forte* eft une pierre calcaire mêlée d'argille, ou plutôt une pierre marneufe, dont on pave les rues de Florence ; on la tire du jardin de *Boboli*, de *S. Francefco di Paola*, *dalle Campora*, aux environs de Florence, & de *S. Margarita à Montici* ; cette pierre eft bleuâtre ou jaunâtre, & fe diftingue par les noms de *Pietra Turchina* & *Pietra Bigia*.

On nomme *Bardellone* les petites & minces couches d'argille, qu'on trouve dans les carrieres de la *Pietra forte*. *Alberefe* eft une pierre à chaux compacte ordinairement grife *i*), qui donne de la très-bonne chaux ; lorsque cette pierre eft bleuâtre, on la nomme *Pietra Colombina* ou *Turchina* ; l'*Alberefe* eft appellée dans le territoire de Sienne *Albazzano*.

H 3

---

i) Outre les deux efpeces d'*alberefe*, dont il eft ici queftion, il y a encore l'*alberefe* ou *alberino*, dont il eft parlé ci-deffus à la lettre *m*) ; mais la couleur de cette pierre eft d'un jaune chamois, aulieu d'étre grife, comme le dit notre auteur.

Alberese Coltellino eſt une pierre calcaire en
feuilles minces, ſur laquelle il y a des lignes *k*)
droites, qui s'entrecoupent & forment des angles
aux points d'interſections ; il ſemble qu'on ait
tiré ces raies avec un couteau.

Les *Galeſtri* ſont des couches de pierres à chaux
minces, qui ſe trouvent en petits morceaux, ou
du moins qui ſe briſent pour peu qu'on les touche ; elles ſe trouvent dans les lits de la pierre
calcaire compacte ; on les appelle auſſi *Bardelloni*.
On donne le même nom de *Galeſtri* aux couches
d'argille, qui ſe rompent auſſi facilement, &
qu'on trouve dans la *Pietra Forte*, & dans la *Pietra Serena*; mais *Bardelloni* eſt leur véritable nom.

Les *Saſſi Matti* ſont des *Galeſtri*, qui ſe rédui-
ſent encore en plus petits morceaux.

La *Creta* ſignifie de l'argille & non de la craie.

Le *Galbro* eſt cette eſpece de pierre, qui eſt
connue en Allemagne ſous le nom de ſerpentine
de Saxe; on en trouve en Italie (en Toſcane,
dans l'état de Genes &c.) des lits conſidérables &
quelquefois même des montagnes entieres; ces
couches touchent ordinairement d'un côté à un
terrein calcaire, & ſont terminées de l'autre côté
par du *Macigno* ou de l'ardoiſe commune.

Granitone eſt une ſorte de pierre compoſée de

---

k) Aſſez ſouvent les dendrites & les lignes ſe trouvent ſur
les mêmes morceaux.

mica argenté verdâtre & de fpath dur blanc *l*), qui forme des couches entieres dans les montagnes de *gabbro*; lorsque le granitone n'eft que difperfé dans le *gabbro* par petites taches ou par de petits cubes, on le nomme *granito*. Ces dénominations font certainement très-confufes, mais encore faut-il les favoir, puifqu'elles font adoptées.

La *Polzevera* eft un *gabbro* veiné de marbre ou de fpath calcaire; c'eft l'efpece d'ophite, dont Cronstett parle dans fa *Minéralogie* §. 261. Il y en a quelquefois des couches entieres dans le *gabbro*; cette pierre tire fon nom de la vallée de *Polzevera* dans l'Etat de Genes, qui fournit de très belle *polzevera* rouge, noire & verte, avec des veines blanches.

Galaktites eft le *fmektis* ou la pierre ollaire blanche.

Pietra nefritica eft la pierre ollaire verte.

Igiada eft un *lapis nephriticus* ou un *petrofilex viridis*. Plufieurs morceaux, que j'ai raffemblés, me prouvent, que cette pierre doit fon origine à la pierre ollaire verte; quelques-uns de ces échantillons font durs à l'une de leurs extrémités, tandis qu'à l'autre ils font tendres & de la nature de la pierre ollaire.

Quelquefois la pierre ollaire verte dans le premier degré de fon endurciffement eft de l'amian-

H 4

---

1) *Feld-Spath*, *fpathum fcintillans* de Cronstett §. 66.

the ou de l'asbefte. Les carrieres de ferpentine de *Zœplitz* & les échantillons, que Mr. TARGIONI a ramaffés dans les montagnes de *gabbro d'impru-nctu*, à 7 milles de Florence, & de *prato*, me le perfuadent.

Le *Prafius* (WALLERIUS *Min.* 120. *n.* 3.) du *Breitenbaum* à *Johann-Georgenftadt* & celui d'*Eybenftock* me paroiffent avoir eu la même origine; ce dernier eft encore quelquefois auffi filamenteux que l'amianthe groffier.

Variolarie m) font des blocs, roulés de toutes

---

n) J'ai bien du regret de n'avoir pas rapporté de ces *variolites*, pour pouvoir les comparer à celles des autres pays; cependant je ne fais, fi l'auteur, en difant que la plupart des variolites d'Italie font de *gabbro* ou de ferpentine de Saxe, a parlé d'après des expériences faites fur la nature de ces pierres. Il eft très poffible, qu'il ait été obligé de fe contenter du coup d'œil, qui pourroit aifément l'avoir trompé; j'ai lieu de le croire, parceque les variolites de France, de Suiffe &c. font une efpece de porphyre, qui ne differe en rien des variétés du porphyre, que l'auteur décrit dans fa feizieme lettre fous le nom de *Porfido verde propriamente così chiamato;* j'ai comparé des variolites de la *durance* avec cette efpece de porphyre; il n'y a entre ces pierres que des différences accidentelles à leur fuperficie, provenantes de ce que les unes ont été roulées par les eaux, & que les autres n'ont pas eu le même fort; d'ailleurs j'ai vu quelques variolites en Italie, & très affûrément je n'aurois pu juger à la fimple vue, fi elles étoient de la nature des pierres ollaires, ou de celles des porphyres, comme celles des autres pays, que j'ai été dans

fortes de pierre, mais furtout du *gabbro*, dont la fuperficie eft ordinairement raboteufe, & comme couverte de nœuds, pour avoir été chariés par

le cas d'éprouver; je préfume que l'auteur a été obligé de s'en rapporter en cette occafion au dire de ceux, qui lui ont montré des variolites en Italie.

Mr. DE LA TOURETTE vient de faire une découverte curieufe dans les *variolites* de la *durance*, inférée dans le *Journal de Phyfique* de Mr. l'abbé ROZIER, *année* 1774. *Tome IV. page* 320. Il a trouvé dans ces pierres de petites lames d'argent vierge, que j'ai depuis très-bien diftinguées dans celles de la même riviere, que je poffede, & que je tiens auffi de Mr. CALVET d'Avignon; mais je ne faurois regarder cette qualité argentifere comme appartenant à toutes les variolites; je crois au contraire, que c'eft un accident propre à celles de la *durance*. Ainfi je penfe, que jufqu'à ce que des yeux auffi pénétrants que ceux de Mr. DE LA TOURETTE apperçoivent les mêmes mollécules d'argent dans les variolites, qui ne font pas de la durance, nous ne pourrons regarder cette pierre que comme un porphyre roulé, & non comme une matrice ordinaire de l'argent vierge.

Mr. DE LA TOURETTE obferve avec raifon, qu'il eft fingulier, que ce métal fe foit niché dans une pierre auffi dure; mais il y a encore des exemples plus frappants que celui des variolites, qui prouvent, que Mr. LEHMANN n'a pas été infaillible, en difant que les métaux ne fe trouvoient jamais qu'à la furface des pierres à fufil, & autres pierres dures. J'ai dans ma collection de l'argent vierge admirablement tricoté, qui a pénétré d'outre en outre tout un morceau de filex noir; la dureté de cette pierre a fait, que les filets d'argent, qui l'ont pénétrée, font d'une fineffe & d'une délicateffe extraordinaire.

H 5

les eaux. On avoit autrefois la fuperftition de faire porter des variolites aux enfants, dans l'efpoir de les préferver de la mauvaife qualité & quantité de la petite vérole; on en trouve encore beaucoup dans les apothicaireries d'Italie.

Talchine pietre font toutes les pierres micacées.

Calamita bianca eft un bol blanc durci & ftrié comme l'asbefte *n*).

Inolitho eft du gyps ftrié.

Litheosphoro eft la pierre de gyps lumineufe de *Boulogne*.

Afrofelino eft un gyps ftrié, mais peu diftinctement & à ftries fort fines, farineux, à demi endurci, femblable à celui, que l'on nomme en Angleterre, dans la province de Derby, *Chaulk*;

---

n) *Calamita*, c'eft de la pierre d'aimant; il m'en a prefque couté la vie, pour avoir ignoré, que la *calamita bianca* fignifie un bol blanc. Etant à l'isle d'Elbe, à l'endroit, où on trouve les pierres d'aimant, mes guides m'affurerent, qu'à une petite diftance il y avoit de la *calamita bianca*; je crus, qu'ils me perfiffloient: mais ils me montrerent une partie de la montagne tout-à-fait blanche, qui eft à pic fur le bord de la mer; j'étois bien perfuadé, que ce n'étoit point de la pierre d'aimant; mais pour apprendre ce que les habitants de l'isle entendoient par *calamita bianca*, je courus le rifque d'aller à travers des rochers prefque impraticables à la place, qu'on m'avoit marquée; je n'y trouvai qu'un bol blanc, qui, par la qualité qu'il a de s'attacher très fortement à la langue, a obtenu le nom d'aimant blanc.

j'ai vu un morceau de cet *afrofelino* attaché à des pifolites blanches, que Mr. TARGIONI a tiré des rafineries d'alun du *monte Rotondo* en Tofcane.

Scagliola eft une félénite blanche transparente.

Licafro eft de la créme de loup.

Iridi font de petits criftaux de quarz noirs, des deux côtés en pyramide. Voyez MERCATI *Metalloth. Vatican.*

Breccie Verrucane font les breches, qui reffemblent à celles, que l'on trouve dans la montagne de *Ferrucola* près de Pife.

On fe fert du mot d'*Eumeces* ou *Eumecide* pour différentes chofes; je l'ai entendu employer pour défigner une *guhr* à demi endurcie, arrondie & de la nature d'une calcédoine impure, mêlée peut-être avec un peu de pierre ollaire, & difperfée de temps à autre dans les terreins, où il y a du *galeftro.* Cette efpece paroît donc avoir du rapport avec ce que j'ai appellé plus haut *igiada.*

On s'eft fervi du même mot d'*Eumecide* pour défigner une breche de cailloux ou *pouddingftone*, qui n'eft pas tout-à-fait endurcie: & enfin on entend encore par le même terme une forte de terre endurcie, ftriée & femblable à celle, qu'on appelle en Hongrie *matrice de minéraux*; faute d'en avoir pu faire l'épreuve je ne faurois dire, fi cette terre eft calcaire ou gypfeufe.

Ghiarra font de petits morceaux de pierre à

fufil, de quarz, de pierre calcaire &c. les gros blocs s'appellent *ciottoli*, *ciottoloni*.

On devroit proprement fe fervir du mot *filone* pour défigner une veine métallique quelconque; mais ce terme s'applique la plupart du temps à tous lits ou couches horizontales, cependant on l'emploie auffi en parlant d'une veine métallique; communément on rend veine métallique par *vena metallica*.

Rilegatura fe dit d'une fiffure refermée par du quarz, ou du fpath; quelquefois on entend auffi par ce terme une veine métallique.

Cavare a forza de' fcarpelli, c'eft rompre le minéral avec du fer & le marteau.

Gli fterri d'antiche cave font de vieilles haldes o).

Piombo o fia argento quà e là fparfo a' maffe, a' grappi, a' grappetti o fia rognoni; c'eft lorsqu'on ne trouve la mine que par nids en rognons, en grappes; fi la mine eft encore plus difperfée, on

---

o) *Halde* eft un mot allemand, que j'ai cru devoir con-ferver, d'autant plus qu'il eft en ufage en France dans plu-fieurs de nos exploitations de mines; ce mot fignifie les tas de terre & de mine provenant de l'exploitation d'un filon ammoncelés près des puits & des galeries. On pourroit ren-dre ce mot par *déblais*. Il eft effentiel de fouiller ces dé-blais, lorsqu'on veut bien connoître tous les produits d'une veine métallique, les roches qui l'accompagnent, & le ter-rein, qui l'environne & la couvre.

dit, qu'on la tire à *Spruzzi*; & s'il n'y en a que par-
ci par-là de très-petits morceaux détachés, on dit
Piccole Scintille di Blende &c.

Pozzo eſt le puits d'une miniere.

Conicolo o galleria eſt une galerie d'écoulement.

Lavatojo eſt le lavoir de la mine.

Piſtare, c'eſt boccarder.

La *machina*, c'eſt la machine quelconque, dont
on ſe ſert pour extraire la mine, les eaux &c.

Outre le Sr. GIOVAN. TARGIONI TOZZETTI il
y a encore à Florence Mr. GIOV LUIGI TARGIO-
NI, qui ne lui eſt pas parent, & qui a une belle
collection de coquilles, quelques minéraux, pétrifications & oiſeaux empaillés, des drogues étrangeres, qui ſont encore rares; ce ſavant a écrit
un mémoire académique *de Attractione & Gravi-
tate.* Comme je vous ai parlé des drogues, je vous
dirai, Monſieur, à cette occaſion, qu'on trouve
dans les pharmacies de Florence l'éponge de Malthe, qui a la vertu d'arrêter le ſang; elle eſt décrite in *Amœnit. academicis* LINN. ſous le nom de
Fungus Melitenſis ou *Sanguinaria*; on la trouva
par hazard aux environs de Livourne, en un endroit, où on avoit mis de la terre & des ſemences,
qui venoient de Malthe, ce qui eſt tout naturel.

Le docteur SAVERIO FERDINANDO MANETTI
eſt profeſſeur de botanique au *Giardino de' ſem-
plici* & ſecretaire de la ſociété d'agriculture.

Le docteur ANTONIO DURAZZINI eft fecretaire
de l'*accademia di botanica.* Ces fociétés s'affem-
blent féparément dans le *Giardino de' femplici* dans
une petite chambre, où l'on conferve des femences.   Le *Giardino de' femplici* eft grand, bien fitué
& arrangé d'après les deux fyftemes principaux
des plantes, celui de *Tournefort,* que fuit Mr.
MANETTI, & celui de LINNÉ; mais il n'eft plus
fi riche en plantes, que lorsque Mr. MANETTI pu-
blia le *Viridarium Florentinum feu confpectum plan-*
tarum, quæ floruerunt & femina dederunt 1750. *&c.*
à Florence en 1751, & encore un appendix en 1752.
Le *Catalogus plantarum horti Cæfar. Florentini*
cum præfatione D. D. JOH. TARGIONI TOZZETTI,
du célebre PETR. ANTON. MICHELI prouve, qu'anciennement ce jardin étoit très-bien fourni.   Il
fouffre à préfent faute de fonds néceffaires pour
fon entretien; Mr. MANETTI eft l'auteur de la
Storia naturale degli uccelli, ornée de planches enluminées, qui ont très-bien réuffi, *in-fol.* à Florence; la premiere partie a paru en 1767.   Les
figures font tirées en partie d'après les oifeaux
vivants de la ménagerie *) du grand-duc, & en
partie d'après les oifeaux empaillés des belles collections du confeiller GERINI & du S. MINNI,
apothicaire de la cour; le furplus eft copié d'après

---

*) La ménagerie & le *feraglio de' Leoni* font dans le *giar-*
dino di Boboli, qui eft attenant le *palazzo Pitti.*

d'autres planches. Mr. MANETTI écrit aussi le *Magazino Toscano*, qui traite principalement de ce qui est relatif à la médecine & à l'économie. Il y a un autre papier périodique, qui a pour objet la *Diététique* ou la conservation du corps humain, comme le porte son titre. La troisieme feuille périodique, qui paroît à Florence, est le *Giornale di Firenze*. Les *novelle letterarie di Firenze* ont cessé de paroître à la mort de Mr. LAMI, qui étoit un habile homme.

C'est dans le bâtiment de la galerie ducale qu'on polit les marbres grecs, antiques & les pierres dures modernes, comme agathes &c. pour en faire de la mosaïque de Florence, *Interseccatura* ou *Lavoro di Commezzo*; rien n'approche de la beauté de cet ouvrage. On rapporte des pierres dures de différentes couleurs; on les unit avec un ciment fait de cire & de poix blanche; on en fait des tableaux d'animaux, de fleurs &c. *p*). Le

____

p) Ce n'est pas à Florence même qu'on voit les plus beaux morceaux de ce travail; le grand-duc en fait des présents à mesure qu'ils sont achevés. Il y a dans le cabinet impérial d'histoire naturelle à Vienne tout ce qu'il y a de plus magnifique en ce genre & en grande quantité. On y voit une suite entiere de différentes vues de ports de mer &c.; mais ce qui surpasse tous les autres morceaux est une table, dont le fond est de *lapis lazuli*, avec une guirlande de plantes marines, & de coquillages supérieurement bien imités. Mr. de la CONDAMINE parle de la mosaïque de Florence dans les *Mem. de l'acad. des scienc.* année 1757. p. 349. 350.

poli en eſt admirable ; ce travail eſt fort lent, ſur-
tout en relief ; auſſi eſt-il très-précieux ; cette moſaïque eſt toute différente de celle de Rome. Les
ouvriers vendent des échantillons des pierres, qu'ils
emploient, & de belles tablettes, du *marmo Fiorentino.*

La *capella di S. Lorenzo* eſt revêtue de grandes
plaques de *lavoro d'interſeccatura*, ou *di Commezzo*, compoſé des plus beaux marbres, jaſpes &
agathes. Ces pieces ont un poli ſurprenant, &
ſont parfaites. On a ſpécifié dans quelques feuilles imprimées, qu'on préſente à ceux, qui vont
voir cette magnifique chapelle, les pierres antiques & modernes employées à ſa décoration.

L'*Arno* & les autres petites rivieres des environs de Florence fourniſſent une partie des cailloux & des jaſpes, qu'on travaille à la galerie.

Je remets à une autre fois à vous parler d'un
beau marbre de *Corſe*, d'un verd clair, tacheté
de violet, du granite violet de l'isle d'*Elbe* & du
marmo polveroſo di Piſtoya.

Il y a dans l'égliſe de *S. Spirito* beaucoup de
grandes colonnes de *Pietra Serena* (une variété du
macigno) ; le maître-autel eſt de *Gabbro* & de *Pol-
zevere di Prato*, verd & noir avec des taches blanches, rouge & noire, auſſi tacheté de blanc.

On diſtille à Florence dans le couvent des pé-
res Dominicains de *S. Marco*, & à l'apothicairerie

de

de l'hôpital de *S. Maria Nuova* différentes plantes, fleurs & fruits odoriférants, pour en retirer l'effence ou l'huile. On y confit auffi des
fruits du Cedra &c. qu'on envoie pour la plupart
à Livourne, d'où on les expédie pour le nord.

A mon retour de Naples & de Rome je me re-
ferve de vous communiquer le refte des obfervations, que j'ai faites à Florence.

HUITIEME LETTRE.

De Rome le 26. Septembre 1771.

Ne croyez pas, Monfieur, que la magnificence
des ouvrages de l'art me rende infidele à
l'hiftoire naturelle; au contraire elle me fert de
guide. Depuis que je fuis à Rome j'ai déjà vu
dans les tréfors du *Capitole*, de la *villa Albani* &
d'autres maifons de campagne, ainfi que dans
beaucoup d'églifes, différentes efpeces de bafalte,
de granite, de porphyre & de marbres antiques.
J'ai été chez une partie des ouvriers, qui travaillent ces pierres. Je vous en décrirai toutes les
variétés à mon retour de Naples, parceque je
veux être en état en allant plus fouvent au capitole, & dans un plus grand nombre d'églifes, de
vous donner quelques éclairciffements fur la *Li-
thographie* des anciens, fur laquelle vous avez

déjà couché par écrit tant de remarques intéreffantes. Le féjour de Rome eft certainement utile
à cet égard à un amateur de la minéralogie; à
peine fouille-t-on ici & dans les vignes des environs à quelques pieds dans la terre, au travers
des décombres des palais écroulés (décombres
qui couvrent jufqu'à quinze pieds de hauteur le
niveau de l'ancienne Rome; voyez les *Lettres fur
l'Italie de Mad.* du BOCCAGE *p.* 181.), qu'on découvre des richeffes en marbres, en porphyre &
bafaltes antiques; les propriétaires du fol les vendent au poids aux artiftes; le contour de l'obélis-
que de la place de *S. Pierre*, & plufieurs endroits
des rues de Rome font entiérement pavés de *ferpentino antico*, de porphyre & de marbres antiques, fans parler du pavé des églifes & des palais.

On voit au palais *Borghefe* une pierre élaftique. On a donné ce nom à plufieurs lames ou plaques de marbre blanc antique, détachées, dit-on,
d'un même bloc, qui faifoit partie de la corniche
d'un bâtiment antique. Ces plaques ont environ
quatre empans de hauteur (*palm. Rom.*), un empan
de largeur, deux travers de doigt d'épaiffeur On a
pofé ces plaques fur des tables à l'exception d'une
feule, qui refte détachée pour être montrée aux curieux. En appuyant cette plaque contre terre fur une
des extrémités de fa largeur, & en communiquant à
l'extrémité oppofée un mouvement de pendule, elle

fait des vibrations, qui décrivent alternativement de chaque côté une courbe, & la pierre fe redreffe d'elle même par fon élafticité; on entend pendant les ofcillations un petit grincement ou frottement des grains de cette pierre, les uns contre les autres. Cette *pietra elaftica* eft un vrai marbre antique blanc, qui fait effervefcence avec l'eau forte, & qui eft formé, comme on le peut voir au moyen d'une loupe, de grains transparents & criftallins. On doit fans doute attribuer fa flexibilité à la liaifon imparfaite de fes parties, qui ont été dépouillées de la plus grande portion de leur *gluten* naturel par l'action de l'air, ou par celle du feu, qui a peut-être lentement calciné cette pierre. Le grincement, qu'on entend durant les vibrations, prouve le peu de liaifon des grains de la pierre; car ces grains paffent alors les uns fur les autres; on peut même les détacher avec les ongles.

Le pere JAQUIER, minime de la Trinité du mont, connu par plufieurs ouvrages mathématiques & philofophiques, a fait inférer dans un journal littéraire *a*) un article au fujet de cette

I 2

---

a) C'eft dans le No. 34. pag. 20. de la *Gazette littéraire de l'Europe*, imprimée à Paris le 12. Sept. 1764, que le pere JAQUIER a fait inférer cet article. Il y dit entre autres que "cette „pierre, qu'on croyoit être élaftique, n'a pas une *élafticité pro-* „*prement dite*, mais feulement le mouvement d'inflexion & de

pierre élaſtique, & le pere FORTIS en a fait mention dans ſon traité *ſopra l'iſola di Cherſo ed Oſero.*

On vend au cours de Rome des fruits imités en marbre; on parvient par les acides à donner au marbre les couleurs néceſſaires, comme le rouge, le jaune, le bleu, & un verd aſſez foncé; on imite des pommes avec leurs feuilles, des œufs &c.

On peut auſſi acheter au cours des copies de camés antiques gravés ſur des coquilles épaiſſes; on a ſoin de choiſir des coquilles, dont le fond eſt rouge ou bleu, & le deſſus blanc, pour que le relief ait cette derniere couleur; on y trouve encore des copies & des impreſſions de tous les camés & pierres gravées en ſoufre coloré en rouge, à cinq bayoques la piece *b*).

„tremblement, qui lui eſt communiqué par la main " Il me ſemble, ſi j'ai une idée bien nette de l'élaſticité proprement dite, qu'on ne ſauroit refuſer cette qualité à la pierre, dont il eſt ici queſtion, puisqu'elle a aſſez de reſſort pour ſe redreſſer viſiblement, & qu'elle eſt ſuſceptible de vibrations.

b) Un *bayoque* vaut un ſol, monnoie de France. On peut ſe procurer par ce moyen à bas prix une collection complette de toutes les pierres gravées & de tous les camées, qui ſont renfermées dans les cabinets de l'Europe entiere, & on peut ſe flatter de n'y rien perdre du côté de l'art; car ces empreintes & reliefs ſont exécutés en ſoufre auſſi bien que ſur les pierres originales. On vend ſéparément la ſuite des empereurs, des philoſophes, les empreintes mythologiques & celles des pierres laſcives.

Les Romains poffedent aujourd'hui un art, que leurs ancêtres leur ont transmis par les beaux morceaux d'antiquité, qu'on a découverts: c'eft de la mofaïque, dont je parle; les anciens mêloient aux frittes ou verres, qu'ils employoient à leur mofaïque, des pierres naturelles. Je ne ferai pas le parallele des différentes mofaïques. On voit aifément, en quoi la mofaïque de Rome moderne differe de l'antique, & de la mofaïque de Florence. Les Romains ne fe fervent aujourd'hui que de petits cubes de verre, dont les frittes font faites pour la plupart à Venife. On les coupe enfuite dans l'attelier par petites bandes, au moyen d'un diamant, & un marteau propre à cet ufage rompt les bandes en petits cubes d'inégale grandeur; il y a plus de mille nuances de verre, qu'on conferve dans des cafes féparées. Lorfqu'il s'agit de compofer une figure par l'affemblage de ces cubes, on prend une plaque épaiffe de *Travertino*, ou de quelqu'autre pierre à chaux; on en polit un côté; on y applique un ciment épais, pré-

I 3

Le Sr. LIPPERT, artifte à Dresde, a réuffi à faire les mêmes empreintes fur une terre blanche; il eft difficile de décider, lesquelles des deux font préférables. L'excellent catalogue raifonné intitulé *Dactyliotheca univerfalis*, que Mr. le profeffeur CHRIST de Leipfic a joint aux empreintes de Dresde, emporte la balance en faveur de celles-ci.

paré avec de la chaux vive, de la poudre de *Travertino* & de l'huile de lin; on étend ce ciment tout uni fur la plaque de l'épaiffeur d'un petit doigt; on le laiffe fécher; on taille l'extrêmité des petits cubes, qui doit être pofée dans le corps de ciment, en petite pointe ou pyramide, afin qu'ils pénétrent & s'affermiffent d'autant mieux. L'artifte fe fert à cet effet d'un marteau tranchant, qu'il manie très-adroitement; cette opération faite à chaque cube, on l'arrange auffitôt fur le ciment à côté des précédents; le même ciment fert à les unir; l'ouvrier choifit les cubes de la grandeur, de la couleur & dans la quantité qu'exige le plan, qu'il a devant lui. On parvient ainfi à copier les tableaux & les portraits; celui de l'empereur regnant entr'autres a parfaitement réuffi *c*).

Il eft facile de juger, que la lenteur de cet ouvrage le rend precieux; plus les cubes font petits, plus le travail eft pénible & cher; mais auffi l'ouvrage en eft d'autant plus beau. L'attelier de la mofaïque eft attenant l'églife de *S. Pierre*; les ouvriers font principalement occupés à la décoration de ce fuperbe bâtiment. On place des tableaux en mofaïque à tous les autels de ce bel

---

c) Il a été copié d'après le tableau, qu'a fait POMPEO BATTONI, dont l'impératrice-reine a été fi contente, qu'elle a créé ce celebre peintre écuyer.

édifice; ils égalent la peinture en beauté, en élégance, en mélange de coloris *d*).

La brique, dont fe fervoient les anciens Romains pour bâtir leurs murailles en *opus reticulatum*, eft taillée de la même maniere que les cubes de verre de la mofaïque; le *muro ftorto*, qui eft à main droite de la *porta di Popolo* de Rome, en eft un échantillon; le deffus de la pierre eft cubique, ou plutôt de la forme d'un parallélipipede, & le deffous enfoncé dans le mortier eft taillé en pyramide. POMPEO SAVINI, artifte habile en mofaïque, qui travaille pour fon propre compte, ne fe fert que de verres entiérement cubiques; fon ouvrage réuffit auffi bien, & il épargne beaucoup de temps.

Lorsque les cubes de tout un tableau font pla-

I 4

---

d) On immortalife par ce travail les plus grands peintres, le temps ne pouvant attaquer les mofaïques; & quoiqu'on ne puiffe pas unir fi intimement les couleurs de la mofaïque, comme on les unit avec le pinceau, on y fupplée par le grand nombre des nuances; fi d'ailleurs la mofaïque a le défaut d'avoir un certain luftre, qui offufque, il y a, comme aux tableaux, un point de vue pour la regarder. Ce font de petits inconvenients en comparaifon de l'avantage, qui en refulte; déjà les morceaux de peinture les plus celebres font exécutés & placés dans le vafte édifice de *S. Pierre*. On étoit occupé, lors de mon féjour à Rome en 1771, à copier la fameufe *trans-figuration* de RAFHAEL.

cés, & que ce ciment en eſt bien ſec, on com‑
mence à polir avec de la pierre de ſable fine & du
tripoli la ſuperficie de la moſaïque; on prend en‑
ſuite de l'éméri le plus fin, qu'on réduit en li‑
mon; on en frotte la ſurface du tableau avec une
lame de plomb e). On ſcie la table de *Traver‑
tino*, ſur laquelle la moſaïque eſt appuyée, pour
diminuer ſon épaiſſeur, afin que le tableau ne ſoit
pas trop lourd, & qu'il lui reſte ſeulement l'é‑
paiſſeur qu'il faut pour qu'il ſoit ſolide.

On porte cet art ſi loin, qu'on eſt parvenu à
faire des moſaïques en bas‑reliefs.

On a trouvé dans la *villa Hariani*, près de *Ti‑
voli*, à *Fraſcati*, & en pluſieurs autres endroits de

---

e) L'auteur a oublié d'obſerver, que, lorſqu'on a fait ſécher
le ciment, qu'on a appliqué ſur la pierre, on calque les con‑
tours des figures du tableau ſur du papier huilé, que l'on
calque enſuite ſur le ciment, & l'ouvrier ne ſe ſert du tableau
même que pour le coloris. Une autre obſervation, que Mr.
FERBER n'a pas apparemment trouvé aſſez importante, c'eſt,
qu'après avoir poli la moſaïque on verſe deſſus une cire,
colorée d'après les différentes nuances du tableau, pour rem‑
plir les petits interſtices, qu'il y a entre les petits cubes de
verre; on ratiſſe enſuite ce tableau avec un petit couteau
fort tranchant, afin que cette cire ne le terniſſe point, & ne
reſte que dans les jointures.

C'eſt ſur du *peperino*, & non ſur du *travertino*, que
j'ai vu faire la moſaïque; je ne ſais, ſi l'auteur s'eſt trompé,
ou ſi de ſon temps on ſe ſervoit en effet du *travertino*.

la mofaïque antique, dans laquelle il y avoit quelques cubes de verre bleu, ce qui prouve que les anciens connoiffoient l'ufage du cobalt & la préparation du fmalte. La belle compofition de verre rouge, qui a l'éclat de la cire d'Efpagne la plus fine, dont on fe fert pour la mofaïque, n'eft autre chofe qu'une fcorie cuivreufe, qu'un nommé MATHIOLI avoit autrefois feul le fecret de bien préparer à Rome. Depuis fa mort il y a plufieurs perfonnes à Rome, qui font la même compofition; mais on prétend qu'elles ne parviennent pas à produire une couleur auffi vive.

Le cabinet, que MERCATI décrit fous le titre de *Metallotheca Vaticana in-fol.*, n'exifte plus depuis la mort de l'auteur.

Le celebre *Mufeum Kircherianum* du college Romain des peres Jéfuites a déjà été décrit autrefois par BONANNI; il renferme de belles pierres précieufes. Il y a fous preffe une nouvelle édition fort augmentée de cette defcription, fous le titre de BONANNI *Rerum natural. hiftoria* (1772), en 2 Tom. in-fol. à Rome, avec des notes intéreffantes de Mr. J. A. BATARRA de *Rimini*; le prix fera environ de quatre fequins.

Au commencement de l'année 1772 il paroîtra à Rome tous les famedi aux frais du libraire GREGORIO FETTARI, qui demeure au cours, un journal littéraire fous le nom d'*Efemeridi letterarie.*

J'efpere, qu'au printemps prochain, à mon retour de Naples, je pourrai augmenter à Rome
votre herbier, & le mien, foit de ce que je tire-
rai du jardin de botanique, foit de ce que je ra-
maſſerai aux environs de cette capitale.

NEUVIEME LETTRE.

De Naples le 13. *Janvier* 1772.

Le peu de femaines, que j'ai déjà paſſé dans
cette grande école des volcans, n'eſt pas à
beaucoup près fuffifant pour m'être formé des
idées nettes, auxquelles je puiſſe me fier, du *Vé-*
fuve, de la *Solfatare* & des autres phénomenes des
environs de Naples. Je réitérerai mes obfervations avant de vous les communiquer; j'en aug-
menterai le nombre, & je m'aſſûrerai de leur ju-
fteſſe & vérité; en attendant je vous nommerai
les favans de notre fphere, qui font à Naples.

J'ai eu la fatisfaction de rencontrer ici Mr.
GUETTARD, naturalifte celebre, dont j'avois eu
l'honneur de faire la connoiſſance à Paris; il eſt
à défirer, qu'à fon retour dans fa patrie il publie
fes obfervations fur l'Italie. C'eſt avec ce favant,
que je confidere, Monfieur, les merveilles que la
nature nous offre dans ce pays-ci.

Mr. SERAO, medecin de la cour, a des connoiſſances en hiſtoire naturelle; il a donné quelques mémoires ſur le Véſuve, le *Tarantiſmo*, l'hiſtoire du lion, de l'éléphant, du ſanglier &c.

Mr. le docteur GIUSEPPE VAIRO, profeſſeur en chymie & en medecine, eſt un très-bon chymiſte; il eſt peut-être le ſeul homme de Naples, qui connoiſſe ſolidement le Véſuve & la Solfatare.

J'ai vu chez Mr. VAIRO le Sr. NICOLAS ANDRIA, un de ſes éleves; je ſouhaite, que ces deux ſavants faſſent imprimer leurs remarques ſur le Véſuve & la Solfatare; peut-être les feront-ils inſérer dans l'édition de l'Encyclopédie, qu'on réimprime à Livourne.

Le docteur DOMENICO CIRILLO, profeſſeur en botanique & en médecine, fils du médecin CIRILLO, autrefois célebre par ſes ouvrages de médecine, a raſſemblé dans ſes différents voyages en France, en Angleterre, en Dalmatie & en Sicile un herbier intéreſſant; il poſſede auſſi la collection de plantes de FERRANTIS IMPERATI; il avoit formé le projet de publier une *flora* du royaume de Naples; mais la pratique l'a tellement détourné de la botanique, qu'il nous reſte fort peu à eſpérer de lui; il a fait imprimer un petit abrégé de la philoſophie botanique de LINNÉ, dont il ſuit le ſyſteme à l'uſage de ſes leçons; il a pour titre: DOM. CIRILLI *ad Botanicas Inſtitutiones introductio*, *Edit.* 2. *Neapoli* 1771. *in-quarto.*

Le pere Dominicain MAESTRO ANTONIO MI-
NASI eſt fort inſtruit en hiſtoire naturelle, & obſerve avec une patience ſinguliere. Les obſtacles,
que lui oppoſent ſon état & l'ignorance de ſes
prépoſés, l'empéchent de voyager dans la Calabre, ſa patrie, & de nous donner des notions
juſtes ſur l'hiſtoire naturelle de ce pays. Comme
moine, né dans le pays, il parviendroit facilement
à ſon but; tout autre obſervateur ſeroit ſuſpect
aux habitants, & ne ſeroit pas longtemps en ſû-
reté chez eux *a*). Ce pere a fait des remarques toutes particulieres ſur diverſes eſpeces d'araignées,
ſur les courants de la méditerranée, ſur le phare
de Meſſine & ſur les cauſes des fameux tourbillons
de *Scylla* & *Charybde*, & il a préparé avec les fibres
des feuilles charnues de l'*Agave Americanæ* du papier, de la toile & différents autres produits. La
plupart des remarques ſur l'hiſtoire naturelle des
environs de *Tarento*, ſa patrie, qui ſe trouvent
dans la traduction du marquis CARDUCCI des

---

a) Ce n'eſt peut-étre qu'un préjugé. Le baron de RIED-
ESEL a voyagé dans la Pouille & la Calabre; il ne ſe plaint
point des habitants de ces provinces. Il eſt dommage que
ſes obſervations ſoient preſque toutes relatives aux antiquités,
& que l'hiſtoire naturelle n'ait pas été un des objets de ſes
recherches. Son exemple devroit bien enhardir un naturaliſte, qui ſelon toute apparence ne courroit pas plus de riſ-
que que lui.

C| *Delizie Tarentine libri IV. opera poftuma di* To-
M MASO NICOLO D'AQUINO, *in - quarto, Napoli* 1771,
5| fortent de fa plume.

Mr. NICOLAO PACIFICO eft bon mathématicien, & fe connoît en infectes & en plantes, dont
il a de jolies collections; il cultive auffi pour fon
plaifir un petit jardin de botanique *all' infrefcata,*
où il demeure; c'eft le feul jardin de botanique,
qu'il y ait aux environs de Naples, depuis que
celui du comte CHIARAMONTE *alla Barra,* près
de *Portici,* a été ruiné. Le prince FRANCAVILLA
doit avoir élevé autrefois dans fon jardin de *Francavilla* des plantes étrangeres.

L'abbé GAGLIANI s'eft fait connoître par des
ouvrages fur la politique & le commerce, qu'il
a publiés à Paris; il a fait préfent au pape actuel
d'une collection de laves; il en a une fuite à *Sorrento,* qui lui viennent de la fucceffion de fon
frere.

La meilleure carte géographique, que nous
ayons du royaume de Naples, a été gravée à Paris
par fes foins; elle eft compofée de quatre feuilles,
& fe vend dans la bibliotheque royale de Naples
pour quatorze carlins. C'eft fur fes repréfenta-
tions, qu'on ne fouille pas à *Pompeja* de la même maniere qu'à *Herculanum,* c'eft-à-dire, qu'on
ne recomble pas le terrein que l'on a excavé, &
que l'on peut acheter actuellement dans la biblio-

theque royale les defcriptions & les figures des antiquités de *Portici*, tandis qu'auparavant il n'y avoit que les têtes couronnées, auxquelles le roi de Naples en faifoit préfent, qui puffent les avoir.

Il PADRE GIAMMARIA DELLA TORRÉ, profef-feur en phyfique, a fait imprimer à différentes reprifes fa defcription du Véfuve; la derniere édi-tion eft en françois fous le titre d'*Hiftoire & Phé-nomenes du Véfuve*, *expofées par le pere* DE LA TOR-RÉ, *Naples* 1771, *in - octavo*; il a auffi publié les *nuove Offervazioni intoruo la ftoria naturale*, *Nap.* 1763. *in - octavo*. Mr. l'abbé FONTANA de Florence a cherché à les réfuter. Le pere DE LA TORRÉ prétend avoir trouvé au moyen de fes microfco-pes, compofés de petites lentilles faites par le chalumeau, & qui groffiffent énormément, que les globules du fang font percés au milieu, & qu'ils forment par conféquent des cercles *b*). Mr. FONTANA prouve au contraire, que les microfco-pes du pere DE LA TORRÉ, quoique grandiffant

---

b) Mr. GUILLAUME HERWSON dans un mémoire, que Mr. ROZIER a fait inférer dans fon *Journal de Phyfique*, *Tome IV. année* 1774. *pag.* 1. contredit pareillement le pere DE LA TORRÉ, & affure, que les globules rouges ne font point creux, mais qu'ils ont un point noir au milieu, qui a donné lieu à cette méprife du P. DE LA TORRÉ; il en at-tribue auffi la faute aux verres, dont ce phyficien fe fert.

infiniment les objets, les repréfentent mal ; cet eccléfiaftique a encore fait imprimer une phyfique
latine en huit volumes, dans laquelle il traite en
même temps des trois regnes de la nature ; ce livre eft bon par le grand nombre d'eftampes & de
bonnes figures d'animaux, qu'il renferme.

Mr. l'abbé GAETANO BOTTIS a une riche collection de tous les produits du Véfuve, fur-tout de
ceux, qui proviennent des différentes éruptions
modernes, dans l'ordre, où elles ont été jettées ;
il a fait deux traités fur ce volcan : 1) *Ragionamento iftorico intorno a' nuovi vulcani comparfi nella
fine del anno* 1760, *Napoli* 1761, *in-quarto.* 2) *Ragionamento iftorico del incendio del Vefuvio accaduto
nel mefe d'Ottobre* 1767, *Napoli* 1768, *in-quarto.*

Mr. ROCCO BOVI, profeffeur à *Salerno*, natif
de *Tarente*, a fait connoître fon opinion particuliere fur les coraux dans fa *Differtazione italiana
e francefe fopra la produzione de' coralli e refleffioni
critiche fopra i Polypi, creduti coftruttori dei mede-
fimi coralli &c, in Firenze* 1769, *in-octavo.* Le
titre montre, qu'il ne regarde pas ces polypes comme fleurs animales des coraux, mais feulement
comme habitants des coraux.

Mr. LUIGI GIRALDI, antiquaire du roi de
Dannemark, demeure à l'isle de *Capri* ; il eft dans
l'intention de publier une defcription des antiquités & des curiofités naturelles de cette isle ; j'en
avois déjà fait la connoiffance à Paris.

Don PAULO MOCCIA, *profeſſore delle ſcienze umaniori nella pageria reale*, homme fort & robuſte, a la propriété particuliere du corps de furnager à l'eau, fans aller à fond, & fans favoir nager.

Il Padre ANTONIO PIAGGIO eſt celui, qui copie les manuſcrits charbonneux, qui ont été trouvés à *Herculanum*; il les déroule au moyen d'une machine particuliere. Quoique ce pere ſoit aidé par un jeune abbé, ſon âge, la lenteur & la difficulté de l'ouvrage, & le peu de ſalaire, qu'il en retire, doivent nous faire craindre, qu'on ne déchiffrera qu'un très-petit nombre de manuſcrits; on dit que ce pere a le ſecret d'enlever aux pierres précieuſes leur couleur, & de colorer les criſtaux de quarz.

Mr. DOMENICO COTTUNNIO, profeſſeur d'anatomie à Naples, eſt un habile diſſécateur; il a écrit trois petits traités anatomiques fort eſtimés; un de ſes ouvrages traite du conduit auditif, dans lequel il a découvert ce que l'on appelle le *Conduit Cottunnien*; un autre de ſes écrits a pour titre *de ſede variolarum*.

Je vais vous nommer, Monfieur, une autre claſſe de gens, qui ne nous intéreſſent pas moins. Il s'agit des brocanteurs de lave & de productions marines; voici les principaux.

PIETRO SCHILLING, qui demeure à la *porta piccola di S. Giuſeppe maggiore*, fait le commerce

de

de poiſſons ſechés, de différents crabes, de coquilles, de coraux du golphe de Naples & de la
Sicile; il a fourni (par les ſoins de Mr. HAMIL-
TON, miniſtre d'Angleterre à Naples) au *Muſeum
Britannicum* une collection de tous les poiſſons,
crabes, coquilles & coraux de ce golphe, qu'il a
fait deſſiner avant de les envoyer à Londres. Il a
reçu nouvellement un poiſſon d'Amérique d'une
eſpece particuliere & vraiſemblablement inconnu,
que j'ai vu chez lui deſſeché; Mr GUETTARD s'en
fait faire un deſſin correct, & il a intention de le
décrire.

Il marinaro PASCALI *a S. Lucia alla Chiaja* eſt
un pêcheur, qui vend tous les corps marins ci-
deſſus nommés; il en eſt très-bien pourvu. Le
meilleur *Cicerone* de Pouzzole eſt un nommé MI-
CHELE PACILEO.

Don VALENCIANI, qui demeure près de l'égliſe
de *Portici*, a un joli cabinet bien arrangé de toutes les eſpeces de lave & de matieres vomies par
le Véſuve en gros & très-beaux morceaux. A Naples, près de l'hôtel de l'ambaſſadeur de France,
eſt un autre marchand de lave, qui eſt François.
Un tailleur de marbre, dont la maiſon eſt à gauche en entrant dans *Portici*, & un autre, qui demeure à Naples vis-à-vis de la porte *del Caſtello dell'
ovo*, font le même commerce; les gens même
de *Portici*, qui conduiſent les étrangers au Véſuve,

apportent de la lave &c. à ceux, qui en demandent. Il faut être fort fur fes gardes avec tous
ces gens; on achete fouvent des verres artificiels au
lieu de pierres précieufes du Véfuve, qui font des
variétés de fchœrl de diverfes couleurs, qui fortent de ce volcan.

Il y a dans le royaume de Naples de très-belles
efpeces de marbre, qu'on emploie au palais de
Caferte, au *Capo di Monte* & autres maifons roya-
les. Les tailleurs de marbre fourniffent à un prix
raifonnable de jolis échantillons de ces marbres,
ainfi que de différents marbres antiques.

Il y a quelques années, que le roi de Naples
a fait venir de la galerie de Florence quelques ouvriers pour travailler les agathes & les jafpes de
la Sicile; ils font encore ici, mais en trop petit
nombre, pour faire beaucoup d'ouvrage.

Le défunt prince S. SEVERINO a laiffé dans fon
palais de Naples nombre de productions artificielles, dont une partie eft de fa propre invention;
il étoit chymifte; il coloroit d'épaiffes colonnes
de marbre d'outre en outre de la couleur, qu'on
lui demandoit; il enlevoit au *lapis Luzuli* fa couleur bleue; il le rendoit tout blanc. On a fait
l'énumération des fecrets, qu'il poffédoit, dans
un petit catalogue imprimé de fes collections;
Mr. DE LA LANDE en parle auffi dans fes voyages
en Italie; il imitoit le granit oriental, & il croyoit,

que les obélisques & autres monuments, qui ont été transportés d'Egypte en Italie, n'étoient que des maffes de pierres artificielles.

Si le prince S. SEVERINO avoit vu les montagnes de granit rouge de la Suede, où il eft femblable au granit oriental c); s'il avoit lu les voyages au levant de POCKOCKE, il n'auroit pas douté, que le granit fe trouve naturellement en fi grande maffe.

DIXIEME LETTRE.

De Naples le 2. Fevrier 1772.

Enfin après des pluies continuelles nous avons le plus beau printemps; j'étois tenté d'en profi-

K 2

---

c) Le prince SAN - SEVERINO n'avoit que faire de voyager jufqu'en Suede pour fe défabufer; il n'avoit qu'à fortir de l'Italie, il auroit trouvé dans prefque toutes les montagnes du granit en blocs, qu'il auroit eu peine à faire tranfporter. La France & l'Allemagne en font remplies; il y en a en Alface prefque fur toute la longueur des Voges; & fans fortir des terres de Mr. le baron de DIETRICH, qui font dans les Voges à 9 lieues au nord de Strasbourg, j'aurois fait voir au prince S. SEVERINO, qu'il ne faut que faire revivre les anciens Egyptiens, pour transformer en obélisques des blocs d'un granit parfaitement femblable à celui d'Egypte.

ter pour aller avec Mr. GUETTARD aux isles d'*I-schia*, de *Capri* & de *Procita*; mais la mer eft encore fi orageufe dans cette faifon, que les pêcheurs & les marins ofent à peine s'y expofer.

Je reviens, Monfieur, d'une promenade, que j'ai eu l'agrément de faire avec Mr. GUETTARD; nous avons été par la *Chiaja* & la rive droite de la mer au *Paufilippe*, & nous fommes revenus par le même chemin.

Les collines du *Paufilippe* font déjà ornées par les fleurs des amandiers & de quelques palmiers qui fleuriffent, & qui portent fruit; on y voit le grand aloé d'Amérique (on trouve auffi ces arbres en pleins champs aux environs de Rome), des figuiers, qui font connus dans toute l'Italie, le *cactus opuntia*, le romarin en fleurs, des citroniers & orangers toujours verds. Ces différents arbres produifent une variété admirable, & font reffembler ces collines à un jardin de botanique *).

Le rivage arrondi à la *Chiaja* s'étend fur la

---

*) Les citrons, cedrats, orangers & pommes de Chine viennent dans tout le pays entre Rome & Naples fans culture, ni foins. Aux environs de *Terracina* il y en a des forêts entieres; mais ces fruits ne font ni fi doux, ni fi odoriférants, mais plus acides, & en général moins bons que ceux d'Efpagne & de Portugal. On a déjà au mois de Janvier des fraifes mûres à Naples; on en mange des glaces, dont on fait ici tout l'hyver une grande confommation.

gauche vers *Portici*, *torre dell' Annonziata*, *torre del Greco*, *Caſtel Mare*, *Sorrento*, *Salerno* & juſqu'à *Peſton*; & ſur la droite, vers le *Pauſilippe*, la *Scuola di Virgilio* juſqu'au *capo di Miſeno*; des montagnes & des collines bordent le rivage d'alentour, & forment le plus bel amphithéatre **).

En tel point qu'on choiſiſſe de cette circonférence élevée on découvre toujours les deux côtes, la mer formant un beau baſſin, dont les flots ſe briſent en mugiſſant contre les terres; les isles de *Procita*, *Niſita*, *Capri* & *Iſchia*, le Véſuve fumant & les Appennins, qui s'enfuient du côté de la Calabre; quel ſuperbe coup d'œil! que ne puis - je en jouir encore longtemps! Lorsqu'on traverſe la grotte du Pauſilippe pour aller à *Pouzzole*, on a des deux côtés du chemin des champs labourés & des rangées de peupliers d'Italie élevées, dont les feuillages ſont joints par des guirlandes de vignes.

K 3

****)** La ville de Naples même eſt élevée au - deſſus de la *Chiaja*, les collines volcaniques, qui paſſent derriere Naples (ſur lesquelles ſont ſitués la *Certoſa* & *il Capo di Monte*, aînſi que d'autres maiſons de plaiſance), s'étendent depuis le Pauſilippe juſqu'aux collines volcaniques du Véſuve, derriere lesquelles la chaine des Appennins continue ſa courſe, & s'approche inſenſiblement des bords de la mer. A *Pompeja*, où finiſſent les collines volcaniques, les Appennins pourſuivent leur route le long du rivage du golphe.

Quand le chemin de Pouzzole fe rapproche du
rivage, on trouve fur les rochers de laves détachés de la *Suifatare* (cet ancien volcan, qui eft à
la droite du chemin fur la hauteur) la *Pafferina
hirfuta* de LINNÉ en grande quantité. Toutes les
plantes, qu'on cultive aux environs de Naples
pour la fubfiftance, viennent parfaitement bien.
La fertilité des champs fe manifefte par la quantité de choux, de falade & de racines, qui font
à gauche du chemin de *Portici*. La nature y pro-
digue fes dons fans le fecours du cultivateur; la
douceur du climat, jointe à l'engrais provenant des
cendres alcalines du Véfuve & du fumier d'une
aufli grande ville que Naples & de fon voifinage,
augmente encore fa bienfaifance.

Qu'il eft fâcheux, que nous ne connoiffions
pas mieux les plantes, & en général l'hiftoire naturelle, d'un pays tel que le royaume de Naples,
qui regorge de productions rares & utiles; la Calabre fournit *a*) du coton, du fafran, de la manne, de la foie, du grain, de l'huile, les vins les

---

a) Outre les productions de la Calabre, dont parle Mr.
FERBER, on y cultive du lin, du chanvre & du tabac. Le
bois y eft abondant. On y prépare beaucoup de jus de ré-
gliffe. Les raifins de Calabre font connus partout. On péche des fardines fur fes côtes; la *Pine marine* fe trouve en
grande quantité dans fes mers. Voyez le Voyage du baron de
RIEDESEL.

plus précieux, des fruits, des huiles effentielles extraites des oranges, des limons, des cedrats & des bergamottes, que les navires anglois, hollandois, françois & autres chargent à *Reggio* en quantité & à très-bon prix. On en tire auffi du fel gemme, & on pourroit y établir des travaux fur de riches minieres d'argent, de cuivre & de fer *); on en avoit commencé autrefois; mais on les a abandonnés auffitôt, à l'exception de très peu de minieres, parceque les propriétaires des biens-fonds préferent de fe priver de tout avantage plutôt que d'être dans le cas de donner quelque retribution au roi, de maniere qu'ils regarderoient très-fûrement comme un traitre à la patrie celui, qui fe propoferoit de vifiter leurs montagnes, & trouveroient bientôt moyen de s'en défaire; d'ailleurs les chemins peu fûrs, très-mauvais & fans auberges font paffer aux curieux l'envie de voir ce pays, quand même il y auroit moyen d'y parvenir à cheval avec le courier aux lettres; les habitants même du pays font le voyage de Naples à *Reggio* par mer.

Il en eft de même de la Sicile, pays délicieux, où l'on cultive le palmier & même la canne de

K 4

---

*) On trouve déjà des mines de fer à *Gifone*, à huit milles d'Italie de *Salerno*.

fucre *b*); car perfonne n'a pénétré au - delà des
belles villes de *Meſſine*, *Catane* & *Palerme*, & encore quelques autres, comme *Trapani* &c. ces
villes font toutes fur la côte *c*). Nous n'avons

---

b) la Sicile a toujours été regardée comme un grenier d'a-
bondance. Ses richeſſes feroient immenfes, fi le gouvernement n'y mettoit obſtacle. Infiniment plus abondante en
grains qu'elle n'en peut confommer, l'exportation en eſt
defendue, ou n'eſt permife qu'à de certaines villes. La canne
de fucre réuſſit très - bien en Sicile; on a tellement chargé
cette culture d'impôts, qu'elle eſt prefqu'abandonnée. L'exportation des foies fabriquées eſt très - génée par les droits de
fortie, que ces marchandifes payent. Il en eſt de même dans
le royaume de Naples. Le peuple privé des avantages, que
lui offre la nature, eſt découragé; il ne cultive que pour
pourvoir à fa fubfiftance.

c) Depuis que les Lettres de Mr. FERBER font publiées,
on a imprimé les Voyages en Sicile du baron de RIEDESEL &
de Mr. BRYDONE. Voici ce qu'on trouve dans ces ouvrages
fur l'hiſtoire naturelle de ce royaume:

Les haies y font formées de figuiers d'Inde ou de pom-
miers de raquette, comme en Efpagne & en Portugal; les
mûriers y font communs. On y cultive du coton, du tabac,
du ris, des figues, des raifins de Corinthe, des oranges, limons, bergamottes, amandes & noix de piſtache. La Sicile
produit de la manne, de la régliſſe, du fafran, des laines,
du fromage, des mouches cantharides, qu'on dit préférables
à celles d'Efpagne; on les rencontre furtout fur les pins &
les figuiers de l'*Etna*. Le baron de RIEDESEL a trouvé au
Cap Paſſero dans les bruyeres de l'orge & de l'avoine fauvage.

On tire de la Sicile de beaux marbres, du jafpe, des aga-

encore d'autres lumieres fur le mont *Gibello* ou

thes, du porphyre, du béril, des pierres précieufes &c. A
Centorby il y a une pierre douce, *Pietra Saponara*, qui fe
diffoud dans l'eau; les blanchiffeufes s'en fervent en guife de
favon. Le fel foffile n'eft pas rare dans ce royaume, cependant on y voit auffi des marais falants fur les côtes. On penfe
bien, que les mines de foufre y font très-communes à caufe
des volcans, que la Sicile renferme. La mine de *Palma*
fournit le foufre le plus pur. On trouve à l'embouchure de
la *Giaretta*, près des ruines de *Morgantio*, de l'ambre jaune
plus odorant & plus électrique que celui de la mer baltique.
Les eaux minérales ne manquent pas en Sicile. Les unes font
bouillantes; d'autres ont un degré de froid fupérieur à celui
de la glace, & ne gelent jamais. Des eaux douces fortent
du fein de la mer; des fources chaudes s'élevent au travers
des flots; des fontaines font couvertes d'huile. Les eaux du
lac *Nafo*, quoique claires & transparentes, teignent en noir
tout ce qu'on y plonge. Il y a des mines de fer, de plomb
& de cuivre, peut-être même des mines d'or & d'argent,
entre *Marfala* & *Frapanio*. On trouvoit autrefois de l'or
dans le fleuve *Niffo*, qui prend fa fource au *monte Sendec-
cio*. La province de *Demona* eft furtout riche en mines; il
y en a de plomb, de cuivre & d'argent à la grotte de *Ste.
Amélie*, à *Fiume de Nioi*, à la *grotte de St. Jofeph*, à
Bonavida, à la *grotta collabaffa*.

On pêche fur les côtes de Sicile le *pefce fpada*, le ton,
le corail &c.

Le *Syroc* eft un vent accablant en Italie; il coupe le jar-
ret, & abat toute la machine humaine. Il eft infupportable
en Sicile. Un thermométre de FAHRENHEIT, que Mr. BRY-
DONE avoit à *Palerme* dans un appartement fermé, lorsque
le Syroc commença à fouffler, monta, dès qu'on le porta à
l'air, par le premier contact de ce vent du 72. au 112. degré.

le volcan de l'*Etna d*), que celles que nous a données Mr. HAMILTON, *miniſtre d'Angleterre*

---

d) Mrs. de RIEDESEL & BRYDONE n'ont pas été en Sicile ſans obſerver l'*Etna*; leurs deſcriptions ſont d'accord avec celle de Mr. HAMILTON. Mr. BRYDONE a fait des obſervations avec le barometre & le thermometre à différents degrés d'élévation depuis *Catania*, qui eſt au pied de l'*Etna*, juſqu'au ſommet de ce volcan, qui eſt à 30 milles d'Italie de cette ville. Cette vaſte pente eſt diviſée en trois régions; l'inférieure ou la cultivée a 183 milles de circonférence; la région moyenne ou des forêts a 70 à 80 milles de tour; la ſupérieure ou la ſtérile eſt couronnée par le grand cratere de l'*Etna*. Ce gouffre a 3 milles & demi de circonférence. La région inférieure produit du bled, du vin, de la ſoie, de l'huile, des épiceries & des fruits délicieux, des ſauvageons du cannelier & de l'arbre à caffé. La ſeconde région eſt couverte de belles forêts, où paiſſent de nombreux troupeaux. On en tire du gibier, du goudron, du liege, du miel. La troiſieme région fournit de la neige & de la glace à toute la Sicile & à l'isle de Malthe; elle eſt conſtamment couverte de glace.

Les cavernes de cette montagne offrent un grand nombre de minéraux, du mercure, du cinnabre, du ſoufre, de l'alun, du nitre & du vitriol.

On remarque dans la moyenne région trois châtaigners, dont l'un a 204 pieds & chacun des deux autres 76 pieds de circonférence. On y trouve auſſi un gros torrent nommé *il Fiume freddo*, dont les eaux vitrioliques ne gelent jamais, quoiqu'elles ſoient plus froides que la glace.

Mr. HAMILTON prétend, qu'on découvre du ſommet de l'*Etna* un horizon, qui embraſſe 900 milles d'Angleterre. Mr. BRYDONE parle de 2000 milles. Quoiqu'il en ſoit, on ne

à Naples, qui dans le récit du voyage, qu'il a fait, & que l'on trouve, fi je ne me trompe, dans le *Journal encyclopédique e)*, dit que l'*Etna* eft un

---

fauroit jouir que de la moitié de ce coup d'œil à la fois, puifque le fommet de l'*Etna* a trois milles de tour. Mr. BRY-DONE affure, qu'à *Malthe* on voit diftinctement la moitié de l'*Etna*, quoiqu'il y ait une diftance de 200 milles. Il rapporte, que les habitants de Malthe l'ont affuré, que, lors des grandes éruptions de ce volcan, toute leur isle eft illuminée pendant la nuit, & que par la reflexion de la lumiere fur l'eau il paroît y avoir dans la mer une grande trainée de feu tout le long de la route de la Sicile à Malthe; on prétend même, qu'on entend à Malthe le fracas de la montagne.

Les laves de l'Etna font bien moins variées que celles du Véfuve.

e) C'eft à la fociété littéraire de Londres, que Mr. HAMILTON a envoyé la defcription de fon voyage au mont *Etna*; il lui a pareillement communiqué toutes fes obfervations fur le *Véfuve*. Ses lettres font difperfées dans différents volumes des Tranfactions philofophiques; mais Mr. HAMILTON les a fait imprimer particuliérement en 1772 en un petit volume in-12. elles ont été traduites en allemand en 1773. Toutes les obfervations de Mr. HAMILTON font certainement dignes de foi; il eft obfervateur exact & infatigable; j'en ai été témoin oculaire. Il joint à fes talents politiques non feulement un goût infini & un tact très-fin pour les arts, des connoiffances très-étendues dans les antiquités (fa collection de vafes étrufques, qui fe voit préfentement au *Mufeum Britannicum*, en fait foi), mais encore le defir d'être utile à tout homme, qui cherche à s'inftruire. Je lui dois moi-même un hommage public pour les bontés, dont il m'a comblé à Naples & en Angleterre.

géant en comparaison du Vésuve, mais qu'il produit 'des laves semblables &c. Il y a un ouvrage
intitulé: *Historia & Metereologia incendii Ætnei
anni* 1669, imprimé à *Reggio* 1670, in-quarto,
écrit par le célebre JEAN ALPHONS. BORELLI; mais
il est fort rare *f*). J'ai acheté tout nouvellement
chez un libraire d'ici une planche, sur laquelle
est gravé le plan de l'Etna, intitulé: *Carta oryéto-
graphica del Mon Gibello per la sua storia naturale,
scritta da* GIUSEPPE RECUPERO, *canonico della colle-
giata di Catania*; mais cette description n'a pas
été imprimée jusqu'à présent. Les personnes, qui
connoissent ce chanoine, qu'ils assurent être un
très-habile homme, craignent, qu'elle ne paroisse
jamais.

Qu'il est fâcheux, que les entreprises les plus
utiles souffrent des contradictions par l'opposi-
tion, qu'y mettent la force, la superstition & le
zele fanatique de la religion.

Vous connoissez, Monsieur, la fable d'EM-
PEDOCLE, qu'on dit s'être précipité dans l'Etna.
Mr. BYARS, antiquaire anglois, qui est à Rome, a été en Sicile; il m'a assuré avoir vu sur
l'Etna les ruines d'un monument ou mausolée,
qu'on prétend avoir été érigé par les descendants

---

f) On trouve divers extraits très-intéressants de ce livre
dans les descriptions du Vésuve, que nous ont données plusieurs savans italiens.

d'Empedocle; ce monument eſt de forme quar-
rée, conſtruit de laves & orné de marbre grec,
d'où il conclud, que cette montagne n'a pas changé de forme, ni de hauteur pendant les 1600
ans, qui ſe ſont écoulés depuis cet événement.

Mr. Houel, peintre françois de l'académie
françoiſe de Rome, qui a deſſiné l'Etna d'après
nature, dit, qu'il n'a point trouvé ces ruines *g*).
La hauteur de l'Etna eſt ſi conſidérable, que dans
un temps clair on doit y découvrir la moitié de
l'Italie, la Méditerranée, toute la Sicile, la Sardaigne & la Corſe.

---

g) Les lettres de Mr. Hamilton & les Voyages du baron
de Riedesel & de Mr. Brydone ne nous laiſſent aucun
doute ſur l'exiſtence de ces ruines; ils les ont vues de leurs
propres yeux. Mr. Hamilton penſe, que ce ſont les reſtes
d'un temple; les anciens peuples de ces contrées étant dans
l'uſage de ſacrifier aux Dieux ſur le ſommet de l'*Etna*. Au
reſte il y a des parties de ce volcan plus élevées que l'emplacement de ces ruines; cependant il ſeroit très-poſſible, que
depuis pluſieurs ſiecles il n'y ait pas eu de grandes variations
au ſommet de l'*Etna*, parceque les volcans étant une fois
très-hauts, la matiere trouve en s'élevant des endroits foibles,
au travers desquels elle ſe fait jour avant d'arriver au haut
de la montagne. Mais on ne peut pas dire en général, que
l'*Etna* n'a pas changé de forme; toutes les éruptions y ont
certainement produit des variations, ſoit par les nouvelles
montagnes, qu'elles ont élevées, ſoit par la quantité de
lave, qu'elles ont vomie. Mr. Hamilton a compté juſqu'à
quarante-quatre monticules volcaniques ou plutôt vraies
montagnes au-deſſous de la bouche ſupérieure de l'*Etna*.

Que j'ai de regret de ne pouvoir jouir de ce coup d'œil, procurez-vous cette fatisfaction, & faites moi part de ce que vous aurez vu. La Sicile mérite affurément le voyage d'un connoiffeur.

On voit à Naples tous les printemps différents oifeaux de paffage, qui viennent d'Afrique, entr'autres des cailles (le *quaglie*); on en prend beaucoup en vie; il faut, avant de pouvoir les manger, les nourrir de grains pendant huit jours, parcequ'elles font empoifonnées à leur arrivée. Peutêtre fe font-elles nourries en Afrique de plantes vénimeufes.

Les fcorpions italiens, qui fe trouvent dans la Pouille, aux environs de Naples & déjà du côté de Rome, font très-petits en comparaifon de ceux d'Afrique, & ont bien moins de venin.

Je vis hier une grande *afterias caput medufæ*, à la partie inférieure de laquelle & près de la bouche une plus petite étoit attachée; le pêcheur Pascali prétendit, que c'en étoit une jeune, qui étoit encore unie à fa mere; peut-être cette idée n'étoit pas entiérement fauffe. Les têtes de *medufe* & les coraux rouges & blancs, que l'on vend à Naples, fe pêchent pour la plupart fur les côtes de Sardaigne.

La *Pinna marina*, dans laquelle eft le *Byffus* ou la foie brune, dont on fait des gands, des

c bourſes & autres choſes ſemblables *h*), ſe trouve
auſſi dans le golphe de Naples, & encore en plus
grande quantité ſur les côtes de la Calabre.

La *Pietra Fongaja i*) eſt un tuf calcaire blanc,
qu'on tire des montagnes calcaires du Napolitain,
qui touchent à la Romagne; cette pierre a la propriété de produire toute l'année des champignons
mangeables, lorsqu'on a ſoin de la mettre dans
une cave humide, & qu'on l'arroſe avec de l'eau;
cela provient de ce que ce tuf calcaire renferme
toute ſorte de petites racines & filaments de plantes, & vraiſemblablement entr'autres les petites
ſemences des champignons, qui pouſſent au
moyen de l'humidité; on ſe ſert de ces pierres
dans quelques grandes maiſons de Naples & de
Rome. J'ai vu à Florence chez Mr. FABRINI à la
monnoie un *humus* ou terre végétale endurcie du
même endroit, qui avoit la même propriété que
la pierre.

J'ai viſité à deux repriſes la magnifique collection d'antiquités de *Portici*, qui provient pour la

---

h) On a imaginé en France d'en faire des garnitures de robe.

i) On trouve la même pierre en Sicile & en Calabre. Elle
eſt décrite dans l'Encyclopédie ſous le nom de *Fungifer lapis*. GESNER en fait mention, ainſi que BOETIUS DE
BOOT *Lib. II*; mais on n'avoit pas encore parlé d'une terre
fungifere; il eſt vrai, qu'il eſt moins extraordinaire de re con-
trer cette propriété dans une terre que dans une pierre.

plus grande partie des fouilles, qu'on a faites à *Herculanum* & à *Pompeja*, deux villes enfevelies fous les cendres du Véfuve.

Les lacrimatoires, qu'on y voit, prouvent, que les anciens fe fervoient d'un très-bon verre blanc, & les cubes bleus, qu'il y a dans les mofaïques antiques, montrent, qu'ils favoient faire ufage du cobalt, comme je l'ai déjà remarqué en voyant les mofaïques, que l'on conferve à Rome, au capitole, au château de *Paleftrina* &c.

On nourrit les chevaux à Naples & dans les environs avec les racines du *triticum repens* Linnæi, qu'ils mangent volontiers; les payfans en apportent & vendent de grandes quantités à la ville.

ONZIEME LETTRE.

Naples le 17. Fevrier 1772.

Avant de retourner à Rome, où la femaine fainte m'appelle, je vais vous donner les détails, que vous êtes en droit d'exiger de moi du *Véfuve* & de la *Solfatare*. Le pere DE LA TORRÉ cite dans l'édition françoife de fon livre fur le Véfuve un grand nombre de defcriptions du Véfuve & de la Solfatare, dans lesquelles on trouve l'hiftoire des anciennes & nouvelles éruptions du Véfuve, & des préparations, qui fe font à la Solfatare;

fatare; tout y eft bien detaillé; elles contiennent plufieurs remarques curieufes, qui peuvent conduire à une connoiffance phyfique de ce volcan; mais ces écrivains n'étoient pas minéralogiftes; auffi manquent-ils fouvent dans la nomenclature.

Le P. DE LA TORRÉ, par exemple, a donné le nom de *marcaffite a)* aux criftaux de fchœrl blanc arrondis à beaucoup de facettes en forme de grenats, qu'on trouve en quantité dans la lave. Ce favant péche auffi contre l'hiftoire naturelle, quand il avance, qu'il a vu dans l'intérieur de la bouche du Véfuve des efpeces de poutres, fans nommer la pierre, dont elles font formées, & qu'il en tire la conféquence, que le Véfuve étoit entiérement formé de la même pierre *b)*; c'eft s'expofer bien

L

---

a) Cette méprife du P. DE LA TORRÉ eft d'autant plus furprenante, qu'au *chap.* 5. §. 117. de fon *Hiftoire du Véfuve* il parle de véritables *pyrites*, que ce volcan jette. Son erreur vient fans doute de ce qu'il a trouvé des defcriptions de pyrites réguliérement criftallifées dans l'ouvrage de Mr. HILL, & que n'en ayant jamais vu, il a imaginé que les criftaux, qu'il avoit devant les yeux, étoient les *marcaffites* décrites par l'auteur anglois; il avoit lu dans Mr. HILL, que l'union de l'acide vitriolique, du foufre & de l'alun avec quelques particules métalliques formoient la pyrite; il en a conclu *chap.* 2. §. 40., que les pierres de la Solfatare, dont on retire le foufre & l'alun, étoient auffi des pyrites, quoiqu'elles n'en foient certainement point.

b) Le P. DE LA TORRÉ a pour fyftême, que le mont *Vé*

inutilement que d'entrer dans la bouche de ce
volcan; j'y fuis defcendu jufque fur une voute *c*)

---

fuve exiftoit avant qu'il eut vomi du feu; il a voulu donner
de la force à fon opinion, en avançant, qu'il avoit vu dans
l'intérieur du volcan des couches de pierres, que le feu n'a-
voit pas encore entamées; voici comme il s'explique au *No.* 14.
du chap. 1. *de fon ouvrage*, en parlant de l'intérieur de la
bouche du Véfuve: "Si offervano in effo i faffi naturali in-
„tatti dal fuoco e con ordine difpofti in forma di ftrati . . .
„v'erano ancora vifibili ftrati naturali d'arena rofficcia difpo-
„fti collo fteffo ordine. . . . Da quefte offervazioni credo,
„che fi poffa ricavare evidentemente, che il Vefuvio non fia,
„comme alcuni hanno penfato, una montagna formata a poco a
„poco ful piano dell'atrio e del vallone dalla materia gitata in alto
„dalla voragine, *ma che fia antica al pari del mondo*, cioé
„creata da Dio come tutte le altre montagne naturali."

Le P. DE LA TORRÉ n'a vu d'ailleurs, fi toutefois il lui a
été poffible de voir, que des laves, qu'il a jugées d'une autre
nature, parcequ'elles font difpofées par couches. Il a obfervé de plus une terre ou un fable rougeâtre, qu'il dit être
de la terre naturelle de la montagne; mais elle reffemble, felon lui-même, à la pouzzolane ordinaire; comment ce favant
a-t-il pu ignorer, que la pouzzolane eft une production volcanique?

c) Lorsque les éruptions font finies, la quantité de matiere,
qui fe fublime, fe condenfe & s'attache peu-à-peu au haut
ou près de la partie fupérieure de la bouche, forme bientôt, en fe réuniffant, une croute ou une efpece de voute fur
l'abyme; il me femble donc, qu'il n'eft pas exact d'appeller
cette croute une voute de lave, à moins qu'on n'entende ici
par ce mot toute matiere volcanique.

de lave; mais le foufre, la fumée, le feu, qui flamboyoit au travers de quelques crevaffes, m'empêcherent de faire la moindre obfervation. Ce n'eft pas la peine de courir rifque d'étouffer de fumée & de chaleur, ou même d'enfoncer avec la voute dans les abymes pour ne rien voir; ce n'eft qu'en confidérant felon les principes de la minéralogie les environs du Véfuve & fes produits, qu'on peut acquérir des idées vraifemblables fur fa formation intérieure.

Le terrein des environs de Naples, celui même, fur lequel la ville eft bâtie *d*), tout le *Paufilippe*, *Pouzzole* jufqu'au *cap de Mifene*, & encore plus loin; le côté de *Portici*, le terrein, qui environne le Véfuve, & qui s'étend jufques audelà de *Pompeja*; enfin toutes les collines & plaines, qui font fituées autour du golphe de la *Chiaja*, font formées de cendres d'un brun jaunâtre, grifes ou noires, dans lesquelles il y a beaucoup de pierres-ponces; ces cendres font traverfées en plufieurs endroits par des lits de lave très-confidérables *e*). On ne fauroit douter, que ces cen-

L 2

---

d) Les Catacombes de *St. Janvier*, qui font dans Naples, doivent avoir deux milles d'Italie d'étendue; elles font entiérement creufées dans un tuf volcanique.

e) Mr. HAMILTON a ajouté à la fuite du petit volume, dans lequel il a réuni fes obfervations fur le Véfuve, une

dres & ces laves n'aient été vomies & jettées de
temps à autre hors de différentes bouches du volcan. Il suffit, pour en être convaincu, d'avoir vu
une seule éruption du Véfuve; mais avant que
ces matieres volcaniques aient été répandues,
quelle étoit la nature du terrein, qu'elles couvrent aujourd'hui? Elle étoit bien différente fans
doute.

De quelque côté, qu'on forte de Naples, on
trouve conftamment, dès qu'on paffe les bornes
de la couverture volcanique, du tuf calcaire, ou
des montagnes calcaires, qui font des branches
des Appennins.

Du côté de *Sarno* & de *Nola*, derriere le *monte
Somma* & le *Véfuve*, le terrein eft compofé d'incruftations calcaires, d'*Ofteocolla* & de tuf dépofé
par les eaux defcendues des Appennins, qui font
dans le voifinage; cette chaîne de montagnes vient
du côté de *Rome* & de *Terracina*, tourne *Naples*
& le *Véfuve*, reparoît derriere *Pompeja*, & s'approche de la mer le long de la côte pour paffer
à *Sorrento*, & fe perdre à l'extrémité de l'Italie *f*).

Les rochers, qui font dans la mer, & les isles

---

carte, qui marque exactement les limites de ce terrein volcanique.

f) La même carte de Mr. HAMILTON indique une partie
de la pofition des Appennins.

font toutes calcaires, dès qu'on eft au-delà du terrein volcanique: telle eft l'isle de *Capri.*

Il y a donc beaucoup d'apparence, que cette
pierre calcaire exifte auffi *g*) fous les matieres volcaniques; le Véfuve même vomit de grands morceaux de pierres à chaux & de fpath calcaire *h*)
à gros cubes. Les collines de cendres & de laves en renferment, & les cendres font un peu alcalines; car les acides agiffent quelque peu fur elle.

Il fe préfente ici une nouvelle queftion. Le
foyer des volcans des environs de Naples eft-il
dans la pierre calcaire, ou dans une plus grande
profondeur?

Je fuis porté à croire, qu'il n'eft point dans
la pierre à chaux, mais bien au-deffous dans le
fchifte, ou même plus avant dans la terre, comme je l'ai également obfervé en vous parlant des
volcans du Véronois & du Vicentin. J'avois
communiqué mes conjectures à Mr. GUETTARD;

L 3

---

g) On eft d'autant plus porté à croire à la préfence de la
pierre calcaire au-deffous du Véfuve, qu'elle fournit un
moyen de plus pour expliquer les caufes de l'inflammation de
ce volcan; il en fera bientôt queftion. Voyez la note *bbb*) de
cette lettre.

h) Notre auteur ajoute toujours avec raifon en parlant du
fpath, de quelle nature il eft, pour éviter les méprifes; il
feroit très-aifé fans cette précaution de confondre le *fpath
calcaire* avec le *fpath fufible* ou *Feld-Spath.*

quelques objections, qu'il me fit à ce sujet, me
déterminerent à chercher avec attention du schiste
aux environs du Véfuve; j'en découvris en effet
derriere *Salerno* *), qui fort de deſſous la pierre
calcaire.

Peut-être y a-t-il dans ce schiste des veines
pyriteuſes, dont l'incendie produit les éruptions.

Pour découvrir d'un coup d'œil la plus grande
partie de la couverture volcanique des environs
de Naples, & les anciennes bouches de volcans,
d'où elle a été vomie, & d'où elle s'eſt étendue
& déployée, il faut aller au couvent des *Camal-
dulies*, faire de-là une promenade au village de
Nazareth, qui en eſt tout près, & ſe munir d'une
carte topographique.

On doit préſumer, que le *Véfuve* & le *monte
Somma* & *Ottajano* n'ont été autrefois qu'un ſeul
cratere *i*), qu'un même volcan; la *Chiaja*, dont
la mer baigne à préſent les bords, eſt ſi arrondie
& reſſemble ſi fort au ſegment d'un cratere, que
l'on ne peut preſque pas s'empêcher de croire,
qu'elle n'ait été une partie d'un ancien gouffre
de volcan.

La *Sulfatare* nous donne encore aujourd'hui
les marques les plus certaines de ſon ancienne in-

---

*) Derriere le couvent des Carmélites de *Salerno* il y a
des vapeurs ſuffoquantes (*mouffettes*).

i) Voyez la note *tt*) de cette lettre.

ts flammation; ce volcan a été décrit dans un livre fort rare, intitulé: *de Conflagratione agri Putrolani, Simonis Portii, Neapolitani, Epistola*; Florent. 1551, *in-octavo, pag.* 8.

Le lac d'*Averno k*), celui d'*Agnano, gli Astroni* & peut-être aussi *il mare morto* font des abymes d'anciens volcans écroulés, que l'eau a remplis, à l'exception de *gli Astroni l*), où il n'y a que

---

k) Nous avons les preuves les plus convaincantes, que le *lago d'Averno* n'est que le bassin d'un ancien cratere; les montagnes, qui l'environnent, font toutes volcaniques: on trouve des fources chaudes dans la grotte de la Sibylle, qui est située fur les bords les plus ténébreux de ce lac finiftre. Virgile & d'autres anciens écrivains affurent, que les oifeaux, qui voloient au-deflus, périffoient. Sans doute que dans ce temps, qui étoit plus rapproché de celui de l'éruption, les exhalaifons étoient encore plus nuifibles qu'elles ne le font aujourd'hui; il faut qu'elles le foient encore: car d'après l'obfervation de Mr Hamilton les lacs, qui font aux environs de celui d'*Averno*, font toujours fournis d'oifeaux aquatiques en hyver, tandis qu'on n'en voit prefque point fur le lac d'*Averno*. Ce lac avoit autrefois communication avec la mer; mais par l'éruption de 1538, qui produifit le *monte Nuovo*, cette communication fut coupée. Giacomo di Toledo, témoin oculaire de la formation de cette nouvelle montagne, ajoute dans la relation, qu'il donne de cét événement, qu'il craint, que les vapeurs des eaux du lac d'*Averno* devenues dormantes ne rendent l'air de *Pouzzole* mal-fain en été. L'événement juftifie cette conjecture.

l) L'*Aftrone* eft un volcan éteint. Le roi de Naples a formé un parc de fon ancien cratere, pour y retenir des fangliers;

trois petits marais; le refte de la fuperficie eft couvert d'arbres, & forme une efpece de forêt.

Le *lago d'Agnano* bouillonne de temps en temps
en quelques endroits de fon rivage, fans que l'eau
en foit chaude *m*).

Le *monte Nuovo* eft une montagne élevée fortie du fein d'une plaine par une éruption, qui fe
fit le jour de la St. Michel de l'année 1538 *n*);

---

il y chaffe lui-même, fort heureufement pour les naturaliftes : car pour rendre les routes praticables & moins roides,
il a fallu couper des chemins creux dans la circonférence du
cratere, dans lesquels on voit mieux que par-tout ailleurs la
maniere, dont les couches volcaniques fe fuccedent; on eft
furpris de leur régularité.

m) Le lac d'*Agnano* eft un ancien gouffre de volcan; il a
un $\frac{1}{2}$ mille de diametre; il n'eft pas difficile de rendre raifon
des bouillons, qu'on apperçoit fur fon rivage; il s'éleve aux
environs de ce baffin des vapeurs brûlantes, qui dénotent la
préfence d'un feu fouterrain; les étuves de *St. Germain*,
dont il fera parlé vers la fin de cette lettre, font près de l'endroit, où l'on obferve le plus fréquemment ces bouillons. Il
eft donc très-naturel, que le feu fouterrain dilate l'air & le
force à s'échapper au travers de l'eau même, ce qu'il ne peut
faire qu'en formant des bulles. L'eau n'en devient pas chaude, parceque le feu eft apparemment à une grande profondeur   Il y a près du cap *Paffero* en Sicile un *lac fulfureux*,
dont les eaux froides bouillonnent comme celles du lac d'*A-
gnano*. *Voyage en Sicile* de BRYDONE T. I. p. 361.

n) Je fuis defcendu au fond de l'intérieur du cratere du
monte Nuovo, qui eft à-peu-près au niveau de la mer; j'y ai

elle fut accompagnée de flammes & de tonnerre, tout le pays à fix milles à la ronde fut brûlé & bouleverfé, la ville de *Tripergola* ruinée & le *lago Lucrino* culbuté, la mer fe retira. Voyez les *Lettres de Mad.* DU BOCCAGE *fur l'Italie pag.* 235.

---

trouvé quelques vapeurs chaudes, & en enlevant un peu de la fuperficie du terrein, j'ai fenti que la terre avoit une chaleur très-fenfible. La végétation s'eft rétablie plus vite dans ce cratere, qu'elle ne le fait fur les laves; cela me paroît affez naturel: le *monte Nuovo* eft compofé d'une grande partie de la terre, que le feu a foulevé pour fe faire jour, de beaucoup de cendres, de pierres-ponces & de laves; la végétation n'a donc trouvé que très-peu d'obftacles; je dirai plus, les cendres mêmes ont pu la faciliter. Il n'en eft pas ainfi d'un torrent de laves: cette matiere vitrifiée eft trop dure pour qu'un germe puiffe s'y développer facilement; elle eft trop ténace pour que les émanations de la terre puiffent la pénétrer, & les météores aqueux ne fauroient l'imbiber. Il faut donc, avant que la végétation puiffe avoir lieu, que la furface de la lave foit décompofée; opération très-lente.

Nous avons l'obligation à Mr. HAMILTON des détails circonftanciés de la formation du *monte Nuovo.*

Ce miniftre a découvert deux defcriptions faites par témoins oculaires & non fufpects de cet événement, qui donnent beaucoup d'éclairciffements fur tous les phénomenes des volcans. Ces defcriptions s'accordent en tout point.

Mr. HAMILTON les a inférées dans fes Lettres à la fociété littéraire de Londres, & je penfe, qu'on ne fera pas fâché d'en trouver la traduction à la fuite de cet ouvrage; je voudrois même, qu'elles fuffent lues avec attention avant de continuer la lecture de cette lettre.

L 5

&? *les Délices de l'Italie*, *Tom.* 3. *Leyde* 1706. &
pag. 576.

Le *monte Nuovo* a 400 toifes de hauteur &
3000 pieds de circonférence. Il y a apparence,
que les *monte Gauro o)* ou *Barbaro*, *monti de' Ca-
malduli*, *Sant Elmo*, *Pizzo falcone ofia l'antico
Echia*, *Capo di Chino*, & peut-être auffi *lo Scoglio
di Revigliano*, ont eu la même origine.

L'isle d'*Ifchia p)* eft entiérement volcanique,
de même que l'isle de *Nifita*, dont le petit port,
Porto Pavone, étoit vraifemblablement le gouffre.

Toutes ces bouches de volcans ont vomi des
laves ardentes, des cendres, des pierres-ponces
& d'autres matieres. La lave a coulé par torrents,
les cendres ont été difperfées en l'air *q)*, & l'ont

---

o) Il eft inconteftable, que le *monte Gauro* ou *Barbaro*
eft un ancien volcan On ne peut arriver dans fon cratere
que par une feule ouverture, qui eft un chemin creux, dans
lequel on voit diftinctement, que cette montagne eft formée
de couches volcaniques. Ce cratere a au moins 6 milles d'Italie de circonférence.

p) Il fera parlé plus au long des isles d'*Ifchia* & de *Nifita*
à la fin de cette lettre.

q) L'obfcurité, que les cendres occafionnent, eft dépeinte
par ces paroles de PLINE LE JEUNE: *Jam dies alibi, illic
nox omnibus noctibus nigrior denfiorque.* — Les ténebres
durerent trois jours dans l'éruption de 79, que PLINE décrit, & dans laquelle fon oncle périt: "Ubi dies redditus
"(is ab eo, quem noviffime viderat, tertius) corpus (avunculi

obfcurci au point, que les ténebres de la nuit paroiſſoient avoir pris la place du plus beau jour; elles ſont retombées en forme de pluie ſur la terre; ces cendres ſont de diverſes couleurs; elles ont varié durant la même éruption.

On voit des collines compoſées de cendres brunes, noires, jaunes, griſes ou blanches; quelquefois on trouve de petites couches de toutes les couleurs dans la même colline, ce qui lui donne un air bariolé.

Les différentes couches, qui forment toutes ces collines, même celles, qui ne ſont que d'une ſeule couleur, induiroient preſque à penſer, qu'elles ont été dépoſées par les eaux, parceque ces couches ſont minces à proportion que les cendres, qui les compoſent, ſont groſſes ou fines, & plus ou moins mêlées de grandes ou de petites pierres-ponces brunes, rouges, noires ou griſes; lorsque les cendres ſont tombées ſur un plan incliné, ou que les collines ont été ébranlées par quelque tremblement de terre, ces couches ſe ſont inclinées; les cendres ſe ſont tellement unies & endurcies par la longueur du temps, par leur

____

„ſui) inventum eſt &c. PLINE *Liv. VI. Lettre* 16. SIGO-NIUS, en parlant de l'éruption de l'année 612, s'exprime ainſi: «Mons ille hiatum ingentem edebat; inde ſpiritus quidam „ater adeo ac denſus erumpebat, ut lucem ſolis caligine tene-„brisque involveret."

propre poids, par les eaux de pluie, par le froid
& le chaud, & par leur propriété liante, qu'aujourd'hui elles font converties pour la plupart en
une efpece de pierre de tuf ferme & compacte,
qui eft communément d'un brun jaunâtre, mais
quelquefois grife, & c'eft de ce tuf, dont les collines font formées maintenant.   Tel eft, par exemple, le *Paufilippe*; & les antiquités remarquables,
qu'on voit depuis le Paufilippe jufqu'au cap de
Mifene, en étoient pour la plupart bâties; quelques-unes font enfoncées dans ce tuf; les tremblements de terre ont bouleverfé ces monuments,
& les pluies de cendres, qui font furvenues dans
le même temps, les ont enfevelis.

Pompeja & *Herculanum* étoient bâtis de tuf
& de lave; ces villes ont été couvertes de *r*) cen-

---

r) Il n'y a que les cendres, qui ont enfeveli *Herculanum*,
qui fe foient converties en tuf; celles de *Pompeja* font plus
groffes, & font encore détachées.   Quant à la formation du
tuf volcanique, il n'eft pas douteux, que les cendres peuvent
à la longue prendre la confiftance de cette pierre par les eaux,
dont elles s'impregnent.   Mais j'ai lieu de croire, que la plus
grande partie de ce tuf provient des cendres boueufes & fluides, que les volcans vomiffent avec l'eau dans les fortes
éruptions.   Le *monte Nuovo* en a jetté de pareilles en 1538,
& le Véfuve en 1631.   Ces cendres intimément unies à l'eau
bouillante, qui les tient dans une efpece de diffolution, doivent s'endurcir très-promptement; c'eft auffi ce qui eft arrivé
d'après le témoignage de plufieurs écrivains.   SCIPIONE FAL-

ɔˈdres, qui fe font converties en tuf; en fouillant
ɪˈfous ces villes & fous le jardin de *Portici*, on a

ɔ CONE dans fon livre, intitulé : *Difcorfo naturale delle caufe
ed effetti del Vefuvio*, dit, que les cendres de 1631 étoient
auffi dures que la pierre quelques jours après avoir été jettées
par le Véfuve; il s'en explique ainfi: "Fatta dura a modo di
„calcina e di pietra non altrimenti di cenere, perchè dopo
„alcuni giorni via è caminato per fopra e fi è conofciuta
„duriffima che ci vogliono li picconi per romperla." Il
paroît qu'en 512 le Véfuve vomit auffi de ces cendres impregnées d'eau & fluides ; voici ce qu'en dit SIGONIUS: "In
„Campania vero quafi pulverei amnes fluebant, & arena im-
„petu fervente, more fluminis, decurrebat.

L'abbé GIULIO CESARE BRACCINI rapporte dans fon hiftoire de l'éruption du Véfuve de 1631 un fait, qui ne peut
avoir exifté, que parceque les cendres de cet incendie étoient
boueufes & fluides : "Ma più ftupj, quando viddi una ftufa di
„forno chiufa da tutte le parti fenza efferfi trovata aperta la
„porta, che feneftre non avea, ch'era avolta, tutta piena di
„cenere, onde fi fà congiettura, che vi poteffe effere pul-
„lulata per di fotto effendofa terreftre;" & Mr. HAMILTON,
qui eft de mon fentiment, allégue une preuve, que le tuf,
qui a comblé *Herculanum*, provient de même des cendres
fluides ou boueufes. Ce miniftre a vu déterrer hors de ce tuf
fous le théatre d'*Herculanum* la tête d'une ftatue antique.
Il obferva que fon empreinte reftoit dans le tuf affez parfaite
pour fervir de moule; ce qui ne pouvoit avoir lieu, fi les
parties, qui conftituent cette pierre, n'avoient pas eu la confiftance d'une pâte molle, au moment, où elles ont enveloppé cette tête. Les écrivains, qui n'ont pas penfé à la fluidité, que des cendres vomies avec une grande quantité d'eau

découvert trois différents lits de lave les uns fous
les autres *s*), & on ignore le nombre des couches

---

devoient naturellement avoir, ont expliqué la maniere, dont
cette pâte liquide s'eft introduite dans l'intérieur des bâtiments d'*Herculanum*, en difant, que ces cendres ont coulé
fur cette malheureufe ville en forme de torrents enflammés,
dont la liquidité provenoit d'un bitume fondu, qu'elles con-
tenoient; c'eft auffi l'avis du P. DE LA TORRÉ, aux No. 71.
& 119. de fon hiftoire du Véfuve; il appuie cette hypothefe
d'un fait, qui lui donne affez de vraifemblance. C'eft que
tout ce qui s'eft trouvé dans l'intérieur des maifons, que les
cendres ont couvertes fans les remplir, a été converti en
charbons; ce qui ne feroit point arrivé, fi elles avoient été
mêlées avec l'eau: mais on répond à ce raifonnement, que
deux efpeces de cendres peuvent avoir contribué à la perte
d'*Herculanum*; les unes fluides ont pénétré dans l'intérieur
des bâtimens; les autres ardentes & en petits charbons font
tombées en forme de pluie, & les ont couverts. Mr. HA-
MILTON dit, qu'il pleuvoit en 1767 des cendres ou plutôt de
petits charbons. Ce paffage de PLINE dans fa Lettre à Tacite: "Interim Vefuvio monte pluribus locis latiffimæ flam-
„mæ atque incendia relucebant, quorum fulgor & claritas te-
„nebras noctis pellebat," donne affez à entendre, que lors
de l'éruption de 79, qui a enfeveli *Herculanum*, le Véfuve
s'eft ouvert en plufieurs endroits, & a vraifemblablement
fourni différentes efpeces de cendres.

s) Les fouilles d'*Herculanum* fe font à foixante & dix &
même jufqu'à 112 pieds au-deffous de la fuperficie actuelle
du terrein; pour arriver à cette profondeur, on ne traverfe
que des couches volcaniques entrelacées de petites couches
de terre végétale. Mr. HAMILTON a vu creufer un puits,

[c volcaniques, qu'on trouveroit encore au-deſſous.
n En faiſant attention à toutes ces variations dans

[e dans lequel on a trouvé un torrent de lave à 25 pieds au-deſ-
[u ſous du niveau de la mer.

L'abbé BRACCINI avoit déjà obſervé en 1632 dans un ravin formé par les eaux derriere le *monte Somma* ſix à ſept
couches de matieres volcaniques, toujours ſéparées par une
couche de terre végétale, & cela ſeulement ſur une hauteur
de 25 empans; il dit à cette occaſion dans ſa deſcription de
l'éruption de 1631 pag. 52 : "Parendo appunto, che la na-
„tura ci abbia voluto laſciare ſcritto in queſta terra tutti gli
„incendj memorabili raccontatici dagli autori." SERRAO raconte, que les Dominicains de la *Madonna dell'Arco* avoient
fait creuſer un puits d'environ 240 pieds, dans lequel on rencontra trois couches de lave l'une ſur l'autre, ſéparée par des
couches de terre. Mais pour en revenir à ce que dit notre
auteur du jardin de *Portici*, quand on conſidere, que les laves, qui coulent hors du Véſuve, peuvent prendre autant de
route, qu'il y a de rayons ſur ſa circonférence, que leur
cours varie à chaque éruption, qu'il faut qu'une éruption ſoit
violente pour que la lave atteigne *Portici*; enfin que chaque
couche eſt ſéparée par de la terre végétale, on eſt obligé de
convenir avec Mr. FERBER, qu'il a fallu une ſuite innombrable de ſiecles, pour que ces différentes couches de lave,
qui dans certains endroits ſont au nombre de ſix, aient pu
ſe placer ainſi les unes ſur les autres. Le chanoine RECUPE-
RO, auteur de l'ouvrage, dont Mr. FERBER fait mention en
parlant de l'Etna dans ſa dixieme lettre, dit, que, s'il étoit permis de juger par analogie de l'antiquité de la plus baſſe des
laves connues vomies par l'Etna, elle auroit 14000 ans. *Voyage
en Sicile de* BRYDONE *T. I. p.* 160.

le terrein & à la hauteur, dont il s'eft élevé, on peut s'imaginer, qu'il a fallu des fiecles pour produire ces phénomenes.

C'eft encore de ce tuf, qui eft pour l'ordinaire d'un brun jaunâtre, dont on fe fert aujourd'hui pour la conftruction des maifons de *Naples*. On le tire des environs de la ville; mais les bâtiments n'en font pas très-folides. La grotte du *Paufilippe* eft percée au travers d'une colline d'un pareil tuf; à la droite de cette grotte & dans la même colline on exploite de cette pierre pour bâtir; on en tire auffi de *Pouzzole* & derriere les catacombes de St. Janvier. L'élévation & l'étendue des cavernes provenantes de l'extraction de cette pierre furpaffe infiniment celle des catacombes, qui étoient elles-mêmes creufées par les anciens dans le tuf.

On trouve de temps à autre quelques corps étrangers dans ce tuf; ils s'y font introduits accidentellement par des tremblements de terre, ou les cendres les ont enfevelis par leur chute. On en a tiré des fruits, des glands, des châtaignes, des cifeaux de fer, des os, des crânes d'animaux *t*) & quelques coquilles détachées, prefque

---

t) Que des fruits, des glands, de la ferraille, des offements &c. aient été trouvés dans le tuf, cela me paroît très-naturel: les fruits ont été entraînés & détachés des arbres par les cendres, ou étoient déjà giffans, quand elles font tombées.

La

toutes calcinées par la grande chaleur ; mais ces trouvailles font rares ; jamais les coquilles ne font en quantité , & encore moins par couches.

Il eft très-remarquable, que l'on rencontre de temps à autre dans le tuf & les cendres un grand nombre de criftaux de fchœrl blanc, en forme de grenats arrondis à beaucoup de facettes; ils font ou demi-transparents & vitreux, ou bien ils font changés en une farine argilleufe de différente grandeur. Il y a même de ces criftaux dans les pierres-ponces rouges, que renferme la cendre, qui a enfeveli *Pompeja*; mais j'aurai occafion de parler plus au long de ces criftaux.

La mer détache une quantité de pierres-pon-

La ferraille & les offements étoient pareillement à la furface du terrein. Les cendres ont tout enveloppé. Les coquilles feules méritent quelque attention, d'autant plus, comme dit très bien l'auteur de ces lettres, qu'on ne les trouve jamais par couches, comme font difpofées ordinairement les coquilles, que la terre renferme dans fon fein. On peut raifonnablement penfer , que ces coquilles ont été lancées avec les cendres fluides ou les eaux hors du Véfuve; en effet les auteurs s'accordent à dire, qu'en 1631 le Véfuve avoit vomi des coquilles de mer avec de l'eau. Voyez BRACCINI p. 100. Il fuit de-là, que le tuf, dans lequel on a trouvé des coquilles, provenoit auffi, comme je l'ai dit ci-deffus, de cendres fluides , & que c'eft réellément de l'eau de mer, que le Véfuve a jettée; donc il communique avec la mer. Nous aurons encore occafion de raifonner fur cette derniere hypothefe. (Voyez la note *aaa*) de cette lettre.)

M

ces des collines de tuf, contre lesquelles elle fe
brife; tout le rivage depuis Naples jufqu'à *Pouz-*
zole en eft couvert; les flots y dépofent auffi un
fable brillant ferrugineux *u*), attirable par l'aimant, que les eaux ont arraché & lavé hors des
cendres contenues dans les collines de tuf.

La *Pila marina* eft très-abondante fur la côte
du *Paufilippe*; c'eft une boule formée par les racines filamenteufes de la *Zoftera marina*, qui fe rou-
lent enfemble; on y voit auffi très-fréquemment
le ver nommé *Aphrodita aculeata*.

Différentes collines des environs de Naples
renferment encore des cendres non endurcies &
friables, de diverfes couleurs, qu'on nomme *Pouz-*
zolane (*terra pozzolana*) *x*). Ce nom lui vient

---

u) C'eft le même fable, qu'on trouve dans le Veronois, au
Caftel Gandolfo dans l'état eccléfiaftique, à *Radicofani* &c.
Ce fable n'eft autre chofe que de la lave broyée. Mr. GEOF-
FROI l'a décrit dans l'*Hiftoire de l'académie des fciences*, année 1701. *p.* 16. Le célebre MICHELI en a trouvé fur la
montagne de *Radicofani*, qu'il a le premier reconnue pour
être volcanique, & le P DE LA TORRÉ dans le *Supplément*
de fon Hiftoire du Véfuve p. 35. définit ainfi ce fable : "E
„una vera fcoria minerale triturata, o vogliam dire, defpuma-
„zione metallica e minerale." Ce phyficien rapporte plufieurs
expériences, qu'il a faites fur ce fable; mais elles prouvent
feulement, qu'il eft ferrugineux, ce qui eft tout fimple, puifque les fcories, dont il provient, font martiales.

x) Il me femble que les Napolitains n'appellent pas indi-

felon toute apparence de ce que les premieres ont
été tirées de *Pouzzole*. Cette terre a la propriété
de fe durcir & de fe lier fi intimement avec la
chaux, qu'il en réfulte un mortier impénétrable
à l'eau, qui ne fauroit l'amollir, & dont l'ufage
eft excellent dans la maçonnerie *y*).

---

ftinctement *Pouzzolane* toutes les cendres volcaniques non
converties en tuf; je leur ai vu donner ce nom à une efpece
de cendre groffiere, ou plutôt à des pierres ponces réduites
en très-petits morceaux; il m'a paru, qu'ils confervoient le
nom de *Cendre* aux cendres fines & farineufes. C'eft d'après
cette diftinction, que j'ai dit dans mon Mémoire fur les volcans du *Brisgau*, que je n'y avois point trouvé de véritable
Pouzzolane, mais de la cendre volcanique friable & farineufe. Il paroit que Mr VALMONT DE BOMARE a la même idée que moi de la *pouzzolane*. Il la définit *Tom. I.*
p. 162. de fa *Minéralogie* "particules de terre endurcies &
„liées enfemble jufqu'à la groffeur d'un petit pois; il ajoute,
„la pouzzolane reffemble beaucoup aux *débris graveleux* des
„pierres de volcans;" en effet elle n'eft autre chofe que les
débris graveleux des pierres-ponces. CRONSTEDT au §. 207.
de fa *Minéralogie* dit, que la *pouzzolane* eft *grenelée*.

y) La chaux de fer a en général la propriété de lier les parties terreftres; car on remarque, que les fcories des fourneaux de fonte de fer font un très-bon effet dans les ciments.
Quoiqu'il en foit, les Romains ont bien reconnu le bon ufage
de la *pouzzolane*; ils l'ont employé dans tous leurs mortiers,
quand ils ont pu s'en procurer; à fon défaut ils fubftituoient
la brique rouge pilée, qui étant auffi une terre vitrifiée un
peu ferrugineufe devoit la remplacer.

VITRUVE *Liv. II. chap.* 6. fait déjà l'éloge de la *pouz-*

Cette propriété de la *pouzzolane* lui vient
vraifemblablement de la vertu liante des particules

---

zolane; il dit: "Eſt etiam genus pulveris quod efficit natu-
„raliter res admirandas. Naſcitur in regionibus Bajanis &
„in agris municipiorum, quæ ſunt circa Vefuvium montem,
„quod commixtum cum calce & cemento non modo cæteris
„ædificiis præſtat firmitates, ſed etiam moles, quæ conſtruun-
„tur in mari, ſub aqua folideſcunt. Hoc autem fieri hac ra-
„tione videtur, quod ſub his montibus & terra ferventes ſunt
„fontes crebri, qui non eſſent, ſi non in imo haberent aut
„de ſulphure, aut alumine, aut bitumine ardentes maximos
„ignes: igitur penitus ignis & flammæ vapor per intervenia
„permanans & ardens efficit levem eam terram, & ibi, qui
„naſcitur tophus, exugens eſt, & ſine liquore; ergo cum
„tres res conſimili ratione, ignis vehementia formatæ in unam
„pervenerint mixtionem, repente recepto liquore una cohæ-
„reſcunt, & celeriter humore duratæ folidantur, *neque eas
„fluctus neque vis aquæ poteſt diſſolvere.*" La vérité de ces
dernieres paroles eſt bien conſtatée par les reſtes du pont de
CALIGULA; ils ſont au milieu des flots près de *Pouzzole*,
& ne ſe laiſſent point renverſer, ni attaquer par les eaux. Mr.
HAMILTON, qui rapporte auſſi ces paroles de VITRUVE,
ajoute même, qu'il y a ſur le rivage de *Pouzzole* des blocs
de maçonnerie, que le frottement des vagues polit comme
des cailloux, mais ſans les entraîner; cette folidité vient de
a *Pouzzolane*, qu'on a mêlée dans le mortier, dont on s'eſt
ſervi. Peu après le paſſage, que je viens de rapporter, VI-
TRUVE ajoute: "Si ergo in his locis aquarum ferventes in-
„veniuntur fontes & in montibus excavatis calidi vapores ipſa-
„que loca ab antiquis memorantur pervagantes in agris ha-
„buiſſe ardores, videtur eſſe certum, ab ignis vehementia ex
„topho terraque, quemadmodum in fornacibus & a calce, ita

ferrugineufes, qu'elle contient. (V. la *Minéralogie* de
Cronstedt, Edit. allem. de Mr. Brünnich p. 47.)

On trouve de la pouzzolane jaune dans l'état
eccléfiaftique aux environs de *Rome* z) & en d'autres parties de l'Italie; on la conduit à *Civita Vecchia*, d'où on envoie en Suede, en France, en
Hollande & en général dans la moitié de l'Europe.

Il y a de la *pouzzolane* noire fur le Véfuve;
mais la meilleure de cette couleur, qu'il y ait aux
environs de Naples, fe tire de la *torre dell' Annunziata*, la grife de *Pouzzole*, la brune jaunâtre de
toute part; la grife eft auffi menue *aa)* que la farine la plus fine.

Après vous avoir décrit, Monfieur, la nature
du pays, que les volcans des environs de Naples

„ex his ereptum effe liquorem. Igitur diffimilibus & difpari-
„bus rebus correptis & in unam poteftatem collatis, calida
„humoris jejunitas aqua repente fatiata, communibus corpo-
„ribus latenti calore confervefcit & vehementer efficit ea coire,
„celeriterque una foliditatis percipere virtutem." Pline, en
parlant de la ponzzolane, s'exprime ainfi: "Quis fatis mire-
„tur, pulverem appellatum in puteolanis collibus opponi ma-
„ris fluctibus, merfumque protinus fieri lapidem unum inex-
„pugnabilem undis & fortiorem quotidie utique fi *cumano*
„mifceatur *cemento*."

z) La meilleure *pouzzolane* des environs de *Rome* fe tire
d'une colline, qui eft à la droite de la *Via Appia*, hors de
la porte de *St. Sébaftien*, près du tombeau des deux *Sci-
pions*. Les grains de cette *pouzzolane* font rougeâtres.

aa) Voyez la note *x)* de cette lettre.

ont embraffé dans leurs éruptions, il eft naturel
de commencer à vous parler du Véfuve, le feul
de ces volcans, qui foit encore en feu *bb*). Le
Véfuve eft une montagne très-élevée, de figure conique, fituée entre les Appennins & la mer, ad-
hérente aux monts *Somma* & *Ottajano*, qui font
auffi volcaniques, mais ifolée ou détachée de toute
chaîne de montagne. Toute la fuperficie du Véfuve eft revêtue de lave, qui eft enfevelie du
côté de la mer fous un fable noir & de petites
pierres (*rena e lapilli*), qui ne font que des parties
plus ou moins grandes de lave ou de cendres
noires vomies pendant les éruptions. Le fommet
de cette montagne conftamment fumante *cc*) varie à chaque éruption. Dans les années 1685 &

---

bb) Il ne faut pas interpréter ceci à la lettre; ce feroit
mal entendre l'auteur: il a voulu dire, que le *Véfuve* étoit
le feul volcan aux environs de Naples, qui vomit encore des
laves, des pierres, des cendres &c. Nous verrons par la
fuite, qu'il eft bien loin de prétendre, qu'il n'y a plus de feu
fous les autres volcans des environs de cette capitale.

cc) Il eft vrai, que depuis l'éruption de 1767 le Véfuve n'a
point ceffé de lancer des pierres, des cendres, & de vomir
des laves. Son fommet a conftamment fumé; on pourroit
même dire, que depuis cette année il n'y a qu'une feule &
même éruption, qui dure toujours; mais Mr. FERBER ne
veut pas dire, qu'il y ait eu de tout temps de la fumée fur
le Véfuve. Nous alléguerons inceffamment les preuves du
contraire. (Voyez les notes *rr*) & *xx*) de cette lettre.)

En 1689 il s'éleva dans l'intérieur de fa bouche un petit monticule *dd*), qui avoit jufqu'à 500 em- pans de hauteur; il s'eft écroulé depuis. Le P. DE LA TORRÉ, l'abbé BOTIS & d'autres en ont fait mention; mais les derniers incendies ont aggrandi l'ouverture, qui eft actuellement de forme ellipti- que *), & fon intérieur a la figure d'un enton- noir; en y defcendant de quelques toifes, on at- teind une voûte de lave *ee*), dont on ne fauroit connoître l'épaiffeur, qui couvre l'abyme.   Dans

---

dd) Il fe forme affez fouvent des monticules dans l'inté- rieur du cratere du Véfuve.   Mr. HAMILTON en trouva un pareil le 15. Décembre 1766, qui ne s'élevoit pas au-deffus des bords du cratere; mais il s'accrut tellement pendant l'é- ruption de 1767, que le 15. Octobre ce monticule avoit 185 pieds de Paris d'élévation.

On peut dire, que le fommet du Véfuve change prefque chaque jour; il ne faut qu'une commotion dans l'intérieur de la montagne, pour faire écrouler toute la matiere, qui s'eft entaffée la veille.   Ainfi la forme elliptique, qu'avoit la bouche du Véfuve, quand Mr. FERBER la vit, fut peut-être dérangée peu après.   Il eft donc très-inutile de mefurer la bouche du Véfuve, & plufieurs favants auroient pu s'épargner beaucoup de peine.   Ce qu'il y a de certain, c'eft que le Vé- fuve rejettant tous les jours de nouvelles matieres, fon fom- met doit s'élever en même temps que fa circonférence s'ag- grandit.

*) Je n'en donne point ici les dimenfions; on les trouve dans tous les livres.

ee) Voyez la note *c*) de cette lettre.

M 4

cette voûte font deux ou trois trous , & des fentes , dont la plus grande peut avoir environ une demi - aune de largeur *ff*).   Il fort de ces ouvertures beaucoup de fumée, une forte chaleur & des flammes ;   la voute eft couverte de fable, de cendres noires, de vitriol verd, de foufre jaune & rougeâtre , & de fel ammoniac blanc ; le fable & les cendres, qui font dans l'intérieur du cratere & fur les bords de l'extérieur, fument conftamment, & font quelquefois fi brûlantes, qu'on peut à peine marcher deffus; lorsque le vent eft fort, la fumée du fommet du Véfuve, qui a toujours une forte odeur de foufre, eft infuportable; elle forme alors des tourbillons.

Les laves, qui coulent, lorsqu'il y a des éruptions , ne fortent pas toujours du fommet du Véfuve; quelquefois, comme cela eft arrivé dans la derniere éruption , elles fe font jour à mi-côte *gg*), & même au pied de la montagne.   La

---

ff) Cette voûte n'exifte peut-être point aujourd'hui : le nombre & la grandeur de fes crevaffes dépendoient d'un degré de chaleur plus ou moins grand ; enfin ils étoient au moins fujets à autant de variations que le fommet du Véfuve.

gg) La lave fort par les endroits les plus foibles des volcans ; fi le pied de la montagne ne lui réfifte pas, elle s'y fait jour ; c'eft ainfi qu'en 1760 quinze nouvelles bouches, qui produifirent autant de petits monticules, s'ouvrirent prefqu'au pied du Véfuve, à deux milles de la chauffée de la *torre dell' Annunziata*, comme l'a obfervé le P. DE LA TORRÉ dans

v lave, que le volcan jette dans l'état de fufion &
de fluidité, demeure très-longtemps ardente &
fumante; je n'ai pu tenir la main fur la derniere
lave, qui a coulé, il y a près d'un an *hh*), & la

---

le *Supplément de fon hiftoire du Véfuve pag.* 2. Cependant
il faut qu'il y ait une grande abondance de matiere dans la
montagne, ou que la dilatation foit bien forte, pour que la
lave & les autres matieres volcaniques fortent par une autre
bouche que celle du fommet; c'eft un canal ouvert, qui
n'oppofe d'autre obftacle que les loix de la pefanteur & le
poids de l'athmofphere. Les fonctions journalieres du volcan
fe font par ce canal, où la réfiftance n'eft jamais auffi forte,
que lorfque la matiere eft obligée de foulever une maffe de
terrein très-confidérable. C'eft même aux efforts, que l'air &
la matiere font pour y parvenir, qu'on doit attribuer le tonnerre fouterrein, qu'on entend, & les commotions, qu'on
reffent, quand il fe prépare une éruption.

hh) Si l'intenfité du feu augmente, à mefure qu'il eft réuni
avec un plus grand nombre de fes parties, nous ne devons
pas être étonnés, que le feu d'un torrent de lave foit fi ardent,
& conferve fa chaleur fi longtemps; la furface de la lave fe
refroidit bientôt; le contact immédiat de l'air, & la quantité
de pierres, dont elle fe charge, en forment affez promptement une efpece de croûte, qui furnage fur la maffe liquide;
mais l'air ne peut parvenir qu'après un certain temps dans
l'intérieur d'une maffe de lave, qui ne diffipe pas plus de
particules ignées qu'un charbon dans un vaiffeau clos, ou
couvert de cendres; par conféquent dans les endroits, où la
lave eft plus épaiffe, la chaleur eft plus forte, & fe conferve
plus longtemps. On a obfervé, que la lave s'amoncele ordinairement à l'extrêmité de fon cours, & que devenant par-

fumée s'élevoit encore de toutes les fentes, qu'il
y avoit dans la lave, que le contact de l'air & du
froid extérieur avoient fait éclater. Il y a à mi-
côte ou environ du Véfuve une efpece de chemin
couvert, que cette même lave a formée; elle a
vraifemblablement fermenté, bouillonné, & l'air,
qu'elle renfermoit, s'étant dilaté, a produit cette
voûte *ii*.

Cet efpace, que la lave n'a point comblé, reffemble affez à une galerie tortueufe, dans laquelle

---

là plus épaiffe elle refte plus longtemps ardente, que dans les
parties, qui font plus rapprochées de fa fource.

Ce n'eft que lorfque les fentes & les crevaffes fe multi-
plient dans un torrent de lave, que l'air peut approcher, &
alors la chaleur fe diffipe par les vapeurs, que l'on nomme
les *fumarole*.

ii La lave, en fe répandant tout-à-coup fur une étendue
confidérable de terrein, furprend, renferme & dilate l'air
fous elle. Cet air dilaté oppofe affez de réfiftance à la lave
pour former cette voûte, dont parle l'auteur. En s'échauf-
fant de plus en plus & fe joignant aux vapeurs, que la chaleur excite, il cherche à s'échapper, & fait fouvent crever
la lave avec fracas. Si l'air & les vapeurs ne trouvent pas
d'iffue, ils deviennent fétides, & occafionnent probablement
les moufettes.

Il paroît même, que les vapeurs font quelquefois repouf-
fées dans la terre, & cherchent des iffues partout, où il y a
du jour; de là vient qu'il s'élève des moufettes dans les puits
lors des éruptions. En 1760, fuivant l'*abbé* BOTIS *page* 53,
les eaux des puits en eurent pendant trois mois un goût acidule.

il y a plufieurs petites allées latérales; mes con-
ducteurs, qui avoient des flambeaux, m'ont affuré, qu'on pouvoit y pénétrer jufqu'à quatre-
vingt-dix aunes de l'entrée. J'y fus auffi avant
que la chaleur me le permit, & y trouvai dans
toutes les crevaffes & les cavités de la lave une
quantité de fel ammoniac blanc; ce fel fe fublime
communément deux mois après l'écoulement de
la lave; il y en a auffi fur la furface de cette matiere vitrifiée. Le meilleur chemin *kk*) pour monter au Véfuve, paffe par-deffus la lave, qui eft dans
le vallon, qui fépare le Véfuve du *monte Somma*;
cependant les laves font tranchantes, rendent le
chemin raboteux, il en roule fouvent de gros
morceaux du haut en bas, & la montée eft fort
roide. On eft en partie dédommagé de fes pei-
nes par la facilité qu'on a de defcendre de la
montagne; on choifit alors le côté de la mer,
qui eft couvert de cendres; comme on y enfonce
jufqu'aux genoux, on peut fe livrer au poids du
corps *ll*), qui vous entraîne par la rapidité de la

---

kk) Toutes les routes pour monter au Véfuve font décrites
par le P. DE LA TORRÉ dans le premier chapitre de fon *Hiftoire
du Véfuve*. Mr. DE LA LANDE en a donné la defcription
d'après ce pere dans fon *Voyage d'Italie;* mais la meilleure
de toutes eft toujours très-mauvaife.

ll) J'ai fait moi-même l'effai de cette méthode; il eft
vrai qu'on defcend très-rapidement fans courir rifque de tom-

defcente; on court jufqu'en bas fans rifque de
tomber. Lorfqu'il fait beau, que le vent eft modéré, qu'il chaffe la fumée *mm*) d'un feul côté,

---

ber: mais il n'en eft pas moins dangereux de fe livrer entiérement au poids de fon corps. Il eft même néceffaire de fe
retenir autant qu'il eft poffible; car il y a fouvent à la fuperficie du terrein, ou ce qui eft plus dangereux encore, dans
le fable même, des morceaux de lave détachés, contre lefquels il eft très-poffible de fe heurter & de fe caffer la jambe,
ou du moins de fe faire très-grand mal.

mm) La fumée du Véfuve paroit beaucoup plus forte, lorfqu'il fait mauvais temps, que lorfque le ciel eft ferein. Mr.
HAMILTON penfe, que le poids de l'athmofphere étant plus
confidérable dans les temps pluvieux, que lorfqu'il fait beau,
fa fumée s'éleve moins facilement. L'effet du barometre
prouve, que ce raifonnement n'eft pas jufte. Il paroit au contraire, que la vraie caufe eft, que dans les temps pluvieux
la moyenne région de l'air eft purgée de vapeurs, qui fe font
condenfées ou réunies en nuages; que la fumée du Véfuve
s'éleve alors dans un milieu plus transparent, & qu'elle ne
peut point, comme lorfque le ciel eft pur, fe confondre avec
les vapeurs répandues dans l'air. Au refte il eft vraifemblable, qu'après des pluies fortes, qui doivent augmenter la fermentation dans le Véfuve, il s'éleve réellement de cette montagne une plus grande quantité de fumée.

MECCATI pag 139. de fa *defcription du Véfuve* obferve,
que cette fumée étoit bien moins forte durant les vents de
terre que durant les vents de mer; il croit que les vents de
mer pénetrent dans l'intérieur de la montagne, parcequ'en
mettant l'oreille contre terre à l'endroit, où l'on croyoit que
s'étoit perdu le fleuve *Dragon*, au pied du Véfuve du côté
de la mer, & d'où fort un vent frais, on entend un murmure

on jouit au fommet du Véfuve d'une vue fuperbe. Il croît au pied & aux environs du Véfuve dans les cendres d'un brun jaunâtre un vin fort eftimé, qui porte le nom de *Lacrima Chrifti*.

Les torrents de lave refpectent communément les chapelles & les petits bâtiments, qu'ils rencontrent dans leur cours; ils fe contentent de les environner. Cela vient fans doute de la réfiftance qu'oppofe à la lave l'air, qui eft refferré & comprimé entre elle & les murs du bâtiment; mais les Napolitains confiderent ce fait comme un témoi-

---

& un mugiffement femblable à celui des eaux, quand les vents de mer s'élevent. Cette obfervation fut faite pendant l'éruption de 1752. Qui fait, fi les eaux de la mer n'entrent pas par ce canal dans la montagne, l'air y étant raréfié, le vent de mer aide peut-être encore le poids de l'athmofphere.

Isidorus Liv. IV. Chap. IV. obferve la même chofe de l'*Etna*: "Conftat autem *Aetnam* ab ea parte, qua Eurus & „Africus flat, habere fpeluncas plenas fulphuris, & ufque ad „mare deductas: quæ fpeluncæ recipientes in fe fluctus, ven„tum creant: qui agitatus ignem gignit ex fulphure: unde „fit, quod videtur incendium."

Mr. Brydone dans fon *Voyage en Sicile* a fait une obfervation, qui ne fera point déplacée ici. La fumée, qui fort du grand cratere de l'*Etna*, aulieu de s'élever, defcend le long de la pente du volcan; cette fumée eft très-denfe & plus pefante que l'air, qui eft très raréfié à une hauteur auffi confidérable que celle du fommet de l'Etna; la fumée ceffe de baiffer, quand elle vient à un degré d'élévation, où l'air peut lui faire équilibre.

gnage particulier de la protection de *St. Jan-*
vier nn) ou de quelqu'autre faint.

---

nn) Comme l'auteur parle ici d'une particularité remarquable des courants de lave, j'en rapporterai une autre, qui doit
paroître auffi extraordinaire aux perfonnes, qui n'ont pas de
principes de phyfique; elle eft tirée du Journal de MECCATI,
qui a décrit l'éruption de 1751 & 1752. Il s'étoit accumulé
peu-à-peu fur la croûte fupérieure d'une lave, qui n'avoit
que trois empans d'épaiffeur, une maffe de pierre égale à une
maifon, qui furnageoit avec la croûte; un gros châtaigner,
que deux hommes pouvoient à peine embraffer, fut brûlé à
la racine & transporté fur la croûte du torrent de lave à un
demi-mille, fans être renverfé.

MECCATI eft fort étonné, qu'une croûte de lave puiffe
fupporter un pareil poids; il s'exprime ainfi : "Non è quello
„un portento, che eccita ogni umana mente ad una ftrana
„maraviglia?" On établit fur le bois, qu'on flotte, les corps les
plus pefants; on y bâtit des habitations; l'eau les fupporte. Il
en eft de même des matieres, qui s'établiffent fur les croûtes
des torrents de lave; au moyen de cette croûte, la charge ne
porte pas feulement fur une partie de la lave fluide, mais fur
fa maffe totale.

Mr. FERBER fait auffi mention ici de la confiance, que
les Napolitains ont en *St. Janvier*. Ils en ont donné de
grandes preuves. En 1767 l'éruption étoit fi violente, que
Naples fut couvert de cendre; les tremblements de terre
étoient fi terribles, qu'on permit aux moines & aux religieu-
fes de fortir de leurs cloîtres. Le peuple demanda, qu'on
préfentât la *tête* de *St. Janvier* en proceffion au Véfuve. L'ar-
chevêque ne voulant pas y confentir les premiers jours, on
mit le feu à la porte de fon hôtel. Le Véfuve avoit toutes

J'entendis à plusieurs reprises sur le Vésuve un
rbruit sourd accompagné d'un peu de commotion,

a:les vingt-quatre heures un accès ; il falloit satisfaire la popu-
lace : on attendit que l'accès rapprochât de sa fin pour commencer la procession. Le Vésuve gronda encore pendant qu'on
étoit en marche ; aussi chargea-t-on le saint des injures les
plus grossieres : mais peu après la montagne se calma, & les
Napolitains se prosternerent : le hazard voulut, que ce fut
le dernier mouvement considérable, que fit alors le Vésuve.

Il n'est pas étonnant, que le peuple ait autant de superstition, puisqu'il y a des écrivains Napolitains, qui terminent
leurs descriptions du Vésuve par des invocations à *St. Janvier.* PARAGALLO finit son histoire de ce volcan par ces paroles : "A noi solo rimane di cercare l'ajuto del nostro gran
„protettore e martyre S. Gennaro, il quale più d'una volta
„mosso dalle pietose lacrime degli sbigottiti cittadini ha fatto
„volgere altrove l'impeto degli incendj del Vesuvio, allora
„che più infuriando minacciavano certe ed inevitabili ruine."
En Sicile le *voile* de *Ste. Agathe* a autant de pouvoir sur l'Etna, que *St. Janvier* sur le Vésuve. Non-obstant la protection
de ce grand saint, les laves & les cendres ne dévastent que
trop souvent le patrimoine des habitants des environs du Vésuve ; leur sécurité est surprenante. Deux villes furent
abymées par l'éruption de 79 ; le dégat fut si considérable,
que l'empereur VESPASIEN fit remise de ses droits à toute la
contrée. THEODORIC, roi d'Italie, accorda la même grace
après l'éruption de 512. L'incendie de 1631 accabla un grand
nombre de familles ; trois cents personnes allant en procession
périrent. MECCATI évalue le dommage occasionné par l'é-
ruption de 1751 à 1752, qui n'étoit pas des plus fortes, à
81,500 ducats. Cependant les habitants élevent des bâti-

ce qui fe répete fouvent & avec violence quelque
jours avant qu'il y ait une nouvelle éruption.

Des pluies continuelles de plufieurs mois *oo*
ou de quelques femaines font craindre une révo-
lution dans la montagne; on ne s'y attend point
dans les temps fecs.

Mr.

---

ments fur les ruines, qui les menacent, & cultivent des
champs, qui leur annoncent le danger, auquel ils expofent
leur récolte.

oo) On a obfervé, que les incendies des volcans font plus
fréquents au printemps & en automne que dans les autres
faifons, & qu'il furvient des éruptions après de grands froids.
Le feu concentré pendant l'hyver fe dilate & cherche une iffue, quand la faifon devient moins froide. Les pluies, qui
furviennent à l'arriere-faifon, excitent la fermentation, &
peuvent produire une éruption. Les incendies s'annoncent
ordinairement par le mugiffement & les commotions de la
montagne, par l'élévation du plan intérieur du cratere, par
l'apparition de quelques monticules fur ce plan, par l'abondance de foufre & de fels, qui s'attachent au fommet du
cratere, & enfin par la fumée, qui fort avec impétuofité,
& qui eft beaucoup plus noire qu'à l'ordinaire; lorsque la
bombe eft prête à crever, la fumée s'éleve perpendiculairement, & prend la forme d'un *Pin*, ce que PLINE a déjà remarqué; il écrit à TACITE: "Nubes oriebatur, cujus fimilitu-
„dinem & formam non alia magis arbor, quam *pinus* ex-
„prefferit. Nam longiffimo veluti trunco elata in altum qui-
„busdam ramis diffundebatur." Enfin la nuit cette fumée
prend la couleur d'une nuée, qui reçoit les rayons du foleil
couchant; c'eft la réverbération du feu, qui eft dans le fond
du cratere.

Mr. le profeſſeur VAIRO de Naples m'a aſſuré, que des barres de fer, dreſſées perpendiculairement pendant une éruption, deviennent électriques *pp*).

---

pp) Il paroît, que le feu du volcan a une grande analogie avec le feu électrique. Dans preſque toutes les éruptions un peu conſidérables on a vu ſur le ſommet du Véſuve, & même au-deſſus, des torrents de laves, des éclairs ſerpentants, que les Napolitains nomment *Ferilli*, accompagnés d'une exploſion ou d'une ſorte de tonnerre, qu'on n'entend que ſur la montagne même. PLINE les a obſervés en 79: "Ab altero la‑ „tere nubes atra & horrenda fiammarum figuras dehiſcebat, „fulgoribus illæ & ſimiles & majores erant." Liv. VI. lettre 20. BRACCINI aſſure *pag.* 37. de ſa *deſcription de l'incendie de 1631*, que les éclairs de cette éruption furent vus au même temps à *Spolete*, près de *Perugia* en Toſcane, & en Cala‑ bre; on a obſervé ces éclairs en 1737. L'abbé BOTIS en a remarqué en 1760, & Mr. HAMILTON en a vu en 1767. Ce ſont les vapeurs, qui s'enflamment, & l'exploſion vient ſans doute de la grande abondance d'air, qu'elles renferment. Le P. DE LA TORRÉ au dernier §. de ſon *Supplément* prétend, que ces éclairs ne ſont qu'une modification interrompue de la lumiere du feu; mais il ſuffit de ſavoir, qu'ils ſont accom‑ pagnés d'exploſion, pour être perſuadé qu'ils proviennent d'une inflammation ſubite de vapeurs. Le P. DE LA TORRÉ dit à la vérité, qu'il n'y a point d'exploſion; Mr. HAMILTON, dans ſa deuxieme lettre au comte MORTON, aſſure au con‑ traire, qu'il y a une exploſion, mais qu'on ne l'entend que dans le voiſinage de la montagne, & non à Naples. D'après Mr. BRYDONE Tom. I. p. 275. on obſerve les mêmes éclairs pendant les éruptions de l'Etna; il croit que la fumée très‑ électrique des volcans peut être comparée à un globe ou cy‑

Je ne vous parle pas des vapeurs suffoquantes
(moufettes) du Véfuve ; il en paroîtra cette an-

---

lindre échauffé par le frottement, qui jette dans l'air des
bleuettes fpontanées de feu fans l'attraction ou l'attouchement
de quelque conducteur.

J'ajouterai encore ici trois obfervations, qui ne feront
point déplacées: la premiere, c'eſt qu'en frottant deux morceaux de lave vitrifiée l'un contre l'autre, ils donnent du
feu, comme le feroient deux cailloux, & exhalent une forte
odeur de foufre; c'eſt une expérience, que j'ai faite.

La feconde obfervation, c'eſt que la lave fait effet fur l'aimant. Mr. l'abbé NOLLET (*Mem. de l'Acad. des fciences année* 1750. *pag.* 88.) le dit; il eſt perfuadé, que la lave contient du fer, puifqu'il a refpiré au bord du grand baſſin une
odeur de fer diſſous par l'efprit de fel. D'ailleurs la feule
couleur l'indique, & l'analyfe de Mr. CADET, qui eſt imprimée dans l'*Hiftoire de l'académie des fciences année* 1761,
& dans le troifieme volume des *nova Acta Academiæ Natu-
ræ Curioforum*, le prouve. Le P. DE LA TORRÉ attribue l'effet
de la lave ardente fur la bouffole à l'acide vitriolique, qui en
émane. Il affure même, que cet acide vitriolique, dont l'air
fe remplit pendant la durée des éruptions, fait décliner une
bouffole, qu'on conferve dans les appartements. Il rapporte
pag 38. de fon *Supplément* tous les mouvements, que fa
bouffole fit depuis le 25. Octobre jufqu'au 11. Novembre
pendant l'éruption de 1760; elle étoit placée à *S. Giorgio* à
Cremano. Mr. BRYDONE nous apprend Tome I. p. 253,
que les aiguilles aimantées font vivement agitées au fommet
de l'Etna; qu'il leur faut beaucoup de temps pour fe fixer
au nord; qu'une bouffole, que le chanoine RECUPERO avoit
placée fur une lave chaude, fut d'abord violemment tour-
mentée, mais qu'elle finit par perdre fa vertu magnétique.

née une defcription fous le titre de *Defcrizione delle moffete* qq) *del Vefuvio, dal Sr.* BARTOLONI.

Vous vous rappellerez, Monfieur, que la forme du Véfuve varie à chaque éruption, du moins à l'endroit, où il s'ouvre une nouvelle bouche. Plufieurs poëtes & anciens hiftoriens décrivent ce volcan comme une montagne très-fertile & très-cultivée, d'où je conclus qu'il a été dans l'inaction pendant longtemps rr. Voyez le *Magazin*

La troifieme remarque eft de Mr. d'ARTHENAY; il obferva, qu'un papier, qui avoit refté pendant trois heures au pied d'un monticule provenant d'une nouvelle bouche, étoit devenu lumineux. *Mémoires étrangers de l'académie des fciences* Tom. IV. pag. 261.

qq) Je n'entreprendrai point de décrire les moufettes. Je dirai feulement, qu'il y en a de permanentes aux environs de Naples & du Véfuve; mais que d'autres ne paroiffent qu'après une éruption fur la lave, près d'elle & dans les environs de la montagne. Je l'ai déjà remarqué ailleurs Les vapeurs fuffoquantes gâterent les eaux de puits des environs du Véfuve en 1760. Lors d'un incendie on voit affez fouvent des moufettes fortir des anciennes laves. Il eft poffible, que l'air, qui étoit renfermé dans ces laves, trouve une iffue par les fentes, que les fecouffes d'une nouvelle éruption doivent ouvrir. Peut-être même le contact de l'air occafionne dans l'intérieur de la lave une efpece de fermentation déjà excitée par la chaleur fouterraine, toujours plus vive lors d'une éruption. En général les moufettes font plus fortes quand le ciel eft ferein, & le matin & le foir, que lorfque le temps eft couvert, ou que le foleil a réchauffé l'air.

rr) Il eft certain qu'avant l'éruption de l'année 79. le Vé-

d'Hambourg, (ouvrage périodique allemand) neuvie-
me Tome, seconde Partie, pag. 211. &c.

fuve avoit été longtemps fans vomir du feu. Aucun auteur
ne fixe le temps de quelque éruption précédente. MORERI
dans fon dictionnaire, à l'article *Véjuve*, compte cinq incendies avant AUGUSTE ; mais je ne fais, où il a puifé ce fait.
LIONARDO D'ALBERTO, en parlant de l'éruption de 79. dans
fa defcription de l'Italie, a traduit le paffage fuivant de BE-
ROSUS CALDEUS, homme célebre dans l'école d'Athenes :
"In eo tempore Italia tribus in locis arfit multis diebus, circa
„Ifcaos, Cumeos, & Vefuvios, & vocata funt illa loca Pa-
„lenfana, id eft regio conflagrata." BEROSUS CALDEUS
parle de 2000 ans avant Jefus Chrift ; mais fans aller fi loin,
il fuffit de lire quelques paffages des auteurs, qui ont vécu
avant l'incendie de 79, pour être convaincu, que le Véfuve
avoit vomi du feu dans la plus haute antiquité. DIODORE
DE SICILE dit *Liv. IV. No.* 21 : "Campus quoque ipfe dictus
„eft phlegreus a colle, qui olim plurimum ignis inftar Ætnæ
„fimili evomens, nunc Vefuvius vocatur, multa *fervans an-*
„*tiqui ignis vejtigia.*" STRABON l'indique auffi dans le cinquieme livre de fa *Géographie :* "Supra hæc loca fitus eft
„Vefuvius, mons agris cinctus optimis, dempto vertice, qui
„magna fui parte plenus, totus fterilis eft, cinerofus, caver-
„nafque oftendens fiffurarum plenas & lapidum colore fuli-
„ginofo, utpote ab igne exarfum, ut *conjecturam facere*
„*poffis ifta loca quondam arfiffe, & crateras* ignis habuiffe,
„materia deficiente extincta fuiffe." Enfin VITRUVE dans fa
defcription de la Pouzzolane, que j'ai tranfcrite dans les notes précédentes, fortifie encore ce fentiment par ces paroles :
„Non minus etiam memoratur *antiquitus creviffe ardores,*
„& abundaffe fub Vefuvio monte, & inde evomuiffe circa
„agros flammas." Il paroît même que TACITE *Liv. I.* fait

Quand on confidere la forme & la hauteur *ss*),
que le Véfuve avoit déjà du temps de ces écri-

allufion à des incendies précédents, lorsqu'il parle de celui
de l'année 79; voici comme il s'exprime: "Jam vero novis
„cladibus, vel poft longam fæculorum feriem repetitis, affli-
„ctæ, hauftæ, aut obrutæ fecundiffima Campaniæ ora, &
„urbs incendiis vaftata."

Comme ces auteurs vantent la fertilité du Véfuve de leur
temps, il n'eft pas douteux, qu'il n'y eut alors très-longtemps, qu'il n'avoit vomi de feu; cependant le fommet
étoit toujours aride. Nous avons un exemple plus récent
d'un temps confidérable, durant lequel le Véfuve a été dans
l'inaction. Il y avoit lors de la grande éruption de 1631 près
de cinq cents ans, que ce volcan n'avoit donné de figne d'inflammation. (Voyez la note *xx*) de cette lettre.)

ss) Mr. FERBER préfuppofe ici avec raifon, que le terrein
occupé par le Véfuve étoit une plaine, avant qu'il en fut forti
du feu; cela eft conforme au fyfteme, qu'il a fait connoitre
au commencement de cette lettre; favoir, que toutes les
montagnes & collines des environs de Naples doivent à l'inftar du *monte Nuovo* leur origine au feu.

Cela eft conforme à ce que dit Mr. d'ARTHENAY dans fes
obfervations fur le Véfuve *Mémoires étrangers de l'académie Tom. IV, pag.* 247. & CAMILLO PELEGRINO difcours 2.
pag. 314. *della Campania*, dit pofitivement, que le Véfuve
détaché de toute autre montagne devoit uniquement fon origine au feu "e ficchè dal principio delle cofe di quefto monte
„non è ftata nè ombra nè veftigio."

Il s'en faut bien, que ce foit l'opinion du P. DE LA TOR
RÉ, qui conclud toujours de ce qu'il a cru voir dans le Véfuve des couches, qui n'ont point encore été dérangées, que
cette montagne exifte depuis la création. Il trouvera à l'é-

vains, il faut admettre, qu'il n'a pu l'acquérir que par une fuite fi innombrable d'années, que notre maniere de compter les fiecles eft à peine fuffifante.

Les monts *Somma* & *Ottajano* ne font qu'une feule & même montagne volcanique, qui a reçu d'un côté le nom de *Somma*, & de l'autre celui d'*Ottajano*; ces deux montagnes réunies repréfentent un mur, qui décrit un demi-cercle concentrique, à une moitié de la circonférence du Vé-

---

ftrone des couches volcaniques, tout auffi réguliérement difpofées que les couches des autres montagnes; la fumée, l'obfcurité, ne pourront point aider fon imagination. Il y verra, que ces couches régulieres font compofées de laves, de porces, de cendres; telles font celles du Véfuve, du moins celles, qu'on voit extérieurement, fans que nos fens puiffent nous tromper.

On pourroit faire une objection à Mr. FERBER fur ce qu'il dit, qu'il a fallu un temps fi confidérable au Véfuve pour parvenir à la hauteur, qu'il avoit avant l'éruption de 79. Le *monte Nuovo*, lui dira-t-on, s'eft élevé en deux fois vingt-quatre heures: mais il répondra, que toutes les éruptions n'ont pas un effet auffi prodigieux; que d'ailleurs la montagne une fois élevée à un certain point, il s'en faut bien qu'elle s'accroiffe auffi promptement; que fon fommet ne fe hauffe qu'à mefure que la périphérie augmente. Si nous fommes embarraffés d'ajufter notre maniere de compter les fiecles à la formation du Véfuve, que deviendroit-elle, fi nous remontions jufqu'à la premiere éruption de l'*Etna*? (Voyez les derniers mots de la note *s)* de cette lettre.)

u: fuve, qui n'en eft féparé que par un vallon; leur
rl hauteur atteind à peine la moitié de celle du Vé-
fl fuve, & leur figure extérieure eft celle d'un cône
ł tronqué; leur furface intérieure eft irréguliére-
ł ment brifée. Cette pofition, qui reffemble à celle
ı de plufieurs autres volcans éteints, me perfuade,
ł que le mont *Somma*, le mont *Ottajano* & le mont
Véfuve n'étoient autrefois qu'une feule monta-
gue *tt*) de forme conique, infiniment plus vafte

---

tt) C'eft l'opinion de la plus faine partie des naturaliftes,
du moins de ceux, qui ont obfervé les volcans avec attention.
Voyez les *Mémoires étrangers de l'académie Tome IV.* p. 248.
dans lesquels Mr. D'ARTHENAY dit même, qu'il y a d'anciens
deffins, qui ne repréfentent le mont *Somma* & le *Véfuve*
que comme une feule montagne. Le même auteur p. 256.
affure, comme je l'ai vérifié moi-même, que le *monte Somma*
n'eft compofé que de matieres volcaniques, & qu'il a une
forme demi-circulaire. Il ajoute, que cela lui donne la certitude, que ces deux montagnes n'en faifoient qu'une. L'abbé
NOLLET *Mem. de l'Acad. des fciences année* 1750. p. 81.
trouve, qu'il y a de fortes raifons de le croire; & dans l'hiftoire du Véfuve, que l'académie des fciences de Naples a
fait imprimer en 176-. p. 25. on trouve un fait, qui ajoute
encore à la folidité de cette opinion. Les Dominicains *della
Madonna dell' Arco* ont trouvé, en creufant un puits à la profondeur de 300. empans, quatre torrents de lave. Or, en faifant attention à la fituation de ce couvent, il auroit fallu, fi
le Véfuve avoit été féparé des monts *Somma* & *Ottajano*,
que la lave defcendit d'abord dans le vallon, qui fépare aujourd'hui ces montagnes, & qu'elle les remontât pour pren-

& plus élevée que ne l'eſt le Véſuve de nos jours; que le ſommet de ce grand volcan s'eſt écroulé; que toute la montagne s'eſt repliée en elle-même; qu'elle a formé un très-grand baſſin ou cratere, dont il ne reſte plus ſur pied qu'une partie de circonférence, qu'on nomme *Somma & Ottajaąo*; que du centre de ce baſſin il eſt ſorti de nouvelles flammes, & que le nombre des éruptions & des torrents de laves a formé ſucceſſivement une nouvelle montagne, qui eſt parvenue peu-à-peu à la hauteur actuelle du Véſuve. C'eſt ainſi, qu'il s'eſt élevé en 1685 & 1689 *uu*) dans le Véſuve un petit monticule, qui s'eſt enſuite éboulé. Qui ſait, ſi le Véſuve ne s'épuiſera pas au point de s'éteindre *xx*)? Alors ſon ſommet comblera, en s'af-

---

dre enſuite le cours, qu'elle a ſuivi. Non-obſtant toutes ces preuves le P. DE LA TORRÉ, toujours perſuadé, qu'il a vu au *monte Somma* & au Véſuve des couches non-volcaniques, par la ſeule raiſon, qu'elles étoient réguliérement diſpoſées, ſoutient nettement au No. 34. p. 23. de ſon *Hiſtoire du Véſuve*, que cette montagne n'a jamais été unie à celles, dont elle eſt environnée. Il fournit des armes contre lui-même au No. 46. p. 34. de ſon ouvrage, où il dit: "Ma dalla maggior parte di Napoli ſi diſtingue il Veſuvio cinto „per metà dalle punte di Somma e Ottajano." Cette forme des monts *Somma & Ottajana* prouve aſſez, qu'ils ſont les débris de l'ancien cratere du Véſuve.

uu) Voyez les notes *dd*) & *oo*) de cette lettre.

xx) Le Véſuve avoit été éteint longtemps avant l'incendie

faisfant, le cœur du volcan; il ne restera sur pied
que la circonférence & le fond de la surface inté-

de 79, & depuis 1139 jusqu'en 1631 il ne vomit plus de
feu. BRACCINI dans sa *Description* ch. IV. p. 24. & 26. as-
sure avoir vu le Vésuve avant cette terrible éruption dans un
état de volcan éteint. On trouve aussi cette description dans
les ouvrages de SORRENTINÒ & de Mr. HAMILTON; mais
elle est tirée de BRACCINI, ce qui me décide à rapporter
les paroles même de cet auteur contemporain:

"Il Vesuvio infin'a' tempi nostri era una collina a mezzo
„giorno esposta, alquanto più alta dell' altra, che a guisa di
„mezza luna, come dissi da principio, da tutte le bande, ec-
„cetto che da mezzo giorno, la cingeva, cominciando da Re-
„sina, e alzandosi a poco a poco sopra Somma, e sopra Ot-
„tajano, e nel medesimo modo sbassandosi, e terminando
„sopra la terra già di bosco: frà l'una e l'altra di quelle
„montagne trovavasi una pianura, che l'Atrio si domandava,
„larga in alcune parti un miglio, e in altre meno, tutta ve-
„stita di erbe, per pascolo di animali, se bene era anco un
„giardino di semplici, e di piante per le umane infermità
„molto giovevoli. Verso il mauro bosco già di Ottajano
„erano in questa pianura alcune piscine e casette di poco
„momento per ridotto de' pastori. Girava la collina attorno
„attorno circa sei miglia, alzandosi dal piano predetto da
„350. passi geometrici: ed era quasi per tutto sterile, e scoscesa,
„avvengachè pur vi fussero certi piccioli arbori, e alcune
„ginestre. Aveva nella sommità una profonda voragine, in
„forma di navilio tondo, larga, nella circonferenza poco
„più di un miglio, circondata da un riparo di pietre calcinate,
„sopra le quali non nasceva cosa alcuna. Da questo riparo
„o ciglio si calava a scarpa in un poco di piano, dove pure
„erano erbe di varie sorti, ma non molto spesse: quindi si

rieure fera peut-être occupé par un petit lac circulaire, tel que les *lago d'Agnano*, *d'Averno* &
plufieurs autres lacs d'Italie.

„fcendeva per certe torte ftradelle infin'al fondo quafi un mi-
„glio a perpendicolo, non pure da gl'huomini per far legna,
„ma da gli animali ancora, così piccioli, come groffi, per
„pafcolare, effendo veftita per tutto infin dove penetrava il
„fole, di erbe e di arbori, come quercie, leccj, carpini,
„fraffini, orni, evomini, overo ftrafifallia, ligufti, gine-
„ftre, e cofe fimili, eccetto che dalla parte di bofco, dove
„era nuda e precipitofa affai.   Tale trovai io quefto luogo,
„quando, 20 anni fono, tirato da certa curiofità, fe bene al-
„lora non fi cimentavano nè incendj, nè altro accidente,
„vi afcefi fopra: ma non ebbi però nè tempo, nè fantafia di
„calar punto per la caverna abaffo, fe non quanto mi parve
„baftante, per accorgermi, che era molto profonda, e che
„da alcune parti di lei ufciva un poco di fumo.   Ben mi di-
„cevano i compagni, li quali erano del paefe, che fi poteva
„fcendere più di due miglia, e che in fondo fi trovava un'altra
„pianura, che attorno attorno aveva molti antri cavernofi,
„per li quali fi farebbe potuto entrare, ma per effere affatto
„ofcuri, non fapevano, che neffuno fi foffe arrifchiato a far
„quel tentativo: che la ftradella per calarvi era affai ripida,
„ma che gli arbori erano tanto l'uno all'altro vicini, che
„ficuramente vi fi poteva fcendere." Ces détails fe rappro-
chent affez des conjectures de Mr. FERBER.   Au refte les
fommets des volcans s'écroulent fouvent dans le gouffre même qui les avoit formés, quoiqu'ils ne foient pas éteints.
Le cratere de l'*Etna* s'éleve toujours jufqu'à ce que fa circonférence fupérieure foit réduite à trois milles; parvenu à ce
point, le haut du cratere retombe dans le fein de la mon-

On prétend, que le Véfuve communique avec
la mer, la *Solfatare*, l'*Etna* yy) & même avec l'isle

---

tagne. Il n'y a pas d'exemple, que le fommet de ce gouffre
fe foit élevé de maniere, que fa circonférence ait été moindre de trois milles. BRYDONE *Tome I.* p. 288. Selon FAZELLO
& PHILOTEO le fommet de l'*Etna* s'écroula en 1157, 1329,
1444 & 1536. BORELLI dit, que la même chofe arriva en
1669. "Univerfum cacumen, quod ad inftar fpeculæ feu tur-
„ris ad ingentem altitudinem elevatur, quod una cum vafta
„planitie arenofa, depreffa atque abforpta eft in profundam
„voraginem."

yy) Il y a même des écrivains, qui croient, que tous les
volcans du monde correfpondent enfemble par le feu cen-
tral, qui les anime. Mr. DE MAIRAN eft le *coryphée* des
partifans de ce fyfteme. Ils penfent, que les torrents de lave,
qui coulent fous notre globe, vont fe jetter dans les baffins
des volcans, comme les fleuves fe rendent à la mer; je ne
m'arrêterai pas à réfuter cette opinion. Ce qu'il y a de fûr,
c'eft que les volcans n'ont pas d'effets, qui prouvent cette
communication, & fi par hazard ils s'allument en même
temps, c'eft que les mêmes caufes phyfiques ont occafionné
la fermentation dans leurs entrailles. Mr. D'ARTHENAY,
qui eft même porté à croire cette correfpondance établie entre
le Véfuve & la Solfatare, avoue: *Mem. étrang.* Tom. IV.
p. 271, que les effets de ces volcans n'en fourniffent point
de preuve. Il allegue, pour ce qui regarde l'*Etna*, des faits,
qui atteftent qu'entre le Véfuve & lui cette communication
n'exifte point. Tout ce qu'on peut dire, c'eft qu'il y a une
grande étendue de terrein aux environs de Naples, dont les
inteftins font remplis de matieres propres à s'enflammer par la
fermentation, & que cette inflammation fe manifefte plus
particuliérement dans les parties, où ces matieres ont déjà

de *Stromboli* *). Je l'ignore; mais il n'eft pas douteux, que les laboratoires fouterrains, dans

---

formé leur iffue. Qui fait, fi Naples ne fubira pas un jour le même fort que *Tripergola*, ville, qui a été remplacée par le *monte Nuovo?*

*) L'isle de *Stromboli* eft une des isles de *Lipari*, qui font fituées près de la Calabre; le volcan de cette isle eft prefque toujours en action; il eft entiérement environné de la mer. Quelques favans italiens préfument, que la plupart des volcans étoient fous les eaux, & qu'ils en font fortis, au moyen de quoi on peut facilement expliquer les mélanges, que l'on trouve quelquefois (comme dans le Vicentin) de produits volcaniques & de corps marins zz).

zz) Mr. HAMILTON a vu ce volcan. Il en parle à la fin de fa quatrieme lettre à la fuite de la defcription, qu'il donne du Véfuve. Il croit, que toutes les isles *Lipari* doivent leur origine à des incendies fouterrains, & qu'elles fe font élevées du fein des mers. En effet les anciens ne parlent que de fept isles *Lipari*; aujourd'hui on en compte onze. Mr. HAMILTON cherche à appuyer cette opinion d'un paffage de PLINE, qui dit Liv. 3. chap. 9, que deux de ces isles vomiffent des flammes. Ces exemples font fréquents, & PLINE fait Liv. 2. chap. 87. une énumération confidérable d'isles, qui fe font élevées de-deffous les eaux. Les auteurs, qui prétendent, que toutes les variations, qu'il éprouve, font dues à cet élément, font entrés dans les plus grands détails fur les terres produites par le feu. On n'a qu'à lire, pour s'en convaincre, le traité de Mr. RASPE, qui a pour titre: *Specimen hiftoriæ naturalis globi terraquei, præcipue de novis e mari natis infulis.* 8. *Amfterd. & Lipf,* 1763.

Mr. HAMILTON dit, que toute l'isle de *Stromboli* n'eft

lesquels les éruptions fe préparent, doivent être immenfes *aaa*) à en juger par la quantité de ma-

---

qu'un feul volcan, qui vomit continuellement du feu; mais qu'il en fort rarement des torrents de lave. Mr. BRYDONE fait auffi mention de ce volcan Tom. I. p. 38. Il nous apprend, que les isles *Lipari* produifent de l'alun, du foufre, du nitre & du cinnabre.

aaa) Il faut fans doute, que les antres du Véfuve, à en juger par les volcans éteints, foient d'une profondeur & d'une étendue énorme, & le diametre de fon baffin doit être égal à celui de fa bafe, en retranchant l'épaiffeur de fa circonférence. Le P. DE LA TORRÉ foutient, que toutes les matieres, que le Véfuve a vomies, étoient contenues dans le corps de la montagne, qui exifte, felon lui, depuis la création. Il s'efforce de le prouver par un calcul de quatre grandes pages in-quarto; mais quoiqu'il en dife, les parties vomies par la montagne feroient toujours plus grandes que le tout.

Il fuffit d'ouvrir les yeux, pour reconnoître la fauffeté de ce calcul. Si le foyer des volcans étoit à leur fommet, d'où vient, que les tremblemens de terre, qu'ils occafionnent, fe font fentir au loin. En 79. les habitants de *Miffène* s'enfuirent de leurs maifons, de peur d'être écrafés par les tremblemens de terre dans leurs habitations. Selon l'abbé BOTIS le tremblement de terre occafionné par l'éruption de 1760, qui n'étoit pas forte, fut fenti à 16. milles du Véfuve; mais celui de 1767. doit avoir eu un effet bien plus étendu: car à Naples, dit Mr. HAMILTON, toutes les portes & les fenêtres les mieux fermées s'ouvrirent. Voyez auffi *Mem. étrang.* Tom. IV. p. 271. & 274. SENEQUE penfoit, que l'*Etna*, beaucoup plus vafte que le Véfuve, tiroit l'aliment de fon inflammation des plus profondes entrailles de la terre; il dit dans fa 79. Epitre, en parlant de l'*Etna:* "Non ipfe ex fe

tiere enflammée, qui en fort, & par la force des
courants d'air, qui font la principale caufe des
vomiflements des volcans. Il eft conftant, que
le Véfuve a vomi autrefois beaucoup d'eau, &
que la mer eft mife fenfiblement en mouvement,
lorsqu'il y a des éruptions & des commotions *bbb)*

„eft, fed in aliqua inferna valle conceptus exæftuat, & alibi
„pafcitur, in ipfo monte non alimentum habet fed viam.”

bbb) Si la communication entre le Véfuve & la Solfatare
n'eft qu'une fuppofition fondée fur la vafte étendue du laboratoire du Véfuve, la correfpondance du Véfuve avec la mer
eft prouvée par des faits inconteftables. La plus grande partie des volcans eft fituée fur le bord de la mer dans des isles,
ou près de grandes rivieres. Plufieurs d'entr'eux fe font élevés du fein des eaux. L'*Etna* a fouvent vomi des torrents
d'eau. En 1751. il en fortit encore un *nilo d'acqua*, felon
la relation, qu'on envoya à Naples. Les volcans d'Amérique
en ont fourni des exemples, & le Véfuve même a fréquemment jetté des eaux. J'ai déjà démontré, que dans les éruptions de 79. & de 512. il devoit en avoir vomi. Il en fortit
beaucoup de la bouche du *monte Nuovo* en 1538; mais en
1631. l'eau fe répandit de tous côtés, ravagea les campagnes,
déracina les arbres, & noya une proceffion entiere. BRAC-
CINI nous fait part de toutes ces circonftances p. 39. 40. &
donne le fommaire de tous les malheurs occafionnés par cette
éruption p. 42: “Dall'acqua vedevanfi fommergere le cam-
„pagne: dal cielo fulminar le cafe: dall'aria aprirfi le cata-
„ratte, e piover in terra, arena, cenere, e fango: dalla
„terra minacciarfi la fommerfione: dal monte grandinar pie-
„tre, e pietre infocate, e fmifurate: e dalla miferia, e ca-
„lamità de' più cari aumentarfi le proprie.” En 1689. les eaux,

ou des tremblements de terre au Vésuve; on prétend même, que l'eau, que le Vésuve a jettée, a

que vomit le Vésuve, ne firent pas moins de dégât; elles
étoient si corrosives, que toutes les plantes furent brûlées.
Voyez SORRENTINO Liv. II. chap. 7.

Suppofer dans la mer des ouvertures, par lesquelles les
eaux pénetrent dans les fouterrains des volcans, c'est une
chofe toute fimple. Ces ouvertures peuvent être permanentes, ou occafionnées feulement par les fecouffes des éruptions.
Si elles font permanentes, on trouve un moyen de plus pour
expliquer, comment les amas de matiere fe font dans le baffin
du Vésuve, les eaux fousminant continuellement. Quant à
l'élévation de ces eaux au-deffus de leur niveau, le poids de
l'atmofphere eft affez puiffant pour les élever au travers d'un
air auffi raréfié que celui de la bouche d'un volcan lors d'un
incendie. BRACCINI a déjà expliqué de cette maniere les
vomiffements aqueux du Vésuve; mais M. l'abbé NOLLET a dé-
veloppé ce principe dans fon *Mémoire* inféré parmi ceux de
l'*acad. annnée* 1750. p. 95. 96. Ce phyficien ne croit pas,
que l'eau abforbée de la mer puiffe être rejettée par le Vésuve
fous la forme d'un fluide, qui s'écoule; mais qu'elle eft réduite en vapeurs, qui retombent par gouttes. Il me femble
cependant, qu'il eft phyfiquement poffible, que l'eau foit rejettée telle qu'elle eft. Je conçois, qu'il s'introduit fubitement
un volume prodigieux d'eau, qui s'étend fur la furface enflammée du baffin; la couche inférieure de cette eau eft vivement dilatée, & fes vapeurs, qui occupent 14,000 fois
plus d'étendue, peuvent fuffire pour élever l'eau, qui eft au-
deffus. Il paroît auffi, que c'eft ainfi, que le Vésuve rejetta
les eaux en 1631, puifqu'elles formerent des torrents. Beaucoup d'auteurs prétendent, que l'eau, que rejettent les volcans, ne provient que des pluies; l'académie de Naples eft de

renfermé quelques coquilles de mer.   Soit qu'on r
attr[...]

cet avis, ainfi que le P. DE LA TORRÉ & plufieurs autres
On a calculé, que la fomme des eaux de pluies, qui tombent
pendant l'efpace d'une année fur le Véfuve, produit un volume d'eau prodigieux, équivalent à celui, que le volca[n]
peut vomir. Mais on n'a pas fait réflexion, que ces eaux
n'ont jamais pu tomber en affez grande quantité à la fois
pour entrer dans les entrailles du Véfuve, toujours plus ardentes, qu'il ne faut pour diffiper ces eaux en vapeurs, à
mefure qu'elles tombent. Voyez les *Mem. étrangers T. IV.*
p. 273. C'eft une objection, à laquelle aucun partifan des
eaux de pluie n'a répondu.

En parcourant l'hiftoire du Véfuve, on voit l'influence de
fes incendies fur la mer. En 79. la mer fe retira "Præterea
„mare in fe reforberi, & tremore terræ quafi repelli videba-
„mus. Certe procefferat littus, multaque animalia maris in
„ficcis arenis detinebat." PLINE *Liv. VI. Lettre* 20. En
1538, lors de la formation du *monte Nuovo*, felon GIACO-
MO DI TOLEDO, la mer fe retira d'environ 200. pas; l'on
voit dans SORRENTINO, que la mer fe retira à cinq reprifes
dans l'éruption de 1698, & MECCATI rapporte, que le même
phénomene eft arrivé en 1715, 1723, 1729 & 1752. Le P. DE
LA TORRÉ prétend, que les bords de la mer ne reftent à fec
dans les éruptions qu'à caufe des tremblements de terre, &
non parcequ'une partie de fes eaux entre dans les canaux
fouterrains; & quand on dit à ce phyficien, que les eaux,
que le Véfuve jette, font falées, il répond, que cela ne prouve point contre lui, que les fels, que contient le Véfuve,
fuffifent pour faler ces eaux; s'il n'admet aucune de ces preuves, qu'il fe fcuvienne du moins, que le Véfuve n'a jamais
rejetté des coquilles de mer, que lorfqu'il a vomi des eaux,
qu'il

il attribue l'inflammation d'un volcan aux pyrites *ccc*),

qu'il faffe attention, que les poiffons périffent, & que les eaux de la mer s'échauffent. BRACCINI p. 42; que cette retraite des eaux n'eft pas même momentanée, mais qu'en 1631 elle a duré un demi-quart d'heure. Quand un torrent de laves fe jette dans la mer, que fes flammes s'éteignent dans les flots mugiffants, l'eau de la mer refte troublée pendant trois mois, & les poiffons périffent aux environs. La retraite des eaux lors d'une éruption caufe les mêmes effets: pourquoi ne pas lui attribuer la même caufe, c'eft-à-dire, une communication avec les laves des entrailles du volcan?

Mr. l'abbé NOLLET a prévenu dans fon Mémoire fur le Véfuve l'objection la plus fenfée, qu'on pouvoit faire à notre opinion. On pourroit dire, que la grande dilatation des vapeurs dans l'intérieur de la montagne doit repouffer les eaux dans la mer, & non les rejetter par le fommet du volcan. Mr. l'abbé NOLLET accorde le fait & croit, qu'en effet les eaux venant fe rendre fur le foyer ardent, une partie eft enlevée par le canal, que fuivent toutes les matieres embrafées; mais que l'autre eft en effet refoulée dans la mer. Il eft même poffible, que ce foient les eaux refoulées qui foient nuifibles aux animaux marins. Voyez les *Mémoires de Mr.* D'ARTHENAY p. 278. Cet obfervateur eft un partifan zélé de notre fentiment.

ccc) On eft affez généralement d'accord fur ce point; on attribue la naiffance du feu fouterrain à l'effervefcence, que les eaux excitent dans les parties métalliques & fulphureufes très-abondantes fous les volcans. BRACCINI étoit déjà de ce fentiment. L'expérience de Mr. LEMERY rapportée dans les *Mémoires de l'acad. des fciences, année* 1700, dont le fuccès eft affuré, en fuivant la méthode indiquée par Mr. SAGE dans le mémoire, qu'il a lu en 1766, eft trop

que l'eau a humectées, ou à la fermentation des matieres calcaires avec les acides, on ne sauroit en
avoir de certitude. La physique nous fait connoître cependant les causes possibles & vraisemblables.

Il n'est pas douteux, qu'il y a au-dessous du
Vésuve & dans ses environs à une grande profondeur des amas de matiere inflammable, qui ne
sauroient exister dans le corps de la montagne,
dont les entrailles sont nécessairement aussi creu-
ses que le sommet; car si l'on réunissoit toutes les
matieres, que ce volcan a jettées, on retrouve-
roit un volume plusieurs fois plus grand *ddd)* que
la totalité du Vésuve.

En observant que les volcans éteints s'écroulent communément en eux-mêmes, & que leur
base intérieure s'applatit & se convertit en un

---

concluante en faveur de cette opinion, pour n'avoir pas été
adoptée avec empressement. Il a prouvé, qu'une proportion
donnée de fer & de soufre impregnée d'eau, mise dans la
terre, s'échauffe au bout de sept à huit heures, occasionne
des vapeurs, souleve & fait crever le terrein, & qu'il en sort
enfin des flammes. Or il est certain, qu'il y a dans les entrailles des volcans du fer, du soufre & de l'eau; si l'on y
joint la pierre calcaire, dont on ne sauroit nier la présence
au Vésuve, on trouvera, que la fermentation doit parvenir
au plus haut degré. Voici donc les causes probables de l'inflammation des volcans; la note *fff)* de cette lettre rend rai-
son des éruptions, que cette inflammation occasionne.

ddd) Voyez les notes *r)* & *tt)* de cette lettre.

lac *eee*), on peut facilement conclure, que les parois des montagnes volcaniques ne font pas très-forts, & qu'ils doivent au moins être creux vers leur fommet; néanmoins la lave peut toujours s'élever jufqu'au plus haut point par la véhémence de la fermentation & de fon bouillonnement *fff*).

---

eee) Ce n'eft pas une regle fans exception, que le fond des crateres fe change en lac; il y a beaucoup de volcans étcints, dont les baffins font à fec. Il eft vrai cependant, que cela eft arrivé fouvent, & fur-tout en Italie. Mr. BRYDONE a obfervé au fommet d'une montagne fituée à l'eft de l'*Etna* un cratere, au fond duquel étoit un lac. T. I. p. 278.

fff) Quand les matieres font une fois enflammées, il eft facile de concevoir, comment elles s'elevent. On fait, que rien n'egale la force élaftique de l'air, quand il eft comprimé, & fur-tout, lorfqu'il eft encore raréfié par une violente chaleur; on connoit les efforts, que font les vapeurs fortement dilatées. Mr. l'abbé NOLLET rappelle très-à-propos le prodigieux effet de la *marmite de Papin*, de la *pompe à feu*, d'une goutte d'eau froide, qui fait jaillir du métal en fufion au péril du fondeur, d'une petite quantité de poudre à canon, qui s'enflamme dans une mine &c. Mais la quantité d'eau & d'air, qui fe dilatent dans ces expériences, eft infiniment petite en comparaifon du volume immenfe d'eau & de vapeurs, qui fe trouvent dans le baffin embrafé des volcans; fi l'eau ou quelqu'autre corps froid vient à condenfer l'air & les vapeurs raréfiées, il fe forme un vuide, & le poids de l'athmofphere fait monter la matiere enflammée, tandis que l'air, que ces matieres renferment, fe dilate, & facilite leur élévation. Tant que l'air & les vapeurs trouvent du jour, elles ne caufent aucun dégât; de-là vient, que les

Cela eſt prouvé par la formation & l'élévation
ſucceſſive du ſommet conique des montagnes volcaniques; chaque éruption hauſſe la cime en même temps qu'elle augmente l'épaiſſeur ou la circonférence de la montagne; car la lave ſort par-
deſſus les bords du gouffre, coule tout autour,
& s'y fixe en ſe refroidiſſant *ggg*).

Il eſt vraiſemblable, que la baſe intérieure du
Véſuve eſt compoſée de laves, de cendres & de
matieres brulées; tels ſont auſſi tous les volcans
éteints & écroulés: on voit, par exemple, aux
monts *Somma* & *Ottajano* beaucoup de couches

éruptions, qui ſe font au ſommet du volcan, où le paſſage
eſt déjà formé, ne ſont pas dangereuſes: mais quand les vapeurs & l'air raréfiés ne peuvent arriver à leur conduit ordinaire, elles ſe font jour avec fracas, de-là les tremblements
de terre, & le mugiſſement ou le tonnerre ſouterrain, qu'on
entend, quand il ſe prépare un incendie. Perſonne n'a
mieux approfondi cette matiere, que Mr. l'abbé NOLLET,
Mémoires de l'acad. des ſciences, année 1750 p. 93. 96.

ggg) Je ne ſaurois mieux comparer la maniere, dont s'é-
leve une montagne volcanique, qu'aux petites pyramides de
ſable, qui ſe forment dans un clepſydre. Les pierres & les
cendres, que le volcan rejette, s'élevent & retombent perpendiculairement ſur la montagne, comme le ſable de la caſe
ſupérieure du clepſydre tombe dans la caſe inférieure. Le
plus petit mouvement dérange le petit cône de ſable, & une
commotion ſouterraine renverſe le ſommet des volcans, formé
de matieres auſſi peu adhérentes que le petit monticule du
ſlepſydre.

horizontales ou peu inclinées, chacune d'environ un à deux pieds d'épaiffeur, qui font formées *hhh*) 1) de cendre grife, mêlée de pierre-ponce; 2) de lave grife un peu bleuâtre, dans laquelle il y a de très-petites lames de fchœrl noir; 3) de lave noire avec des criftaux de fchœrl blanc, en forme de grenats. Ces couches alternent fans ordre; celles de cendre font plus nombreufes; peut-être chaque couche de laves indique une autre éruption de l'ancien volcan, dont elles proviennent, & dont elles font les reftes. Au travers de ces couches horizontales il y a des efpeces de veines perpendiculaires ou un peu inclinées de trois pieds d'épaiffeur, d'une lave grife, un peu bleuâtre, poreufe & bourfoufflée au milieu, compacte en partie, & ayant de petites lames de fchœrl noir, & d'une lave d'un gris noirâtre avec des criftaux opaques de fchœrl blanc couleur de farine, que l'air a déjà décompofés; ces veines proviennent apparemment de nouvelles laves, qui ont rempli les fentes *iii*), qui s'étoient formées dans

---

hhh) Voici donc ce que le P. DE LA TORRÉ nomme *ftrati naturali*; ce font les couches, qu'il compare à celles des autres montagnes, qui n'ont pas fubi l'action du feu. Si toutes les montagnes étoient compofées de cette maniere, nous pourrions bien nous écrier avec lui: *Poveri noi!*

iii) Ces ouvertures fe font fouvent avec beaucoup de bruit, fimplement par la condenfation de la lave, ou lorsque les

la montagne pendant les éruptions & les commotions.

Les produits du Véfuve font effentiellement toujours les mêmes; cependant il y a quelque différence à chaque éruption : ces différences ne peuvent être confidérées que comme des variétés d'une même efpece. Je vais, Monfieur, en décrire, qui proviennent d'éruptions anciennes & modernes; j'en ai vu une partie au Véfuve même, & j'ai trouvé les autres chez les brocanteurs de laves, dans les cabinets des curieux, & fur-tout dans celui de Mr. l'abbé Botis.

Je divife les matieres vomies par le Véfuve en deux claffes; l'une comprend les corps, qui ont été lancés, tout bruts ou vierges, fans avoir fouffert d'altération, & qui doivent leur origine à la voie humide, & non au feu.

L'autre claffe renferme la lave & les autres produits du feu; il y a apparence, que les matieres de cette claffe ne font que des compofitions & des fcories de minéraux, qui font partie de la premiere claffe, & d'autres corps encore, qui peuvent exifter dans la profondeur, mais que nous ne connoiffons malheureufement pas; ce qui eft d'autant plus fâcheux, que le peu de confiance,

---

vapeurs, qui y font renfermées, cherchent à s'échapper, alors il en fort les *fumarole*.

qu'on peut avoir dans les habitans, & fur-tout dans les marchands de lave du pays, fait douter, que toutes les efpeces de pierres & de minéraux, qu'on voit chez eux & dans les collections, foient vraiement des produits du Véfuve; on affure ce-pendant, qu'on les trouve en grand nombre, lorsque les éruptions ont ceffé.

PREMIERE CLASSE.

1) Du quarz.

a) blanc compact, mat dans la fracture, en grands & en petis morceaux.

b) Du quarz blanc friable, demi transparent, qui paroît avoir effuyé une forte chaleur, & une demie vitrification, pendant qu'il a été lancé hors du volcan; cette efpece eft dans la collection de l'abbé BOTIS.

c) Des lames de quarz transparent à fix facet-tes de la même collection.

d) Des criftaux de quarz commun &

e) Des criftaux de quarz de couleur d'amé-thifte de la même collection.

Il eft queftion de favoir, s'ils ont réellement été jettés par le Véfuve.

2) De l'agathe blanche rayée de rouge en for-tification.

3) Du gyps ou de la félénite en lames trans-parentes, qui reffemble au gyps blanc en coins

feuilletés de Montmartre; mais les lames en font plus petites, & il n'a pas la forme de coin *kkk*).

4) De l'amianthe; ces trois articles font aussi dans la collection de Mr. l'abbé BOTIS: il me paroît douteux, que l'agathe & l'amianthe proviennent du Véfuve.

5) Du fpath calcaire blanc, formé de lames plus ou moins fines; il fe trouve en affez grande quantité autour du Véfuve en morceaux détachés, fouvent trois fois plus grands qu'une tête, quelquefois de la même grandeur, & quelquefois moindres.

6) De la pierre à chaux blanche ou du marbre en morceaux détachés, parmi lesquels il s'en trouve, que la chaleur a calcinés & réduits en chaux; on voit auffi des morceaux de marbre de différente grandeur dans les collines de cendre, & même dans la lave; ils font prefque toujours calcinés, & d'un blanc de farine. Les gens, qui m'ont conduit au Véfuve, m'ont apporté une quantité de ftalactites calcaires, blanches comme de la craie, compofées, comme les *pifolites*, de boules adhérentes intérieurement compactes & point feuilletées; ils m'affurerent, qu'ils les avoient ti-

---

kkk) Il paroît, que Mr. FERBER parle ici du gyps rhomboïdal de *Montmartre*. On peut confulter à ce fujet la minéralogie de Mr. DE VALMONT DE BOMARE à l'article *gyps*.

rées de la bouche du Véfuve: mais je n'en ai point apperçu fur toute la montagne.

7) Des criftaux cohérents de fpath calcaire en colonnes hexagones à fommet pyramidal, de la collection de l'abbé BOTIS. Il faudroit auffi avoir la certitude, qu'ils viennent effectivement du Véfuve.

8) Du fpath calcaire, ou plutôt de la pierre calcaire blanche folide, à très-petits grains, fur & dans laquelle il y a du mica & des criftaux de fchœrl de différente couleur. Ce fpath paroît avoir été détaché d'une *gangue*, ce qui prouveroit l'exiftence d'une ou de plufieurs veines de ce genre dans les abymes du Véfuve.

Nous ne pouvions croire, Mr. GUETTARD & moi, que les morceaux de ce fpath, qui font de la grandeur d'une tête ou plus petits, euffent réellement été lancés hors du Véfuve: mais nous en avons été convaincus. Nous préfumions, qu'on les avoit tirés du mont *Somma* ou des environs; nous vifitâmes cette montagne, fans en appercevoir; mais nous trouvâmes en revanche un très-grand nombre de ces morceaux autour & au pied du Véfuve.

Je vis de plus chez *Don* VALENCIANI, marchand de lave à *Portici*, une chambre entiere remplie de morceaux de cette pierre calcaire, plufieurs defquels portoient les marques de la forte chaleur, qu'ils avoient effuyée.

O 5

9) Le mica, qui fe trouve dans le fpath calcaire du No. 8, eft plus ou moins dur, ou mol & talqueux: fa couleur varie, il y en a de blanc transparent, de blanc argenté & gras au toucher, de jaune foncé, de couleur de citron, de verd clair, de verd foncé, de noirâtre, d'un noir de poix; mais il eft toujours feuilleté.

10) Sur un échantillon de fpath, appartenant à l'abbé Boris, étoit un mica fin, gras, tout-à-fait mol, de couleur brillante de fleur de pêche, affez femblable à la molybdene.

11) Les criftaux de fchœrl, que contient le fpath calcaire (No. 8.), garniffent pour la plupart de petites cavités ou trufes; je ne les regarde pas comme produits par le feu; mais je penfe, qu'ils ont été arrachés dans la profondeur d'un filon avec le mica & le fpath calcaire, dans lequel ils font logés; qu'ils fe font formés dans l'eau par une criftallifation femblable à celle du fel. Néanmoins quelques-uns des criftaux de fchœrl nichés en fi grand nombre dans les creux de la lave, peuvent être produits par le feu, quoiqu'il y en ait quelques efpeces abfolument pareilles à celles, que je vous décris, & que j'ai trouvées dans le fpath calcaire du No. 8.

   a) De petits criftaux de fchœrl en pyramide à beaucoup d'angles, qui reffemblent à la vue à de la blende, dont ils different par la com-

poſition & la dureté; ils ſont blancs, noirs,
couleur de poix, verds noirâtres, verds clairs,
ou verds d'émeraude, rouges de pourpre ou
de grenats, rouges de rubis, bruns clairs ou
foncés, & jaunes de topaſe; ces criſtaux de
ſchœrl ſont les plus communs dans le ſpath
calcaire mêlé de mica, ſur-tout les bruns;
on les vend pour des pierres précieuſes; mais
c'eſt pour y mettre plus de prix: ces criſtaux
different des pierres précieuſes en ce qu'ils
ſont moins durs, moins transparents, & que
traités au feu ils donnent les mêmes réſultats
qu'un véritable ſchœrl; il en eſt de même
des trois variétés ſuivantes.

b) Des criſtaux de ſchœrl en prismes couchés
hexagones, dont le ſommet eſt tronqué & ap-
plati; il y en a de noirs, de verds noirâtres,
de bruns & de blancs de verre.

c) Des criſtaux de ſchœrl en colonnes couchées
hexagones prismatiques, à pointes pyramidales; ils reſſemblent parfaitement à de petits
criſtaux de quarz, & ont les mêmes variétés
de couleurs que les précédents (*b*).

d) Des criſtaux de ſchœrl ronds à beaucoup de
facettes en forme de grenats, pareils aux criſtaux de ſchœrl blanc, qui ſont dans la lave.
Je ne ſais à la vérité, ſi cette variété a droit
d'être rangée parmi les produits vierges & dé-

tachés, dans l'état, où ils font, de la profondeur, ou fi elle n'a pas été préparée par le feu: je n'ai vu cette efpece de criftaux nulle autre part que chez Mr. l'abbé BOTIS. Comme ils ne font pas nichés dans du fpath calcaire micaffé, & qu'il paroît au contraire, qu'ils font dans du quarz blanc & dans du fpath de fchœrl verd, ou matrice d'éméraude (CRONST. *Min.* §. 73.). il fe peut très-bien, qu'on ait tiré ces criftaux de la lave. Dans l'incertitude j'ai mieux aimé les rapporter ici, & placer dans cette claffe le peu de criftaux blancs, jaunes & rouges en forme de grenats, que j'ai vus dans l'efpece de pierre, dont je viens de vous parler, chez Mr. l'abbé BOTIS.

12) On montre dans toutes les collections de la pyrite criftallifée cubique du Véfuve; j'en ai vu de pareille, que l'on ma dit être de l'*Etna.*

13. On a dans toutes les collections de la mine de fer couleur de fer, compacte ou criftallifée, en forme de crête de coq, que l'on affure être du Véfuve; on m'en a donné de l'*Etna:* mais comme elle ne differe en rien de celle, que l'on tire de l'isle d'*Elbe*, je doute encore du lieu de fa naiffance.

14) L'on m'a donné auffi de la mine de cuivre *III)*

____

III) D'après l'analyfe de la lave faite par Mr. CADET, il eft probable, qu'il y a de la mine de cuivre dans les entrailles

jaune pyriteufe du *Véfuve* & de l'*Etna* de la même efpece; il eft poffible, qu'elle foit de ces volcans, mais j'en fuis fort incertain.

15) On m'a montré du verd & du bleu de montagne fuperficiel fur du quarz & du fpath calcaire, qui doit auffi être du Véfuve; ainfi que

16) De l'antimoine gris en aiguilles, & enfin

17) De la pyrite arfénicale ou du *mifpickel* avec des aiguilles de fchœrl.

---

du Véfuve. L'académie de Naples a fait imprimer en 1717, qu'on avoit trouvé des fleurs d'antimoine dans les crevaffes de lave, & on a inféré dans les *Actes de Leipfic* de l'année 1696 une differtation du nommé BERNARD CONNOR, qui prétend, qu'on trouve toujours de l'antimoine au Véfuve. Cela n'eft pas impoffible; il y en a fur les montagnes volcaniques de la Tofcane, dont notre auteur fera mention. On y trouve même du mercure; ces deux demi-métaux paroiffent avoir été fublimés. On voit auffi du mercure à l'*Etna;* voyez la note *f*) p. 154. J'ai dit à la fin de la note 22) de cette lettre, qu'il y avoit du cinnabre aux isles *Lipari.* L'abbé BOTIS affure p. 39. de fa *defcription de l'incendie de* 1760. d'avoir trouvé dans la lave d'alors du *bifmuth.* BRACCINI racoute, qu'il plut un rubis le 16. Décembre 1631; & Mr. HAMILTON a tiré de la lave de 1767 de petites boules entiérement femblables pour la couleur, la grandeur & la figure aux perles: il m'en a fait voir; mais il en avoit confervé trop peu, pour m'en faire la galanterie. Je les aurois volontiers facrifiées, pour en faire l'a-nalyfe. Le P. DE LA TORRÈ *Supplément* p. 36. croit, que c'eft une efpece de bitume dépuré. Je penfe, qu'elles ne font qu'une variété de fchœrl. CRONSTEDT §. 296. parle de pa-reilles perles, qu'on trouve dans l'isle de l'Afcenfion.

Je paſſe, Monſieur, à ma ſeconde claſſe, & je commence par la deſcription des criſtaux de ſchœrl, qu'on trouve en grand nombre dans la lave; je crois, que ceux-ci doivent leur exiſtence au feu; ainſi ils different, quant à leur origne, des criſtaux de ſchœrl, qui ſe voient dans le ſpath calcaire micaſſé. En voici les différentes variétés:

1) Des criſtaux ronds en forme de grenats, qui ont juſqu'à 56. facettes, la plupart rhomboïdales, depuis la grandeur d'une tête d'épingle juſqu'à celle d'un pouce de diametre. Ils ſont d'un blanc de verre transparent, ou d'un blanc, moins vitreux demi-transparent. Il y en a dans d'anciennes laves d'opaques d'un blanc farineux, & que l'action de l'air a rendus ſi friables, qu'on peut les réduire en pouſſiere avec les doigts; cette pouſſiere ou farine ne fait preſque jamais efferveſcence avec les acides. On peut la comparer à la ſuperficie blanche terreuſe des cailloux, de laquelle CRONSTEDT parle au §. 4c. de ſa *Minéralogie*, lorsqu'il fait ſes remarques ſur les différentes eſpeces de cailloux. Quelquefois les acides contenus dans l'air ont tellement agi ſur ces criſtaux dans les plus anciennes laves, qu'ils les ont entiérement convertis en une argille blanche. Ces grenats blancs *), qui ſont de vrais ſchœrls, ſe

---

*) Ce ſont d'après leur nature & d'après leur forme de vrais grenats blancs; mais comme ils ont rarement la dureté

trouvent en très-grand nombre dans la plupart des laves des volcans anciens & modernes; ils font ferrés les uns contre les autres; on peut, en frappant fur les laves, les en détacher, & lorsqu'ils font tombés, il refte dans la lave une cavité, qui conferve l'empreinte des criftaux, qui eft auffi réguliere que les criftaux mêmes; il y a affez communément au centre de ces grenats blancs un petit grain de fchœrl noir; on le peut voir facilement en les brifant.

2) Des criftaux de fchœrl opaques blancs, couleur de farine à leur furface, oblongs, arrondis, ftriés à la fuperficie; c'eft le *fpath en barres* des Saxons *mmm*) (*Stangen-Spath*); on les trouve

---

ordinaire des grenats rouges, & que l'on trouve dans les laves des fchœrls de la même matiere & d'une autre figure, j'ai préféré de les nommer criftaux de fchœrl, en forme de grenats.

mmm) Spath en barres, en Saxe *Stangen-Spath*; ce minéral tient le nom de fpath de fa reffemblance avec cette pierre calcaire. Mr DE BORNE dans fon catalogue imprimé, intitulé *Lithophylacium Bornianum*, le range au nombre des bafaltes, & le définit ainfi: "Bafaltes albus, cryftallis hexæ„dro prismaticis truncatis inordinatim aggregatis." Mais il vaut encore mieux lui donner le nom de *fchœrl*, comme le fait Mr. FERBER. Ce fchœrl reffemble affez à de certaines mines de plomb criftallifées fpathiques, par le blanc de fa couleur & par la figure de ces criftaux, quoiqu'il ne contienne rien de métallique; on en a trouvé aux minieres de *Lorenz-*

dans quelques laves du Véſuve, & dans les laves, qui ſont à la droite du chemin de *Pouzzole*.

3) Des colonnes de ſchœrl blanc transparent hexagones, avec ou ſans pyramides à leur ſommet; on en voit, mais rarement, dans quelques laves du Véſuve.

4) Des rayons de ſchœrl noir minces & en aiguilles, ou plus épais & plus gros, arrondis ou hexagones.

5) Du

Gegentrum & dans celles de *l'électeur Frédéric Auguſte* en Saxe. Les criſtaux ſe confondent tellement enſemble, qu'il eſt difficile d'y reconnoître leur forme hexagone; communément plats deſſus & deſſous, ils ont une rainure de chaque côté; quelques-uns n'ont pas plus d'épaiſſeur que la plus fine aiguille; d'autres en ont au-delà d'une ligne, ſur un pouce de longueur. Ils ne ſont pas aſſez durs, pour faire feu avec l'acier; mais leur matrice l'eſt d'avantage. C'eſt un quarz caverneux pyramidal, dont beaucoup d'interſtices ſont remplis d'une terre martiale, couleur de fleur de pêche. Il y a des naturaliſtes en Saxe, qui prétendent, que lorsqu'on traite ce ſchœrl avec le fer, on en tire un peu de plomb. J'ai répété cette expérience ſous les yeux de Mr. le profeſſeur SPIEL-MANN; mais je n'ai rien obtenu de métallique. Ces naturaliſtes conviennent au reſte, qu'on n'en retire rien à l'eſſai ordinaire. Comme ce minéral n'a rien de calcaire, on devroit, à cauſe de ſon degré de dureté, de l'œil vitreux, qu'ont les criſtaux, & de leur degré de fuſibilité, le mettre au rang des ſchœrls, & les nommer *ſchœrl blanc, en barres fibreuſes, irréguliérement réunies, hexagones, prismatiques & tronquées.*

5) Du mica de fchœrl feuilleté noir en feuilles plus ou moins grandes, quelquefois hexagones très-brillantes; il paroît que ce ne font que de petices particules, qui ont été détachées par la grande chaleur du fchœrl noir en colonnes; peut-être ce fchœrl étoit-il feuilleté dans fon origine.

6) Du fchœrl noir difféminé par petits points dans les laves.

7) Des criftaux de fchœrl noir fort brillants hexagones, oblongs, fi petits, qu'on ne peut découvrir leur figure qu'au moyen de la loupe; la pluie les lave hors des collines de cendres; ils font attirables par l'aimant, foit qu'ils aient eux-mêmes cette propriété, foit qu'ils la doivent au fable ferrugineux, avec lequel ils font mêlés.

8) Du fchœrl verd foncé & noirâtre, ou clair, couleur de chryfolites & d'éméraude, en prismes hexagones à fommet pyramidal; il eft renfermé dans une lave noire compacte; il y en a de la grandeur d'un pouce; il a la dureté d'un vrai fchœrl, ou tout au plus celle d'un criftal de quarz coloré, avec la figure duquel il a du rapport; néanmoins les Napolitains le qualifient de pierre précieufe, ainfi que l'efpece fuivante.

9) Du fchœrl hexagone jaunâtre, couleur de hyacinthe ou de topafe.

Vous trouverez ici, Monfieur, les raifons, qui me déterminent à penfer, que les fchœrls,

que je viens de vous décrire, & qu'on trouve
dans les laves du Véfuve & dans d'autres laves,
ont été produits tandis que ces laves étoient en
fufion ou ardentes, & qu'ils n'ont pas été vomis
par les volcans, parcequ'ils n'exiſtoient point
dans la terre primitive de la profondeur.

1) Il eſt inconcevable, qu'il puiſſe y avoir
dans une terre ou un filon, dépoſé par les eaux
au-deſſous des volcans, une proviſion auſſi confidérable de criſtaux de fchœrl, qu'il y en a dans
les laves du Véfuve. Nous n'en avons point
d'exemple dans aucun des terreins & minieres,
que l'on a fouillés juſqu'ici. Le petit nombre
d'eſpeces de fchœrl brut ou vierge, que contient
le fpath calcaire micacé, qui a été vomi par le Véfuve, ne fauroit étre mis en comparaiſon avec la
quantité prodigieuſe d'eſpeces, qui fe trouvent
dans la lave; on peut tout au plus en conclure,
que la nature peut produire le même effet par divers moyens; les Napolitains croient même, que
les eſpeces de fchœrl, qui fe trouvent dans le
fpath, font auſſi des produits du feu *nnn*); ils s'i-

---

nnn) Il faut toujours convenir, que les fchœrls renfermés
dans la pierre calcaire s'y font introduits, avant qu'elle fe fut
endurcie; mais les criſtaux de fchœrl ne pouvoient-ils pas
exiſter dans l'intérieur des volcans & provenir d'éruptions an-
térieures à l'endurciſſement de leur matrice actuelle? Il eſt
poſſible, que cette pierre à chaux, qui d'ailleurs eſt très-mé-

maginent, que le mica, qui eſt dans ce ſpath,
s'eſt formé de la même maniere que la litarge feuilletée & différemment colorée, qu'on obtient ſur
la coupelle.

2) Quand on prétendroit, qu'il exiſte au fond
du Véſuve des veines de ces ſchœrls, comment
feroit-il vraiſemblable, qu'il en exiſtât de pareilles
& en ſi grande quantité au fond de tous les volcans de l'Italie?

3) Si ces criſtaux de ſchœrl étoient ſimple-
ment arrachés de leurs filons, & vomis avec la
lave, comment ſe pourroit-il, qu'ils conſervaſſent
leur figure, qu'ils n'entraſſent pas en fuſion, qu'ils
ne ſe convertiſſent pas eux-mêmes en laves, dans
une chaleur auſſi prodigieuſe que celle de la lave
en fuſion, & qui ſe conſerve ſi longtemps, tandis
que les grenats & les ſchœrls ſe convertiſſent en

P 2

---

langée, ne provienne que du dépôt des eaux, qui ont toujours exiſté dans le fond du Véſuve, lorsqu'il étoit éteint,
& qu'elle ait eu le temps de ſe former pendant l'inaction de
ce volcan. Au reſte Mr. FERBER répond par le raiſonnement, qu'il fait ici, aux queſtions de Mr. FOUGEROUX DE
BONDAROY dans ſon *Mémoire ſur le Véſuve*, inſéré parmi
ceux de *l'académie des ſciences*, année 1766, page 88. Ce
ſavant en regardoit déjà la réſolution comme très-intéreſſante,
puiſqu'elle tient à la formation des criſtaux.

fcorie devant le chalumeau? cependant ces criftaux de fchœrl fe rencontrent même dans la lave vitrifiée, qu'on nomme *agathe d'Islande.*

4) Comment les petits grenats blancs, qui font renfermés dans les pierres-ponces rouges de *Pompeja* & d'autres endroits, peuvent-ils s'y être introduits? Il faudroit cependant foutenir, que cela eft arrivé, fi on ne vouloit pas convenir, qu'ils proviennent de la même matiere, dont confiftoit auparavant la pierre-ponce: dira-t-on, qu'ils étoient enveloppés dans cette matiere avant qu'elle eut fubi la violence du feu, & qu'ils n'ont fait que demeurer dans leur matrice pendant qu'elle s'eft fcorifiée en pierre-ponce; cela n'eft pas foutenable; il eft d'autant plus impoffible, que le fchœrl, qui par fa nature entre facilement en fufion, ait réfifté à une chaleur auffi violente que celle, qu'il faut pour produire la pierre-ponce, que cette pierre eft affurément le plus haut degré de fcorification.

5) Si ces fchœrls ont fimplement été mélés avec la lave dans la profondeur, pourquoi ne trouve-t-on pas dans cette lave toutes les efpeces de fchœrl, qui font renfermées dans les morceaux de fpath calcaire micacé, que jette le Véfuve? car je n'ai jamais trouvé dans des laves les fchœrls, qui reffemblent à de la blende, dont j'ai parlé ci-deffus; en revanche la lave contient une quantité

de grenats blancs, qu'on ne voit jamais dans la
pierre à chaux micacée.

6) Il y a dans la lave des points de fchœrl
blancs & noirs, ferrés les uns contre les autres,
qui ne font pas plus grands que des têtes d'épingle, & qui font corps avec la lave, comment
prétendroit-on, que tous ces petis points de
fchœrl, qui ont tous une figure réguliere, euffent exiflé avant l'effufion de la lave? Trouve-
t-on dans d'autres terreins des criftaux de fchœrl
femblables, & aufli petits? comment ont-ils été
détachés de leur matrice, fans qu'ils en aient en-
traîné quelque chofe avec eux? Comment ont-ils
été lancés en l'air en fi grande quantité, & comment fe font-ils placés & difperfés dans la lave?
L'on peut faire avec raifon ces mêmes demandes
à l'égard des plus grands criftaux.

7) Qu'on examine avec la loupe la lave noire
la plus ferme & la plus compacte, on n'y découvrira que de petits points ou criftaux de fchœrl
blanc; ce qui prouve, qu'ils font une partie in-
tégrante & même effentielle de la lave. Pendant
la condenfation & le refroidiffement, qui a fuivi
la fufion de la lave, les molécules de matieres homogenes fe font féparées du refte du mélange,
& fe font réunies en petits points, & lorfqu'il
s'en eft trouvé une plus grande quantité, il en eft
réfulté des criftaux plus grands; c'eft de cette ma-

niere, que je me repréfente leur origine, & je ne vois aucune impoffibilité à ce que certains corps foient difpofés naturellement à adopter des figures déterminées dans une fluidité de fufion, comme d'autres ont la même propriété dans la fluidité humide; Mr. CRONSTEDT a allégué dans fon difcours fur les voies, dont fe fert la minéralogie, les propriétés, qu'ont les corps minéraux, d'adopter des figures déterminées dans la fufion, & même dans la fublimation.

8) On voit dans les anciens volcans du Vicentin, du Véronois & du Padouan, que la lave groffiere s'eft criftallifée en fe refroidiffant en grandes colonnes ou prismes, auxquelles on a donné le nom de *Bafaltes*; le bafalte n'eft donc, ainfi que la lave, qu'une efpece de fchœrl (voyez la *Minéralogie de* CRONSTEDT). Pourquoi voudroit-on nier, que des parties, qui ont une tendance & une affinité particuliere, puiffent vaincre les obftacles, que le mélange de laves, dans laquelle elles font fufpendues, leur oppofe pour fe réunir & pour adopter la forme de petits criftaux de fchœrl, tandis que toute une maffe de laves fe convertit quelquefois en grands criftaux *)?

---

*) Demander, pourquoi toutes les laves ne fe criftallifent pas en bafaltes, & pourquoi l'on ne trouve pas au Véfuve des criftaux de ce nom? c'eft demander, pourquoi tout le quarz n'eft pas criftallifé?

Vous gouterez encore plus volontiers mes raisons, lorsque je vous aurai décrit les fameuses montagnes de bafaltes, qu'on voit fur la grande route voifine de *Bolfena*.

La criftallifation par le feu & par l'eau font toutes deux difficiles à concevoir; mais il ne nous eft pas permis de douter de l'une plus que de l'autre; car nous en voyons journellement des exemples.

Comment les grenats rouges, qui font nichés en grande abondance dans un fchifte micacé ou *Gneifs* dans le cercle de *Leutmeritz* &c. en *Boheme*, à *Zœblitz* en Saxe, en Hongrie & en plufieurs autres endroits, fe font-ils introduits dans cette efpece de pierre? ces grenats étoient-ils formés auparavant dans le fchifte? ou fe font-ils criftallifés, après y être entrés avant que le fchifte fut endurci? Laquelle de ces deux hypothefes qu'on admette, on pourra toujours y faire des objections; on y rencontrera également des difficultés & des chofes inconcevables; cependant il faut qu'un de ces deux cas ait exifté. On me pourroit faire une objection très-forte, en me demandant, comment d'après mes idées les grenats blancs font arrivés dans les collines de cendres volcaniques, tandis que ces cendres, après avoir été lancées en l'air, font retombées comme de la neige. Il me paroît, que je puis répondre à cette queftion:

les cendres ne font vraifemblablement que des laves calcinées, vomies par les volcans avec tant
de véhémence, qu'elles peuvent avoir détaché
par leur frottement contre d'autres laves des criftaux, qu'elles renfermoient.

Perfonne n'ignore l'impétuofité *ooo*), avec la-

---

ooo) San doute les cendres fortent de la bouche des vol-
çans avec une impétuofité prodigieufe! Si une goutte d'eau
tombe dans un brafier, les cendres fe répandent par la dilatation des vapeurs dans tout un appartement. Une matiere
auffi légere cede facilement aux efforts de l'air & des vapeurs;
je crois qu'il en eft de méme des cendres du Véfuve, qui n'é-
tant compofées que de laves & de pierre ponce broyées, font
infiniment moins pefantes que la maffe enflammée; quand la
chaleur raréfie l'air dans la bouche du Véfuve, il s'établit un
courant d'air du bas en haut, qui enleve les cendres, & fi
aulieu des vapeurs d'une goutte d'eau, qui tombe dans une
chaufferette, il fe joint au courant d'air un volume d'eau
confidérable réduit en vapeurs, qui font de violents efforts
pour s'étendre, on ne doit plus s'étonner de la hauteur, à laquelle les cendres font emportées. De groffes maffes de pierres infiniment plus pefantes font lancées par les mémes mo-
teurs à une élévation très-confidérable. Mr. HAMILTON affure, que le 31. Mars 1767 il y eut des pierres pefant 20
quintaux, élevées à 200 pieds au-deffus de la bouche du Véfuve. Le P. DE LA TORRÉ parle de 9 à 1200 pieds. L'abbé
BOTIS obferva en 1760, que le pouls battoit entre 16 & 18
fois jufqu'au moment de la chûte des pierres, & conclud de-
là, qu'elles furpafferent de 1000 pieds le fommet du Véfuve;
il y eut même dans cette éruption des bouches latérales, qui
vomirent des pierres énormes; on ne pouvoit point juger exacte-

quelle les cendres fortent des gouffres enflammés; plufieurs anciens auteurs prétendent, que les cen-

---

ment de l'élévation de ces pierres par le temps, qu'elles employoient à redefcendre, à caufe de la réfiftance du milieu, dans lequel elles retomboient, & à laquelle l'abbé NOLLET a fait attention.

Quant aux cendres, il n'eft pas douteux, qu'elles ne foient lancées bien au deffus de la hauteur, que les pierres peuvent atteindre, à en juger par la grande diftance des pays, où elles retombent. Etant légeres elles fe foutiennent longtemps dans la haute région de l'air, & le vent les transporte très-loin. On feroit tenté, comme dit Mr. FERBER, de prendre pour une plaifanterie le rapport de plufieurs auteurs, qui affurent, que les cendres du Véfuve font parvenues jufqu'à Rome, Conftantinople & aux côtes d'Afrique. Néanmoins ce que l'on a vu de nos jours, prouve, que l'exagération, fi c'en eft une, n'eft pas très-confidérable. DION CASSIUS, en parlant de l'éruption de 79, dit: "Tantus fuit cinis, ut pars inde „pervenerit in *Africam*, *Syriam* & *Ægyptum* introieritque „*Romam*, ejusque aërem compleverit, & folem obfcurave-„rit." En 472 & 473 les cendres volerent jufqu'à Conftanti-nople. (Voyez la *feconde Lettre* de Mr. HAMILTON.) En 1139 les cendres, felon le témoignage de FALCO BENEVEN-TANO, rapporté par SORRENTINO p. 21, couvrirent toute la Pouille, & atteignirent la Calabre. BRACCINI p. 36. af-fure auffi, qu'en 1631 les cendres furent portées à *Cataro*, à *Ragufe*, en *Sardaigne* & à *Conftantinople*; il dit même, qu'on avoit mefuré la colonne de fumée & de cendre, & qu'elle avoit 30 milles de hauteur. On lit dans un ouvrage intitulé: *Difcorfo fopra l'origine de' fuochi gettati dal monte Vefuvio, da* GIO. FRANCESCO SORRATA SPINOLA GALATEO, que le 16. Décembre 1631 il tomba par un temps tranquille

dres du Véfuve avoient été portées dans les anciennes éruptions jufqu'aux environs de Rome,
& même jufqu'à Conftantinople ; ce qui paroît

---

trois pouces de cendres à *Lecce*, où ce livre a été imprimé,
& qui eft à neuf journées du Véfuve. Des perfonnes dignes
de foi ont affuré Mr. HAMILTON , qu'elles avoient vu tomber des cendres du Véfuve à une diftance de deux cent milles. Le P. DE LA TORRÉ dit (*Supplem. pag.* 7.), qu'on
vit des cendres de l'éruption de 1760 à une diftance de 58
milles. Mr. HAMILTON obferva lui-même en 1767, que
la colonne de fumée noire, qui fortoit du Véfuve & fuivoit
la direction du vent, paffa par-deffus l'isle de *Capra*, qui
eft à 28 milles du Véfuve. Cette fumée contenoit peut-être
des cendres Cette production volcanique eft affurément un
grand fléau pour les terreins, qu'elle couvre ; elle brûle les
grains & les feuilles ; elle a même en 1760, fuivant l'abbé
BOTIS & le P. DE LA TORRÉ, infecté l'air & occafionné des
toux convulfives, des maux de tête, des points &c.

Mr. HAMILTON raconte, qu'il tomba en 1767 des cendres dans les auges d'une étable, où il y avoit des cochons,
qui périrent tous. Quand ces cendres font mêlées avec de
l'eau, elles s'introduifent dans l'intérieur des maifons, où elles forment un mortier pefant fur les terraffes des bâtiments,
qui risquent fouvent d'enfoncer. Je ne parle pas des villes,
qu'elles ont enfevelies &c. ; les maux, qu'elles occafionnent,
font momentanés ; & la caufe de tant de malheurs eft la fource
de la grande fertilité des environs de Naples. Mr. BRYDO-
NE attribue la grande fertilité des environs des volcans au
fluide électrique, qu'il y fuppofe toujours plus abondant ; il
croit que , faifant circuler notre fang plus vivement, ce fluide
a la même influence fur les fucs, dont la plante fe nourrit.

naître une exagération. Cependant Dio Cassius dit, que la pouffiere du Véfuve a volé jufqu'en Afrique, en Syrie & en Egypte. (Voyez le *Magafin a' Hambourg Tom. VIII. p.* 549.)

Il y a encore dans la lave noire dure & compacte de petits cailloux irréguliers noirs, verds de chryfolites, verds d'éméraude, verds foncé noirâtres, jaunes d'hyacinthe & de topafe. Ces cailloux ne fe diftinguent des fchœrls, dont nous venons de parler, qu'en ce qu'ils font plus durs, qu'ils font irréguliers, & n'ont point une figure déterminée; ce font de véritables cailloux, verres ou frittes naturelles très-dures, qui reffemblent parfaitement aux hyacinthes, aux chryfolites & aux *pietre obfidiane* &c. des laves du Vicentin; elles méritent en quelque façon par leur degré de dureté le nom de pierres précieufes, quoique leur couleur foit rarement auffi agréable que celle des pierres fines.

Au refte les pierres fines, qui doivent, felon toute apparence, leur exiftence à la voie humide, ne different non plus des fchœrls que par leur plus grande dureté & par la difficulté, qu'il y a de les fondre; c'eft auffi ce qui a déterminé, (Cronstedt *Minéralogie* §. 68.) à faire une claffe féparée des grenats & des fchœrls, quoiqu'il foit porté à les comprendre dans la même claffe que les quarz & les cailloux. C'eft donc plutôt l'u-

fage & le luxe qu'une différence effentielle & minéralogique, qui fait diftinguer les fchœrls des
pierres précieufes. Le degré de dureté requis
pour une pierre précieufe eft difficile à déterminer; ce n'eft que le grand prix, qu'on y attache,
& la rareté des couleurs, qui donnent la valeur
aux pierres fines. Les fchœrls les plus durs font
donc ceux, qu'on nomme pierres fines; mais
tant que les hommes auront égard à cette différence, il eft néceffaire de conferver cette diftinction dans la nomenclature, pour éviter les fri-
ponneries; car il ne feroit pas indifférent à quelqu'un d'acheter au même prix une variété de
fchœrl plus ou moins rare, ou plus ou moins
dure.

Il ne faut pas croire, que toutes les pierres
taillées & différemment colorées, qu'on vend à
Naples fous le nom de pierres précieufes, & dont
les cabinets font remplis, foient toutes de ces
cailloux endurcis irréguliers, qui fe trouvent
dans la lave; car ceux de ces derniers, que j'ai
vus, font tous verds, noirs ou jaunes, & jamais
d'une autre couleur. On vend fouvent pour pierres précieufes des fchœrls moins durs, tirés des
laves; ou même des pierres factices.

Il eft temps, Monfieur, que je vous parle des
laves *ppp)* & des autres produits du feu du Vé-

____

ppp) Il eft affez ordinaire de donner le nom de lave in-

fuve. Vous trouverez ici la defcription de toutes les variétés, que j'ai pu remarquer. Quelques-unes de ces productions renferment les fchœrls & les cailloux, que j'ai décrits plus haut.

1) De la lave noire fcoriforme très-ferrugi-neufe, femblable à une fcorie de fer; c'eft la plus commune; elle couvre le Véfuve de toutes parts; mais du côté de la mer elle eft cachée fous des cendres noires & du fable de laves; elle eft fou-vent revêtue d'un *lichen* blanc, que je n'ai pas

---

différemment à toutes fortes de produits volcaniques. C'eft une faute, que Mr. FERBER a évitée. Mr. DE FOUGEROUX a déjà relevé cette erreur; il dit, qu'on ne doit comprendre fous le nom de lave que la matiere minérale, qui lors des éruptions du Véfuve fort enflammée & fous la forme d'une pâte fondue. Plufieurs volcans en vomiffent très-rarement, & ne lancent que des pierres & des cendres, comme le *Strom-boli;* tels font plufieurs volcans d'Amérique, fuivant le té-moignage de Mr. DE LA CONDAMINE *Mem. de l'acad. an-née* 1757, pag. 375. Je ne crois pas, que perfonne ait mieux déterminé les différents produits de volcans que Mr. FER-BER. *L'académie des fciences de Naples pag.* 137-143, le P. DE LA TORRÉ & l'abbé BOTIS rapportent tous des ex-périences fur les fels de Véfuve; Mr. CADET a analyfé une lave; Mr. DE FOUGEROUX s'eft donné beaucoup de peine, pour nous faire connoitre par l'analyfe toutes les productions volcaniques; Mr. FERBER même ne s'en eft point tenu à la forme de ces productions; il les a examinées autant que cela étoit poffible à un voyageur. Néanmoins il nous refte en-core beaucoup à defirer à cet égard.

vu en fleurs, & que je ne faurois par conféquent vous déterminer exactement; cette lave écume & bouillonne avec force dans fon cours. L'air raf-femblé & comprimé torme de grandes bulles ou de grands vuides au milieu des torrents de laves, & rend leur fuperficie fort inégale. La prome-nade du Vefuve eft très-pénible, parcequ'il faut monter fur des furfaces fort raboteufes. Quel-quefois il y a des vagues fur un torrent de lave; fi elle vient à fe refroidir dans ce moment, la fur-face de la lave a la forme de vagues *qqq*).

La fuperficie de cette lave eft fpongieufe, po-reufe, légere & lâche; on s'en fert pour voûter les toits, parcequ'elle joind la dureté à fa légereté.

Plus on entre dans le corps de la lave, plus elle devient denfe, compacte & ferme; on l'emploie aux fondations des maifons & au pavé des rues. On la prend communément d'une cou-che de laves provenante d'une ancienne éruption de la Solfatare, qui eft à la droite du chemin de la gréve de *Naples* à *Pouzzole*, ainfi que de l'é-norme & épouvantable torrent de lave, qui dans

---

qqq) Mr. DE LA CONDAMINE (*Mem. de l'acad des fciences année* 1757) obferva cet accident. Il dit: "Ce fpe-„ctacle fingulier préfente l'apparence de flots métalliques re-„froidis & congelés; on peut s'en former une légere mais im-„parfaite idée en imaginant une mer d'une matiere épaiffe, „tenace, dont les vagues commenceroient à fe calmer &c."

une éruption moderne *rrr*) a traverfé la chauffée, & s'eft jetté dans la mer entre *Portici* & *Pompeja*.

La lave fe taille en quarrés longs ou paralléli-pipedes ; on la conduit par eau à Naples & à tous les bourgs ou villages fitués fur les deux côtes du golphe ; on en envoie jufqu'à *Salerne* &c.

La lave noire fcoriforme fe trouve dans l'inté-rieur de la bouche du Véfuve en grappes , bran-chue comme des coraux ; ce font des efpeces de ftalactites de laves, dont une partie eft mêlée d'o-chre rouge ferrugineufe ; fouvent il n'y en a qu'u-ne teinte à la furface. Cette ochre reffemble par fa couleur au *colcotar*.

Quand on frappe ces ftalactites, elles rendent un fon très-clair , apparemment parcequ'elles ont fouffert un feu plus violent & plus long que le refte de la lave.

2) De la lave noire compacte avec des criftaux de fchœrl blanc , en forme de grenats , vitreux, transparents , demi transparents , ou opaques & d'un blanc de lait ; quelques-uns de ces criftaux, qu'on tire d'anciennes laves , font fi friables, qu'on peut les réduire en pouffiere avec les doigts ; c'eft l'air, qui les a décompofés à la longue. Cette lave eft très-commune & prefque la plus abon-dante , non feulement au Véfuve & aux environs

---

rrr) Mr. FERBER parle ici de la lave, qui coula dans l'é-ruption de 1760.

de Naples, mais encore dans tous les volcans de l'Italie.

3) De la lave noire compacte avec des colonnes de fchœrl *sss*), arrondies & cannelées (*fpath en barres*). Il y en a au Véfuve à main droite du chemin de Naples à Pouzzole.

4) De la lave noire compacte avec des prismes de fchœrl blanc hexagones; elle eſt fort rare.

5) De la lave noire compacte avec du fchœrl noir en fibres minces comme des aiguilles ou plus épaiſſes, & plus grandes, arrondies ou hexagones; du Véfuve.

6) De la lave noire compacte avec du fchœrl noir en feuilles, que la chaleur paroît avoir détachée des colonnes de fchœrl; du Véfuve.

7) De la lave noire compacte avec du fchœrl verd foncé, couleur d'herbe, ou verd clair, couleur de chryfolite & d'émeraude, en prismes hexagones de différente grandeur, à fommet pyramidal; du Véfuve.

8) De la lave noire compacte avec du fchœrl hexagone, couleur d'hyacinthe ou de topafe; du Véfuve.

9) De la lave noire compacte, qui renferme de petits cailloux colorés, arrondis, ou verres naturels & durs, qui approchent beaucoup plus

de

---

sss) Ces colonnes font blanches.

de la dureté des pierres précieuses, que les schœrls colorés décrits ci-dessus; les cailloux noirs sont appellés *l'ietre obsidiane ttt)*. Il y en a de verds foncés; d'autres ont la couleur de chrysolite, d'é‑méraude, d'hyacinthe ou de topase; du Vésuve.

10) De la lave grise ou bleuâtre poreuse, qui se trouve dans quelques‑unes des fentes refer‑mées, qui traversent les torrents de lave du mont *Somma*.

11) De la lave grise compacte avec des rayons de schœrl noir hexagones, ou arrondis, plus ou moins grands; du Vésuve.

12) De la lave grise compacte avec quantité de lames de mica ou de schœrl; la couleur de la lave & la grandeur des lames varient beaucoup; j'ai vu de cette lave de toutes les nuances, depuis le gris foncé jusqu'au plus beau blanc. Quel‑ques-unes des lames de schœrl sont très-grandes; mais il y en a aussi de si petites, qu'elles ressem‑blent à un grand nombre de petits points disper‑sés. En ce cas les laves ressemblent si fort à quel‑ques especes de granit gris à petits grains, qu'à la vue il seroit très‑facile de les confondre; leur grain est sablonneux & rude au toucher; on en

Q

____

ttt) PLINE avoit déjà donné ce nom à ces pierres. Mr. le comte de CAYLUS en a fait mention dans le Mémoire, qu'il a présenté à *l'académie des inscriptions* en 1760.

trouve en grande quantité fur le chemin, qui conduit de *Portici* au Véfuve.

13) De la lave grife compacte avec des grenats de fchœrl blanc; du Véfuve.

14) De la lave grife compacte avec des colonnes de fchœrl hexagones ou arrondies, *fpath en barres.*

15) De la lave rouge compacte, couleur de fang ou d'un brun rouge.

    a) Avec des grenats de fchœrl blanc vitreux; il y en a à main droite fur le chemin de *Naples* à *Pouzzole*, près ce dernier endroit, où eft le bâtiment des galériens.

    b) Avec des colonnes arrondies de fchœrl blanc (*fpath en barres*), du même endroit.

    c) Avec de petits points d'un blanc de farine; du Véfuve. Toutes ces variétés reffemblent beaucoup au porphyre oriental rouge.

16) De la lave noire vitreufe ou agathe d'Islande *uuu*); c'eft un verre parfaitement dur, femblable à celui du mont *Heckla*. J'en ai vu des morceaux du Véfuve même, de *capo di Chino* près de Naples, de l'isle d'*Ifchia* & de *Sora* aux frontieres de l'état eccléfiaftique & du royaume de Naples; une variété verdâtre de ce verre de

---

uuu) C'eft la *Piedra de Gallinaco* des Américains. Voyez les *Mem.* de Mr. DE LA CONDAMINE *acad. des fciences* *année* 1757.

lave couvre de temps en temps comme un émail la superficie de la lave noire fcoriforme ferrugineufe du Véfuve. J'ai vu dans la collection de Mr l'abbé Botis un morceau d'une femblable lave vitreufe d'un gris noir, un peu luifante, dans lequel il y avoit non feulement beaucoup de petites colon-nes de fchœrl blanc hexagones, mais encore grand nombre de petites étoiles blanches à fix rayons. Il y a aufli de la lave parfaitement vitreufe, d'un noir de poix, qui renferme des criftaux de fchœrl blanc en forme de grenats.

17) On appelle *lapilli xxx) del Vefuvio* les pe-tits morceaux de lave noire fcoriforme ferrugi-neufe, que le Véfuve jette durant les éruptions, & qui fe trouvent entaffés en plufieurs endroits de la montagne.

18) On nomme *fabbione* ou *rena del Vefuvio* cette même lave divifée en grains aufli fins que le fable de la mer; ce fable couvre le Véfuve du côté de la mer.

Q 2

---

xxx) On fe fert à Naples de *lapilli* pour les planchets des appartemens. Les laves fervent aufli pour conftruire des fourneaux. Le dernier roi de Naples fit faire des comparai-fons de la durée des fourneaux de terre cuite avec celle des fourneaux de lave; ces derniers réfifterent beaucoup mieux à la violence du feu. MECCATI p. 18. On emploie avec fuccès la lave du *Brisgau* au même ufage.

19) Ce qui porte le nom de *Ceneri neri del Vesuvio* est une cendre noire, ou *pouzzolane yyy*, qui se trouve dans l'intérieur de la bouche du Vésuve, ainsi que dans les couches de beaucoup de collines de cendres ; elle n'est vraisemblablement qu'une poussiere fine de lave noire scoriforme.

20) De la pouzzolane grise ou blanche, que l'on tire des collines des environs de *Pouzzole* &c. Il est probable, que la plus grande partie de cette pouzzolane est de la pierre-ponce grise, réduite en poussiere par la longueur & par la force du feu ; cette espece, ainsi que la suivante, renferment beaucoup de parties calcaires ou alcalines ; toutes deux faisant plus ou moins d'effervescence avec les acides.

21) De la pouzzolane brune ou jaunâtre, des collines de cendres, qui font au pied du Vésuve & aux environs de Naples.

22) Des petits rayons de schœrl cristallisé, brillants, noirs, très-ferrugineux, attirables par l'aimant. La pluie les détache des collines de pouzzolane. Ils méritent peut-être plutôt le nom de petits cristaux de fer que de schœrl ; ils ont reçu, pendant qu'ils ont été vomis, assez de principe inflammable, pour que l'aimant les attire, sans qu'on ait besoin de les griller.

---

yyy) Voyez les notes *u*) & *x*) de cette lettre.

23) Des pierres-ponces, grifes, noires & rouges, qui font felon toute apparence le réfultat du plus haut degré de fcorification ; on les trouve dans les collines de cendres & fur le rivage ; car la mer les détache des collines de cendres, & les dépofe fur la côte. Les pierres ponces rouges de *Pompeja* font remplies de fchœrl blanc en grenats.

2)) Du foufre jaune, qui eft attaché en grande abondance aux trous & aux fentes de l'intérieur de la bouche du Véfuve ; une petite partie de ce foufre fe fublime en flocons ; la plus grande partie eft irréguliere & en petits grains.

25) De l'arfénic rouge, ou de l'arfénic mêlé de foufre ; il fe trouve aufli dans les ouvertures intérieures du Véfuve ; il s'attache en criftaux ou irréguliérement fur la lave, mais en petite quantité.

26) Du vitriol verd, qui s'attache & fe réunit aufli peu à-peu dans l'intérieur de la bouche du Véfuve ; il tombe en déliquefcence à l'air, & prend la couleur jaune brunâtre de l'ochre ferrugineufe, qui fe précipite, & la confiftance d'une huile ; on le vend aufli fous le nom d'huile chez les brocanteurs de laves à Naples, & fuivant leur différente couleur on les donne pour des efpeces différentes ; mais ces marchands & beaucoup d'auteurs, qui ont écrit fur le Véfuve, croient qu'il y a dans les entrailles de ce volcan une grande quantité de matieres inflammables, comme de

l'afphalte *zzz*), de la naphte & du pétrole. Je ne déciderai pas de la vérité de cette opinion; mais ce qu'il y a de fûr, c'eſt qu'on n'en trouve pas au Véfuve, même lor·qu'il y a eu une éruption. Le pere DE LA TORRÉ dans ſon *Hiſtoire des phénomenes du Véfuve pag.* 232. dit qu'on voit ſur la furface de la mer, près de *Granatello* du pétrole, qui ſort des rochers; je n'ai point vu cette place, & je doute, qu'elle ait quelque communication avec le Véfuve, d'autant plus, qu'on m'a dit, que ces rochers ſont calcaires. Vous ſavez, Monſieur, qu'on trouve de l'afphalte & du pétrole dans les montagnes calcaires des contrées non volcaniques. Les anciens auteurs italiens, qui ont

---

zzz) J'ai déjà dit, que le P. DE LA TORRÉ avoit cru, que les perles vomies par le Véfuve en 1767 étoient une eſpece de bitume. Mr. HAMILTON dit dans ſes lettres, qu'il a trouvé du côté de *capo di China* des morceaux de poix, dont une partie eſt convertie en pierre-ponce; mais il m'a fait l'honneur de m'écrire nouvellement, que ce qu'il avoit cru être du *bitume*, n'étoit qu'une lave vitrifiée. Mr HAMILTON m'annonce par cette même lettre une nouvelle édition de ſes *Lettres ſur le Véfuve & l'Etna;* elle s'imprime à Naples in-fol. en françois & en anglois, avec 46 planches enluminées; cette édition ſera enrichie de nouvelles découvertes. Cet ouvrage paroîtra à la fin de l'année. Quand il y auroit du bitume dans les entrailles des volcans, je ne vois pas la poſſibilité, qu'il puiſſe être vomi en maſſe. Sans doute la chaleur le conſume, ou du moins le diſperſe; comment pourroit-il ſe raſſembler?

écrit fur le Véfuve, donnent même le nom de bitume à la lave ; c'eft ce qui peut avoir induit les écrivains modernes en erreur. Perfonne ne fauroit nier la préfence de matieres inflammables dans le Véfuve, comme du foufre &c. ; mais je n'ai trouvé nulle part de l'afphalte.

27) Le fel ammoniac natif fe fublime en affez grande quantité par des ouvertures & les fentes de l'intérieur de la bouche du Véfuve, ainfi qu'à la Solfatare ; il s'y attache extérieurement en maffes compactes ou criftallifées. Il démontre dans l'intérieur de ces volcans la préfence de l'acide du fel commun *aaaa*) & d'un alcali volatil minéral, qui font abfolument néceffaires à fa formation ; il eft encore plus remarquable, que ce fel ammoniac fe fublime de toutes les ouvertures & fentes de la lave, qui a déjà coulé hors du Véfuve, à la fuperficie de laquelle il s'attache, lorfque la lave commence à fe refroidir environ deux mois après l'éruption ; ce fel volatil a donc fait partie du corps de la lave ardente, & ne s'eft point évaporé ; fe feroit-il feulement formé dans la lave, ou étoit-il raffemblé quelque

Q 4

---

aaaa) La formation du fel ammoniac eft une preuve de plus de la communication de la mer avec le Véfuve. L'acide marin, qui le compofe, ne provient fans doute que du fel contenu dans les eaux de la mer, qui pénetrent dans les entrailles du Véfuve.

part dans la montagne, d'où il se seroit mêlé avec la lave? d'où vient cet alcali volatil? Ne pourroit-il pas y avoir encore d'autres sels dans la lave, & doit-on s'étonner que toute lave, ou du moins quelques-unes de ses parties, soient disposées à se former en cristaux de figure déterminée?

Ceux qui conduisent les étrangers au Vésuve, ramassent le sel ammoniac, & le vendent à Naples pour nettoyer & étamer les vaisseaux de cuivre & de fer &c., notamment ceux, dont on se sert pour faire les macaroni; le sel ammoniac du Vésuve est blanc; celui de la Solfatare est jaunâtre.

Parmi les bouleversements, que les différentes éruptions & inflammations du Vésuve ont occasionnés, les plus considérables sont certainement la destruction & l'enseveliffement de trois villes, qui à la vérité ne doivent pas avoir été des plus grandes & des plus considérables; car les maisons & les appartements, qu'on y a déterrés, sont très-petits.

C'est une erreur de croire, que ces villes aient été couvertes par des torrents de lave; ce sont des pluies de cendres & de pierres-ponces, qui les ont ensevelies.

Pompeja est enfouie sous une cendre grise couverte de cendre noire; ces deux especes de cendres sont remplies de pierres-ponces grises, presque toutes en petits morceaux, avec des cristaux de schœrl blancs très-petits en forme de grenats, la plupart farineux; ces cendres, qui font un peu d'effervefcence avec les acides, fe font réunies par la longueur des temps en maffes *bbbb*), fi bien qu'elles reffemblent au tuf volcanique, qu'on rencontre dans les autres collines des environs de Naples.   On a déterré à préfent la plus grande partie de cette ville, & laiffé tout à découvert, de maniere qu'on peut fe promener dans les rues & entrer dans les maifons, qui font fans toit; on a même découvert la porte de la ville & les gonds, qui tenoient les battants de cette porte.   Les rues font pavées avec de la véritable lave du Véfuve, & revêtues de trottoirs pour les piétons; on voit au milieu des rues des ornieres affez profondes, formées par les roues des voitures.   Les maifons étoient conftruites des efpeces de pierre fuivantes, maçonnées avec de la chaux.

1) De pierre de tuf calcaire & de ce que l'on nomme *ofteocolla*, de *Sarno*, près de *Pompeja*, d'où on en tire encore aujourd'hui; c'eft-là que les montagnes calcaires des Appennins reparoiffent, pour fuir du côté de *Salerno* & de la *Pouille*.

2) De très-ancienne lave noire, qui renferme des grenats blancs.

Q 5

---

bbbb) Les cendres, qui couvrirent *Pompeja*, ne font pas réunies en maffes; ce font plutôt de petites pierres-ponces détachées, que des cendres. (Voyez la note *q*) de cette lettre)

3) De tuf noir volcanique très-ancien, gris ou jaune, formé de cendres grifes ou jaunes endurcies, avec beaucoup de petits morceaux de pierre-ponce grife.

4) De pierres-ponces très-vieilles, rouges, poreufes, dans lesquelles il y a des criftaux de fchœrl blancs demi-vitrifiés.

On peut juger de la vieilleffe des productions volcaniques, qui ont été employées à conftruire cette ville, lorsqu'on fait réflexion au temps que *Pompeja* a exifté avant fa deftruction; en fouillant au-deffous de *Pompeja*, on a trouvé encore trois différents torrents de laves noires *cccc*), qui renfermoient des grenats blancs, les uns au-deffous des autres, qui doivent être de la plus haute antiquité; ces mêmes torrents s'étendent fous *Herculanum* & fous le jardin royal de *Portici*.

Herculanum dddd) a été enfeveli fous une cendre noirâtre ou d'un gris très-foncé, qui fait un peu d'effervefcence avec les acides, & qui ren-

---

cccc) Voyez la note *r*) de cette lettre.

dddd) Les fouilles d'*Herculanum* fe font à une profondeur de 68 à 70 pieds, & même en quelques endroits de 110 pieds au-deffous de la fuperficie du terrein. Du haut en bas on trouve alternativement des couches volcaniques & des couches de terre végéta'e; c'eft une cendre fangeufe convertie en tuf, qui a comblé & couvert immédiatement cette ancienne ville. (Voyez la note *q*) de cette lettre.

ferme quantité de petites pierres-ponces & de petits morceaux de marbre blanc ou de pierre à
chaux ; cette cendre a maintenant la dureté d'un
tuf volcanique noirâtre.

Portici étant bâti fur *Herculanum*, on recomble cette ville fouterraine à mefure qu'on en a tiré
les antiquités précieufes, qui y font enfevelies ;
on les place toutes dans le *mufeum de Portici*   Il
n'y a que le théatre, qu'on n'ait pas refermé, fi
on ne rempliffoit pas les fouterrains, qu'on ex-
cave, quand on en a tiré les morceaux dignes
d'être confervés, *Portici* en pourroit fouffrir,
d'ailleurs les frais de transport feroient trop confidérables.

Stabia eeee) eft la troifieme ville, que les cendres ont engloutie ; elle étoit fituée dans l'emplacement qu'occupe aujourd'hui *Caftell'amare* ; c'eft
la plus petite & la moins confidérable des trois ;
auffi n'y a-t-on jamais fait de fouilles importantes,
& on a toujours rebouché les excavations, qu'on
y a faites.

Il y a dans les environs de cette ville des eaux
minérales, décrites dans un petit livre intitulé :
*Trattato delle acque acidole, che fono nella città di
Caftell' a mare di Stabia, compofto da Raimondo de
Majo, in Napoli* 1754, *in-octavo*.

---

eeee) C'eft à *Stabia* que PLINE, le naturalifte, perdit la
vie en 79.

Il y a grand nombre de fources minérales chaudes aux environs du Véfuve & des autres volcans
de l'Italie; mais on en trouve auffi dans les pays,
où on ne connoît pas de volcans, fur-tout dans
le voifinage des montagnes calcaires, ou dans ces
montagnes mêmes; comme en Hongrie, en Angleterre &c. Mr. GUETTARD m'affure cependant,
que les fources thermales de France font pour la
plupart dans le fchifte. Si je voulois admettre
des hypothefes fans preuves convainquantes, je
pourrois aifément donner une raifon de la préfence des eaux thermales dans les terreins volcaniques, calcaires & fchifteux, fur-tout pour ce
qui regarde l'Italie; car il eft vraifemblable, que
les volcans ont la pierre calcaire pour bafe; dans
d'autres pays la pierre calcaire eft communément
placée au-deffus du fchifte; & fi cela n'a pas juftement lieu à l'endroit, où il y a des fources
chaudes, du moins on le trouvera à peu de diftance de ces fources.

Après vous avoir communiqué, Monfieur,
toutes mes obfervations fur le Véfuve, je vais
vous décrire la Solfatare *ffff*).

---

ffff) C'eft du côté du *Paufilippe* & de *Pouzzole*, qu'il y
a eu le plus d'éruptions volcaniques. On appelloit toute cette
partie entre Naples & Capoue *Campus Phlegræus*, & la Solfatare en particulier portoit le nom de *Forum Vulcani*. STRA-
BON *Lib. V.* définit ainfi cette fameufe plaine: "Forum Vul-

La *Solfatare* étoit fans doute autrefois un volcan, qui, étant épuifé, s'eft écroulé en lui-méme;
il en eft réfulté un baflin environné de toutes parts
d'une circonférence élevée *). Le baflin eft

„eani campus circumquaque inclufus fuperciliis ignitis, quæ
„paflim tanquam e caminis incendium magno cum fremitu
„exfpirant." Plufieurs favants croient méme d'après deux
vers du *fixieme Livre* de LUCRECE, qu'on avoit donné le
nom de Véfuve à un des volcans de ces environs.

„Qualis apud Cumas locus eft montemque Vefuvum;
„Oppleti calidis ubi fumant fontibus auctus."

DIODORE DE SICILE IV. No. 21. dit en parlant de la
plaine de *Cume:* "Phlegræus quoque campus is locus appella-
„tur, a colle nimirum qui Ætnæ inftar Siculæ magnam vim
„ignis eructabat." PLUTARQUE femble auffi l'indiquer par
„ces paroles: "Hæc vero, quæ recens apud Cumas & Puteo-
„los acciderunt, non ne pridem Sibyllinis decantata carmini-
„bus, tempus, velut debens perfolvit? Eruptionem, inquam,
„montani ignis &c"

Je fuis perfuadé cependant, que ces auteurs parlent du
Véfuve d'aujourd'hui; mais que toute cette contrée étoit défi-
gnée par le nom des villes les plus importantes de ce temps-
là, fans doute que *Cumes* & *Pouzzole* étoient plus confidérables que Naples.

Plufieurs favants ont décrit la *Solfatare.* Mr. l'abbé NOL-
LET, Mr. DE LA CONDAMINE, Mr. FOUGEROUX DE BON-
DAROY nous en ont fait connoitre les productions & la ma-
niere, dont on les recueille, dans les *Mém. de l'acad. des
Sciences années* 1750, 1757 & 1765. J'ofe dire, que Mr.
FERBER ajoute encore aux lumieres, que ces ouvrages peu-
vent donner.

*) La *Solfatare* repréfente encore aujourdhui une montagne

compofé d'une terre argilleufe blanche *gggg*),
qui, felon toute apparence, ne fert que de plancher ou de couverture à l'ancien gouffre. La
réfonnance creufe qu'on entend, lorsqu'on jette
avec force une pierre fur ce plancher, prouve
affez le vuide, qui eft au-deffous. Il ne fort plus
de flammes de ce gouffre; mais il s'exhale beaucoup de vapeurs humides fulphureufes & alumineufes, qui fentent le foie de foufre *hhhh*), par
les fentes des collines, qui environnent le baffin,
comme auffi par celles du plancher & des ouvertures, qu'on y a faites à deffein pour recueillir le
fel ammoniac.

Les eaux de pluie *iiii*) pénetrent au travers
des petites & grandes ouvertures du plancher de

---

affez élevée & ifolée de tous côtés, au fommet de laquelle
eft une grande ouverture ou ancien cratere de volcan.

gggg) Ce n'eft point un fable, comme le dit Mr DE FOU-
GEROUX *année* 1765. p. 268, mais une vraie terre ou farine
argilleufe.

hhhh) Le P. DE LA TORRÉ affure, qu'il a obfervé, que
les vapeurs de la Solfatare font lumineufes la nuit, ce qui
pourroit être confidéré comme une inflammation imparfaite.

iiii) J'ai bien de la peine à me perfuader, que ce foient
les eaux de pluie, qui entretiennent les fources brûlantes des
fouterrains de la Solfatare; la chaleur de cette plaine doit
les faire évaporer avant qu'elles pénetrent dans les fonds Le
fel ammoniac, qui s'y forme, fait plutôt préfumer, que les
eaux de la mer s'introduifent fous cet ancien volcan.

la plaine de la Solfatare dans les abymes creux de
cet ancien volcan; la chaleur y caufe une ébullition, & les eaux diffoudent les matieres falines
& le foie de foufre; elles s'évaporent en partie;
mais la plus grande quantité coule en murmurant
& avec bruit au travers des canaux & des voûtes
fouterraines, & fort aux *Pifciarelle* de l'autre côté
de la Solfatare.   On nomme *Pifciarelle* deux ou
trois petits filets d'eau brûlante *kkkk*), qui ont le
goût d'alun, fentent le foie de foufre, & qui ont
leur fource au pied d'une des collines de laves,
qui environnent le gouffre de cet ancien volcan.
La lave de cette colline, qui porte le nom de
monte Secco, a été changée par l'acide fulphureux
en une argille blanche.

---

kkkk) D'après les obfervations de Mr. DE LA CONDAMINE
les eaux de *Pifciarelle* ne font pas bouillantes, puisque le
thermometre de Mr. DE REAUMUR, conftruit avec du mercure, atteignit à peine 69 degrés; auffi Mr FERBER dit-il
feulement, qu'elles font brûlantes ou fort chaudes. Il eft
poffible cependant, que le degré de chaleur de ces fources
augmente ou diminue felon le degré de fermentation, qu'il y
a dans les entrailles de la Solfatare. Les vapeurs de ces eaux
font des remedes fouverains contre les maladies communes
dans le royaume de Naples. On y rencontre affez fouvent
des gens, qui s'expofent à cette fumigation; le coup d'œil
n'eft pas des plus gracieux. Ceux qui en ont reffenti de
bons effets, y érigent communément par dévotion des petites croix de bois; on en voit un grand nombre.

Le bruit souterrain, que ces eaux font, vient
en partie de l'ébullition, que leur donne un feu
caché, & peut-être aussi l'effervescence, que l'a-
cide sulphureux fait avec les pierres, & les terres
calcaires, qui peuvent exister dans le fond. Il
est même très-probable, que les Appennins calcaires, qui environnent Naples, s'étendent au-
dessous de la Solfatare, comme sous tout le terrein volcanique des environs de Naples; il paroît
même, que la pierre à chaux occupoit autrefois la surface du terrein, où ce volcan a fait
son éruption; il est encore possible, que le bruit
provienne de la fermentation & de l'inflammation
d'une pyrite ferrugineuse humectée par les eaux.

L'existence d'une quantité d'acides sulphureux
dans les souterrains de la Solfatare est suffisam-
ment constatée par le soufre jaune, qui se sublime
en petites fleurs cristallisées, par l'alun, le vitriol
& la sélénite, qui s'attachent au plancher & aux
collines, qui servent de mur à la Solfatare; il
n'est pas moins certain, qu'il existe dans les entrailles de la Solfatare de l'acide marin & de l'alcali volatil, puisqu'il s'y sublime aussi au sel ammoniac, dont ils font les parties intégrantes.

Les rochers ou parois, qui décrivent un cercle autour de la Solfatare, font pour la plupart
divisés en couches, & ont tous la blancheur de
la pierre à chaux, si bien qu'on s'y trompe au

premier

premier coup d'œil *llll*); mais par l'examen on voit qu'ils font argilleux. Je ne doute point, que

---

llll) C'est justement cette ressemblance avec la pierre à chaux, qui a fait tomber dans l'erreur presque tous les savants, qui ont parlé de la Solfatare L'abbé N O L L E T a bien observé, que la vapeur du soufre y pénétroit tellement les rochers, qu'ils s'amollissoient & s'écrouloient; mais il n'a pas remarqué, que c'étoient autrefois des rochers de lave. Il a cru, qu'ils étoient formés aujourd'hui d'une espece de marne. Mr. DE FOUGEROUX *Mém. de l'acad. des sciences année* 1765 a pensé, que ces pierres étoient calcaires, puisqu'il dit, qu'elles font susceptibles d'être réduites en chaux; & dans fon *Mémoire fur le Vésuve* ce savant avance, qu'il y a à la Solfatare des pierres, qui femblent approcher beaucoup de la pierre calcaire. Mr. H A M I L T O N a également remarqué, que les vapeurs acides pénétroient & amollissoient la lave même; mais il n'hésite pas de donner la terre & la pierre blanche de la Solfatare & de fes environs pour calcaire; il a même cru entrevoir la formation du marbre dans l'endurcissement de cette terre, d'autant plus qu'elle est souvent différemment colorée. Il est certain, que le plancher de la Solfatare & les collines, qui l'environnent, ne font composées que de produits volcaniques, convertis par la vapeur du foufre en terre argilleufe. Je possede moi-même un de ces morceaux moitié lave, moitié argille, dont parle Mr. FERBER. J'ai fait pétrir de cette argille à Strasbourg; les parties de terre vitrifiable, qu'elle renferme encore, la rendent moins liante que d'autres terres à potier; cependant on en a formé une terrine, qu'on a mife au four; elle a souffert le feu le plus violent, fans fe fendre, & s'est parfaitement durcie; elle a pris au feu une petite teinte rougeâtre. On trouve à la montagne volcanique de *Poligné*, à deux lieues de *Rennes* en Bretagne, une terre argilleufe

ces collines ne fuffent au commencement formées
que de laves & de cendres de l'ancien volcan;
& celles, qui font difpofées par couches, ne
doivent apparemment leur origine qu'à différentes efpeces de cendre. Ce mélange a été pénétré
par les vapeurs brûlantes de l'acide fulphureux,
qui l'a converti en argille. Mr. BEAUMÉ, habile
chymifte à Paris, dans fon *Traité fur les argilles*,
a conclu d'après beaucoup d'expériences, que
les argilles doivent être formées par une réunion
intime de l'acide fulphureux avec une terre vitrifiable; les cendres & les laves de l'ancien volcan
de la Solfatare étoient fans doute, ainfi que le font
d'autres laves & cendres volcaniques, de nature
vitreufe, & ont été converties en argille; il y a
des morceaux, dont une partie eft encore lave,
& l'autre changée en argille; cette argille eft molle,

---

blanche ou colorée, qui ne differe en rien de celle de la
Solfatare; on la nomme mal à-propos *craie* dans le pays.
J'ai fait avec cette terre les mêmes effais qu'avec celle de la
Solfatare, & j'en ai eu les mêmes réfultats (Voyez ci-deffus
lettre cinq. note *m*). Aux endroits, où les vapeurs fulphureufes fortent encore, cette argille eft auffi molle que de la
farine; on y peut enfoncer un bàton, fans trouver de fond;
à mefure qu'on s'éloigne de ces vapeurs, la terre eft raffer-
mie, & on la trouve même endurcie; j'en ai plufieurs morceaux, dont la furface eft couverte d'une petite croûte très-
blanche, très-dure, qui fait feu avec l'acier; peut-être cette
croûte provient-elle de molécules de terre vitrifiable, qui
n'avoient pas encore été ramollies, & qui fe font réunies.

comme une terre, ou dure & pierreuſe; elle reſſemble à une pierre à chaux blanche.   On y voit
encore quelquefois du ſchœrl blanc en forme de
grenats, ſi commun dans les laves d'Italie; mais il
eſt auſſi converti en argille *).   Ces matieres autrefois volcaniques, maintenant argilleuſes, mol-
les comme de la terre, ou endurcies & pierreuſes,
ſont pour la plupart blanches; mais on en trouve
auſſi de rouges, de griſes cendrées, de bleuâtres
& de noires en quelques endroits, ſur-tout aux
Piſciarelle.

Cette métamorphoſe des matieres volcaniques
vitreuſes en argille, par l'intermede de l'acide ſulphureux, qui les a pénétrées & en quelque ſorte
diſſoutes peu-à-peu & en un grand nombre d'années, eſt ſans doute un phénomene remarquable
& très-inſtructif pour l'hiſtoire naturelle.

On devroit mettre dans les fentes de la Solfatare des laves du Véſuve & toutes ſortes d'autres

R 2

---

*) Les criſtaux blancs de lait, opaques & friables au point
de pouvoir les réduire avec le doigt en une farine blanche de
nature argilleuſe, qu'on trouve dans les anciennes laves du
Véſuve & du *monte Somma*, ont été ſans doute convertis
en argille par l'acide de l'air; il eſt très-poſſible, que les
terres à porcelaine, les bolus blancs ou colorés, qu'on trouve
dans les environs des volcans, comme dans le Vicentin &c.
aient été des matieres volcaniques diſſoutes par les acides ſouterrains & changées en argille.

eſpeces de pierres, pour obſerver les changemens
qui s'y feroient. Mr. le profeſſeur VAIRO de Naples m'a promis de faire cet eſſai.

Il eſt notoire, que l'argille perd par la calcination ſa propriété tenace & liante, & qu'on ne
ſauroit la lui rendre en l'humectant avec de l'eau;
& quand même on la réduiroit en poudre la plus
fine; mais l'acide ſulphureux de la Solfatare a le
pouvoir de lui rendre cette qualité liante; car
pour obtenir le ſel ammoniac, qui ſe ſublime de
la Solfatare, on ſe ſert de débris de vaſes de terre
très-bien cuite; cependant les vapeurs acides de
la Solfatare l'amolliſſent & lui rendent la forme
d'une argille tenace, qui conſerve la couleur de
brique de l'argille calcinée.

La ſurabondance de l'acide ſulphureux fait
réunir les terres & les pierres de la Solfatare en
mottes alumineuſes; on voit quelquefois de l'a-
lun vierge à leur ſurface, ſur-tout aux endroits,
où l'on entaſſe à deſſein ces argilles, pour que
les vapeurs acides, qui s'élevent en grande abondance, les pénetrent mieux *mmmm*).

Mr. BEAUMÉ a démontré dans le Traité, que

---

mmmm) On voit ici, que ce n'eſt point pour que les pierres de la Solfatare ſoient réduites en chaux, comme le dit
Mr. DE FOUGEROUX dans ſon *Mémoire ſur ce volcan*, qu'on
les expoſe aux vapeurs, qui s'élevent; mais au contraire pour
que l'argille ſe pénetre d'autant plus d'acides.

j'ai cité, que très-peu d'acide fulphureux intimément uni à beaucoup de terre vitrifiable, produit
l'argille; mais que lorsque la quantité d'acide eft
plus forte, il en réfulte de l'alun; c'eft juftement
ce qui arrive à la Solfatare, & ceux, qui y préparent de l'alun *nnnn*), favent très-bien faire ufage
de ce principe, fans le connoître. Ils arrangent
de petits tas de terre & des pierres argilleufes,
de la plaine & des collines de la Solfatare, fur les
fentes & les ouvertures du baffin, d'où il fort
beaucoup d'acide fulphureux, pour qu'il s'y forme
plus d'alun. Lorsque cette terre eft fuffifamment
imbue d'acide fulphureux, on jette l'argille alumineufe dans des caiffons de bois ouverts, placés
fous un toit; on l'arrofe avec de l'eau, qui eft
par elle-même un peu alumineufe, & qu'on prend
aux *Pifciarelle*; on en verfe la faumure dans des
chaudieres de plomb quarrées, enfoncées de toute
leur hauteur dans le plancher brûlant de la Solfatare; la chaleur fouterraine produit l'évaporation;
on augmente encore la force de la faumure en
mettant dans la chaudiere des pierres dures argilleufes alumineufes. Lorsque l'eau furabondante
eft évaporée, on puife la faumure toute claire

R 3

---

nnnn) La maniere de raffembler l'alun & le foufre & de les
travailler ufitée à la Solfatare a été amplement décrite par
Mr. l'abbé NOLLET & Mr. DE FOUGEROUX.

fans autre filtration des chaudieres dans de petits vaiffeaux de bois ronds; on y met un peu d'urine ou de potaffe, pour enlever l'excès d'acide, qui pourroit s'oppofer à la formation des criftaux, & on l'expofe à la criftallifation. Les chaudieres durent plus de cent années.

On trouve à la Solfatare un peu de vitriol de Mars; il n'eft pas douteux, que fi on expofoit aux endroits, où il s'éleve beaucoup de vapeurs acides, de la limaille de fer, des craffes de marteau de forges, ou même du fable ferrugineux, que l'on trouve en quantité fur le rivage le long du chemin de *Naples* à *Pouzzole*; on pourroit y préparer avec avantage une grande quantité de vitriol de mars.

On pourroit obtenir de la même maniere du vitriol bleu, en fe fervant du déchet des ufuines de cuivre. Les collines, qui fervent de murs à la Solfatare, font tapiffées de félénite criftallifée en mammelons, en aiguilles ou en plumes, que plufieurs gens peu minéralogiftes ont donnée pour de l'alun de plume; on y trouve auffi de la félénite fans figure déterminée.

On enlevoit autrefois le foufre, qui s'attachoit à la fuperficie des collines de la Solfatare, pour le fublimer dans des cornues de terre, que l'on faifoit venir de Rome; mais comme ce travail ne payoit pas les frais, on l'a difcontinué.

Il se forme aussi à la superficie de ces collines de petits cristaux d'arsenic rouge, ou d'arsenic mêlé de soufre.

Il s'attache encore aux collines de la Solfatare des efflorescences de soufre vierge, & d'alun natif en petites masses, en feuilles & en cristaux très-délicats de diverses figures. On rassemble aujour-d'hui le sel ammoniac *oooo)* à une seule ouver-ture (*fumarola*), pratiquée artificiellement dans le plancher ou la plaine de la Solfatare ; on place au-dessus de cette ouverture des morceaux de bri-ques, qu'on entasse les uns sur les autres ; la va-peur humide & brûlante de l'eau, qui coule au-dessous avec beaucoup de bruit, s'éleve & laisse sur cette terre cuite un sel ammoniac jaune.

On tiroit autrefois du sel ammoniac de plu-sieurs autres trous du plancher de la Solfatare ; on peut ouvrir beaucoup de trous en d'autres en-droits de la Solfatare, sans obtenir du sel ammo-niac ; d'où je conclus, que le mélange des ma-tieres minérales n'est pas partout le même. J'ai déjà dit plus haut, qu'il se forme aussi du sel am-moniac dans les laves & à la bouche du Vésuve ; mais celui-ci est blanc & par conséquent pur,

R 4

---

oooo) Mr. DE FOUGEROUX a examiné avec soin les sels ammoniacs du Vésuve & de la Solfatare. *Mém de l'acad. des sciences année* 1765, *pag.* 269-275.

tandis que celui de la Solfatare eft jaune; fans doute cette couleur lui vient d'un mélange de particules ferrugineufes.

Il eft étonnant, que l'*arbutus unedo* & l'*erica carnea* viennent fi bien fur la Solfatare, tandis qu'il n'y croît pas d'autres plantes.

Pour terminer cette longue lettre, j'ajouterai feulement quelques mots touchant le *l'aufilippe*, fes environs & l'isle d'*Ifchia*.

Tout le terrein depuis le Paufilippe jufqu'au *capo di Mifeno*, & encore plus loin, n'eft compofé que de collines de cendres volcaniques & de quelques torrents de lave; c'eft dans ce terrein que font fituées toutes les antiquités de ce pays-ci, que tant d'auteurs ont décrites; je me contenterai, Monfieur, de vous les nommer par rapport à leur fituation, & parcequ'elles font bâties pour la plupart de tuf formé par les cendres; quelques-unes de ces antiquités font cependant conftruites en briques. Le plus grand nombre de ces ruines eft à demi enfeveli dans les cendres.

Tumulo di Virgilio.

Grotta di Pozzuoli ofia Paufilippo.

Tumulo di Sannazaro Poeta, à l'églife des Servites fur le Paufilippe.

Scuola di Virgilio, écroulée dans la mer.

Tempio di Giove Ammone à *Pouzzole*, bâti de lave.

Collifeo di Pozzuoli.

Labirinto di Nerone, près de Pouzzole.

Ponte di Caligola, près de Pouzzole, bâti de lave dans la mer.

Cafa di Cicerone, près de Pouzzole.

Tempio di Nettuno, au même endroit.

Tempio d'Adriano, au même endroit.

Tempio di Serapis, près de Pouzzole.

On peut juger par les ruines de ce temple de fa magnificence; il n'y a pas longtemps, qu'on a enlevé les cendres volcaniques, qui le couvroient; il n'eft gueres éloigné du rivage actuel de la mer. On y a découvert trois belles colonnes de marbre blanc antique grec, qui font encore fur pied; le fût de ces colonnes eft élevé d'environ 18 pieds au-deffus du niveau de la mer; à la moitié de cette hauteur elles font rongées par les *pholades & dacty- lites*; les trous font nombreux & très-rappro- chés; on y trouve encore beaucoup de coquil- les de ces animaux; mais on ne voit ces trous que fur une hauteur d'une à deux mains; au-deffus & au- deffous on n'en découvre plus de veftiges dans toute la circonférence des trois colonnes; comme les *pho- lades* fe tiennent précifément à la furface de la mer, qu'ils ne demeurent ni dans le fond, ni dans les pier- res élevées au-deffus du niveau de la mer, il s'en fuit néceffairement, que la mer a été pendant un temps affez confidérable à neuf pieds de Paris au-

deſſus de ſon niveau actuel, & qu'elle eſt retom-
bée de toute cette hauteur à la fois. Ceci mérite
d'autant plus d'attention, que quelques antiquités
voiſines (*il tempio di Nettuno* & *d'Adriano*) ſont
beaucoup plus hautes que le *tempio di Serapis*, d'où
l'on infere, que ce dernier peut s'être affaiſſé par
un tremblement de terre, & qu'il étoit peut-être
plus élevé autrefois; auquel cas la mer auroit encore baiſſé de plus de neuf pieds de Paris.

L'effet, que les tremblements de terre ont ſur
la mer, eſt trop certain & trop connu pour en
douter; mais la différence de neuf pieds eſt effectivement très-ſignificative. Mr. BARRAL, ingé-
nieur au ſervice de France, employé en Corſe,
a levé toute la poſition du temple, & en a remis
le plan à Mr. GUETTARD, qui a promis d'en faire
uſage. Il y a encore quelques trous de pholades
dans deux morceaux détachés provenants d'autres
colonnes & ornements de ce temple, qui ſont
couchés parmi les décombres ſur le pavé de l'édifice; il paroît qu'ils étoient à la même hauteur
que le milieu des trois colonnes, qui ſont encore
ſur pied. Les gens du pays m'aſſurerent, qu'on
ſentoit quelquefois de la chaleur & des vapeurs
venimeuſes dans une petite grotte de la colline
de cendre tenant à ce temple, dans laquelle il y
a un petit torrent de lave; j'y entrai ſans rien
ſentir.

Monte Nuovo pppp), dont il a déjà été parlé.

Tripergola , un ancien bourg englouti par la mer, avec le *lago Lucrino,* qui y étoit attenant.

Lago d'Averno, un ancien cratere.

Grotta della Sibylla Cumana.

Luogo della antica Città di Cuma.

Arco felice.

Cifterna d'acqua di Cuma.

Monte Falerno , où croiſſoit le vin qu'HORACE a chanté.

Bagni e Stufe di Tritoli, oſia di Nerone. C'eſt

---

pppp) Voyez l'hiſtoire de la formation du *monte Nuovo* à la ſuite de cet ouvrage. Mr. HAMILTON obſerve, que ces deſcriptions ne faiſant point mention du lac *Lucrino*; il ne paroit pas, que ce ſoit l'élévation du *monte Nuovo*, qui l'ait deſſeché.

Mr. DE LA CONDAMINE eſt dans l'erreur, quand il dit, *Mém. de l'acad. des ſciences année* 1757, que le *monte Nuovo* s'éleva en 1538 pendant une éruption du Véſuve; ainſi que Mr. DE FOUGEROUX, lorsqu'il prétend, *Mém. de l'acad. des ſciences année* 1766, p. 86, que le *monte Nuovo* eſt l'effet du Véſuve; il y avoit quatre cents ans, que le Véſuve étoit dans l'inaction lors de la formation du *monte Nuovo,* & ce ne fut qu'en 1631, qu'il recommença à vomir du feu. J'ai déjà remarqué note *m)* de cette lettre, que la terre étoit encore chaude au fond du cratere du *monte Nuovo.* J'y ajouterai encore, que le ſable du rivage, qui eſt devant ce volcan & juſqu'au-deſſous des bains de Néron, eſt brûlant, quoiqu'arroſé des eaux de la mer.

une colline de tuf volcanique, dans laquelle
on a taillé plusieurs cellules, dont quelques-
unes font d'une chaleur insupportable : dans
une espece de corridor, un peu tortueux,
la chaleur est si terrible, que les hommes,
qui y entrent nuds, en sortent au bout de
quelques minutes avec la sueur, qui découle
de tout leur corps. Il me fut impossible d'y
entrer plus que trente & quelques pas, tant
la chaleur me suffoquoit. A environ 130
pieds de l'ouverture de cette galerie est une
eau bouillante d'un empan de profondeur,
qui a le goût d'alun. Les œufs, qu'on y
jette, s'y cuisent & s'y durcissent en un moment.

Palazzo di Nerone.

- - - *del Giulio Cesare.*

Tempio di Mercurio.

Stanza di Venere e di Diana.

Tempio di Venere.

Tempio di Diana.

*Antica Città, Castello, Porto e Promontorio di
Baja.*

Bagni della Luna.

Bagni del Sole.

La Pischiera d'Ortenfa.

Porto di Bauli, petit golphe charmant.

Sepoltura d'Agrippina.

Prigioni di Nerone.

Pifcina mirabile.

Campi Elifei, où il·y a d'anciens cimetieres.

Mare Morto, que Caron traverfoit jadis dans fa barque.

Teatro di Lucullo.

Villa di Lucullo.

L'Acqua di Fenocchio di Marco Lucullo, que l'on nomme ainfi, parcequ'il y croît de la fenouille fauvage; c'eft pourquoi on s'en fervoit pour en baffiner les yeux.

Grotta Dragonara di Marc. Agrippa, dans laquelle il y avoit une conferve d'eau fuperbe.

Pifchiera d'Agofto.

Capo e Porto di Mifeno.

Non loin de la *Solfatare* & des *Pifciarelle* eft le *lago d'Agnano*, un ancien cratere, & près de ce lac les *Sudatorj di S. Germano qqqq)*, qui font des chambres taillées dans un tuf volcanique, hors duquel coulent des eaux thermales.

La *Grotta del Cane rrrr)* eft de la hauteur d'un

---

qqqq) Il fe fublime dans ces étuves des fleurs de foufre, & il s'y attache de l'alun en petites aiguilles.

rrrr) Mr. l'abbé NOLLET nous a donné les détails les plus circonftanciés de cette grotte, *Mémoires de l'acad. des fciences année* 1750. Mr. DE LA CONDAMINE en fait aufli mention; mais les dernieres expériences, dont parle ici Mr. FERBER, méritent d'être jointes aux obfervations de ces favants.

homme ; elle a environ quatre pas de longueur
(elle eſt dans une montagne formée de laves, &
non de cendres, comme les collines voiſines)
à côté du lac d'*Agnano*, cratere écoulé d'un ancien volcan, environné de collines & de hautes
montagnes de laves & de cendres; c'eſt dans une
partie de cette circonférence, ou bord élevé du
cratere, que la grotte du chien eſt taillée; des
vapeurs meurtrieres s'élevent dans cette grotte à
environ un empan au-deſſus de terre,& ſortent, ſans
monter au-delà, par le bas de la porte de la grotte
comme une fumée blanche ; ces vapeurs doivent
être acides & ſuffoquantes, comme celles de l'a-
cide marin. Il paroít, que le mal, qu'elles cau-
ſent, ne provient que du défaut d'élaſticité de
l'air; ce qui ſuffit pour qu'un chien ou tout autre
animal, que l'on y couche, y étouffe; mais en
le remettant en plein air, & le jettant enſuite dans
le lac d'*Agnano*, il revient bientôt à lui-même,
ſi on ne l'a pas laiſſé trop longtemps dans cette
grotte. Les eſſais, qu'on a fait, prouvent que
ces vapeurs ne ſont pas arſenicales. Ce qu'il y a de
ſingulier, c'eſt que dans le reſte de l'eſpace de la
grotte l'air eſt ſain, & n'eſt nuiſible qu'à la
hauteur d'un empan de la terre; Mr. le profeſſeur
Vairo m'a aſſuré, que les fibres muſculaires des
animaux n'y avoient pas d'irritabilité; que l'électricité n'y fait point d'effet; que l'aimant n'y at-

tire pas le fer; mais que la bouſſole y décline d'une
force peu commune. Il eſt certain qu'un flambeau allumé s'y éteint dans l'inſtant; mais ſeulement, lorsqu'on le met contre terre.

J'ai déjà dit au commencement de cette lettre,
que les isles d'*Iſchia ssss*) & de *Niſida* ſont volca-

---

ssss) Les isles d'*Iſchia*, de *Procita* & de *Niſida* portoient
autrefois le nom de *Pythécuſe*. STRABON penſe, que ces
isles ont été détachées par des tremblements de terre du continent du côté du promontoire de *Miſene*. Ce géographe
dit Liv. I: "Liparæorum inſulas & Pythecuſas partes quidem
„ab Italia avulſas, e mari tamen uti Siciliam projeĉtas iterum
„dicit." Il paroît même, que les isles d'*Iſchia* & de *Procita*
n'en formoient qu'une ſeule autrefois; car STRABON en parle
ainſi: "Prochyta pars a Pithecuſis avulſa." PLINE *Liv. II.*
c. 89, après avoir fait mention de l'isle d'*Eole*, ſortie du ſein
de la mer, ajoute: "Sic & Pithecuſas in Campano ſinu ferunt
„ortas; mox in his montem Epopon, cum repente flamma
„ex eo emicuiſſet, campeſtri æquatum planitie. In eadem &
„oppidum hauſtum profundo; alioque motu terræ ſtagnum
„emerſiſſe & alio provolutis montibus inſulam extitiſſe Pro-
„chytam." Ces paroles de PLINE prouvent, que ces isles
ſont formées au milieu de la mer par des éruptions volcaniques.
Mr. HAMILTON vient de faire un voyage à l'isle de *Ventoteine*,
ſituée à 30 milles d'*Iſchia*; il a reconnu, que cette isle, ainſi
que celle de *S. Stefano* & de *Ponce*, ſont auſſi ſorties du ſein
de la mer par des exploſions de volcans.

L'isle de *Niſida* eſt la plus petite de ces isles; le *Porto
Pavone* eſt la moitié d'un ancien cratere; l'autre partie s'eſt
ſans doute écroulée dans la mer. On lit dans pluſieurs ouvrages une anecdote, que l'auteur du *Diĉtionnaire hiſtorique*

niques; on y trouve beaucoup de laves, entr'autres l'efpece noire vitreufe, que l'on nomme

agat

& géographique de l'Italie, qui vient de paroître, a gran
foin de rapporter à l'article de *Nifida*: "On trouva, dit-il
„en 1550 dans un tombeau de marbre d'un citoyen Roma
„une lampe allumée dans une bouteille de verre, qui n'avoi
„*point d'ouverture;* on caffa la bouteille; la lampe s'éte
„gnit dès qu'elle fut à l'air. Le verre n'étoit point du to
„noirci, & le feu de la lampe étoit très-vif." Il fuffit d'a
voir de foibles notions de phyfique, pour fentir la fauffeté
de cette affertion. Le feu ne fauroit fe foutenir, quand l'air
ne fe renouvelle point.

L'isle de *Procita* a été, fuivant STRABON, détachée des
isles *Pythécufes;* & PLINE le confirme en donnant l'étymologie du nom de cette isle: "Prochyta non ab Æneæ nutrice,
„fed quia profufa ab Ænaria (f. Pithecufa) erat, Lib. III. cap. 12."
Le terrein de cette isle eft le même que celui des environs de
Pouzzole & de *Baja*. Cette isle eft peuplée de faifans &
de perdrix; le roi de Naples y chaffe. Mr. DE LA LANDE
raconte, que par ordre de Sa Majefté on y avoit détruit les
chats, qui faifoient tort au gibier, mais que les rats prirent
tellement le deffus, qu'ils devinrent pour les habitants de
l'isle le fléau le plus cruel. On fut obligé d'y remettre des
chats.

L'isle d'*Ifchia*, la plus confidérable, a 18 milles de circonférence; elle eft entiérement volcanique, remplie de
fources chaudes, & le fable du rivage y eft brûlant & ferrugineux. Près de l'endroit de cette isle, qu'on nomme *Lacco*,
il y a dans un torrent de lave une grotte, dans laquelle il
fait exceffivement froid, fans cependant qu'il y ait de vent
fenfible. Mr. BRYDONE rapporte, qu'il y a en Sicile au fom

met

agathe d'Islande; mais on apporte auffi à Naples de l'isle d'*Ifchia* un bolus rouge & gris, que les potiers travaillent. On a donné diverfes defcriptions des fources chaudes, qui abondent dans l'isle d'*Ifchia*; voici les titres des meilleures de ces defcriptions.

De' Rimedj naturali che fono nell' Ifola di Pithecufa oggi detta Ifchia, Libri 2. da GIULIO JASOLINO, *Napoli* 1751, *in-quarto*, & une nouvelle édition de 1763.

---

met du *monte Sendecio*, entre *Tauróminum* & *Meffine*, un cratere, d'où il fort en certains temps un vent fi froid & fi violent, qu'il eft difficile d'en approcher, *T. I. p.* 115. Les éruptions doivent avoir été terribles dans l'isle d'*Ifchia*, à en juger par les laves, qu'on y voit; auffi STRABON raconte t-il *Liv. V,* que les premiers habitants d'*Ænaria* ou d'*Ifchia* furent contraints de l'abandonner à caufe de la violence des éruptions. Il y a des laves, qui ont jufqu'à 200 pieds d'épaiffeur. La montagne de *St. Nicolas* eft appellée par PLINE *Epopon*, & par d'autres *Epopeus* ou *Epomeus*. Il paroit que la principale bouche volcanique de cette isle étoit fur cette montagne. Il y a un autre cratere près de la ville d'*Ifchia*, d'où il fortit un torrent de lave en 1301. FRANCESCO LOMBARDI, qui raconte cette éruption, dit qu'elle dura deux mois, que des hommes & des animaux périrent, & que les habitants furent obligés de fe fauver en terre ferme. Cette isle eft très fujette aux tremblements de terre. STRABON *Liv. V.* dit, qu'il y a des veines de mines d'or. On peut confulter au fujet d'*Ifchia* les lettres de Mr. HAMILTON; il y a fait plufieurs voyages.

S

CAMILLI EUCHERII *de Quintiis Inarime feu de balneis Pithecufarum, Libri VI. Neapoli* 1726, *in octavo maggiore.*

Le pere DE LA TORRÉ parle auffi dans fon *Hiftoire du Véfuve* pag. 233. des bains chauds d'*Ifchia.*

L'isle de *Capri* eft calcaire, comme je l'ai déjà dit.

Celle de *Procita* eft très-petite &, comme on me l'a affuré, couverte de cendres volcaniques.

DOUZIEME LETTRE.

De Rome le 5. Mars 1772.

La longueur de ma derniere lettre, datée de Naples, excufera la briéveté de celle-ci. Je vous y détaillerai feulement ce que j'ai remarqué dans mon voyage de Naples à Rome.

Depuis *Naples* à *Capone* & jufqu'à *Mola di Gaëta* le pays eft plat, à l'exception de quelques petites collines, qui font fur le côté, & qui s'étendent le long des Appennins. Ces collines & le pays plat ne font compofées que de cendres volcaniques endurcies, qui renferment une très-grande quantité de pierres-ponces, & qu'on découvre immédiatement fous la terre végétale.

Après *Mola* je commençai à monter les Appennins, qui étoient en quelques endroits cou-

verts d'un peu de neige. La chaîne de ces mon=
tagnes calcaires n'eſt point interrompue juſqu'à

Terracina, petite ville & port de mer bien
ſitué dans un très-beau petit golphe, garanti des
vents du nord par de hautes montagnes calcaires,
& très-fertile en grains & en vins ; les orangers &
les citrons y viennent comme de petits forêts en
plein champ, ſans aucun ſoin ; la grande route
traverſe cette ville. Le *Narciſſus Tazetta*, dont
les rigoles, qui ſervent à arroſer les prés, ſont
remplies, répandoit dans l'air l'odeur la plus
agréable.

Les montagnes calcaires continuent depuis
Terracina juſqu'à *Piperno*, ſitué ſur une montagne calcaire ſi roide & ſi élevée, que les voitures
n'y peuvent arriver qu'en y attelant des buffles ;
à quelques milles de *Piperno* eſt une forêt conſi=
dérable d'oliviers, appartenant à un couvent voi=
ſin, qu'on nomme *Caſa nuova*. Ce bois eſt ſa=
blonneux, & on ne quitte ce ſable que près de
Piperno. Les champs & les montagnes, qui bor=
dent des deux côtés la chauſſée, ſont couvertes
d'un ſable fin, couleur de ſang, qui paroît être
mêlé d'ochre ferrugineuſe. La proximité de la
nuit m'empêcha de reconnoître, ſi cette couleur
rougeâtre ne provenoit pas peut-être d'une pouz=
zolane ou cendre rouge volcanique. Cela eſt
d'autant plus vraiſemblable, que l'on donne à

Rome le nom de *Peperino* à un tuf volcanique verdâtre, parcequ'il a peut-être été tiré au commencement des environs de *Piperno*.   Ainſi il eſt poſſible, qu'il y ait auſſi de la pouzzolane rouge.
On m'aſſura au reſte, qu'il y avoit près de *Piperno* une carriere de pierres à chaux.

En ſortant de *Piperno*, on deſcend la montagne calcaire, ſur laquelle cette ville eſt ſituée, &
on ſort des Appennins en continuant à deſcendre
juſqu'à quelques milles de *Sermonetta*, où le pays
redevient plat; les marais pontins, où je vis un
grand nombre de buffles, ſont à main gauche
du chemin; les Appennins, qui ſont à la droite,
s'écartent de la route.   L'air & les différentes ſour-
ces d'eau chaude, qui ruiſſelent ſur le chemin &
y dépoſent une terre blanche, ſentent ſi fort le
foie de ſoufre, qu'on en eſt incommodé pendant
l'eſpace de quelques milles; cette odeur doit être
inſupportable dans les temps chauds *a*).

Le cabaretier de *Sermonetta* & tous les ſiens
ont une couleur jaune livide & mal-ſaine, & ces
gens, ainſi que tous ceux, qui demeurent dans

---

a) Il y a longtemps, que la cour de Rome a nommé une
commiſſion pour le deſſéchement des *marais Pontins;* mal-
heureuſement pour les habitants des environs cette commiſſion eſt lucrative; les cardinaux & les prélats, qui en ſont
chargés, la font durer, & s'embarraſſent peu de la vie ou de
la ſanté du peuple.

les environs, font tous les ans malades & tour-
mentés par des fievres quartes très-violentes & de
longue durée.

Derriere *Sermonetta* & jufqu'à *Vélétri* les Appennins s'éloignent toujours plus du chemin,
quoiqu'on ne les perde pas de vue. Le pays,
que l'on parcourt, eft plat, & vers le milieu du
chemin de *Vélétri* couvert de cendres rouges volcaniques, dont une forte pluie avoit détaché beaucoup de fable ferrugineux noir ou de petits grains
criftallifés de fchœrl attirables par l'aimant. Plus
près de *Vélétri* cette pouzzolane fe trouve raffemblée en petits monticules, qui proviennent fans
doute des éruptions de l'ancien volcan d'*Albano*,
qui n'en eft gueres éloigné. Ce volcan, maintenant éteint, eft une montagne très-élevée, au
pied de laquelle il y a deux crateres, convertis
aujourd'hui en lacs, qui portent les noms de *Lago
d'Albano* & de *Lago di Nemi*. La montagne d'*Albano* doit être regardée comme une partie de l'ancienne circonférence du volcan, qui eft reftée fur
pied, lorsque le volcan s'eft écroulé; je ferai de
Rome une excurfion particuliere, pour examiner
ce volcan; je me contente à préfent de vous dire,
que le *monte Albano* eft formé de ce qu'on nomme
à Rome *Piperino*, ou d'une cendre volcanique
endurcie d'un gris verdâtre, mêlée de lames de
fchœrl noir, & de beaucoup de fchœrl blanc fa-

rineux en forme de petits grenats; il y a dans ces
cendres ou dans ce tuf plufieurs grands torrents
de lave noire, dont on fe fert pour réparer les
chemins *b*) & pour la bâtiſſe.

---

a) Une grande partie de la route de *Terracina* à Rome fe
fait fur l'ancienne *Via Appia*, entiérement pavée de laves;
voyez les *Mémoires de l'académie des ſciences* année 1757.
Comme elle eſt mal entretenue, le chemin eſt raboteux, incommode pour les voyageurs & dangereux pour les chevaux
par fon inégalité, & parceque la lave eſt très-gliſſante.

Mr. WALLERIUS dans fon *nouveau Syſteme minéralogique* p. 356, doute que les pierres, que l'on regarde en Italie
comme des productions volcaniques, en foient réellement.
Il dit: "Hinc quæſtio oritur, an ad lavas referendi omnes la-
„pides qui pro lava habentur? Plurimi in Italia & Neapoli la-
„pidem dictum *Tiburtin & Peperin*, quo plurima ædificia
„exſtructa & viæ publicæ ſtratæ, pro fobole ignis conſiderant;
„a viro autem in mineralogicis verſatiſſimo audivi, eosdem la-
„pides non ad lavas eſſe referendos, fed re ipſa eſſe corneos
„faxofos colore obſcure ferreo vel pallidiori, granulis quar-
„zofis & bafalticis mixtos, ab omni vitrea & fcoriacea facie
„atque heterogeneis particulis immixtis liberos, eosdemque
„in venis propriis montium Neapoli, præcipue in monte Ta-
„rona, Vefuvium cingente hofpitare: & alibi hæc opinio con-
„firmari videtur a defcriptione, quam dedit *d'Arcet*, de lapidi-
„bus qui reperiuntur ad Arverniam in Gallia, atque pro vulcani
„fobole communiter haberi folent, ita licet non fint. Si hoc
„verum, fi infuper inter lapides ad lavam numeratos & cor-
„neum intereſt maxima fimilitudo, nonne illi omnes decepti,
„qui hos lapides uti vulcani fobolem conſiderant & calculum
„de ætate vulcanorum imo globi terraquei defuper conſtruunt?"

A quelques milles au-delà de *Vélétri* on paſſe ſur la continuation de la baſe du *monte Albano* & devant le *lago d'Albano*, après quoi le chemin deſcend beaucoup.

D'ici à *Rome* le pays eſt plutôt plat que montagneux; mais il y a par-ci par-là des collines aſſez élevées, formées de cendres volcaniques endurcies, jaunes, rouges, griſes, noires & blanches, parſemées de petites pierres-ponces. On trouve dans quelques-unes de ces collines de petits criſtaux de ſchœrl blanc, en forme de grenats, calcinés & farineux; le chemin eſt ſouvent aſſez profondement coupé au travers de ces collines, & la pluie détache beaucoup de petits grains de ſchœrl noir criſtalliſé ou de ſable ferrugineux, du tuf volcanique broyé par le paſſage des voitures *c*).

S 4

Que de fautes dans ce raiſonnement pour un homme auſſi célebre? Jamais on n'a dit, que le *Travertino* fût une production volcanique; ce n'eſt qu'un tuf calcaire. Perſonne n'a avancé, que les chemins étoient pavés de *Travertino* & de *Peperino*; il faut être aveugle pour comparer ces pierres à une roche de corne. Je ne ſaurois mieux faire que de renvoyer le lecteur à la réfutation victorieuſe, que Mr. DesMAREST fait de ce paſſage fautif & abſurde dans les *Mém. de l'acad. année* 1770. page 752. & ſuivantes.

c) Tous les volcans, ſitués au-devant des Appennins depuis Naples juſqu'à Florence, ont fait dire à Mr. DE LA

TREIZIEME LETTRE.

De Rome le 30. Mars 1772.

Le beau printemps, dont nous jouiſſons depuis longtemps dans cet heureux climat, a décoré les champs & les jardins de beaucoup de plantes propres à l'Italie méridionale; de nouveaux rejettons relevent la couleur ſombre des arbres toujours verds pendant l'hyver. Je ne vous citerai, Monſieur, parmi les plantes, qui naiſſent ſans culture dans les champs, que celles, qui fleuriſſent déjà, parceque Mrs. CORREA & SERRA, deux Portugais, qui ſéjournent à Rome, communiqueront au docteur TURRA de Vicence leurs obſervations ſur les plantes d'ici & des environs de Naples, pour qu'il en faſſe uſage dans ſa *Flora italica.*

L'*Ixia Bulbocodium* vient dans tous les terreins humides aux environs de Rome.

CONDAMINE *Mém. de l'acad. des ſciences année* 1757, qu'il regardoit l'Appennin comme une chaine de volcans, ſemblable à celle de la *Cordeliere* du Pérou & du Chili, dont la ſuite eſt interrompue. Il ne faut prendre cela à la lettre, car l'Appennin eſt conſtamment calcaire; les collines avancées de cette chaine presque ſeules ſont volcaniques, & non l'Appennin lui-même. Mr. RASPE ſuppoſe une pareille chaine de volcans en Allemagne dans ſa deſcription des volcans du *Habichwald* près de Caſſel pag. 60.

L'*Anemone Appennina* fe trouve non feulement fur l'Appennin, mais auffi fur toutes les collines plantées d'arbres, principalement aux environs de *Frafcati* & prés la fource de la *Nymphe Egérie*.

Le *Refeda Undata* croit auffi près de cette fource, mais en plus grande abondance, fur le colifée & les autres vieilles murailles.

Le *Rosmarinus officinalis* pouffe fur toutes les ruines.

Le *Geranium Romanum* fe voit dans les champs de l'autre côté du Tibre, à la *Ripetta*, où l'on paffe ce fleuve dans un bacq, & dans toutes les prairies.

Le *Theligonum Cynocrambe* fe trouve en quantité fur l'efcalier du jardin de la *villa Corfini*.

L'*Orchis papilionacea*, *bifolia*, *pyramidalis*, *morio*, *mafcula*, *militaris*, *latifolia* & *maculata* vient dans les prairies humides, comme dans celles de la *villa Borghefe*.

L'*Ophrys fpiralis*, *monorchis*, *ovata* ibidem.

La *Serapias latifolia & longifolia* ibidem.

Le *Croton tinctorium*, fort commun dans les champs, ne fleurit pas encore.

L'*Asphodelus ramofus* croit dans tous les champs élevés & fur les collines, qui font entre Rome & Naples.

Le *Crocus fativus* dans les prairies.

L'*Arum maculatum* & *Arifarum* fe trouve aux haies & aux endroits humides de la *villa Borghefe*.

L'*Hyacinthus non scriptus* fur beaucoup de col.... lines.

L'*Orobanche major* n'eft pas rare.

L'*Erica cinerea* s'éleve fur les rochers entre Naples & Rome, à *Terracina* & encore fur les vieux murs autour de Rome.

La *Silene gallica* fur les champs.

Le *Cheiranthus cheiri* fur toutes les ruines.

La *Fumaria capreolata* fur tous les clos de pierres.

La *Coronilla fecuridaca* dans les prairies.

La *Lapfana rhagadiolus*; cette plante eft commune.

La *Valantia muralis* fur de vieux murs.

La *Targionia hypophylla* vient aux environs de *Frafcati.*

La *Riccia glauca* croît dans quelques allées, qui font fur la droite dans le jardin de la *villa Ludovici.*

La *Tremella noftoc* eft abondante fur les prairies de la *villa Borghefe.*

Il y a fur les tiges des arbres & des haies différents *Mnia, Brya, Hypna, Agarici, Boleti, Lycoperda, Mucores, Byffi* & de petites *Lichenes*, dans le petit bois touffu de faules & dans la pépiniere, près de l'entrée ordinaire de la *villa Borghefe.*

La *Marchantia cruciata* fe voit fur les pierres des murs, qui environnent les jets d'eau de la *villa Ludovici* &c.

La *Chara vulgaris*, l'*Ulva Linza* & plufieurs autres fortes d'*Ulva* fe trouvent dans les réfervoirs ou baffins de différentes campagnes ou jardins.

Le *Palmier* ou *Phœnix dactylifera*, *Agave Americana* & *Cactus opuntia* fupportent le climat de Rome, auffi bien que celui de Naples; ils viennent fans foins en pleine terre, quoiqu'ils ne foient pas en fi grand nombre qu'autour de la ville de Naples & dans la partie plus méridionale de ce royaume.

Les haies artificielles, clos & allées des beaux jardins & des maifons de campagne ou villes des environs de Rome font formées d'arbres & d'arbriffeaux toujours verds, dont le plus grand nombre eft encore en fleur ou a déjà fleuri. Les voici;

Prunus Laurocerafus.

Laurus nobilis.

Arbutus Unedo; cet arbufte croît auffi fur les monts Euganiens dans le Padouan fans culture, & on en mange le fruit, qui reffemble à de groffes fraifes.

Piſtacia Lentifcus.

Bignonia radicans fleurit plus tard.

Juniperus Sabina.

Viburnum Lantana.

Taxus baccata.

Cupreſſus fempervirens.

Myrtus communis; il fleurit plus tard.

Buxus sempervirens; ce buis n'y est pas seulement sous la forme d'abrisseaux, mais sous
celle de vrais arbres.

Cercis siliquastrum; on s'en sert moins pour les
haies, qu'il ne le mérite par sa beauté; cet
arbrisseau vient cependant de lui-même hors
de la *porta del Popolo*, sur le mur *Storto* &
vers l'entrée de la *villa Borghese*. Ses fleurs
couleur de fleur de pêcher flattent infiniment
la vue.

Citrus medica &

Citrus aurantium, qui fleurissent plus tard.

Thuja occidentalis & orientalis.

Ligustrum vulgare.

Philadelphus coronarius fleurit plus tard.

Staphylea pinnata.

Jasmini variæ species fleurissent plus tard.

Punica granatum fleurit plus tard.

Phillyrea angustifolia & latifolia.

Le mélange des arbres à feuilles larges avec
les arbres toujours verds augmente beaucoup la
beauté des jardins & de la campagne de l'Italie.

On peut compter au nombre de la premiere
classe d'arbres les *Quercus ilex*, *Quercus suber*,
Quercus ægilops, *Quercus robur*, *Platanus orientalis* & différents *Aceres*, *Populi*, *Betula alba*, *Betula
alnus*, *Carpinus betulus*, *Carpinus ostrya*, *Ulmus
campestris*, *Æsculus hipocastanum*, *Fagus sylvatica
& Fagus castanea*.

Il faut ranger dans la feconde claffe les *Pinus
fylveftris*, *Pinus abies*, *l'inus picea*, *Pinus larix* &
Cupreffus fempervirens. L'Italie eft la patrie de
tous ces arbres; ils y viennent tous d'eux mêmes.

Le jardin botanique *Giardino de' femplici*, qui
appartient à l'univerfité de Rome ou au college
de la Sapience, eft vafte & riche en plantes étrangeres; mais fon arrangement n'eft pas des plus
fymmétriques. Le directeur de ce jardin eft un chi-
rurgien, qui fe nomme LIBERATO SABBATI. L'abbé
MARATTI, profeffeur de botanique de l'univerfité, y donne fes leçons en été; ces deux favants
travaillent au *Theatrum horti Romani*, ou à une
defcription avec des planches enluminées des
plantes les plus utiles, les plus belles & les plus
rares, qui fe trouvent dans leur jardin de botanique. La premiere partie de cet ouvrage vient
d'être achevée; on la trouve chez BOUCHARD &
GRAVIER à Rome en grand format d'atlas, enlu-
minée, pour cinq fequins romains, & non en-
luminée pour deux fequins par foufcription; les
couleurs en font quelquefois trop vives; les figures font bien imitées; mais la partie de la géné-
ration eft presque partout négligée, parceque ces
deux auteurs, bien loin d'être partifans du fyfteme
de LINNÉ, fuivent celui de TOURNEFORT; Mr.
MARATTI eft connu par le petit écrit, qui a pour
titre: *Defcriptio de vera florum exiftentia, vegeta-*

tione & forma in plantis dorsiferis seu epiphyllo sper-
mis, vulgo capillaribus a J. F. MARATTIO *&c. Ro-*
mæ 1760. Mr. ADANSON de Paris a critiqué cet
ouvrage. Un ami de Mr. MARATTI a fait inférer
dans la vingtieme partie de la *nuova Raccolta d'o-*
puscoli filologici &c. imprimé chez SIMON OCCHI
à Venise, une réponse à Mr. ADANSON sous le
titre de *Botanophili Romani ad Cl. virum* J. C.
AMADUTIUM, *Ariminensem, Epistola, qua Cl. virum*
J. F. MARATTIUM *ab* ADANSONI *censuris vindicat.*
L'ouvrage de Mr. MARATTI est inféré dans le même recueil.

J'ai été à *Ostie*; cet ancien port de mer n'est
plus aujourd'hui qu'un bourg habité par des va-
gabonds, des gens bannis & chassés de Rome,
qui trouvent leur châtiment dans le mauvais air
de l'endroit, où ils sont contraints de demeurer.
On va de *Rome* à *Ostie* par l'ancienne *via Ostiensis*;
elle est pavée de lave noire, très-compacte, qu'on
tire du *monte Albano*, & surtout des environs de
Grotta ferrata. On étoit occupé à réparer le chemin, quand j'y passai; ce qui me donna occasion
de faire une observation très-instructive. Dans
l'intérieur de quelques morceaux de la lave, qu'on
avoit rompue pour combler les trous du chemin,
il y avoit de petites cavités de la grandeur d'une
noix, dont les parois étoient revêtus de cristaux
blancs, demi-transparents, en rayons allongés,

pyramidaux, pointus ou plats ; quelques-uns avoient une légere teinte d'améthyfte : c'eft juftement de la même maniere que les boules d'agathe & les *géodes* font garnies intérieurement de criftaux de quarz. Il étoit impoffible de découvrir fur toute la circonférence intérieure la plus petite fente dans la lave. Ces criftaux étoient de la nature du fchœrl, mais très-durs ; je leur donnerois auffi volontiers le nom de quarz; il y avoit un peu de terre brune fine, & légere comme de la cendre, qui leur étoit attenante.

J'ai confervé un de ces morceaux, parcequ'il me paroît une preuve très-convainquante de la poffibilité de la criftallifation produite par le feu, & je penfe, que c'eft pendant le refroidiffement, que fe forment le grand nombre de criftaux de fchœrl blanc en forme de grenats, qu'on voit en fi grand nombre dans les laves d'Italie.

La route de *Rome* à *Oftie* paffe au travers de cendres volcaniques jufqu'à deux milles d'Oftie, où commence un terrein argilleux, en partie marneux, mais ordinairement fablonneux, dans lequel il y a des écailles de coquilles; cette partie eft un dépôt de la mer.

Les plantes maritimes, que je trouvai bientôt, confirment cette hypothefe; je vais vous les nommer, Monfieur, avec d'autres plantes, que je vis avant d'arriver à Oftie: *Polygonum maritimum,*

Scirpus maritimus, *Scirpus maritimus*, *Vitex agnus castus*, *Triglochin maritimum*, *Clypeola maritima*, *Chelidonium glaucium*, *Tamarix gallica*, *Pistacia lentiscus*, *Myrtus communis*, *Punica granatum*, *Ligustrum vulgare*, *Ceratonia siliqua* & plufieurs autres.

Les ruines de l'ancienne & célebre ville d'*Oftia* fe voient derriere le village, qui porte aujourd'hui ce nom; c'étoit autrefois un port de mer commerçant, où l'on déchargeoit toutes les pierres & les marbres, que les vaiffeaux apportoient d'Egypte pour l'ornement des édifices de Rome; c'eft pourquoi on trouve encore à Oftie une quantité étonnante des plus grands blocs de ferpentine antique, quelques blocs de porphyre rouge &c. Les artiftes de Rome en enlevent une partie.

L'ancienne *Oftia* n'eft plus au bord de la mer; elle en eft au moins à un mille; ainfi la mer s'eft retirée de toute cette étendue de terrein.

Fiumicino eft proprement l'endroit, où le *Tibre* fe jette dans la mer; je n'y ai pas été moi-même; mais Mr. GUETTARD m'a affuré, qu'après avoir paffé le terrein volcanique de la route de Rome, fur la *via Oftienfis*, on trouvoit dans les environs de *Fiumicino* des collines formées de différentes efpeces de cailloux roulés, en maffes ou breche groffiere; il eft vraifemblable, que ces collines

doivent

doivent leur origine à la mer, qui a roulé les cailloux fur l'ancien rivage.

QUATORZIEME LETTRE.

De Rome le 10. Avril 1772.

Vous allez lire, Monfieur, la relation d'une excurfion, que j'ai faite à Tivoli, à Paleftrine & à Frafcati. J'y ajouterai quelques obfervations fur différents diftricts plus rapprochés de Rome. En allant de *Rome* à *Tivoli*, on paffe d'abord fur un terrein formé de cendres ou de tuf volcanique jufqu'à *Caftell' Arcione*, vieux château ruiné, derriere lequel on découvre des ruines & des plantes incruftées par un dépôt calcaire (*ofteocolla*) ; cette incruftation provient du débordement du petit *lago de' Tartari*, fitué fur la gauche du chemin ; les eaux de ce lac ont une forte odeur de foie de foufre. Les parties calcaires, qui y font fufpendues, viennent des fonds ou des Appennins fitués dans le voifinage. La cendre volcanique eft presque généralement couverte d'un dépôt calcaire depuis le *lago de' Tartari* jufqu'à *Tivoli*. Ce dépôt forme de vrais *ofteocolla* aux endroits, où il a rencontré des tiges, des racines & différentes autres parties de plantes, ainfi que des brouffailles, comme aux environs du *lago de' Tartari*.

Le *lago de' Tartari* ne produit pas lui feul toutes

T

ces incruftations; les eaux calcaires, qui defcendent de *Tivoli* & des Appennins & plufieurs eaux
dormantes ont la même vertu *a*).

En allant un peu plus loin, toujours fur la
gauche du chemin de *Rome* à *Tivoli*, on arrive à
la *Solfatare*, *lago di Zolfo* ou *lago de' Bagni*. Les
eaux de ce lac fentent très-fort le foie de foufre;
elles font froides; on y voit des bulles d'air auffi
confidérables, que fi elles étoient en ébullition *b*),
fur-tout lorfqu'on y jette des pierres; ces eaux
peuvent avoir cinquante pieds de profondeur.
C'eft fur ce lac que flottent des isles, dont tous
les voyageurs parlent. Ces isles font couvertes

---

a) Le *Tévérone* même, que ces eaux rencontrent, a cette
propriété. Quand ces eaux dépofent leur terre calcaire fur
un terrein uni, une couche fuccede à l'autre; la terre fe durcit; il en réfulte enfin une pierre épaiffe, qui fert de pierre
de taille à Rome, & qu'on nomme *Travertino*. Voyez ce
qu'en dit ci-deffous notre auteur.

Mr. DE LA CONDAMINE eft dans l'erreur, quand il prétend (*Mém. de l'acad. des fciences année* 1757, p. 380),
que le *Lapis Tiburtinus* ou le *Travertino* eft volcanique; il
a confondu cette pierre avec le *Peperino*.

b) Mr. l'abbé NOLLET plongea le thermometre de Mr. DE
REAUMUR dans ces eaux; il fe fixa à 20 degrés au-deffus de
la congélation; la chaleur de l'athmofphere étoit à 16 degrés.
Ce lac a 30 ou 40 toifes de largeur tout au plus. Les bulles
d'air, qu'on y voit, proviennent, felon toutes les apparences,
de petites portions d'air, ou de vapeurs dilatées, qui s'élevent du fond à mefure que l'eau y arrive. *Mém. de l'acad.
des fciences année* 1750.

d'herbes & de jonc, le vent les promene d'un bord du lac à l'autre *c*). Il fort du *lago de' Bagni* un petit ruiſſeau, qui produit les pierres figurées, connues fous le nom de *Confetto di Tivoli*. Le pays eſt plat depuis la Solfatare juſqu'au pied de la montagne, fur laquelle eſt fitué *Tivoli d*). Cette montagne eſt calcaire, & fait partie de l'Appennin; du côté du vallon fa fuperficie eſt couverte d'un dépôt calcaire très-épais, qui doit fans doute fon origine aux eaux de l'Appennin, qui parcourent cette montagne calcaire & celles du voifinage, & fe jettent dans le vallon, qu'elles

***

c) On fuppofe, que ces isles proviennent d'un limon raréfié par le foufre, élevé à la furface des eaux par les bouillons; mais Mr. l'abbé NOLLET en donne une raifon plus naturelle; il penfe, que ce font des portions du terrein même des bords, lesquelles, après avoir été minées par-deſſous, fe font détachées du continent. Cette terre flotte, parcequ'elle n'eſt qu'un tiſſu de racines & de joncs. Il paroît qu'une grande partie du terrein aux environs de ce lac eſt creufe; le trot des chevaux, le roulis des carroſſes, & même la marche des piétons fait retentir la terre, comme cela arrive fur le plancher de la Solfatare de Naples. Nous avons en France des isles flottantes dans les marais de *St. Omer*.

d) Les cafcades de *Tivoli* font renommées. Tous les écrivains en font mention: l'abbé GUENÉE en parle tranfitoirement dans les *Mémoires* de Mr. GUETTARD. J'obferverai feulement, qu'il y a des forges au-deſſous de cette cafcade, que le feu y eſt excité dans les creufets d'affinage par des trompes. La chûte & la rapidité des eaux rend leur effet prodigieux.

T 2

couvrent de leur dépôt jufqu'au *Caftell' Arcione.*
On a pratiqué des deux côtés de la montagne,
qui conduit dans *Tivoli*, des canaux pour l'écoulement de ces eaux. La montée eft couverte d'un
dépôt calcaire feuilleté & ondulé, comme le font
les pierres de *Karlsbad*, qu'on appelle *Sprudel-
Stein.* On y trouve auffi de grands morceaux
d'*ofteocolla*, c'eft-à-dire des racines, des branches,
des troncs d'arbres incruftés, foit que le dépôt
calcaire les ait remplacés, lorsque la putréfaction
les a détruites, foit qu'ils aient été pétrifiés par les
eaux calcaires, qui les ont entiérement pénétrés.

Pour aller de *Tivoli* à la *villa Adriana*, on
redefcend la montagne, & on paffe enfuite fur du
tuf volcanique, qui n'eft point couvert d'un dépôt calcaire, & qui s'étend jufqu'à la *villa A-
driana.* Les murs des ruines de ce monument
antique font bâtis de ce tuf en *opus reticulatum.*
Il y a même du tuf volcanique à la montagne de
Tivoli; il provient apparemment des éruptions
des volcans voifins. Les eaux l'ont caché fous
leur dépôt calcaire. On le voit cependant non
loin de la bafe de la montagne, à la droite du
chemin, en montant dans un creux près du pont,
qui traverfe la riviere; ce qui prouve, que le dépôt calcaire eft pofé fur le tuf volcanique, que
les volcans voifins avoient vomi fous la forme de
cendres.

La *pietra Travertina* eſt une pierre à chaux poreuſe, que les eaux calcaires des Appennins dépoſent ſur les côtes & au pied des montagnes des environs de *Tivoli*. On ſe ſert de cette pierre à *Rome*, à *Tivoli* & en divers autres endroits pour bâtir; on nomme en général dans toute l'Italie la pierre calcaire poreuſe *Travertino*, dans quelqu'endroit qu'elle ſe trouve; mais originairement ce nom n'appartient qu'à celle, que l'on tire des grandes collines, qui ſont à trois milles de *Tivoli*, au pied des montagnes calcaires de l'Appennin.

On brûle en plein air, & non dans des fours, les morceaux qui ſe détachent de cette pierre quand on la taille, pour les convertir en chaux.

La *grotta di Nettuno* eſt un ſouterrain profond, creuſé dans la montagne de Tivoli, au travers duquel paſſent *e*) les eaux de la grande caſcade du *Tévérone*, pour ſe jetter dans *Tivoli*. L'eau du Tévérone dépoſe auſſi une pierre calcaire, & il eſt vraiſemblable, que beaucoup de montagnes de *Travertino* doivent leur formation aux anciens débordements de cette riviere, ou à une plus grande largeur de ſon lit.

T 3

---

e) Les eaux du *Tévérone*, qui paſſent dans ce ſouterrain, ſont contenues dans des canaux de pierre; elles y laiſſent un tuf calcaire formé de petites couches ondulées, qui font un bon effet, quand on donne à cette pierre le poli, dont elle n'eſt cependant pas généralement ſuſceptible.

Il fe précipite du haut de la montagne de Tivoli de petites cafcades (*cafcadelle*); pour les bien
voir, il faut aller par un chemin tournant, qui
conduit vis-à-vis de leur chûte. On voit à la
droite de ce chemin, dans des montagnes de pierres calcaires très-compactes, plufieurs petites couches minces, horizontales, de pierre à fufil, d'un
gris blanc, de deux à trois pouces d'épaiffeur,
qui alternent avec les couches calcaires; une partie de ces pierres eft encore calcaire & l'autre convertie en cailloux.

Il faut defcendre la montagne de *Tivoli* fur le
dépôt calcaire, pour aller à *Paleſtrine*; quand on
eft à la hauteur de la *villa Adriana*, on trouve du
tuf volcanique, hors duquel la pluie a lavé une
grande quantité de petits criftaux de fchœrl noir,
qui rendent tout le chemin brillant au foleil. On
a à la droite les Appennins & à la gauche les collines élevées & volcaniques de *Frafcati*. *Paleſtrina*
eft fituée fur une montagne calcaire feuilletée ou
fchifteufe de la chaîne des Appennins. On conferve dans le château de Paleftrine le fameux morceau de mofaïque antique, qui faifoit partie du
pavé du temple de la fortune. Il y a encore dans
cette mofaïque des pierres bleues, qui doivent
leur couleur au cobolt.

Quand on a defcendu la montagne calcaire de
Paleſtrina, allant de *Paleſtrina* à *Frafcati*, on fe

trouve fur un tuf volcanique mêlé de beaucoup
de petits criftaux de fchœrl, en forme de grenats, d'un blanc de farine; on y voit auffi de
grands blocs de lave noire, jettée par les volcans
voifins; ainfi que du mica de fchœrl, c'eft-à-dire
du fchœrl feuilleté, noir ou verdâtre; le chemin
étoit couvert d'affez grands criftaux de fchœrl
noir, que la pluie avoit détachés de leur matrice.
Toute cette partie forme une plaine de 8 à 9 milles d'étendue, coupée par de très-petits monticules, & dont tout le terrein n'eft compofé que de
cendres ou de tuf volcanique; mais avant d'arriver
à *Frafcati*, il faut monter des montagnes de tuf
affez élevées, comme les monts *Algido* & *) *Porcio*. Ces hautes montagnes de tuf volcanique s'é-
tendent en une même chaîne du côté de *Marino*,
d'*Albano f*), de *Genfano* & jufqu'à *Velletri*. Elles
décrivent un cercle, & rejoignent le *monte Algi-*

T 4

---

*) Avant d'arriver au *monte Porcio*, on voit un grand
torrent de lave noire venant de la montagne qui eft à la gauche du chemin.

f) Mr. DE LA LANDE rapporte au cinquieme tome de fon
voyage en Italie, qu'il croit aux environs d'*Albano* un champignon à tête ronde, qui a quelquefois un pié de diametre.
& qui eft fi délicat qu'il eft refervé pour la table des princes
Lorfque les habitants en apperçoivent, ils font obligés de les
garder nuit & jour, jufqu'à leur parfaite maturité. On juge
bien qu'on emploie tous les moyens pour éviter cette corvée.

do &c. par le *monte dell'Arriano*; cette circonférence renferme tout le *monte Cavo* ou *Albano* &
d'autres montagnes volcaniques attenantes, le *lago
di Nemi* & le *lago di Caftello.* Pour que vous
puiffiez, Monfieur, vous former une idée de la
fituation des endroits, que je viens de vous nommer, il faudroit vous procurer la carte géographique du *Latium* par AMETI, *pars I. maritima.*

La *Rocca di Papa* eft un petit bourg élevé,
fitué au fommet d'un torrent de lave noire, entre
Frafcati & le *monte Cavo* ou *monte Albano* des anciens. On voit en montant & en defcendant cette
montagne d'anciens chemins pavés de lave; le
monte Albano ou *monte Cavo* eft formé de cendres
ou de tuf volcanique gris, ou d'un brun jaune
mêlé de petits criftaux de fchœrl blancs farineux;
de pouzzolane & de ponce rouge; de cendres
endurcies d'un gris verdâtre, qui renferment du
fchœrl noir en feuilles, quelquefois des criftaux
en forme de grenats blancs & de petites pierres-
ponces; on a nommé ce tuf *Peperino* *); enfin de
lave poreufe & de lave noire compacte, dans la-

---

*) J'ai trouvé dans le *Peperino* du *monte Albano* quelques
morceaux de quarz blanc avec du mica de fchœrl en grands
cubes ou de blende de corne (*horn-blende*); ce quarz reffemble au granit noir antique, mais la chaleur l'avoit rendu friable & l'avoit fait éclater.

quelle il y a quelquefois des criſtaux de fchœrl
blancs en forme de grenats.

Ces laves & ces cendres ſont poſées les unes
ſur les autres ſans ordre, comme elles ont été
vomies par le *monte Cavo* & les autres volcans de
cette contrée; la lave & le *Peperino* contiennent
des morceaux plus ou moins grands de pierre à
chaux calcinée; on trouve ſur le chemin en montant la montagne beaucoup de gros morceaux de
pierre calcaire, du fchœrl feuilleté & du mica
proprement dit; ces matieres ont été vomies autrefois des entrailles de la montagne.

Vous voyez, Monſieur, que les produits volcaniques du *monte Albano* ſont de la même nature
que ceux du Véfuve; on jouit du haut de cette
montagne d'une vue ſuperbe, qui s'étend ſur la
plaine juſqu'à la mer; on y découvre Terracina,
Rome, le Tibre & les environs, le *lago di Nemi*
& le *lago di Caſtello* ou d'*Albano*, qui ſont au pied
du *monte Cavo*; ces deux lacs ſont ovales & ſépa-
rés l'un de l'autre par une hauteur, qui peut avoir
deux milles de largeur; il eſt inconteſtable, que
ces deux lacs ont été des crateres d'un ancien volcan, & comme on ne voit point les veſtiges d'une
bouche au *monte Albano* & aux autres hautes montagnes de cendres & de laves; il paroît, que toutes celles, qui environnent ces lacs, ne ſont que
des parties de la circonférence de l'ancien volcan,

T 5

qui doit avoir été d'une hauteur prodigieufe, que ces parties font reftées fur pied, lorsque le volcan s'eft écroulé, & que les deux lacs fe font formés dans le centre de la montagne, à la place même, où fe faifoient auparavant les éruptions.

Je vais vous donner, Monfieur, une petite defcription géographique, avec le fecours de laquelle vous pourrez vous former une idée de la fituation du *monte Cavo* & de fes dépendances.

Le *monte Albano* eft environ à douze milles de Rome; fa bafe & ce qui y eft attenant peut avoir feize milles de circonférence; cette montagne eft divifée, ainfi que le Véfuve, en deux parties principales, c'eft-à-dire en *montes Tufculani* & *montes Albani.*

Les *montes Tufculani* font au *monte Albano*, ce que le *Somma* eft au Véfuve.

Les *montes Albani* ont les deux fommets les plus élevés, favoir 1) le *monte Cavo* ou *monte Albano*, fur lequel étoit un temple de figure ronde, dédié à Jupiter Latial, bâti de tuf volcanique mêlé de criftaux de fchœrl blancs en forme de grenats; on en voit encore les ruines. Le *Narciffus poëticus* vient en grande abondance fur le côté de cette montagne, vers le lac d'*Albano* & dans les environs à quelques milles à la ronde. 2) Le *monte Algido*, duquel HORACE fait mention.

Les collines, qui environnent le *monte Cavo*,

toutes formées de cendres volcaniques, de *Peperino* &c., sont nues & dépourvues de bois comme la colline des Camaldules près du Vésuve ; le *monte Porcio* (*villa Porciorum*), le *monte Compatro*, le *monte Colonna* (*Columen*), qui est détaché · du corps de la montagne, & la montagne, sur laquelle est *Civita Lavigna* (*Lanuvium*), sont au nombre de ces grandes collines.

Le *monte Cavo* est isolé, le *lago d'Albano* (*Albanus*) ou *di Castell' Gandolfo*, & le *lago di Nemi*, *lacus Dianæ*, *speculum Dianæ* ou *lacus Aricinus* sont dans le vallon, qui est au pied du *monte Cavo*. C'est vraisemblablement sur le dernier de ces lacs, que les anciens donnoient des fêtes dans des jardins flottants établis sur des bateaux ; on y a trouvé nouvellement des tuyaux de plomb marqués du nom de TIBERE ; à une extrêmité de ce lac est une petite plaine plantée d'arbres fruitiers, & on voit d'un autre côté au-dessous de la ville de *Nemi* quelques moulins mus par plusieurs sources. L'une de ces sources doit sa naissance aux larmes, que la Nymphe EGÉRIE a versées à la mort de NUMA.

Sur le bord du *lago d'Albano* sont situés *Castell' Gandolfo*, *Palazzuolo* & la ville d'*Albano* (*Albanum* SUETONII *in vita* NERONIS).

La ville de *Nemi* & *Genfano* (*Cinthyanum*) dominent sur le lac de *Nemi*. Il y a près de *Genfano* un couvent de Capucins, dont la situation est délicieuse.

Velletri eſt ſitué au pied de la montagne d'*Al-bano*, du côté des marais Pontins.

Marino, *Fraſcati*, *Rocca di Papa* ſont du côté de Rome.

'*Rocca priora* eſt bâti ſur le ſommet le plus élevé des monts Tuſculans, vis-à-vis de la crête du *monte Algido.*

Ricca ou *Aricia* eſt ſitué entre *Albano* & *Genſano*.

La cendre volcanique, 'qui a été lancée du volcan d'*Albano* lors des éruptions, a volé juſqu'à *Poli*; cet endroit eſt dans les Appennins environ à huit milles du *monte Cavo.*

Le *lago di Regilla* eſt au bas de la colline de *Colonna*; ce lac étoit auſſi un cratere.

Il eſt poſſible, que le *lago di Caſtiglione* ait été un autre gouffre; c'eſt le plus éloigné du corps ou du centre du volcan d'*Albano.*

Les carrieres du *Peperino*, dont on ſe ſert à Rome pour bâtir & pour les ſtatues, ſont à *Marino.*

La lave noire compacte du volcan d'*Albano*, qu'on nomme *Selce*, ſe tire du voiſinage de la ville d'*Albano*, *alle Fratocchie*, *alla cavà de' Selci.* On ſe ſert de cette lave à Rome & dans les lieux circonvoiſins pour bâtir, pour paver les rues & les grands chemins, pour des ſtatues modernes & pour reparer d'anciennes ſtatues de baſaltes oriental; alors on honore cette lave du nom de bafalte occidental. Quelquefois on trouve dans cette lave des criftaux blancs en forme de grenats; mais on ne fe fert pas de celle - là. Il y a auffi dans la lave d'*Albano*, comme dans celle du Véfuve, du fchœrl noir & des grains de cailloux verdâtres & jaunâtres.

On lit dans DENIS D'HALICARNASSE, qu'un roi d'Albe, fcélérat, a été englouti avec fon palais dans le *lago d'Albano*, & TITE LIVE Liv. I. No. 31. dit: "Nunciatum eft regi patribusque in „monte Albano lapides pluiffe. Miffis ad vifen- „dum id prodigium in confpectu cecidere lapides, „vifi etiam audire vocem ingentem ex fummi ca- „cuminis lucu &c.; ce lucus étoit au *monte Cavo g*).

L'an 398 avant J. C. pendant le fiege de *Véju*, le lac d'Albano déborda & caufa une inondation, qui fit beaucoup de dégât *h*). On confulta l'o-

---

g) Il eft à propos de rapporter ici un autre paffage de TITE-LIVE, Liv. XXV. no. 7, qui prouve que l'an de Rome 540 ou 212 avant J. C. il y eut encore une éruption au *monte Albano*.

„Tempeftates fœdæ fuere. In Albano monte biduum con- „tinenter lapidibus pluit. Tacta de cœlo multa: duæ in capito- „lio ædes: vallum in caftris multis locis fupra Sueffulam, & „duo vigiles exanimati. Murus turrefque quædam Cumis non „ictæ modo fulminibus, fed etiam decuffæ. Reate faxum in- „gens vifum volitare: fol rubere folito magis, fanguineoque „fimilis ".

h) Voici ce qu'on lit dans TITE-LIVE Liv. V. no. 15 „in „unum omnium curæ verfæ funt, quod lacus in Albano ne-

racle de Delphe, qui répondit, que l'on devoit faire un canal d'écoulement; fi on fuivit l'oracle, il n'eft gueres poffible, que le canal, qu'on y voit encore aujourd'hui, foit le même, parcequ'il tient les eaux de ce lac trop au-deffous du niveau du terrein, pour que les propriétaires des champs d'*Albano* aient pu s'en fervir, pour arrofer leurs terres, comme ils l'ont fait du temps d'AUGUSTE, au rapport de DENIS D'HALICARNASSE; d'où il fuit, que le canal d'écoulement, qui exifte encore aujourd'hui, n'a été fait que fous les fucceffeurs d'AUGUSTE; on dit, que le *lago d'Albano* a 360 pieds (*cubiti*) de profondeur. Il eft rempli de grandes anguilles.

On voit à côté du *lago d'Albano* les ruines d'un temple de Diane; il y en avoit un pareil près du *lago di Nemi.*

J'ai été du *monte Cavo* par *Genfano* à *Rezia* ou *Riccia*, autrefois *Aricia*; de-là j'ai traverfé un pays délicieux. J'ai paffé une colline volcanique, dont la pente eft douce; elle décrit une courbe autour d'une partie du plat pays, & forme une efpece d'amphithéatre; peut-être font-ce les reftes d'un ancien gouffre de volcan. Je fuis arrivé à la ville

---

„more, fine ullis cœleftibus aquis cauffave qua alia, quæ rem „miraculo eximeret, in altitudinem infolitam crevit".

Ces eaux n'ont fans doute été élevées que par les efforts d'un feu fouterrain.

d'*Albano*, de-là à *Marino*, & fuis retourné à Rome au travers d'un pays plat, où il n'y a du moins que de petites hauteurs; le terrein n'eft compofé que de cendres volcaniques presque toutes d'un brun jaunâtre, de pierres-ponces, de petits morceaux de laves & de petits criftaux de fchœrl farineux ou décompofés en forme de grenats *i*).

Les environs de Rome font généralement de la même nature; on y trouve feulement quelques collines calcaires, formées de pierres calcaires blanches poreufes, de marne blanche, grife ou jaunâtre, & de coquilles de mer, comme on le voit hors de la porte *del Popolo*, en allant à la *villa Papa Giulia* & jufqu'à l'*acqua Acetofa* *); du

---

i) Il faut rendre la juftice à Mr. FERBER qu'il eft le premier qui foit entré dans un détail auffi circonftancié fur les volcans des environs de Rome; ce n'eft point qu'on ne fût très-bien avant lui, que toute cette contrée étoit volcanique; mais on n'en avoit parlé que fuperficiellement. Mr. DE LA CONDAMINE, dont les yeux étoient exercés à diftinguer les productions des volcans, reconnut fans peine que tout le canton que décrit Mr. FERBER avoit éprouvé les effets du feu; il regarda le lac d'*Albano* comme une bouche de volcan, dans laquelle les eaux s'étoient accumulées: il attribua la même origine aux lacs qu'il rencontra fur la route de Rome à Florence; *Mém. de l'acad. des fciences année* 1757. On ne trouve fur les bords du lac d'*Albano* qu'un fable noir attirable par l'aimant, ou de la lave réduite en pouffiere.

*) Mr. MASSIME jeune & habile médecin a publié une analyfe ou examen chymique de ces eaux, qui eft très bien fait.

côté oppofé eft la colline du vatican, dont le monte *Mario* eft la continuation.

On découvre très-bien la fuite de ces collines calcaires à la *Trinité du mont* & à la *villa Medicis* il eft à préfumer, que quelques-unes des fept fameufes collines, fur lesquelles Rome eft bâtie, font calcaires; je décrirai celles de ces collines, que j'ai vues.

Les collines, qui font près de *Papa Giulia* hors de la porte du peuple, font formées d'une terre calcaire lâche d'un jaune grifâtre, remplie d'*ofteocolla* calcaires d'un jaune brunâtre. Autour de l'*acqua Acetofa* *k*) cette terre eft endurcie & convertie en un tuf calcaire d'une confiftence pierreufe.

Le

---

k) *L'acqua acetofa* eft une fource minérale faline & piquante, approchant comme les eaux de *Selz*, mais moins forte; les romains en font grand cas, elle eft apéritive. Cette fource formoit, avant qu'on l'eut découverte, des marais, car elle fort au deffous du niveau du *Tibre:* le bruit qu'elle occafionnoit, en fe faifant jour au travers de la fange, l'a fait découvrir. On a commis la faute de placer la fontaine à l'endroit même où la fource a été découverte, de maniere qu'elle n'a gueres plus d'écoulement, qu'elle n'en avoit précédemment; elle eft toujours environnée d'un bourbier qui infecte l'air, & les eaux en ont fouvent un petit goût. Il étoit facile de donner jour à la fource dans une partie plus élevée. La fuite de collines qui eft en face du *monte Mario*, du coté de l'*acqua acetofa*, renferme du bois foffile: *Mém. étrang. de l'acad. des fciences: T. V. p.* 388.

Le *monte Mario* eſt compoſé d'une terre calcaire d'un jaune griſâtre, mêlée d'un peu d'argille, par conſéquent marneuſe ; on voit à découvert un très-grand banc d'huitres & au-deſſus une quantité de petites bivalves, univalves, balanites & échinites détachées & diſperſées dans cette terre. Au-deſſus eſt un ſable marin d'un brun rouſeâtre. On peut vérifier ce que je vous dis ici, Monſieur, en allant à pied de *Rome* à la *villa Mellini* & à la *villa Madama*, ſituées ſur le *monte Mario*; le chemin, qui y conduit, étant coupé profondément dans cette montagne.

On trouveroit vraiſemblablement au *monte Mario* pluſieurs autres lits de coquilles dans une plus grande profondeur *k*).

---

k) Au bas du *monte Mario* il y a des pierres roulées; les pétrifications les plus abondantes dans cette colline ſont les tellines, les huitres, les pétoncles, les cœurs de bœuf, les ſpondyles &c. Celles de ces bivalves, qui ſont exactement fermées, ſont revêtues intérieurement de petits criſtaux calcaires. On trouve auſſi au *monte Mario* des eſpèces de brèches de galets marneux, réunis par un ciment très-dur Mr. l'abbé MAZE'AS *Mém. étrang. de l'acad. des ſciences T. VI.* a décrit en vrai minéralogiſte le *monte Mario* Il ne douté point, comme de raiſon, que cette colline ne doive ſa formation à un dépôt ſucceſſif de la mer; il raconte même qu'ayant fait enlever dans une grotte, d'où il ſort des eaux, les ſtalactites, que ces eaux y avoient dépoſées, il avoit vu un ſédiment noirâtre, pareil, par l'odeur & la couleur, à la vaſe

Il suit de ce qui précede, que le *monte Mario* & les autres collines de cette espece, dont je vous ai parlé, sont un dépôt de la mer, & que les incruftations, qui se trouvent dans quelques-unes de ces collines, ont été produites après par les eaux extérieures, qui ont pénétré dans la terre.

Ces collines calcaires marneuses & sablonneuses, renfermant des coquilles de mer, & par conséquent dépofées par la mer, qu'on voit à Rome & autour de ses murs, n'étant qu'à une petite distance & séparées seulement par un vallon couvert de cendre volcanique de la chaîne des Appennins calcaires; il est permis de croire, que les montagnes calcaires s'étendent dans le vallon, qui est entre Rome & *Tivoli* sous les produits volcaniques, & qu'elles reparoissent à Rome, ce qui se rapporte à la remarque de Mr. ARDUINI, c'est-à-dire, que ces collines ont avec les Appennins le

---

de la mer; que ce fédiment étoit chargé d'un amas prodigieux de pétoncles. J'observe à cette occasion, que Mr. l'abbé MAZE'AS donne aux galets marneux le nom de pierre *ienticulaire*; ce qui fait encore une de ces confufions que j'ai relevée déjà plusieurs fois; les pierres *lenticulaires* sont des corps marins pétrifiés, dans la claffe desquelles sont comprifes les *numifmales*.

Il me paroit encore, que Mr. l'abbé MAZE'AS a ignoré que la pouzzolane fût un produit volcanique; il la compare au fable, car il la cite comme une preuve que les fables extrémement fins prennent de la confistance dans la mer.

même rapport, que les *montes tertiarii* ont avec les *montes fecundarii* du Vicentin.

Il fuit encore de cette obfervation, que les volcans de l'état eccléfiaftique fe font fait jour au travers des montagnes calcaires, & que les matieres, qu'ils ont vomies, ont enfeveli les cantons les plus bas, & n'ont laiffé à découvert que les collines les plus élevées. La quantité de morceaux de pierre à chaux, qu'on trouve dans le *Peperino*; la lave & le tuf jaunâtre de ces volcans; l'effervefcence, que fait ce tuf avec les acides; les morceaux de pierres détachées, que l'on voit au *monte Albano*, auffi bien qu'au Véfuve, fortifient cette opinion. Les eaux calcaires, qui découlent des Appennins, & les débordements des marais, qui fentent le foie de foufre, & qui par conféquent contiennent des parties calcaires, comme le *lago de' Tartari* & le *lago de' Bagni*, ont dépofé une nouvelle couche calcaire, qui couvre les produits volcaniques, comme je l'ai obfervé en vous parlant de *Tivoli*.

A l'exception de ce petit nombre de collines calcaires, les environs de Rome font volcaniques & couverts de cendres d'un brun jaunâtre généralement lâches & peu liées; elles rendent le même fervice que la pouzzolane; on en prend beaucoup près de Rome hors de la porte *di S. Paolo*; on la conduit fur le Tibre à *Civita Vecchia*, &

de-là dans différentes parties de l'Europe, où on
la mêle avec de la chaux pour maçonner dans l'eau.

Le *monte Verde*, fitué hors de la *porta Portefe*
à main droite du grand chemin, eft formé de tuf
volcanique, qu'on emploie à Rome pour bâtir.
Cette colline eft percée de beaucoup de carrieres
& d'allées fouterraines; fon afpect eft vraiment
pittoresque; le tuf y eft difpofé par couches, dont
la féparation n'eft pas diftincte, & qui fe fuccedent dans l'ordre fuivant, en commençant par le
haut de la colline.

1) Du tuf marneux, d'un jaune grifâtre, par-
femé de taches blanches, rondes, farineufes, provenant de criftaux de fchœrl en forme de grenats calcinés ou décompofés. Ce tuf eft calcaire; car il fait un peu d'effervefcence avec les
acides; mais il eft en même temps un peu argilleux & gluant; ce qui provient probablement d'un
mélange de parties hétérogenes, ou peut-être
d'une forte de diffolution de la cendre par l'a-
ction de l'air. Les acides attaquent les taches
blanches farineufes, mais très-foiblement.

2) Du tuf brun grifâtre, lâche, friable, avec
quantité de petites taches blanches, rondes, de
la même nature que le No. 1. Ce tuf fait auffi un
peu d'effervefcence avec les acides; il a trop peu
de dureté pour qu'on puiffe l'employer pour bâtir.

3) Un tuf non tacheté, d'un brun de terre

d'ombre, affez dur, fans mélange. On voit par-ci par-
là quelques feuilles de fchœrl d'un verd noirâtre.

4) Le tuf ordinaire, dont on fe fert pour bâtir, eft compofé de petits morceaux de tuf gris,
gris jaunâtre, verdâtre & couleur d'ombre, liés
enfemble, de la grandeur d'une noifette, mêlés de
grains de fchœrl noir & de criftaux blancs farineux, en forme de grenats ou de taches rondes,
qui font plus ou moins d'effervefcence avec les
acides. Peut-être quelques-unes de ces taches
font-elles de petites pierres calcaires rondes. On
peut même dire en général, que les acides ont un
peu d'action fur ce tuf. On trouva, il y a quelques années, dans ce tuf un grand offement, qu'on
prit pour une dent de *Cachalot*; le pere JAQUIER en
a fait mention dans un journal; mais la grandeur
de cette dent étant de quatre a cinq pieds, je croirois plutôt, que c'étoit un os ou une dent d'éléphant, que le hazard a placée dans cet endroit,
& qu'elle a été enfevelie par une nouvelle couche
de cendre volcanique; on trouve de temps en
temps dans le tuf du *monte Verde* des cailloux
ronds, qui peuvent y avoir été roulés des endroits
plus élevés & enfevelis fous la cendre; cela eft
d'autant plus probable, qu'il y a aux environs de
Fiumicino des collines formées de cailloux liés enfemble ou d'une breche grofliere *l*).

V 3

---

l) l'Auteur fait mention de tout ce qui regarde l'hiftoire

QUINZIEME LETTRE.

De Rome le 18. Avril 1772.

Je viens de faire un voyage à Civita Vecchia & à la fabrique d'alun de la Tolfa ; mais le mauvais temps m'a empéché d'en tirer parti autant

---

naturelle à Rome ; on pourroit être étonné qu'il n'ait pas parlé du *mons teſtaceus*. Il a trouvé vraiſemblablement que cela n'en valoit pas la peine ; cependant pluſieurs ſavants s'en étant occupés, je ſuppléerai à cette omiſſion de Mr. FERBER. Le *mons teſtaceus*, autrefois *Doliolum*, eſt une colline ſituée près de la porte de St. Paul & de la pyramide de CESTIUS, longue d'environ cent toiſes & haute de 130 pieds, formée de fragments d'urnes, de pots &c. de terre cuite. Les romains employoient ces fragments dans les bâtiments. Il paroît que cet endroit étoit un dépôt, où l'on entaſſoit ces débris, aulieu de les jetter, comme aujourd'hui, dans la riviere, qui ſe comble de jour en jour. On a creuſé dans cette colline des caves & des grottes, dans leſquelles pluſieurs aubergiſtes conſervent leurs vins, d'une fraîcheur plus grande que nos ſouterrains les plus profonds, ſelon les expériences de Mr. l'abbé NOLLET ; quoiqu'on entre preſque de plain pied dans ces caves ; qu'elles s'avancent à peine de dix-huit à vingt toiſes ſous la colline ; que les portes en ſoient grandes, expoſées aux rayons du ſoleil, & ſouvent ouvertes dans la journée : voyez les *Mém. de l'acad. année* 1750. pag. 487. on y ſent mémie une eſpece de vent frais ; ſeroit-ce parceque la terre n'eſt pas aſſez rapprochée pour empêcher l'air de pénétrer, ou n'eſt-ce qu'une propriété de la terre cuite, de ne pas s'échauffer facilement. voyez les *Mémoires de* Mr. GUETTARD Tom. I. p. 385.

que je l'aurois defiré.   Je fortis de *Rome* par la *porta Fabrica*, qui eft du côté de l'églife de St. Pierre & du vatican; je remarquai la continuation de la colline calcaire, fur laquelle eft bâti le vatican, ainfi que le *monte Mario* &c.   Lorsque nous les eumes laiffé derriere nous, le chemin devint pénible par la quantité de fable marin brunâtre.   Il y a des deux côtés du chemin de petites collines de pierre de fable, couvertes de cendre volcanique jaune brunâtre.   Je trouvai à moitié chemin de *Civita Vecchia*, près de l'hôtellerie de *Monterone*, du tuf calcaire fous la terre végétale, qui, à mefure que j'avançois, devint plus compacte, & fe changea en une vraie pierre calcaire. La pierre de fable reparut pour un moment; mais elle ne tarda pas à faire de nouveau place à la pierre à chaux, qui continue jufques près de *Civita Vecchia*.   Le rivage de la mer eft revêtu de fchifte calcaire, mélé d'argille ou même d'un vrai fchifte marneux.   Tout le pays depuis Rome jufqu'à *Civita Vecchia* eft plat, & paroit être un dépôt de la mer.

On compte onze milles de *Civita Vecchia* aux carrieres d'alun de la *Tolfa*: on monte conftamment en traverfant des bois *a*); on voit fucceffivement fur cette route les terreins fuivants:

V 4

---

a) Aulieu d'aller directement de *Civita Vecchia* à la *Tolfa*,

1) Près de *Civita Vecchia* du fchifte marneux, d'un gris blanc & rougeâtre.

je fus dabord à *Corneto*, petite ville fituée à 12 grands milles au nord-oueft de *Civita Vecchia*, à peu de diftance de l'ancien *Tarquinium*. Le terrein, que je traverfai, eft compofé des mêmes variétés de fchifte dont parle Mr. FERBER; je ne trouvai de pierre calcaire, qu'aux environs de *Corneto*. Cette ville eft bâtie fur une colline très-élevée, fes eaux lui viennent d'un aqueduc qui eft au nord; derriere cet aqueduc, à trois quarts de lieue de *Corneto*, eft le *monte Rozzi*, colline calcaire dépofée par la mer, remplie de grandes & belles *oftracites*. En allant de *Civita Vecchia* à *Corneto* je vis peut-être le feul moulin à vent, qu'il y ait dans toute l'Italie.

On avoit propofé de fe fervir de moulins à vent pour deffecher les *marais Pontins*, mais par des raifons d'intérêt on prétendit, que les vents n'étoient ni affez forts, ni affez conftants en Italie, pour en faire ufage; la véritable caufe qui les fait négliger, c'eft, qu'aucun pays de l'Europe n'eft plus abondant en fources & en rivieres que l'Italie.

Les aluminieres font fituées à 11 mortels milles au levant de *Corneto*; cette étendue de pays eft un défert, dans lequel il n'y a pas un hameau; elle appartient à la chambre apoftolique; les fbirres n'ont pas droit d'y pénétrer, & l'on n'y rencontre que des fcélérats échappés des mains de la juftice.

L'endroit même qu'on appelle *aluminiere*, ne contient que les maifons des ouvriers; il eft éloigné de deux milles de la *Tolfa*.

Je revins de l'*aluminiere* à *Civita Vecchia* par la route qu'a fuivie Mr. FERBER. A quelques milles de *Civita Vecchia*, à la droite du chemin, eft une fource bouillante très-fulphureufe, que l'on a arrangée pour des bains, dont on fe fert avec fuccès pour la gale & les maladies vénériennes,

2) Plus loin de la pierre calcaire d'un gris blanchâtre.

3) Du fchifte marneux d'un gris bleuâtre ou couleur de perle.

4) De la pierre calcaire.

5) Un vrai fchifte argilleux gris noirâtre & gris bleuâtre ; il eft en quelques endroits pénétré de parties ferrugineufes, qui le rendent noir & dur.

6) De la marne blanche ou rougeâtre aſſez ferme plus ou moins calcaire, & enfin

7) Des montagnes très-hautes, blanches, argilleufes, compactes & non fchifteufes. A peine peut-on y remarquer quelques fentes horizontales. C'eft de cette argille blanche, qu'on tire l'alun de Rome.

Les remarques, que je viens de vous communiquer, vous prouvent, Monfieur, que tout le

---

On appelle ces eaux *acque Tanfi :* elles font environnées de ruines, qui s'étendent fort loin, & paroiſſent être celles d'un petit bourg.

Mr. FERBER ne fait point mention de la grotte des ferpents, qui doit être aux environs de *Civita Vecchia*, dont parle le P. LABAT ; felon cet écrivain les ferpents y lechent les pieds aux malades & les guériſſent.

Mr. GUENÉE (voyez les *Mém. de Mr.* GUETTARD) attribue les bons effets de cette grotte aux vapeurs fulphureufes qui en émanent ; peut-être n'eft-elle plus connue aujourd'hui fous le même nom ; je m'en fuis informé à *Civita Vecchia ;* perfonne n'a pu me dire, où étoit cette grotte.

pays depuis *Civita Vecchia* jufqu'à la *Tolfa* eft calcaire, mais qu'il eft plus ou moins mêlé d'argille.
Il n'y a que le terrein de fchifte argilleux du No. 5,
qui s'étend peut-être fur le côté, qui foit abfolument dépourvu de toute partie calcaire. Les
montagnes alumineufes du No. 7. contiennent fi
peu de parties calcaires, qu'on ne peut point les
regarder comme parties conftituantes de ce terrein
argilleux; le peu de terre à chaux, qu'il contient, fe décele à la *Tolfa* dans la fabrication;
elle fe fature d'acide vitriolique, & produit un
peu de félénite.

Il m'a été impoffible, Monfieur, d'obferver
le rapport de la pofition de ces couches entre elles, fi elles font placées au-deffus ou à côté les
unes des autres. Je n'ai pu reconnoître, fi la
maniere, dont elles fe fuivent à la furperficie du
terrein, ne provient que de quelques variétés
dans les mélanges, ou s'il en eft de même dans
ce canton, que dans d'autres contrées de l'Italie;
c'eft-à-dire, fi la pierre à chaux eft pofée fur le
fchifte argilleux ou l'argille blanche alumineufe,
& que ces argilles, que je viens de vous décrire,
ne s'élevent que par accident & en quelques endroits au-deffus de la pierre calcaire. Cette derniere fuppofition me paroît la plus vraifemblable.
Le mauvais temps m'a empêché de me convaincre
de fa réalité.

A quelque diftance du chemin, fur la droite & dans la continuation des montagnes formées du fchifte argilleux du No. 5, font d'anciennes mines *b)* de cuivre, de plomb & de fer abandonnées. Je penfe, que les criftaux de quarz, ou diamants de la *Tolfa* viennent de ces environs ou peut-être de ces minieres. Je ne puis cependant pas affurer, qu'on ne les tire pas des petites veines de quarz, qu'on rencontre dans l'argille alumineufe de la *Tolfa*; on m'a affuré, que les mines d'antimoine, qu'AMETI indique dans fa carte géographique, n'exiftent pas. On m'a donné à *Civita Vecchia* quelques morceaux de mine de ces environs; ils étoient compofés de pyrite cuivreufe jaune, avec du fluor verd de blende, de mine de cuivre bleue & verte dans un fchifte argilleux.

Les montagnes alumineufes, difpofées en rochers blancs comme de la craie & très-élevés, font féparées par un vallon, qui a plufieurs petites iffues fur les côtés, & qui ne doit fon origine qu'à l'immenfité de pierres alumineufes, qu'on

---

b) Il y a une vingtaine d'années, que des Saxons eurent la permiffion d'exploiter ces mines; on les appelle dans le pays *Cava del Piumbo.* Elles dépendent de la chambre, qui mit tant d'entraves aux travaux de ces étrangers, qu'ils furent forcés de les abandonner. Ces mines fourniffoient deux argilles excellentes, dont l'une étoit très-propre à faire de la porcelaine.

en a tiré de la même maniere qu'on tire les pierres des carrieres *c*); les mineurs foutenus par des

---

c) Le travail de la mine d'alun de l'*Aluminiere* de la *Tolfa*
a été décrit en 1656 par AUDEBERT dans fon *Voyage d'Italie*; en 1696 dans le *Mufeum* de BOCCONE; au commencement de ce fiecle par Mr. GEOFFROY, *Hiftoire de l'académie des fciences année* 1702, & dans fa *Matiere médicale*.
L'*Encyclopédie*, à l'article *Alun*, parle auffi de cette exploitation; Mr. l'abbé MAZÉAS *Mém. étrangers Tom. V.* nous
rend compte des mêmes travaux. Mr. DE FOUGEROUX DE
BONDAROY eft entré dans de plus grands détails fur cet objet
dans les *Mém. de l'acad. des fciences année* 1766. Enfin
Mr. GUETTARD a joint à la fin du premier volume de fes
ouvrages les obfervations intéreffantes, que Mr. l'abbé GUÉ-
NÉE avoit faites à l'*Aluminiere*. Toute la manœuvre eft détaillée très-exactement dans ces mémoires, de maniere qu'il
n'y a rien à y ajouter. Cependant il reftoit encore à Mr.
FERBER à caractérifer, mieux que perfonne, la nature de la
pierre d'alun de la *Tolfa*; & je crois, que les réflexions,
que je vais ajouter fur la formation de cette pierre, ne feront pas fuperflues. Plufieurs écrivains, que je viens de citer, fe font contentés de dire, que cette pierre étoit une
efpece de roche. Mr. DE FOUGEROUX compare la pierre d'a-
lun à la pierre à chaux (*Mém. de l'acad.* 1766. *p.*6.), & la regarde
comme calcaire, parcequ'elle fe calcine à un certain degré de chaleur (p 11.); il ajoute, que la chaux formée de cette pierre
differe des autres, en ce qu'après avoir été humectée d'eau,
elle fe feche & fe durcit fans aucun mélange de fable ou de
terre; il dit même, que cette pierre non calcinée, broyée en
poudre très-fine & humectée, prend la confiftance d'une terre
graffe (p. 12.), qu'elle s'attache à la langue. Il reconnoit,
qu'il y a de l'argille dans la pierre d'alun; mais il la confidere

cordes fur les bords efcarpés de ces rochers, auxquels ils font adoffés, font dans cette fituation

toujours comme calcaire, ainfi que Mrs. WALLERIUS & VAL-MONT DE BOMARE.

Mr. MACQUER & Mr. l'abbé MAZÉAS difent au contraire & avec juftice, que la pierre d'alun n'eft point de la claffe des calcaires ou abforbantes; l'abbé MAZÉAS ajoute, qu'elle eft compofée d'argille & d'un peu de terre vitrifiable, qui s'y manifefte par un fable très-fin. Mr. DE FOUGEROUX dit, que cette pierre ne fait *que peu* d'effervefcence avec les acides : je puis confirmer ce que dit notre auteur, qu'elle n'en fait point du tout; bien plus, j'ai tenu cette pierre réduite en poudre dans un creufet rouge pendant une heure entiere ; loin de devenir chaux vive, l'eau & l'acide vitriolique n'y ont caufé aucun mouvement, & triturée avec du fel ammoniac, elle n'a point dégagé l'urineux de ce fel. Il eft donc inconteftable, que la pierre d'alun de la *Tolfa* eft une argille, qui ne contient point ou très-peu de parties calcaires; la petite quantité de félénite, qui fe forme durant la manipulation, ne prouve pas, qu'il y ait de la terre calcaire dans la mine d'alun &c; la chaux, qui produit la félénite, peut très-bien provenir des eaux, avec lesquelles on arrofe la mine après avoir été calcinée.

Tous les phyficiens, qui ont vu la Solfatare, n'ont pu s'empêcher de comparer la pierre de la *Tolfa* à celle de cet ancien volcan. Mr. DE FOUGEROUX demande, s'il ne feroit pas poffible, que la montagne ait été élevée par les volcans, qui auroient fourni l'acide vitriolique, puifqu'à peu de diftance de cette montagne alumineufe on trouve de la pouzzolane, des laves, du foufre &c. Cette conjecture eft fondée fur les plus grandes probabilités : J'ai foumis aux mêmes épreuves la pierre de la *Tolfa*, celle de

des trous, qu'ils chargent de poudre; ce qui étant fait, on les hiſſe en haut; ils allument des paquets de feuilles ſeches, qu'ils ont l'adreſſe de jetter à la place, où il faut mettre le feu; le coup étant parti, ils redeſcendent & détachent avec le fer ce que la poudre a fait éclater.

---

la Solfatare & celle de *Polignés*; j'ai eu de toutes les mêmes réſultats. Je ne parle point ici des pierres de la Solfatare, dont on retire effectivement l'alun, & qu'on expoſe aux ſoupiraux de cette plaine, pour qu'elles ſe chargent d'autant plus d'acide; mais j'ai fait mes eſſais ſur la pierre blanche, dont ſont formés tous les environs de la Solfatare, ſur celle même, qui eſt la plus éloignée de la plaine. Toutes les trois terres ſont argilleuſes, & contiennent un peu de terre vitrifiable; on remarque même ſur quelques parties de la montagne de la Tolfa cette légere croûte vitrifiable, qu'on trouve ſur quelques-unes des pierres de la Solfatare; voyez note *llll*) page 2ς8. Toutes ces terres ſont inſipides avant d'être grillées; toutes ſont ſtyptiques après la calcination; Mr. l'abbé MAZE'AS a déjà fait cette comparaiſon; mais il ne ſavoit pas, que la terre de *Polignés* devoit ſon origine à un volcan. Il ignoroit, que celle de la Solfatare fut une décompoſition de la lave; d'après les rapports, que j'ai remarqués, n'eſt-il pas permis de penſer, que la pierre d'alun de la Tolfa doit ſon exiſtence à la même cauſe, qu'elle eſt auſſi une lave convertie en argille? à moins qu'on n'aime mieux croire avec Mr. FERBER, que cette pierre doit en effet ſa forme actuelle au feu des volcans, mais que les vapeurs ſouterraines n'ont converti à la Tolfa que du ſchiſte en pierre d'alun, & non de la lave. Je conviens, que cette opinion eſt auſſi très-vraiſemblable.

L'argille alumineufe eft d'un gris blanc *d*) ou entiérement blanche de craie, très - compacte & affez dure. En la raclant avec un couteau, on la réduit en une poudre argilleufe, qui ne fait effervefcence avec aucun acide; elle eft déjà pénétrée de l'acide vitriolique; d'ailleurs fa bafe eft une terre argilleufe. On trouve dans la carriere des morceaux fchifteux d'un gris bleuâtre, que l'on jette au rebut, & qui ne font vraifemblablement que des parties du terrein argilleux propre à cet endroit, dans l'état où il étoit, avant qu'il ait été pénétré & blanchi par l'acide vitriolique.

Il y a dans les mêmes carrieres une argille molle blanche comme de la craie, & une autre d'un gris bleuâtre, que l'acide a commencé à tacher de blanc, presque femblable aux laves noires, avec des criftaux de fchœrl en forme de grenats, à moitié décompofés par l'acide fouterrain de la Solfatare près de Pouzzole; mais l'acide de

---

d) Selon Mr. DE FOUGEROUX la meilleure pierre d'alun de l'*Aluminiere* eft jaunâtre un peu grife: l'abbé GUÉNÉE prétend, que la bonne qualité eft blanche comme de la craie; en effet les ouvriers m'ont dit, qu'ils donnoient la préférence à la derniere efpece; ils rejettent les pierres grumeleufes, qui s'égrainent facilement entre les doigts, & celles, qui font rougeâtres; peut-être que les rouges font martiales, & que l'acide vitriolique y refte trop intimément attaché à l'ochre ferrugineufe, ce qui l'empêcheroit de fe combiner avec la terre argilleufe de l'alun.

la Solfatare agit sur la lave, aulieu que celui de
la *Tolfa* ne pénetre qu'une argille bleuâtre.

Je crois, que ce font auffi des vapeurs fouterraines, qui fourniffent l'acide aux montagnes de
la Tolfa.

Il eft poffible encore, qu'il y ait dans le voifinage de la Tolfa d'anciens volcans. Le mauvais
temps s'eft oppofé aux recherches, que je voulois faire à ce fujet; ce qu'il y a de fûr, c'eft qu'on
fe fert de laves pour les murs des fourneaux,
qui font fous les chaudieres.

La pierre d'alun de la *Tolfa* eft donc une argille endurcie, pénétrée & blanchie par l'acide
vitriolique; cette pierre renferme quelques petites parties calcaires, qui fe forment en félénite
pendant la fabrication de l'alun; elles s'attachent
aux différents vaiffeaux. Cette argille ou pierre
d'alun compacte, fans être fchifteufe, eft difpofée
en maffe *e*) dans la montagne, & non par couches.

Les maffes d'argille blanche de la *Tolfa* font
tra-

---

e) Le grain de la bonne pierre d'alun eft très-fin. Quoique toute l'argille alumineufe foit difpofée par maffes, on diftingue cependant des efpeces de veines de cette pierre plus
fines & plus homogenes que les autres, quoiqu'elles faffent un
corps continu avec le refte de la maffe. Mr. DE FOUGE-
ROUX & Mr. l'abbé MAZÉAS ont déjà obfervé ces efpeces
de filons.

traverſées de haut en bas par diverſes petites veines de quarz gris blanc, presque perpendiculaires
de trois à quatre pouces d'épaiſſeur.

Il y a de la pierre d'alun blanche à taches rougeâtres, qui reſſemble à un ſavon marbré rouge
& blanc; cette couleur rouge paroît venir d'un
crocus martis ou *colcothar*.

La pierre d'alun détachée des rochers eſt trans-
portée dans les fourneaux, qui ſont à une petite
diſtance de la mine, pour être calcinée. Les
fours ſont ronds, & ont la forme d'un cône renverſé & tronqué; pluſieurs de ces fourneaux ſont
les uns à côté des autres, mais iſolés & environnés
de terre; le diametre de l'ouverture ſupérieure
d'un fourneau peut avoir environ huit pieds. On
commence par mettre du bois dans la chauffe, &
on jette la pierre alumineuſe par-deſſus, de maniere que le tas, qui eſt au-deſſus & en-dehors
du fourneau, ait autant de hauteur que le fourneau de profondeur, c'eſt-à-dire neuf à dix pieds;
on allume le bois par une ouverture quadrangu-
laire faite ſur le côté, au bas du fourneau, & on
grille la pierre pendant trois heures *f*), comme

X

---

f) Cette opération ſe fait pour rompre l'aggrégation de cette
pierre, & pour développer l'acide vitriolique embarraſſé dans
quelque ſubſtance volatile, que le feu diſſipe, au moyen de
quoi cet acide s'unit à la terre argilleuſe, ſi bien qu'avant la

on me l'a affuré. La pierre étant calcinée, on la
conduit à la fabrique, qui eft environ à un mille
de la carriere, du côté de *Civita Vecchia*; on la
met dans de grands caiffons de bois placés en
terre, en plein air; on l'arrofe d'eau *g*); lorsque

---

calcination la pierre d'alun n'a aucune faveur, tandis qu'é-
tant grillée, elle décele fortement l'alun, qu'elle renferme.
Les ouvriers ne m'ont parlé que d'environ quatre heures de
calcination; cependant dans tous les mémoires, qui ont paru
fur cette exploitation, il eft queftion de 12 à 14 heures.
Peut-être peut-on concilier cette différence, en difant qu'on
pouffe le feu pendant les quatre premieres heures, & qu'enfuite on laiffe agir la chaleur même, qu'ont les pierres pendant les huit autres heures. Il faut, que l'acide vitriolique
exifte dans la pierre d'alun avant la calcination; il n'eft point
produit par le feu, au contraire quand on donne un degré
de feu trop fort, il n'y a plus moyen d'obtenir d'alun; preuve, que ce grillage ne fait que dégager cet acide de matieres
hétérogenes, & que bien loin de le produire, cet acide s'é-
vaporeroit totalement, fi l'uftulation étoit plus forte.

g) On fait la macération de la pierre d'alun, pour que
l'eau fépare & diffolve d'autant mieux fes différentes parties;
la pierre d'alun s'amollit tellement, qu'elle fe réduit en une
efpece de pâte, & c'eft cette pâte impregnée d'eau alumineufe, qu'on transporte dans des chaudieres remplies d'eau,
que l'on chauffe médiocrement, pour mettre la pâte en dige-
ftion; ce qui étant fait, on laiffe la terre fe précipiter; on
l'évapore, & on laiffe criftallifer pendant huit jours. Il faut
en été 25 ou 30 jours pour que la pierre fe réduife en pâte;
en hyver il faut fix femaines, & dans les temps pluvieux les
eaux de pluie lavent fi fort ces pierres, qu'il faut fouvent les

l'eau eſt ſuffiſamment chargée d'alun, on la fait écouler par les côtés des caiſſons, dans des rigoles, qui aboutiſſent à de grands caiſſons quarrés, pla‑cés ſous toit, pour que la vaſe ſe dépoſe; la ſau‑mure clarifiée paſſe par d'autres canaux de bois dans les chaudieres de cuivre, où on l'évapore. Lorſqu'elle eſt au point de criſtalliſation, on la fait couler de ces chaudieres dans d'autres vaiſ‑ſeaux de bois, aux parois deſquels l'alun s'atta‑che, en ſe refroidiſſant, en criſtaux blancs & quelquefois rougeâtres. En faiſant couler la ſau‑mure des chaudieres dans les vaiſſeaux de criſtal‑liſation, on la retient un peu dans les rigoles, pour lui laiſſer le temps de dépoſer une ſélénite rougeâtre; on ajoute à la ſaumure un peu d'urine & de chaux pendant l'évaporation.

Les murs, qui ſont ſous les chaudieres, ſont conſtruits d'une eſpece de lave griſe *h*), dans laquelle

X 2

ſetter. Quand la mine commence à s'amollir, elle ſe couvre d'une effloreſcence rougeâtre, & l'alun conſerve cette légere teinte en ſe criſtalliſant; cependant il eſt très‑pur; Mr. MAC‑QUER dit, qu'il l'eſt infiniment plus que d'autres aluns. On n'y découvre rien de métallique. C'eſt même pour cette rai‑ſon, que les teinturiers le préferent à tout autre; d'où lui vient donc cette couleur?

h) L'abbé GUE'NE'E a pris ces laves pour du granit, qu'il a' ſuppoſé venir de l'iſle d'Elbe. Voyez les *Mémoires* de Mr. GUETTARD Tom. I. p. 383. Ce ſont de véritables laves,

il y a de grands criftaux de fchœrl blanc en colonnes, qui occupent plus d’efpace que les parties
de lave, qui les réuniffent, & qui leur fervent
de matrice.

On m’a dit, qu’il y avoit de gros blocs détachés de cette lave à neuf ou dix milles de la *Tolfa*;
elle reffemble beaucoup à une efpece de lave, que
j’ai vue en Tofcane, que je vous décrirai par la
fuite fous le nom de *pietra falina*, de la montagne
de *S. Fiora*.

L’arbufte, qu’on nomme *ilex aquifolium*, a,
dit-on, donné lieu à la découverte des carrieres
d’alun de la *Tolfa*. Un homme, qui avoit travaillé longtemps comme efclave aux fabriques d’a-
lun de la Turquie, doit avoir jugé, en voyant cet
arbufte à la *Tolfa*, qu’il devoit y avoir une mine
d’alun; mais on trouve cette plante en beaucoup
d’endroits non alumineux *i*).

Monfignor BORGIA de Rome a fait différents
voyages dans l’état eccléfiaftique; il a raffemblé
des obfervations hiftoriques & économiques fur
la *Tolfa* & les autres mines du patrimoine de S.
Pierre; il en conferve des échantillons. Ce prélat
a promis à Mr. GUETTARD de lui donner copie
de fes remarques.

---

i) L’abbé GUE'NE'E rapporte auffi l’hiftoire de l’efclave; il
ne fait pas mention de l’arbufte; il dit fimplement, qu’il a
reconnu le terrein pour alumineux; cela eft plus vraifemblable.

Je cueillis plufieurs plantes marines aux environs de Civita Vecchia. Le *Fraxinus ornus* croît fur le chemin de Rome à Civita Vecchia & à la Tolfa. On fait des incifions dans la tige de cet arbre, pour en retirer la manne. Le *Gennaro*, montagne des Appennins, riche en plantes, fituée près de Tivoli, fournit aufli de la manne; on en tire encore d'*Arienzo* près de Naples; mais la plus grande quantité vient de la Calabre; la méthode, dont on fe fert pour retirer la manne de fon arbre, eft décrite *k*) dans le *Magazin d'Hambourg* Tom. IX. p. 68. & 71.

SEIZIEME LETTRE.

De Rome le 26. Avril 1772.

Voici, Monfieur, la derniere lettre, que je vous écris de cette ville. Vous y trouverez la defcription des pierres antiques, qui fe trouvent dans les églifes, dans les palais & les cabinets d'antiquités de Rome & des autres villes d'Italie, mais fur-tout au *Capitole* & dans la *villa Albani*. Je n'ai rien épargné, pour parvenir à connoître toutes les variétés de ces pierres.

Je m'en fuis procuré chez les ouvriers en mar-

X 3

---

k) Voyez l'*Encyclopédie* au mot *Manne*.

bre de Rome (*Marmaji* ou *Scarpellini*); le plus grand nombre. Ces gens donnent souvent des noms différents à la même efpece de pierre ; j'ai adopté ceux, qui m'ont paru le plus générale-ment reçus ; ce que je n'ai pu faire, qu'après avoir queftionné chaque ouvrier, pour me régler d'après la pluralité. Les noms font fouvent très-mal appliqués ; mais il faut cependant les connoî-tre, pour fe faire entendre des artiftes. Je vous préviens, Monfieur, que je ne vous décrirai les marbres modernes, que lorsque je vous parlerai des pays, d'où on les tire.

Rien n'eft plus difficile que de déterminer exa-ctement la diverfité de couleur des marbres. Je le crois même affez inutile, puisque cette diffé-rence ne conftitue jamais des efpeces particulieres, mais feulement des variétés. Cependant les an-tiquités, l'architecture, le goût dans les beaux arts font des motifs, qui doivent engager un na-turalifte à bien connoître les matériaux, dont les beaux monuments des anciens font décorés. Les amateurs de l'antiquité ne négligent que trop cette connoiffance ; le feul moyen de l'acquérir eft de voir fouvent ; il eft très-facile de fe procurer des échantillons de toutes les pierres antiques à Rome, à Naples & à Florence. On fait mal d'acheter ce qu'on nomme un *Studio* a) ; car on y mele fouvent

____

a) Un *Studio* de marbre eft une collection d'échantillons

de mauvais échantillons, auxquels on donne de
faux noms. Il vaut mieux commencer par voir
beaucoup de marbres dans les églifes, & acheter
enfuite fucceffivement des échantillons féparés.
Il eft vrai, qu'il faut être accompagné d'un connoiffeur, qui eft fouvent difficile à trouver. On
pourroit encore, pour lever cette difficulté, acheter dans différentes villes de divers ouvriers plufieurs *ftudj* ; s'affurer de la jufteffe des noms, &
rejetter les échantillons, qui feroient mal déterminés.

Je crois être en état de vous décrire exactement les variétés du porphyre, du granit & du
bafaltes, quoiqu'il ne foit pas aifé de s'en procurer des morceaux, non plus que des autres pierres
dures, comme le jafpe, qui font très-cheres.
Toutes les pierres antiques peuvent être rangées
dans les claffes fuivantes : *Marbre, lumachelle, albâtre, jafpe, breche de cailloux* ou *pouddingftone,
porphyre, granit & bafaltes.* Vous trouverez fucceffivement la defcription des variétés comprifes
dans chaque claffe.

I. MARBRES ANTIQUES.

Le *Paro antico* eft un très-beau marbre blanc
de lait, criftallin & écailleux dans la fracture,

de tous les marbres. On les vend détachés ou réunis en
tables.

mais malgré cela très-compacte. Le marbre blanc
de *Carrare* en approche beaucoup; mais il n'eſt
pas ſi denſe; ſes écailles ſont plus grandes, & il
ne prend pas un ſi beau poli que le marbre grec
de *Paros*.   C'eſt de ce marbre, que ſont faites la
plupart des ſtatues & des buſtes antiques &c.

Le *Marmo Statuario* eſt un marbre blanc antique,
pareil à celui de *Paros*; peut-être eſt- ce le même
marbre; il ne diffère de l'eſpece précédente que
par ſa demi- transparence, tandis que le *Paro antico* eſt d'un blanc de lait opaque. Les grands
blocs de *M. Statuario* conſervent même cette de-
mi-transparence. J'ai vu à Veniſe & dans d'autres
villes de la Lombardie des colonnes & des autels
de ce marbre, au travers desquels on voit une
lumiere, qu'on tient du côté oppoſé.

Le *M. Palombino* eſt blanc à grains denſes, ni
criſtallin, ni écailleux; on l'emploie aux autels.

Le *M. Cipolino* eſt un marbre grec, blanc,
rayé par des ſtries verdâtres brillantes, micacées,
qui ſont quelquefois unies à la terre argilleuſe, &
forment alors une eſpece de ſchiſte micacé. La
couleur de ce marbre n'eſt pas ſi claire & ſi belle
que celles des eſpeces précédentes; il eſt poſſible,
que ce marbre grec ait été tiré des couches inférieures d'une carriere de marbre voiſine du ſchiſte
argilleux, qui peut avoir été placé ſous la pierre
calcaire ou ſous le marbre. On ſe ſert du *Cipolino*

pour des colonnes de peu de valeur, à l'extérieur des églises & des palais.

Le *M. Nero antico* est noir. Il y a plusieurs têtes & piédestaux de ce marbre au *Capitole* & à la *villa Albani*; on en orne aussi des autels.

Le *M. Paragone* est un marbre noir antique, si dur, qu'il pourroit servir de pierre de touche; le *Paragone di Bergamo* est pareil à celui-ci.

Le *M. Nere bianco antico* est rayé de blanc & de noir.

Le *M. Bigio* est un marbre gris antique.

Le *M. Occhio di Pernice* est noirâtre & un peu rouge foncé, tacheté de blanc.

Le *M. Giallo* a la couleur du jaune d'œuf; on s'en sert pour les autels des églises, les tables &c.

Le *M. Giallo brecciato* a des taches jaunes foncées dans un fond plus clair.

Le *M. Giallo pagliocco* est couleur de paille.

Le *M. Giallo annulato* est taché de cercles jaunes & noirs, & ressemble à la *brocatelle de Sienne*.

Le *M. Canello* est d'un brun de canelle.

Le *M. Giall' e nero* est taché de jaune & de noir; il differe du *marmo giallo annulato* par la grandeur & la force des taches.

Le *M. Rezziato* est blanc rayé de jaune.

Le *M. Rosso* est d'un rouge foncé; il est assez rare & cher.

Le *M. Rosso brecciato* est brunâtre avec des taches plus claires.   X 5

Le *M. Breccia dorata* a de grandes taches jaunes, féparées par des intervalles rouges, dans lesquels il y a de temps à autre un peu de blanc.

Les Italiens donnent quelquefois le nom de
breche aux marbres tachés, tandis que ce mot ne
convient proprement qu'à des pierres ifolées de
différente nature, qui fe font liées enfemble. *Bro-
catello* eft le vrai terme, qui défigne les marbres
tachés; mais on ne s'en fert pas généralement.

Le *M. Cipolazzo* eft blanc & violet.

Il y a un grand nombre de marbre rouge &
blanc, qu'on ne peut diftinguer les uns des autres
qu'en les voyant.　En voici les noms:

Le *M. Fior di Perfico* eft blanc & gris avec des
taches rouges, couleur de carmin ou de fleur de
pêches; on le nomme auffi *Perfechino.*

Le *M. Fiorito* eft taché de blanc & de rouge
en forme de flammes; mais on a donné le nom de
Fiorito à d'autres efpeces de marbres, dont les
taches font auffi chinées ou tortueufes fur les
bords, quoiqu'ils different par la nuance des couleurs du *marmo fiorito,* dont il eft queftion ici.

Le *M. di Porta fanta fiorita* eft blanc ou gris
avec des taches chinées, couleur de pourpre. On
le nomme *Porta fanta,* parcequ'on s'en eft fervi
pour la *porta fanta* de l'églife de *S. Pierre.*

Le *M. di Porta fanta non fiorita* eft d'un rouge
clair, taché de blanc.

Le *M. Pecorello* ou *Pecorella* a de grandes taches rouges & blanches, & par-ci par-là des cercles blancs.

Le *M. di fette bafi* eft blanc, veiné de rouge.

Le *M. di Seme fanto*, ou *Arlechino*, eft d'un rouge foncé, avec de petites taches triangulaires blanches. On le nomme *Arlechino* à caufe de la quantité de taches, & *Seme fanto*, parcequ'elles reffemblent à des femences blanches, & qu'on s'en fert dans les édifices faints.

On nomme auffi cette efpece *Breccia di Seme fanto*; mais c'eft un abus du mot *Breccia*, comme je l'ai remarqué plus haut; elle pourroit plutôt être appellée *Broccatelle*.

Le *M. di Seme fanto di fette bafi* ou *Breccia di Seme fanto di fette bafi* eft couleur de pourpre, taché de blanc. Il ne faut pas le confondre avec l'*Arlechino*, auquel il reffemble beaucoup, ce qui feroit facile à caufe de fa ridicule dénomination, qui ne differe de la précédente que par l'addition de *fette bafi*.

Le *M. Pavonazzo* eft blanc avec des rubans rouges.

Le *M. Breccia Pavonazza* reffemble à une vraie breche de trufes blanches calcaires rondes, dans un fond noir. Je l'ai vu dans le *mufeo Clementino*, où l'on s'en fert pour ornement. Je ne fuis pas fûr, s'il eft vraiment antique, ou s'il eft de *Seravezza*.

Le *M. Occhio di Pavone* est taché de rouge, de blanc & de jaune.

Le *M. Africano* est couleur de pourpre, taché de blanc, avec des intervalles noires, qui paroissent être argilleux. On trouve à *Seravezza* un marbre pareil, qui porte aussi le nom d'*Africano*, & dont on se sert à la place de l'*Africano antico*.

Le *M. Africano fiorito* est taché de blanc de pourpre & de jaune; les taches sont chinées, & le fond, qui est noirâtre, paroît être argilleux.

Le *M. Serpentelo*, *Serpetiela* ou *Serpariclo* est blanc rayé de rouge.

Le *M. Rosso annulato* est rouge, taché de blanc.

Le *M. Broccatellone* ne differe du précédent que par la nuance du rouge.

Les $\left\{\begin{array}{l} \textit{M. Purichiello} \\ \textit{M. Vendurino} \end{array}\right.$ $\left.\begin{array}{l} \\ \end{array}\right\}$ sont rouges & blancs; j'ignore l'origine de leurs noms.

Le *M. Cotonello* est blanc & couleur de *minium*; son nom est aussi obscur.

Le *M. Verd' antico* est verd & blanc, avec des taches d'un verd noirâtre.

Le *M. Verde pagliocco* est jaune & verdâtre.

Tous ces marbres sont vraiment antiques, puisqu'on les tire des ruines d'anciens édifices romains. Il y a un grand nombre de marbres antiques & modernes décrits dans un in-quarto, imprimé à Lucques en 1762, qui a pour titre:

Delle Produzzioni naturali, che si ritrovano nel museo Cinaninni in Ravenna. Je n'ai pas ce livre à la main; je vous prie de vouloir bien confronter les especes de marbres, que vous y trouverez, ainsi que celles, dont Mr. D'ARGENVILLE parle dans son *Oryctographie*, avec les variétés, que je viens de vous rapporter; il pourroit m'en être échappé.

Le traité de BLASIUS CARYOPHILUS de *antiquis marmoribus*, imprimé in-4. à Vienne en 1738, est un ouvrage savant & estimable; mais on reconnoît très-peu des especes de marbres, qui y sont décrits; leurs noms d'aujourd'hui étant absolument différents de ceux, que les anciens & leurs auteurs leur donnóient.

On fait beaucoup d'usage à Rome de la *broccatelle* d'Espagne, des marbres françois, flamands & du *marmo Paesino* de Florence.

On nomme le marbre arborisé *marmo Alberino*; on s'en sert pour incruster des tables, ainsi que de la *pietra stellaria*. Ce dernier nom a été donné aux pétrifications de coraux, de lithophytes & de madrepores, qui prennent le poli; on en fait aussi des tabatieres. Le nom d'une pierre dépend souvent de la premiere idée d'un artiste; quelques-uns ont nommé un marbre de Sicile rouge, mêlé de brun & de jaune, *Diaspro moderno di Sicilia*, quoiqu'il n'ait pas la dureté du véritable jaspe de Sicile, qu'ils travaillent souvent &

qu'ils nomment avec raifon *Diafpro di Sicilia*. Ils appellent la pyrite criftallifée en cubes ou marcaffites cubiques *Pietra quadrata*.

II. LUMACHELLES.

La *Lumachelle* eft une pierre calcaire ou un marbre plein de coquilles ou de pétrifications, qui mérite par-là le nom de marbre coquillier; ce n'eft que par rapport au nom, que je fais de ce marbre une efpece féparée. J'en ai vu à Rome différentes variétés, qui font fort cheres, & qu'on donne pour antiques, comme

1) De la *Lumachelle* brune grifâtre, avec des veines blanches, transparentes comme l'agathe.

2) Du *marbre coquillé* avec beaucoup de raies couleur de rofe; beau & rare.

3) De la *Lumachella Caftracana*, qui ne differe de la précédente qu'en ce que les coquilles font plus petites; on l'eftime beaucoup; il eft fort précieux.

4) De la *Lumachelle* brune jaunâtre, dans laquelle les coquilles pétrifiées font très-petites, de couleur noire & ferrées étroitement les unes contre les autres.

On travaille auffi à Rome de la lumachelle de Sicile & de la Calabre abruzza.

III. ALBATRES ORIENTAUX.

1) De l'*Albatre* blanc, transparent, qui a

quelquefois des raies minces paralleles, couleur de lait.

2) De l'*Albâtre* blanc couleur de lait non transparent.

3) De l'*Alabaſtro tartarucato* ; il eſt brun comme une écaille de tortue, à peine demi-transparent, de temps à autre veiné ou ondulé ; alors fort beau ; on le nomme auſſi *Pietra Puruchina*.

De l'*Alabaſtro fiorito* brun & blanc ; ces couleurs ſont diſpoſées par rubans, qui ſe courbent parallelement, ſoit en angles, ſoit en ondes, & qui ſont rayés de lignes paralleles brunes & blanches ; on y trouve quelquefois de petites dendrites noires ferrugineuſes, comme on en voit ſur quelques piédeſtaux de buſtes, qui ſont dans l'antichambre de la petite maiſon bâtie au milieu du jardin de la *villa Albani*.

IV. JASPES.

1) Le *Diaſpro ſanguigno* ou *heliotropio* eſt oriental ; il eſt verd avec de petites taches couleur de ſang.

2) *Diaſpro roſſo* ; on tire la majeure partie de ce jaſpe de la *Sicile* & de *Barga* en Toſcane ; il y en a très-peu, qui ſoit antique.

3) *Diaſpro giallo* eſt brun jaunâtre avec de petites veines ondulées vertes & blanches.

4) Le *Diaſpro fiorito reticellato* eſt très-beau ;

le fond eft blanc transparent agathifé, avec des
taches brunes foncées plus ou moins grandes, irrégulieres & des raies ou rubans de la même couleur. Les taches font entourées d'une ligne blanche opaque, couleur de lait & quelquefois jaune;
on voit dans la belle maifon de campagne de *Mon-
dragone* & autre part de très - belles tables
compofées de plufieurs petits morceaux réunis de
cette elpece de pierre; elle eft antique & très-rare.

On a aufli du *Diaffro fiorito* de Sicile, d'Efpagne & de Conftantinople, qui reffemble au *Dia-
Jpro fiorito reticellato*.

V. BRECHE DE CAILLOUX.

(*Breccia Silicea.*)

Je ne parle ici que de breches de cailloux ou
du vrai *Pouddingftone*, & non des breches calcaires, qui doivent être rangées dans la claffe des
marbres.

1) La *Pietra fruticolofa* ou *frutiliofa orientale*
eft un *Pouddingftone* antique, dont je n'ai vu qu'un
feul morceau, compofé de cailloux ronds jaunes
& rouges. Sur les cailloux jaunes il y avoit de
petites dendrites noires ferrugineufes.

2) La *Breccia verde d'Egitto* eft formée de morceaux ronds ou difformes, verds foncés ou clairs,
paroiffant terreux & ne prenant pas un beau poli,
mais très-durs & d'une belle couleur. On trouve

fouvent

fouvent de grands morceaux de granit dans cette breche; dans l'antichambre de la petite n.aifon, qui eft au milieu du jardin de la *villa Albani*, eft un grand vafe formé de beaucoup de morceaux, artiftement raffemblés de cette breche; on ne peut plus en avoir d'aufli grands blocs que les anciens; on en trouve des colonnes entieres dans les ruines.

VI. PORPHYRES.

1) Le *Porfido Roffo*, porphyre le plus commun en Italie, a un fond rouge foncé, avec des taches blanches oblongues; il eft plus ou moins foncé; des morceaux font même prefque noirs. Les taches blanches font communément petites & oblongues; de temps en temps elles font plus grandes, & alors elles font ou oblongues, c'eft-à-dire parallélipipédiques, ou anguleufes de figure irréguliere; on ne peut nier, que la matiere de ces taches ne foit du fpath dur *b)* opaque, compacte, blanc de lait, & en même temps de la nature du fchœrl, ce que la forme & la fimple vue indiquent affez. Il en eft de même des autres fortes de porphyre, &'il me paroît que ces taches font d'une efpece de pierre, qui tient le milieu

Y

---

b) *Spathum fcintillans*, CRONSTEDT §. 66. fpath dur, qui donne des étincelles de WALLERIUS. Spath dur des champs, faux quarz de VALMONT DE BOMARE.

entre le fpath dur ou *Feld Spath* & le fchœrl; en
général il y a très-peu de différence effentielle entre le fchœrl, le fpath dur, le quarz, les autres
cailloux & les grenats; cette différence ne dépend que de plus ou de moins de mixture (voyez
la *Minéralogie de* CRONSTEDT). On trouve quelquefois dans le porphyre rouge des morceaux arrondis ou anguleux, de porphyre à fond blanc,
avec des taches encore plus blanches; ces morceaux hétérogenes peuvent s'être nichés dans le
porphyre rouge, lorsqu'il étoit encore mou de
la même maniere que les cailloux s'arrangent dans
les breches, comme on le voit très-diftinctement
dans quelques colonnes de porphyre rouge de
l'églife de *St Marc* à Venife; on apperçoit de
temps à autre dans le porphyre rouge de petits
rayons de fchœrl noir, comme dans le piédeftal
de la *Diane triforme*, qu'on voit à Rome dans la
ftanza delle Mifcellanee au Capitole.

2) Le *Porfido nero* a un fond noir taché de
blanc; il y en a deux variétés:

a) Du *Porphyre noir proprement dit*, dont le
fond eft entiérement noir, avec de petites
taches blanches oblongues; il ne diffère du
porphyre rouge que par la couleur; on en
trouve de belles & de grandes colonnes dans
l'églife *delle trè fontane*, hors de la porte *di*
S. Paolo de Rome.

b) Le *Serpentino nero antico* est à fond noir, avec de grandes taches blanches oblongues ou parallélipipédiques, qui ressemblent par leur figure aux taches d'un verd clair, qui font dans le *serpentino verd'antico*, dont il ne se distingue que par la couleur. Il y en a une jolie petite colonne, à gauche de l'une des portes d'entrée de l'église de S. *Prassede* à Rome. J'ai vu à Florence dans la collection de Mr. le docteur TARGIONI TOZZETTI une lave de la Toscane, qui ressembloit parfaitement à la vue au *serpentino nero antico* par sa forme & ses taches de schœrl blanches parallélipipédiques. CRONSTEDT parle au §. 259. de sa *Minéralogie* d'un *serpentino antico*, qui n'est point une espece de porphyre, mais qu'il range dans la classe des ophites; le fond doit être de marbre blanc, mélé de trufes noires de *stéatites*; il ne m'a pas été possible de découvrir à Rome une pierre antique de cette nature.

3) Le *Porfido bruno* à un fond brun, avec de grandes taches verdâtres oblongues, pareilles, à la couleur près, au *serpentino verd'antico*; la couleur brune provient peut-être d'un mélange d'ochre ferrugineuse; cette espece a encore deux variétés :

a) A fond brun couleur de foie, avec des taches

d'un verd clair; j'en ai vu à Florence dans la
collection de Mr. Targioni Tozzetti un
morceau, qui eſt antique.

b) A fond brun noirâtre, avec des taches à
moitié noires & à moitié d'un verd clair.

4) *Porfido verde*; il y a beaucoup de variétés
de ce porphyre; mais les ouvriers ne le diſtin-
guent point par différents noms; je le décrirai
auſſi bien que cela ſe peut.

A. Le *Serpentino verd'antico* ſe trouve en quantité & en gros blocs aux environs de l'ancienne
ville d'*Oſtie*; ils y ont été amenés par les bâtiments Egyptiens; le fond du *ſerpentino verd'
antico* eſt verd; les taches en ſont oblongues
ou parallélipipédiques, de la nature du ſpath
dur ou du ſchœrl, d'un verd plus ou moins
clair; elles doivent peut-être leur couleur à
une ochre cuivreuſe; on trouve quelquefois
dans ces pierres des bulles, telles que celles,
qui ſe forment dans les matieres fondues par
la ſortie de l'air, qui y eſt renfermé. Il y a
très-ſouvent dans le *ſerpentino verd'antico* des
taches blanches, transparentes, irrégulieres,
de la nature des cailloux ou de l'agathe; ces
taches ſont ordinairement arrondies. La couleur du *verd'antico* varie. Il y en a

a) A fond verd foncé, avec des taches d'un
verd clair; c'eſt le plus commun dans quel-

ques morceaux; le fond eſt preſque noirâtre ou du moins très-foncé.

b) A fond verd foncé, taché de blanc.

c) A fond verd foncé, taché de noir.

d) A fond verd clair, ou plutôt jaune verdâtre, taché de noir.

B. *Porfido verde propriamente coſì chiamato.* Le fond en eſt d'un verd foncé & preſque noirâtre; quelquefois ſes nuances ſont moins ſombres & même d'un verd d'herbe très-clair; ce fond n'a pas toujours la dureté du jaſpe; il ſe rapproche ſouvent de la nature du *trapp c*), ſi bien qu'on pourroit le racler avec un couteau; les taches en ſont blanches, mais irrégulieres; on trouve ce porphyre par morceaux détachés dans les foſſés & les vignes des environs de Rome; mais ils ſont rares & petits, de maniere qu'on ne peut pas s'en ſervir à la décoration des édifices. Voici, Monſieur, les variétés de ce porphyre: .

a) Du *porphyre* à fond verd foncé, preſque noir, de la nature du jaſpe, avec des taches blanches diſtinctes, oblongues, en forme de ſchœrl, plus grandes que les taches du porphyre noir du no. **2**. *a*), & plus petites que celle du *ſerpentino nero antico* du no. **2**. *b*);

Y 3

---

c) Voyez lettre 1. note *f*).

ainſi cette variété ne peut être compriſe dans
aucune de ces deux eſpeces, d'autant moins
que la couleur du fond n'eſt pas vrâiment
noire, mais d'un verd très-foncé.

b) Du *porphyre* avec un fond de la nature du
jaſpe, d'un verd foncé, avec des taches blanches, rondes & longues; il reſſemble, à la
couleur près, au porphyre rouge.

c) Du *porphyre* à fond verd foncé, de la nature
du trapp, avec des taches blanches, quar-
zeuſes, irrégulieres, quelquefois ſi grandes
& ſi nombreuſes, qu'on diroit avec raiſon,
que le fond eſt blanc. De temps à autre le
fond s'eſt criſtalliſé en rayons de ſchœrl;
alors cette eſpece de porphyre verd ſe rapproche beaucoup du granit, qui eſt mélé de
ſchœrl aulieu de mica; voyez ci-deſſous les
granits no. 3. & 4.

d) Du *porphyre* à fond verd foncé, de la nature
du trapp, avec de petites taches blanches,
ferrées, oblongues, comme du ſchœrl, rarement d'une figure réguliere ou déterminée,
mais entrelacées les unes dans les autres &
repliées comme de petits vers. Les ouvriers
nomment cette variété *porfido verde fiorito*.

e) Du *porphyre* d'un verd clair de la nature du
trapp, avec de petites taches oblongues,
blanches, de figure déterminée & détachées

les unes des autres, & de petits rayons de
fchœrl noirs. Il y en a dans la cathédrale
de *Sienne*, auprès du baptiftere, une colonne
parmi plufieurs autres colonnes de granit &
de granitello.

VII. GRANITS ORIENTAUX.

1) Le *granito roffo* ou granit rouge eft compofé de quarz blanc, de grands morceaux de
fpath dur rouge & de mica noir. Il y a dans
l'isle d'Elbe du granit violet, que je vous décrirai
dans la fuite. Pockock parle dans fes *Voyages
au Levant* des carrieres de granit de l'Egypte. On
trouve du granit dans prefque toutes les parties de
l'Europe, en Corfe, dans l'isle d'Elbe, en Sardaigne, en Tofcane, dans le Siennois, en Suiffe *d*)
& dans la partie la plus élevéc des Alpes entre
l'Italie & l'Allemagne, dans différentes parties de
l'Allemagne, dans les montagnes les plus élevées
du Harz, en Boheme, fur les confins de la Saxe,
dans les montagnes Carpatiques, dans toute la
Suede, la Norvege & la Lapponie. Ces granits ne
different en aucune façon du granit oriental; nos
montagnes européennes contiennent du granit

Y 4

---

d) Voyez lettre 9, note *b*) & les *Mém. de l'acad. des
fciences année* 1751, dans lesquels Mr. Guettard nomme
beaucoup d'endroits de la France, où on trouve du granit.

rouge & du granit gris, & il n'y a pas de doute, que l'on en pourroit tirer des blocs auffi beaux & auffi grands que le font ceux des obélisques venus d'Egypte, fi on vouloit y mettre la main & y employer les fommes, que les Romains dépenfoient pour les avoir.

2) Le *granito grigio* ou *bigio* eft gris, compofé de quarz transparent ou opaque & couleur de lait, de fpath dur blanc & de mica noir; lorsque toutes ces parties font en petits grains, on en nomme l'affemblage *granitello*.

Il faut confidérer la pierre dans la fracture, pour diftinguer les particules de quarz d'avec celles de fpath dur, parceque le quarz y eft ordinairement en plus grande quantité, & qu'il n'y a quelquefois que très-peu de fpath dur; lorsque les particules de fpath dur font plus nombreufes & plus grandes, on les diftingue facilement, parcequ'elles paroiffent cubiques. Il n'y en a que des molécules dans le granitello; quand il n'entre point du tout de fpath dur dans la compofition; on nomme alors ce mélange de quarz & de mica (*Hornberg*, *Hornfes*, *Geftellftein e*), ce qui vient

---

e) Voyez la *Minéralogie de* CRONSTEDT §. 260, où il définit cette pierre par "Saxum compofitum particulis quar-„zofis & micaceis." *Geftellftein* veut proprement dire pierre fondamentale; or comme cette pierre réfifte très-bien au feu, on s'en fert pour la bafe des fourneaux, où eft le foyer; c'eft de-là, qu'on les nomme pierre de bafe ou fondamentale.

de l'ufage, qu'on en fait dans les fourneaux de fonte ; lorsque le mica y eft plus abondant, la pierre eft fchifteufe ; mais les ouvriers ne font pas ces diftinctions ; ils appellent toutes ces variétés indifféremment *granit gris*. On trouve des taches blanches dans une efpece de granit gris à grandes taches ; ces taches blanches font parallélipipédiques de la grandeur d'un doigt, de fpath dur & reffemblent par leur figure aux taches du *ferpentino verd'antico* ; mais elles font formées de lames obliquement cubiques & beaucoup plus grandes ; il paroît, que la matiere de ces taches tient le milieu entre le fchœrl & le fpath dur ; la colonne de la *Piazza di S. Felicità* à Florence eft faite de ce granit.

Quelques colonnes de *granit* & de *granitello* font clairement parfemées de petites taches noires, provenant d'un amas de mica plus grand & plus fréquent en ces endroits ; telles font les colonnes de la façade du palais royal de Naples, du côté de la mer ; telles font auffi celles de granit gris antique, que j'ai vu à *Salerno*. Il y a à Florence une colonne de *granit gris*, qui a quelques taches noires, femblables à un *porfido ferpentino nero antico*, à fond noir, avec des rayons blancs. Ces taches étoient apparemment des cailloux détachés, qui fe font nichés dans le granit avant qu'il s'endurcit ; enfin il y a du *granit gris*, qui

renferme, aulieu du mica ordinaire, du mica ou des
feuilles de fchœrl.

3) *Granito nero* ou plutôt *ner'e bianco* ; le fond
de ce granit eſt blanc, quarzeux, ſans ou avec
très-peu de particules de ſpath dur ; il a de grandes taches noires, oblongues, de la nature du
fchœrl. Ces taches remplacent le mica, qui eſt
dans le granit gris & rouge ; elles ſont oblongues,
en colonnes, pour la plupart parallélipipédiques,
comme le fchœrl ; mais comme elles ſont cubiques dans la fracture, elles doivent être de la nature de la blende cornée ; c'eſt de ce *granito ner'*
e bianco, qu'eſt formée l'une des colonnes, qui
ſont à main gauche de la porte d'une petite chapelle de l'égliſe de *S. Praſſede*, dans laquelle on
conſerve auſſi une colonne, contre laquelle J. C.
doit avoir été fuſtigé (voyez *il Mercurio errante*
di Roma pag. 252.) Les rayons de fchœrl noir
ou de blende cornée ſont en telle abondance, ſi
grands, ſi ſerrés & comme fondus en maſſe dans
quelques morceaux de ce granit, qu'ils paroiſſent
faire le fond de la pierre ; les ouvriers la nomment alors *granito ner'e bianco a macchie grandi*. La
petite colonne de la chapelle de l'égliſe de *S. Praſ-*
ſede, dont je viens de parler, eſt de cette eſpece
(voyez *Mercurio errante, loco cit.*).

4) *Granito verde*; le fond eſt quarzeux, blanc,
n'ayant que très-peu ou point de particules de

fpath dur, marqué de grandes taches noires, oblongues, de la nature du fchœrl; cette variété ne
fe diftingue de la précédente, que parceque la
fuperficie de fon fond blanc eft d'un verd clair en
quelques endroits; ce qui fait que ce granit reffemble beaucoup à l'efpece de porphyre (4. *B. c*),
à fond verd de la nature du *trapp*; mais dans le
granit c'eft le quarz blanc, qui eft coloré de verd,
& non les rayons de fchœrl, comme dans le porphyre en queftion; il y a une colonne de granit
verd dans la *villa Pamphili* près de Rome. Les
ouvriers & marchands de pierres de Rome appellent tout le granit antique *granito orientale* ou
granito d'Egitto, & le granit européen *granito occidentale*; c'eft ainfi, qu'on nomme le bafaltes antique ou d'Egypte *bafaltes oriental*, & les laves
des volcans d'Italie, qu'on emploie à fa place,
bafaltes occidental; il en eft de même de l'*albâtre*
& des pierres précieufes.

VIII. BASALTES.

Strabon & après lui Agricola racontent,
qu'une partie du bafaltes antique fe trouvoit en
Egypte en colonnes prifmatiques, telles que celles, que nous connoiffons aujourd'hui dans beaucoup de montagnes de l'Europe. Je vous ai
prouvé, Monfieur, dans mes Lettres précédentes, que le bafaltes du Vicentin, du Padouan &

du Véronois n'étoit autre chofe qu'une lave criftallifée ; j'y ajoute à préfent, que le bafaltes noir
antique ordinaire s'accorde tellement par fon extérieur, fa dureté & par l'effet, que le feu fait
fur lui, avec la matiere, dont font formées les
colonnes de laves, la lave noire compacte du Véfuve & celle du *monte Albano*, qu'on ne fauroit
y reconnoître aucune différence; cela eft fi vrai,
qu'on fe fert de la lave du *monte Albano*, qu'on
nomme *felce*, pour reftaurer les ftatues de bafaltes antiques, qui font mutilées; on trouve auffi
dans quelques variétés du bafaltes d'Egypte les
criftaux de fchœrl blanc en forme de grenats &
le fchœrl noir en rayons & feuilleté, qui font fi
communs dans la plupart des laves d'Italie; mais
ces parties font plus petites dans le bafaltes; il
me paroît donc indubitable, qu'au moins quelques efpeces de bafaltes foient de vraies laves &
des produits volcaniques. Je ne foutiendrai pas
pour cela, que tout le bafaltes oriental ait été
produit par le feu; il y a même des raifons de
croire, qu'une partie de ce bafaltes doit fon origine à un mélange humide. Peut-être la nature
fe fert-elle de deux voies pour produire le bafaltes. J'ai remarqué à Rome les variétés de bafaltes
fuivantes :

1) Le *bafaltes orientalis niger* eft noir ou gris-
noirâtre; fon grain eft fin dans la fracture; il eft

mêlé de petites écailles blanches, qui font vraifemblablement de la nature du fchœrl. Il y a dans
quelques morceaux de ce bafaltes des veines blanches ou fentes refermées; la matiere, qui les remplit, reffemble à du quarz blanc, & fi ce n'en eft
pas, elle eft du moins de la nature du fchœrl.
J'ai déjà parlé plufieurs fois du rapport du fchœrl
avec les cailloux; cette efpece de bafaltes oriental
eft la plus commune; fa fracture eft abfolument
pareille à celle de la lave du *monte Albano*, qu'on
appelle *felce*. Sa compofition eft la plus unifor-
me; elle ne renferme point de criftaux de fchœrl.

2) Le *bafaltes orientalis niger*, *criftallis minutis
immixtis*, eft d'un gris noir, de la même efpece &
du même grain que le précédent; mais il eft rempli de petits criftaux en forme de grenats, & pré-
fentant par-ci par-là des feuilles de fchœrl noir
brillantes; on voit des ftatues de ce bafaltes dans
le veftibule de la maifon, qui eft au milieu du
jardin de la *villa Albani* &c.

3) Le *bafaltes orientalis niger*, *vulgo* fiorito *dictus*, eft noir, marbré de blanc, en ondulations
irrégulieres; le blanc n'a aucune figure.

4) Le *bafaltes orientalis cum partibus conftituti-
vis granites æquabiliter mixtus*, eft noir, de même
grain que le précédent, mêlé de petites parties
de quarz, de fpath dur & de mica, non réunies
en granit, mais nichées féparément dans le bafal-

tes, où elles paroiffent s'être introduites & s'être intimément unies avec lui, tandis que cette pierre étoit encore molle; ce qui porte à croire, que ce bafaltes a eu une origine humide *f*). L'Ifis, qui eft dans la cour du Capitole, à main gauche, en entrant, eft de cette pierre.

5) Le *bafaltes orientalis fafciis granitofis* eft encore un bafaltes noir ordinaire, à bandes ou larges raies de granits rouges à petits grains; ces bandes font unis à la pierre fans aucune féparation, non comme les cailloux dans les breches, ni comme fi c'étoit d'anciennes fentes refermées par du granit, mais exactement comme fi le bafaltes & le granit avoient été mous en même temps, & s'étoient incorporés ainfi l'un dans l'autre, en s'endurciffant, fi bien que la bande de granit traverfe le bafaltes comme une veine de deux à trois doigts d'épaiffeur coupe un terrein fans féparation vifible ou fans lifiere. Cette variété fe diftingue de la précédente en ce que les particules, qui conftituent le granit, y font réunies, & que par là elles forment un véritable granit; mais dans l'efpece précédente les parties du

---

f) Ne feroit-il pas poffible, que ce bafaltes provint auffi de la lave? La lave fluide ne fe feroit-elle pas chargée dans fon cours de particules, qui compofent le granit? Ne pourroit-on pas dire la même chofe du bafaltes no. 5, dans lequel il s'eft incorporé des morceaux entiers de granit?

granit font difperfées & placées chacune féparément dans le bafaltes. Les deux *Sphynx*, qui vomiffent de l'eau au bas de l'efcalier du Capitole,
font de ce bafaltes. L'un des deux a toute l'oreille
de granit rouge, & tous les deux ont fur le dos
& fur la croupe des veines de granit. Si l'on ne
veut pas adopter le fentiment de différents favants
italiens, qui prétendent, que le granit peut auffi
être formé par le feu, il faut néceffairement croire,
que cette efpece de bafaltes a une origine humide;
je n'en décide point; ces deux voies font poffibles. "Rerum mihi natura perfuafit nihil de fe
incredibile exiftimari debere."

6) Le *bafates nigerrimus maculis ex hornblende
viridefcenti*; les ouvriers & les marchands de pierres nomment cette forte de bafaltes *pietra d'Egitto,
pietra nefritica*; j'ai vu des poids antiques, qui en
étoient faits, & j'en ai même achetés.

7) Le *bafaltes orientalis niger, criftallis majufcu-
lis albis granatiformibus immixtis*, reffemble parfaitement à une lave, qui renferme d'affez grands
criftaux de fchoerl blancs, en forme de grenats;
il ne differe de la variété de bafaltes du no. 2,
que parceque les criftaux du no. 2. font plus petits, & que leur forme eft moins bien déterminée.
Plufieurs ouvriers & marchands de marbre m'ont
affuré, que c'étoit un vrai bafaltes antique; ce
que je n'examinerai pas d'avantage; mais il ref-

femble abfolument à une lave d'un gris noirâtre, du *monte Albano*, qui renferme de pareils criftaux; c'eft pourquoi il me paroît douteux, lequel des deux noms, de bafaltes oriental ou occidental, lui eft dû avec plus de juftice.

8) Le *bafaltes occidentalis mollior*), *bafaltes occidentale tenero*), eft un vrai bafaltes antique, & par conféquent auffi oriental, qui n'eft pas dur à travailler; c'eft pourquoi on ne veut pas lui faire l'honneur de le nommer *oriental*. La couleur de ce bafaltes eft d'un gris noir avec de très-petits points blancs; il a par-ci par-là des lames minces, brillantes, vraifemblablement de fchœrl; c'eft encore une foible variété du bafaltes no. 2, qui ne differe de celui-ci que par fa dureté; je fuis la diftinction, que les ouvriers font eux-mêmes.

9) Le *bafaltes orientalis viridis* eft verd, très-dur, très-compacte, homogene, fans criftaux. Il y en a de très-belles ftatues dans la *villa Albani* & au *Capitole*.

10) Le *bafaltes viridis, punctulis criftallinis albis adfperfus, (bafaltes pedochiofo)* (bafaltes pouilleux), eft le bafaltes verd précédent, dans lequel il y a de petits points de fchœrl blancs criftallins ferrés, de la grandeur d'une tête d'épingle; il eft très-rare. Il doit y en avoir deux colonnes dans l'églife de *S. Pudenziana* à Rome; je ne les ai pas vues; mais j'en poffede moi-même un morceau.

DIX-

DIX-SEPTIEME LETTRE.

Sienne le 4. May 1772.

La route de Rome à Sienne eſt des plus intéreſſantes pour un naturaliſte. Vous ne ſerez
pas fâché, Monſieur, d'en avoir une deſcription
bien détaillée; je vais diviſer cette route en pluſieurs parties.

A. Pour aller de *Rome* à *Viterbe*, je ſortis par la
porta di Popolo. Je vis auſſitót à la droite du chemin la continuation des collines calcaires de Rome, dans lesquelles eſt compris le *monte Mario.*
Au *Ponte Molle* ou *Emilio* elles ſe détournent ſur
la gauche pour ſuivre le cours du *Tibre.* Les
collines volcaniques de tuf reparoiſſent immédiatement au-delà du *ponte Molle*; elles ſont d'abord
jaunâtres, & contiennent beaucoup de morceaux
de pierres-ponces noires & de criſtaux de ſchœrl
en forme de grenats blancs, farineux ou décom-
poſés enſuite d'un gris blanchâtre, compoſées de
pouzzolane blanche; puis toutes blanches, formées de cendres plus blanches que les précédentes; enfin on voit de hautes collines blanches de
peperino, pareil au *peperino* de *Marino*, près du
monte Albano. Ce *peperino* eſt compoſé d'un mê-
lange de cendres blanches, de petits grains de
ſchœrl noir, de petites lames de ſchœrl un peu

Z

brillantes, ou mica de fchœrl, & de morceaux de pierres calcaires. Ces collines s'étendent jusqu'au *monte Roſi*. Il y avoit ſur tout le chemin une quantité de ſable noir ou de petits criſtaux de fchœrl noirs, oblongs, que la pluie avoit détachés. Dès que j'eus laiſſé derriere moi le *monte Roſi*, pour aller à *Ronciglione*, je trouvai un torrent de lave, & un peu plus loin un petit lac (*lago di monte Roſi*), qui étoit autrefois la bouche d'un volcan. A *Ronciglione* ſe découvre un long & profond vallon, entre de hautes collines de cendres d'un brun jaunâtre; ce vallon eſt très-beau; les vues y ſont des plus pittoresques; plus avant eſt un grand lac (*lago di Vico*), qui eſt un autre volcan écroulé, mais très-ancien. La montagne *di Viterbo* fait partie de la circonférence de cet ancien cratere; le *monte Venere*, qui eſt au pied de la montagne de Viterbe, & qui entre dans le lac de *Vico*, eſt un reſte du noyau ou de l'intérieur du volcan, qui a demeuré ſur pied, lorsque le volcan s'eſt écroulé. Il eſt compoſé de la même matiere que la montagne *di Viterbo*; ces matieres volcaniques diſpoſées par couches ſe ſuccedent alternativement, mais ſans ordre. On y voit 1) de la lave noire *a*) compacte, avec beau-

---

a) L'abbé GUENÉE a pris les laves répandues aux environs d'*Aquapendente*, de *Monte Fiaſcone* & ſur la montagne de *Viterbe* pour du granit, comme il a cru, que les pierres,

coup de criftaux de fchœrl blanc, grands, vitreux
& transparents, ou petits & farineux. 2) De la
lave d'un gris noir effleurie, qui fe réduit en
poudre au toucher; cette lave renferme auffi de
grands criftaux de fchœrl farineux blancs en forme de grenats. 3) On y voit de grands torrents
d'une autre lave noire tout à fait compacte dure,
mais homogene. 4) De la pouzzolane endurcie
d'un rouge foncé, de parties entieres de ces mou-
tagnes en font formées. 5) On y voit de la pierre-
ponce rouge poreufe. 6) Du *peperino*, compofé
de pouzzolane d'un gris blanc, avec des rayons
& du mica de fchœrl noir. J'en trouvai en forme de colonnes de bafaltes quarrées d'un empan

---

dont les fourneaux de l'aluminiere font conftruits, étoient
des granits; voyez les *Mém. de Mr.* GUETTARD Tom. I.
p. 365. Mr. DE LA LANDE dans fon *Voyage d'Italie* T II.
p. 627. a commis la même faute. L'abbé GUENÉE remarqua
cependant de la pouzzolane près d'*Aquapendente*, apparemment qu'il ignoroit l'origine volcanique de cette terre. Mr.
DE LA CONDAMINE dans les *Mémoires de l'acad. année*
1757 dit, qu'il avoit commencé à remarquer les pierres calcinées à *Aquapendente*, mais que Mr. WAGNER, médecin de
Mad. la marggrave de Bareuth, les avoit déjà obfervées en
venant de Florence à Rome à la montagne de *Radicofani*,
qui eft à trois journées de cette capitale. J'ai fait cette route;
il n'eft pas poffible de la décrire plus véridiquement & plus
exactement que Mr. FERBER. Il y a aux environs de Ronciglione des forges, des papeteries & autres ufuines.

de longueur. Ce *peperino* a donc auffi la propriété
de fe criftallifer ou de fe fendre en une figure réguliere comme la lave, lorsqu'elle fe forme en
bafaltes. 7) Des collines de cendres jaunâtres,
qui contiennent des pierres-ponces noires, &
relevées par des collines de *peperino*. Ces collines fe fuccedent les unes aux autres jufqu'à *Monte
Fiafcone*. Les collines jaunâtres renferment de
grandes boules de lave noire *b*) ou jaunâtre, qui

---

b) Mr. DESMAREST *Mém. de l'acad. années* 1771. p. 720.
dit, qu'en Auvergne on peut fuivre des amas de boules de
laves dans tous les courants; la plupart de ces boules y font
d'une feule maffe dure & compacte; mais quelquefois cette
efpece d'ellipfoïde eft compofée de couches concentriques affez diftinctes les unes des autres; telles font celles, dont
parle Mr. FERBER; mais Mr. DESMAREST les avoit obfervées
avant lui. Voilà comme ce favant le décrit *loc. cit.* p. 748.
"Dans certaines coupures, qu'on voit le long du chemin
„de *Bolfena* à *Viterbe*, on rencontre auffi des amas de bou-
„les d'une lave auffi compacte que la matiere des prismes;
„quelques-unes font à couches concentriques; celles qui font
„totalement ifolées, ont la forme d'ellipfoïdes. Celles, qui
„fe touchent, font comme des corps à facettes aplatis dans
„les points de contact. Des amas femblables reparoiffent en-
„tre *Viterbe & Rome*, proche *Frefcati*, à *Capo di Bove*, au
„lac de la *Colonnella*, & ces couches font toujours plus ou
„moins enfevelies dans des fcories, dans des matieres noires,
„friables & pulvérulentes, dans des terres cuites ou dans des
„laves trouées; ces obfervations s'accordent parfaitement avec
„celles, que j'ai faites en Auvergne &c." Les mêmes boules
de lave fe voient à la *Brendola*, près de Vicence. Voyez
lettre 5. p. 61. & 62.

fe pelent comme une peau, de maniere qu'on peut en détacher des écailles fphériques, les unes après les autres; ces boules ou rognons reffemblent aux rognons de *trapp* de la Gothland occidentale en Suede; mais elles font plus grandes. Il paroît, que le volcan les a vomies toutes ardentes, en même temps que les cendres, & que par un refroidiffement lent & progreffif de la furface ou de la circonférence au centre, elles ont acquis la propriété de fe brifer en écailles fphériques.

B. Je vous ai déjà dit, Monfieur, que depuis *Viterbe* jufqu'à *Monte Fiafcone* le *peperino* alternoit avec les collines de cendres jaunes. Après avoir paffé *Viterbe*, à main gauche de la chauffée, eft un lac d'eau chaude *c*), qui fent le foie de fou-

---

c) Ce lac a environ cent pas de circonférence; fes bords font entourés de murs. La terre eft couverte aux environs de ces eaux d'un tuf blanc, qu'elles ont dépofé; en creufant on voit, que ce tuf eft coloré en verd & en rouge; ce n'eft pas, que ce lac déborde fouvent, mais les habitants du pays fe fervent de fes eaux pour arrofer leurs champs; cela eft furprenant; car elles ont un fi grand degré de chaleur, qu'on ne fauroit y tenir la main: elles bouillonnent vivement, fans avoir le degré de chaleur de l'eau bouillante; car un œuf ne s'y cuit point. Leurs vapeurs font cependant affez chaudes pour faire fuer en plein air les gens, qui s'y expofent pour guérir de leurs maux. Ces eaux n'ayant pas le degré de chaleur de l'eau bouillante, doivent être corrofives, s'il eft vrai, comme le dit Mr. DE LA LANDE dans fon *Voyage d'Italie*

fre, appellé la *Solfatare* ou *Bulicami di Viterbo*.
A-peu-près à moitié chemin de Viterbe à *Monte
Fiascone*, & encore à la gauche de la grande route,
fe rencontre un grand marais d'eau froide, qui a
aulli le goût de foie de foufre, & dont les eaux
bouillonnent Ce marais eft environné de collines de laves, dans lesquelles il y a des criftaux
de fchœrl blancs farineux en forme de grenats;
la lave a été décompofée & convertie, par les vapeurs fouterraines des acides vitrioliques & fulphureux, en une pierre argilleufe blanche légere,
ou rouge & poreufe, femblable à celle de la Solfatare près de Pouzzole. Il eft vraifemblable,
qu'on en retireroit de l'alun, fi on vouloit l'éle-
xiver, comme on le fait avec la terre blanche de
la Solfatare, qui eft une lave convertie de la méme maniere. Il paroît, que la pierre rouge pro-

Tom. II. pag. 633, qu'un chien, qu'on y jette, eft *bientôt*
réduit en bouillie; le dépôt de cette fource eft calcaire; le
tuf ou *travertino*, qu'il produit, eft un tiffu de filets placés
à côté & au-deffus les uns des autres. Quelquefois ce dépôt
s'arrange de maniere que fa maffe eft remplie de petits tuyaux
circulaires, dont les plus grands ont une ligne de diametre;
alors ce tuf reffemble beaucoup à un madrépore. A un quart
de lieue, au couchant de ce lac, font les bains de *Viterbe*,
où il y a deux fources; l'une, que l'on boit, eft très-vitrio-
lique; toutes deux font chaudes, mais pas au même degré
que les eaux du lac; elles dépofent un tuf pareil à celui des
bullicames.

vient d'une lave, que l'acide sulphureux a plus
vivement attaquée que celle d'où provient la
pierre blanche, & que la corrodation des parties
ferrugineuses de la lave a formé un colcothar ou
safran de mars; il se sublime beaucoup de soufre
hors de cette lave blanche décomposée. Un peu
plus avant & du même côté se présente une source
chaude & bouillante, dont les eaux sentent le
foie de soufre, & déposent une terre blanche,
qui se durcit à l'air. Le marais, qui bouillonne,
n'est peut-être froid, que parceque le feu souterrain en est à une plus grande profondeur que de
cette source chaude; ces deux eaux ont reçu des
gens de la campagne le nom de *l'antanelli di Viterbo*. Je n'ai pas pu en découvrir l'étymologie.
Peut-être cette dénomination provient-elle de *Fon-
tanelle?*

C. De *Monte Fiascone* à *Aquapendente* on trouve
1) de la lave grise dure & compacte, avec des
grains de schœrl transparents, noirs & verds.
Ces derniers ressemblent aux chrysolites d'un
verd foncé; il y en a aussi de couleur de topase.
2) De la lave grise compacte, avec des criftaux
de schœrl blancs, oblongs, en colonnes, ou
pour mieux dire du spath en barres. 3) Des
morceaux détachés de schœrl noir & verdâtre,
uni avec du mica. 4) Des collines de cendres
d'un jaune gris, qui alternent avec 5) de la lave

bariolée, rouge, blanche & grife, mêlée de grains
de fchœrl noirs & verdâtres; cette efpece de lave
eft tout-à-fait particuliere; le rouge y forme des
taches, couleur de brique, qui fe pulvérifent aifément, & ne font point d'effervefcence avec l'eau
forte. Elles font vraifemblablement argilleufes
ou de la pouzzolane rouge endurcie; les collines de
cendre d'un jaune gris No. 4) font encore relevées
par 6) de la lave grife, compacte & dure.   7) De
la lave blanche molle, décompofée par l'acide fulphureux fouterrain ou par l'acide de l'air.   Elle
renferme des criftaux de fchœrl, blancs, farineux, en forme de grenats; quelquefois il n'y en
a point du tout.   8) Depuis *Monte Fiafcone* j'ai
toujours vu à ma gauche le grand lac de *Bolfena*,
qui doit fon origine à la deftruction d'un volcan
très élevé.   Dès que j'eus paffé *Bolfena*, je trouvai à main droite, près de la chauffée, une montagne de bafaltes très-remarquable.   Sa partie inférieure ou fa bafe eft compofée d'un lit de cendres prefque horizontal, d'environ une toife de
hauteur, qui contient différentes petites couches,
comme les collines de tuf volcanique des environs
de Naples, ce qui provient de l'égalité, avec laquelle ces cendres font tombées dans les anciennes
éruptions.   Ces cendres volcaniques font grifes,
& renferment de petits points de fchœrl blanc
criftallins, farineux; elles ne font point d'effer-

vefcence avec l'eau forte, peut-être parceque les eaux de pluie, qui les pénetrent depuis tant d'années, ont entiérement élexivé leurs parties calcaires. Il fe peut auffi, qu'elles n'en aient jamais contenu. On trouve par-ci par-là dans ces cendres quelques petits morceaux de pierre-ponce grife. Sur ce lit de cendre repofent des colonnes de bafaltes, obliquement entaffées les unes fur les autres, de la hauteur de cinq à fix toifes, fur une largeur affez confidérable. Ces colonnes font hexagones, très-régulieres, fort ferrées les unes contre les autres, & formées d'une lave dure, compacte, parfemée de petits criftaux de fchœrl en forme de grenats blancs, vitreux & de petits rayons de fchœrl noir; chaque colonne peut avoir cinq à fix empans de longueur, & un empan de diametre; elles font plattes & unies aux deux extrémités, & forment, pour la plupart, des prifmes hexagones à faces égales, ou bien à deux faces oppofées plus grandes que les autres; cependant il y a des colonnes à trois, quatre & cinq côtés. La grandeur des côtés & des angles varie; mais leur figure en général eft fi réguliere, que perfonne ne fauroit douter, qu'elles ne la doivent à une efpece de criftallifation & à une criftallifation dans le feu *d*), quand la lave

Z 5

---

d) Mr. DESMAREST *Mém. de l'acad. année* 1771, p. 747.

étoit en fufion, puisque ces colonnes ne fonti
que de la lave. Leur extrémité extérieure eftic

---

748. fait auffi mention de bafaltes de *Bolfena* & de *Radico-x*
fani. J'ajouterai encore quelques obfervations à celles, queis
j'ai faites p. 78. lettre V, note *r*), après lesquelles il ne re-x:
ftera, je crois, plus aucun doute, que le bafaltes ne foit unei
véritable lave criftallifée. Nous voyons, que les bafaltes dei
l'état Vénitien, ceux de *Bolfena* & celui de la montagne dei
Radicofani, dont il eft parlé ci-deffous, fe trouvent tous furi
& au milieu de matieres volcaniques. J'ai examiné les lavesi
prismatiques de *St. Thibery*, dont parle fuccinctement Mr.i
Montet dans les *Mém. de l'acad.* année 1760; il fe con-i
tente de dire, que le bafaltes du bas-Languedoc fe trouvei
dans un lieu, où les veftiges d'un ancien volcan éteint font ii
très-reconnoiffables. En effet *St. Thibery* eft fitué entre *Ag-*i
de & Pezenas; toute cette partie à commencer de la monta-i
gne de St. Loup, fituée au cap d'*Agde*, fur laquelle oni
trouve de la pouzzolane, & des étangs qui font au-deffous;i
tout ce canton, dis-je, eft volcanique; cela s'étend mêmei
à quelques lieues à l'oueft d'Agde jufqu'au-delà de *Roqueaute*,i
fi bien que l'on tire de Roqueaute des pierres de taille, donti
on fe fert pour revêtir les bords de l'*Hérau* & pour bâtiri
Agde; cette pierre n'eft que de la lave. J'allai d'*Agde* à *St.*i
Thibery conftamment environné de traces de feu. Aprèsi
avoir paffé le village de *Beffan*, & tout près de *St. Thibery*,i
font trois montagnes de laves ifolées, qu'on nomme *Cauffes*i
dans le pays; terme, par lequel on entend, d'après Mr. Montet, des montagnes ou hauteurs confidérables, fituées au milieu des plaines. On cultive avec fuccès des vignes fur ces
volcans éteints; c'eft au bas de la troifieme montagne, c'eft-
à-dire de celle, qui eft fituée tout près de *St. Thibery*, qu'eft
placée un petit monticule attenant à ce village. On y diftin-i

élevée de 20 & quelques degrés au-deſſus de la
ligne horizontale; leur corps entre obliquement

gue parfaitement deux étages de colonnes de baſaltes, ſépa-
rés l'un de l'autre par une couche volcanique horizontale,
chaque étage de colonnes à environ dix pieds d'élévation.
Elles ſont accollées les unes aux autres, la plupart pentagones,
quelques-unes hexagones; fort peu ſont quarrées. Le grain
de ce baſaltes eſt très-fin, fort dur, auſſi apyr que la lave; on
y diſtingue de petites taches blanches, des grains de ſchœrl
& beaucoup de parties entiérement vitrifiées. *St. Thibery*
eſt bâti de ce baſaltes; pour en faire cet uſage, on
coupe les colonnes par leur baſe, en les environnant de
paille, qu'on allume, & qui au bout d'un certain temps
les fait éclater régulierement. Je penſe avoir bien conſtaté
la liaiſon de ce monticule de baſaltes avec la montagne volcanique, au-deſſous de laquelle il eſt, & dont on pourroit
dire, qu'il fait partie. Mr. RASPE prouve également, que
le baſaltes des environs de Caſſel ſe trouve dans un terrein
volcanique; & Mr. DESMAREST a démontré d'une maniere
inconteſtable, que tous les baſaltes ne ſont que de la lave
criſtalliſée; il dit généralement, qu'ils ne ſe voyent que dans
les lieux, où il y a des volcans éteints; il cite tous les endroits, où on en trouve; par-tout il y a des veſtiges d'une
inflammation ſouterraine. Quelquefois on rencontre du baſaltes iſolé, détaché de tout volcan; mais ce n'eſt qu'en apparence; on ſait, quelle eſt ſouvent la longueur d'un courant
de lave; on n'ignore pas les révolutions, qu'éprouve la ſurface de la terre, des vallons ſe forment, & ſéparent des
torrents de laves, qui étoient attenants; mais avec un peu
de ſoin il eſt facile de les retrouver, de les ſuivre juſqu'à
leur origine, ou juſqu'à la bouche du volcan, qui les a vomis. Il arrive cependant, mais rarement, que l'on ne peut

dans la montagne; elles font adoffées les unes aux
autres, avec de petits intervalles entre leurs côtés, qui font plats & unis, de maniere qu'elles
ne font pas emboitées les unes dans les autres,
comme le font les colonnes de bafaltes d'Irlande.
On a placé des deux côtés de la chauffée près de
Bolfena différentes colonnes de ce bafaltes. PLINE
nous dit, que les anciens fe fervoient du bafaltes de *Bolfena* pour moudre le grain. Le
P. KIRCHER fait auffi mention du bafaltes de
Bolfena dans fon *Mufeum*. Ces colonnes font
furmontées d'une lave très - compacte, avec
de petits criftaux de fchœrl blancs, clairs, en
forme de grenats, qui ne different de la lave,
qui compofe les colonnes, que parcequ'elle n'a
pas adopté de figure réguliere. Il paroît, que la

---

retrouver ces circonftances primitives; alors il eft permis de
juger par analogie; on pourra, fans crainte de fe tromper,
croire, qu'une pierre, qui ne differe de la lave ordinaire que
par fa forme réguliere, qui fe trouve communément dans les
lieux, où il y a des volcans éteints, ou toujours dans les
environs, qui n'en eft féparée que par accident, eft une production de volcan. Mr. DESMAREST répond auffi à l'objection, que l'on ne trouve point de bafaltes auprès des volcans encore enflammés; en rapportant qu'on en a vu à l'*Etna*
& dans l'isle de *Bourbon*; on fait, que cette isle eft encore
expofée aux ravages & aux éruptions violentes d'un volcan:
enfin les obfervations faites par ce favant fur les bafaltes
d'Auvergne font tout-à-fait concluantes.

lave eſt diſpoſée à adopter une figure criſtalline, & les baſaltes de *Bolſena* nous donnent des lumie- res ſur l'origine du baſaltes antique d'Egypte, qui d'après STRABON ſe trouvoit de même en co- lonnes. Il y a en Boheme, & ſur-tout dans le cercle de Leutmeritz *e*), différentes montagnes de baſaltes en colonnes ou irréguliérement éclaté. Vous vous ſouviendrez bien, Monſieur, que nous en avons obſervé de très-remarquable, en très-petits morceaux irréguliers, entre *Lobofitz* & *Tœplitz*. Cependant chacun de ces morceaux approchent plus ou moins de la forme d'un quarré, d'un pentagone ou d'un hexagone; les criſtaux de ſchœrl blancs, en forme de grenats, que l'on voit dans le baſaltes de *Bolſena*, ſont de la même eſpece que les petits criſtaux du *baſaltes pedocchioſo* & des autres baſaltes antiques. La montagne de baſaltes, qui eſt près du *lago di Bolſena*, & tou- tes les montagnes, qui environnent ce lac, ne font que des reſtes de la circonférence écroulée de l'ancien volcan, qui a exiſté autrefois à la place, où eſt aujourd'hui le lac; ce volcan doit avoir été d'une hauteur conſidérable. Le *lago di Vico* près de *Viterbe*, le *lago di Bracchiano*, *di Nemi*, *d'Al- bano* &c. & les autres lacs d'Italie de cette eſpece ont eu la même origine *f*).

---

e) Voyez ci-deſſus pag. 81, lettre cinquieme, note *s*).

f) Mr. DE LA CONDAMINE ſe rappella, en voyant le lac

De *Bolsena* jusqu'à *Aquapendente g)* il y a des
collines de cendres volcaniques & de laves avec
des cristaux de schœrl blancs; on a pratiqué dans
les collines de cendres de *S. Lorenzo alle Grotte*
beaucoup de cavernes ou grottes, soit pour en

---

d'*Albano*, celui de *Quilotoa*, qu'il a décrit dans son journal
historique du voyage à l'Equateur, dont les eaux exhalent
quelquefois des flammes Il vit clairement, que ce lac étoit
l'entonnoir profond de la mine d'un ancien volcan. Il
ajoute qu'à l'aspect des traces de feu répandues aux environs
des lacs de *Borsello*, de *Ronciglione* & de *Bracciano*, sur
la route de Florence à Rome, il avoit formé les mêmes conjectures; qu'il porte le même jugement par analogie sur le lac
de *Peruge* & sur plusieurs autres de l'Italie, qu'il ne connoît
que par la carte. Je joindrai aux observations de cet homme
célebre, que l'étang de *St. Martin* près d'*Agde* dans le bas-
Languedoc, & la plage, qui est devant ce bassin, au midi
de laquelle est le fort de *Brescou*, sont également les gouffres d'anciens volcans éteints, dans lesquels les eaux se sont
accumulées; la forme circulaire, les laves les plus dures, des
rochers entiérement calcinés, le sable noir de l'étang, le sable encore plus noir de la mer, qui baigne la plage, font des
preuves plus que suffisantes de ce que j'avance. Mr. MON-
TET a donné (*Mém. de l'académie année* 1760) un mémoire,
peu détaillé des volcans du bas-Languedoc; il y parle cependant d'une bouche ronde d'environ deux cent toises de diametre, située dans les *causses defontés, Caus & Nizas*, qui
formoient un étang, qu'on a desséché, au moyen d'une profonde saignée faite entiérement dans la lave dure.

g) Aquapendente a reçu son nom d'une cascade, qui tombe
avec bruit du rocher, sur lequel la ville est située.

tirer la pouzzolane, foit pour fervir de retraite aux beftiaux, & y renfermer l'attirail & les outils d'agriculture.

. . D. En fortant d'*Aquapendente*, pour aller à *Radicofani*, je defcendis une montagne de lave, que je reconnus clairement avoir fait partie de la circonférence d'un ancien volcan, qui occupoit la place du vallon, où j'arrivai, & avoit une hauteur confidérable avant qu'il s'écroulât; je paffai, un peu plus loin, un bras de la riviere de *Paglia*, derriere laquelle fe montrerent des collines dépofées par les eaux & d'une marne grife & bleue, remplie d'une quantité de morceaux de pierres à chaux grifes roulées, non difpofées par couches. Avant d'arriver à *Radicofani*, je paffai encore divers bras du *Paglia*, qui charioient des morceaux de pierre à chaux grife, du fable, de la marne & une efpece de breche ou *pouddingflone*, compofée de petits morceaux de lave arrondis & de petites pierres à chaux blanches, réunies par un ciment calcaire; cette breche fe nomme en Italie *Civerchina*. J'en ai vu de pareilles en *Carniole* & dans la riviere de *Greve*, près de Florence, où on s'en fert pour dégroffir le marbre.

La haute montagne, fur laquelle eft fitué le château de *Radicofani*, eft un rocher volcanique, élevé, ifolé, environné de tous côtés de la marne, dont on vient de parler, compofé de lave grise , de lave noire compacte , de lave noire poreuse , de lave rouge compacte , de pierre-ponce rouge & de lave noire compacte , avec des criſtaux de ſchœrl blancs transparents en forme de grenats ; ces variétés ſe ſuccedent ſans ordre, de maniere qu'une partie de la montagne eſt formée de l'une , & une autre partie de l'autre ; la lave eſt rompue par des fentes perpendiculaires, en morceaux irréguliers & ſans figure déterminée; cependant on trouve dans cette lave & dans le ſolide de la montagne de grandes colonnes de baſaltes bien diſtinctes, raſſemblées en quelques endroits en grand nombre , à trois, à quatre & à ſix côtés. Leurs extrêmités font tronquées & unies; elles ſortent obliquement de la montagne, à-peu-près comme les colonnes de baſaltes de *Bolſena*; on peut conclure de-là avec raiſon, que la lave de cette montagne, autrefois fluide, étoit généralement diſpoſée à ſe criſtalliſer en prismes hexagones, mais que la preſſion & la quantité de lave ont empêché, que cela ne s'effectuât par-tout. Différentes colonnes de cette lave contiennent des morceaux de pierres calcaires blanches, comme il y en a au Véſuve & au *monte Albano*. La montagne de lave de *Radicofani*, que je viens de décrire, eſt entourée de tous côtés de collines de marne, & non de cendres volcaniques.

Je vous ai déjà dit, Monſieur, que ces colli-

lées de marne fe voient immédiatement après
Aquapendente, lorsqu'on a paſſé le premier bras
du *Paglia*; ainſi il n'y a que cette grande maſſe
de lave, qui fe foit montrée au-deſſus de la marne.

J'ai cherché envain un cratere au fommet de
la montagne de *Radicofani*; on prétend, qu'il y a
eu des éruptions dans cette montagne même;
mais je fuis porté à croire, que la bouche du volcan étoit dans le vallon actuel, & qu'elle a été
recouverte de marne. Directement vis-à-vis de
Radicofani, de l'autre côté du vallon, s'éleve la
haute montagne volcanique de *S. Fiora h*), qui
peut avoir eu fon cratere à fon fommet; car fa
furface eſt encore concave *): mais il eſt plus

---

h) Le célebre MICHELI obferva le premier dans le voyage,
qu'il fit en 1733, que les montagnes de *S. Fiora* & de *Radicofani* font volcaniques; comme on le voit dans les *Voyages de Mr.* TARGIONI TOZZETTI Tom. VI. p. 201, 234 à
236; mais il ne fait pas mention des bafaltes, qu'on y voit.

Mr. MICHELI a décrit avec foin la formation & les productions de la montagne de *S. Fiora*; voyez ibid. Tom. VI.
pag. 200 à 216.

*) Cette montagne, *montagna ammiata*, *di Janto Fiore*
ou *Sta. Fiora*, eſt compofée d'un côté de laves & de matieres volcaniques. Mr. TARGIONI TOZZETTI m'a affuré, que
l'autre côté, que je n'ai pas vu, eſt calcaire. J'ai trouvé
dans la collection de ce favant & dans le cabinet de *Sienne*
plufieurs minéraux tirés de cette montagne; je vais vous les
décrire.

croyable, que *S. Fiora* & la montagne du château de *Radicofani* font de groffes maffes de laves,

---

1) De la lave noire, avec des criftaux de fchœrl blanc, en forme de grenats, pareille à celle du Véfuve.

2) Du *peperino* ou *granito di S. Fiora*. C'eft une éfpece de lave particuliere, compofée de beaucoup de fchœrl blanc, en rayons très-fins, oblongs ou parallélipipédiques, d'une quantité de mica de fchœrl & d'un peu de matiere de lave. Quand le fchœrl blanc y eft en très grande abondance, on nomme cette pierre dans le pays *pietra falina;* on l'a tiré de la *montagna di S. Fiora*, de *Pian Caftagnaro*, de l'*Abbadia fan Salvadore* & du *Paglia*. L'ancien château de *Radicofani* en eft bâti; les murs, qui font fous les chaudieres de la fabrique d'alun de la Tolfa font conftruits d'une pierre pareille; j'ai vu à Florence chez Mr. TARGIONI TOZZETTI différents parallélipipedes de fchœrl blanc, de la longueur d'un doigt, épais à proportion, tirés du *peperino di S. Fiora;* communément les parallélipipedes du *peperino* de cette montagne font plus petits, quoique d'une figure réguliere. Vous voyez, Monfieur, par la définition, que je vous ai donnée dans mes lettres précédentes du *peperino*, qu'on a mal-à-propos donné ce nom à cette lave de *S. Fiora*; mais ce nom eft reçu fur les lieux & *verba valent ut nummi;* j'ai vu à Sienne deux autres variétés de laves de la montagne de *S. Fiora*, qu'on nomme encore avec moins de raifon *peperino* ou *granito;* l'une étoit compofée de grains de fchœrl noir, en forme de grenats irréguliers, avec des criftaux de fchœrl blancs; l'autre étoit une terre d'un rouge clair, comme de la pouzzolane, avec des criftaux de fchœrl blancs réguliers, en forme de grenats.

3) De la lave noire vitreufe ou de l'agathe d'Islande.

qui faiſoient partie de la circonférence d'un ancien volcan *i*), élevé autrefois au milieu de ces

---

4) Des rognons de molybdene, renfermés dans le *pepe-
tino* de *S. Fiora*; il y en a de la grandeur d'un poing.

5) De la pierre ollaire verdâtre, de la montagne de *S.
Fiora*.

6) De la terre calcaire *agaricus mineralis*, *Lac lunæ*,
du même endroit. Je ne puis vous aſſurer, ſi cette terre eſt
calcaire ou gypſeuſe; je n'ai pas eu la facilité d'en faire l'eſſai avec un acide.

7) De la terre argilleuſe mercurielle, avec du cinnabre
ſuperficiel, qui ſe trouve au haut du terrein volcanique, à
la *Silvena nella contea di S. Fiora*, dans la montagne *di S.
Fiora*; il paroit, que ce mercure a été ſublimé par le feu
ſouterrain; on voit du cinnabre près de la ſuperficie du terrein dans nombre de fentes de ce volcan. On m'a montré
des criſtaux de quarz de *Silvena*, & on a prétendu, qu'on
les tiroit auſſi des terreins volcaniques; je n'en déciderai pas;
il eſt plus vraiſemblable, qu'ils viennent de la pierre calcaire
du côté de la montagne oppoſé à celui, qui eſt volcanique.

8) De l'antimoine gris en aiguilles, dans de la lave de
Silvena.

9) Du cinnabre compact de l'*Abbadia di S. Salvadore*,
à la *montagna di S. Fiora*.

i) Quoiqu'on diſe communément, que l'on ne trouve plus
de veſtiges de volcans en Toſcane, paſſé *Radicofani*, Mr.
TARGIONI TOZZETTI fait mention dans ſes *Voyages* de
pluſieurs ſoupiraux, d'où il ſort des vapeurs brûlantes, ſur-
tout aux environs de *monte Rotondo*; de pouzzolane, de
mine de ſoufre; du feu, qu'on voit la nuit ſur la montagne
de *S. Quirico in Carfagnana*; de mines d'alun pareilles à
celles de la Tolfa, qu'on exploite au *monte Leo*, qui ſont

montagnes; que ce volcan s'eft écroulé, qu'il en eft refulté le vallon, qui les fépare, & que ce vallon a été couvert après par la marne. Je vous prouverai, Monfieur, par la fuite, que cette marne, qui a enfeveli des torrents de laves & des cendres, eft un limon dépofé par la mer.

E. En allant de *Radicofani* à *Sienne*, la chauffée traverfe des collines de marne grife & bleue. A une certaine profondeur la marne eft communément bleue, compofée d'argille mélée de chaux; elle fait effervefcence avec les acides, & renferme des morceaux arrondis de pierre calcaire. Il y a dans la marne près de l'hôtellerie *dello Spedaletto* plufieurs petites couches ifolées de pierre à chaux, qui contiennent des coquilles de mer; au-delà de *S. Quirico* les collines font formées de tuf calcaire, compofé d'une terre calcaire très-fine d'un jaune clair, mélée d'un peu d'argille, dans laquelle différentes efpeces de coquilles de mer, de petits grains ronds de quarz & de fpath calcaire, & des morceaux ovals de marne, coûleur de verd de montagne, font maftiqués enfemble; dans le grand nombre de coquilles contenues dans ce tuf on rencontre de grands & très-beaux ourfins de différentes fortes, entr'autres celui, qu'on nomme *cucurbitis* ou *echitis floridus*, MERCATI *Metallo-*

autant d'indices de volcans. Nous verrons encore, qu'il en exifte près de *Pietra Mala*.

theca Vatic., pag. 233.   On trouve auffi dans ce tuf une pyrite d'une figure particuliere, que MERCATI appelle *ibid.* pag. 240. *Nummum Diaboli.* Il y a près d'un petit terrein, qui porte le nom de *Cafa nuova*, beaucoup de petits criftaux de quarz, détachés & difperfés dans la terre, noirs & pointus des deux côtés; on les nomme *Iridi nere.* J'avois traverfé dans ma route plufieurs bras de la riviere de *Fiumirigo*, qui roule un grand nombre de morceaux de pierres calcaires, dont on fe fert pour reparer la chauflée & faire de la chaux. Les bains de *S. Filippo* *) font fitués à quelques

---

*) Ces bains chauds font placés fur le penchant de la montagne de *S. Fiora.* Leurs eaux dépofent un peu de foufre & un tuf calcaire extraordinairement fin, plus ou moins pénétré d'acide vitriolique ou gypfeux; Mr. le docteur LEONARDO VEGNI les a décrites dans une Lettre in-4to, imprimée à Boulogne en 1761, écrite au célebre profeffeur GAETANO MONTI de Boulogne. Le docteur VEGNI a établi une manufacture finguliere, pour faire au moyen du tuf, que dépofent ces eaux, de belles impreflions de médailles & des bas-reliefs; il fait tomber ces eaux chaudes d'aflez haut fur une croix de bois, placée fur un grand cuveau; la hauteur de la chûte fait, que l'eau fe divife en petites goutes, & rejaillit de la croix fur les parois du cuveau, contre lesquels on attache les modeles des médailles & des bas-reliefs. L'eau y dépofe les fines parties calcaires ou gypfeufes, qu'elle tenoit fufpendues; la haute chûte de l'eau fert à faire rejaillir les goutes avec plus de force, & à donner plus de denfité au tuf, qu'elle dépofe, qui fans cette manœuvre refteroit farineux & friable. Il eft probable, que l'*agaric* minéral ou le *lac lunæ*

milles de ce côté de *S. Quirico.* Les maisons de

de la *montagna di S. Fiora,* qui n'est autre chose qu'une fine terre calcaire, fournit à ces eaux chaudes la matiere subtile de leur tuf *k*); les collines, qui font aux environs des eaux thermales de *S. Filippo* & au pied de la montagne *di S. Fiora* font formées d'un pareil tuf calcaire, plus ou moins gypfeux, fin & blanc comme de la craie, & de beaucoup d'incruftations Mr. le profeffeur BALDASSARI de Sienne a trouvé dans la caverne d'une de ces collines près de *S. Filippo* un fel natif, en floccons blancs, qu'il a pris pour un acide vitriolique concret, concentré par la nature (*oleum vitrioli glaciale naturale*), abfolument pur, & dépouillé de tout phlogiftique On parvient à colorer ce tuf en rouge, en faifant filtrer l'eau, qui doit le dépofer au travers du bois de *Fernambouc*; lorfque ce tuf fe dépofe fur des moules de verre, il devient luifant & poli. On en a formé de très-beaux bas-reliefs plus blancs que ceux de marbre, des buftes entiers; Mr VEGNI efpere réuffir à faire des ftatues maffives de grandeur humaine. On peut même calquer fur ce tuf l'empreinte d'une gravure; la couleur & le deffein s'y fixe & fe détache du papier. Mr. VEGNI fera imprimer un détail de tous les ouvrages, qui lui ont réuffis.

Les eaux chaudes de *Vignion* ne font qu'à deux milles de *S. Quirico;* elles fentent également le foie de foufre, & dépofent un tuf plus gypfeux que calcaire; car il fait peu d'effervefcence avec les acides; elles ont auffi, felon toute apparence, leur fource dans la *montagna di S. Fiora,* où plufieurs rivieres & autres eaux prennent naiffance. Ces bains font décrits dans un ouvrage intitulé: *Offervazioni intorno all'acque del bagno di Vignone, fatte dal Dr* TEOFILO GRIFONI, *Siena* 1705, *in-octavo.* Il doit y avoir des eaux chaudes de cette nature près de *S. Quirico.*

k) Mr. RASPE de *Caffel* a écrit à la fociété littéraire de

S. Quirico font bâties de *travertino*; les pierres milliaires pofées depuis cet endroit jufqu'à Sienne font de la même pierre; ce qui prouve, que les montagnes calcaires ne font pas fort éloignées de la route. Il paroît, que l'on tire ce *travertino* de *Rapolano*; quand on a paffé *Quirico*, on voit des collines compofées d'une terre calcaire endurcie fine d'un jaune clair, mêlée d'un peu d'argille, fuivies de collines de marne, qui s'étendent jufqu'à Sienne. On trouve dans cette route différents bras de l'*Orica* & de l'*Ombrone*.

Depuis *Aquapendente* jufqu'à *Sienne* le terrein eft formé de collines marneufes, qui couvrent, du moins près de *Radicofani*, des cendres volcaniques, fur lesquelles cette marne a été dépofée,

---

Londres une lettre inférée dans le 60. Vol. *des Transactions philofophiques* p. 47. Il avance dans cette lettre, que tout marbre blanc, albâtre & gyps font des dépôts d'eau de fources, & non de la mer, c'eft-à-dire des tufs endurcis. Il dit, qu'on n'y trouve jamais de corps marins, mais bien des corps terreftres, comme plantes, outils &c. ; que ces foffiles ne font point dépofés par couches régulieres, mais par maffes informes; que les collines, qui font aux environs des bains de *St. Philippe*, ne font compofées que de tuf dépofé par les eaux de cet endroit; qu'il en eft de même des carrieres d'albâtre & de gyps, qui font au Harz, dans le pays d'Hannovre &c, & finit par rapporter l'ufage du tuf des eaux de *St. Philippe*, qui fans doute lui a donné l'idée de la formation du marbre blanc.

en partie par les rivieres, que j'ai nommées, dont les différents bras ont peut-être été réunis en un grand lac, & en partie par la mer, comme le prouve le grand nombre de coquilles de mer, que ces collines renferment, témoins celles des environs de *S. Quirico* &c; d'autant plus que tout le pays du côté de la mer est encore mol & marécageux, si bien qu'on le nomme la *Maremma di Siena*. Entre *S. Quirico* & *Sienne*, & même dans cette derniere ville, les maisons sont bâties de briques, & les rues en sont pavées; marque qu'il n'y a pas de carrieres dans le voisinage, mais bien de l'argille ou de la marne.

Peu avant d'arriver à *Sienne* devant la porte de *Rome*, il y a des collines d'une pierre de sable fine molle jaunâtre; elle devient plus grossiere de l'autre côté de Sienne vers Florence. Au reste Sienne est bâtie sur une colline de marne, pareille à celles, dont j'ai souvent fait mention; elle renferme aussi des morceaux de pierres calcaires roulées; on en voit une partie à découvert au-dessous d'une maison, en montant du marché vers la cathédrale. Elle ressemble à une breche par la quantité de morceaux de pierres à chaux, qu'elle contient.

L'université de *Sienne* est pourvue de plusieurs savants célebres, qui sont en même temps membres de *l'accademia de' fisico-critici*. Cette académie une bibliotheque & un cabinet d'histoire naturelle en commun avec l'université; fondée depuis longtemps, elle acquiert un nouveau lustre de nos jours. Elle a fait imprimer à Sienne quatre Tomes in-quarto, qui ont pour titre: *Atti dell' accademia di Siena*; on conserve dans la bibliotheque, qui est sous la direction de l'abbé CHIACCHERI, les manuscrits des anciens actes de cette académie, dont une partie est intéressante.

Le cabinet d'histoire naturelle de l'académie lui a été donné, il y a quelques années, par le docteur GIUSEPPE BALDASSARI, qui s'en est reservé la direction; il est président perpétuel de l'académie & professeur d'histoire naturelle; outre ses ouvrages insérés dans les actes de l'académie, il a encore publié les traités suivants:

Delle acque minerali di Chianciano, relazione di G. BALDASSARI, *Siena* 1756, *in-quarto*.

Saggio di Produzzioni naturali dello stato Sanese, che si ritrovano nel museo del Sr. CAV. GIOVANNI VENTURI GALLERANI, *Siena* 1750 *in-8*.

Offervazioni sopra il Sale della Creta &c. del S. Dr. G. BALDASSARI, *Siena* 1750 *in-8*.

Voici, Monsieur, ce que j'ai trouvé de plus remarquable dans la collection d'histoire naturelle de l'académie:

1) De vrai charbon de pierre ou schiste argilleux pénétré de bitume terrestre, dont une

partie étoit du bois bitumineux. Ces charbons ne font difpofés par couches horizontales dans les collines d'argille ou de marne, en différents cantons de la Tofcane.

2) Une machoire avec des dents d'un animal inconnu, des collines argilleufes de la Tofcane. Elle eft décrite par Mr. BALDASSARI dans les *Aces de Sienne*, & pareille à celle de l'Amérique, que Mr. GUETTARD nous a fait connoître dans fes *Mémoires*.

3) Un morceau de pierre calcaire, rongé par les pholades, d'une colline d'argille ou de marne du territoire de *Sienne*; nouvelle preuve, que ces collines font un dépôt de la mer, fans parler de la quantité d'échinites, de balanites & d'autres coquilles de mer, qu'on y trouve.

4) Une étoile de mer pétrifiée, dans une pierre à chaux jaunâtre, d'une colline, qui eft près de *Giufuri*, à un mille de *Sienne*.

5) De petits criftaux de quarz noirs, à huit facettes, triangulaires, ou de la forme & de la grandeur des diamants bruts de *monte Polciano*. Il y en a, qui ne font noirs qu'à la fuperficie, & blanchâtres intérieurement; d'autres font d'outre en outre d'un noir de poix.

6) Des criftaux de foufre natif, quarrés, jaunes, en une pierre calcaire grife, avec de petits criftaux de fpath calcaires en pyramides, de *S.*

*Agata di monte Feltro in ducato d'Urbino in Roma-
gna.* Le foufre natif criftallifé reffemble par fa
figure & fes couleurs à de la blende jaunâtre en
mammelon; mais on le peut racler facilement &
le réduire avec l'ongle en une poudre de foufre.

Le cabinet particulier d'hiftoire naturelle, que
Mr. BALDASSARI conferve chez lui pour fon agrément, & qui fera joint à fa mort à celui de l'académie, ne renferme pas moins d'objets curieux;
j'y ai vu

1) Un grand criftal transparent de foufre, qui
a prefque la figure du fchœrl en colonnes de *S.
Agata di monte Feltro ducato d'Urbino in Romagna*;
ce morceau eft affûrément très-beau & très-rare.

2) Des criftaux de quarz, blancs & noirs,
terminés aux deux extrémités en pyramides, *Iris
nigra* ALDROVANDI, *Lapis Dichonus* MERCATI *in
Metallotheca*, *Ingemmamenti criftallini appuntati in
ambe le parti di* FERRANTE IMPERATO. On les trouve
à la fuperficie du terrein & détachés dans divers
endroits du territoire de Sienne, comme à *Leceto*,
ai bagni di S. Filippo, *di Chianciano*, à *Belriguardo* &c.

3) Des criftaux de quarz d'un verd foncé, dans
& fur du *Sodfchlag* (*Miner.* de CRONSTEDT §. 105),
auquel ils paroiffent devoir leur couleur. Mr.
BALDASSARI n'a pu fe fouvenir pofitivement, fi
ces morceaux rares avoient été trouvés au *monte*

Cristo ou *Giglio*, deux petites isles de la mer Toscane, qui font l'une à côté de l'autre.

4) Des trufes de criftaux de quarz bleu, teint par du bleu de montagne foncé, d'une mine de cuivre du territoire de *Sienne*.

5) Des coquilles pétrifiées & agathifées, dans de la pierre de fable fine, jaunâtre, friable, comme du tuf, d'une des collines de pierre de fable, qui font proches de *Sienne*, hors de la porte de Florence.

6) Des turbinites pétrifiées blanches comme de la craie, transparentes, creufes en-dedans, dans la même pierre de fable & du même endroit. Ces pétrifications paroiffent être formées de cette efpece de farine, qui environne communément les rognons de cailloux, & en eft probablement une décompofition. Peut-être ces turbinites étoient-elles précédemment de la nature de l'agathe.

7) Du cuivre vierge avec du verd de montagne, dans du quarz d'une nouvelle miniere, ouverte à *Paris* dans le territoire de *Sienne*, à 23 milles au midi de cette ville, à côté de la *Via Confolare*, qui conduit à *Groffeto*.

8) De l'antimoine gris en rayons très-grands, longs & épais, couvert de petits criftaux de foufre jaune & d'orpiment farineux, d'une miniere, qui produit plus de foufre que d'antimoine; cette

mine eſt à *Pereta nella maremma Saneſe*, à 30 ou 40 milles de Sienne.

9) Du granit, dont quelques montagnes du territoire de *Sienne* ſont formées.

10) Du ſchiſte argilleux des environs de *Mon-tagnuola* & de *Prata*; au commencement de la *maremma Saneſe*. On y voit des montagnes entieres couvertes de couches de pierres à chaux, ſur leſquelles Mr. BALDASSARI a fait des obſervations, qu'il nous a communiquées en parlant de l'hiſtoire naturelle de *Prata* dans le 2. Tome des *Actes de l'Académie*.

11) Du ſchiſte argilleux, traverſé par beau-coup de veines de marbre blanc ſans quarz; il dif-fere beaucoup du précédent par ſon âge & ſa poſition; il n'entre pas dans la profondeur, & n'eſt pas couvert de couches calcaires, comme celui du no. 10; on en trouve une couche dans la mon-tagne calcaire, qui eſt près de *Gerfalco*, entre cet endroit & *Prata*; peut-être que les bandes de ſchiſtes micaſſées du marbre grec *Cipolin* provien-nent d'une ſemblable couche.

12) Du ſchiſte micaſſé avec des dendrites de la *Montagnuola preſſo* la *villa Cettenali*, à huit milles au couchant de Sienne.

13) De la pierre de ſable des carrieres de *Belriguardo*, qui ſont à trois milles de Sienne.

14) Du *travertino* de *Rapolano* dans le terri-

toire de Sienne. On s'en fert à Sienne pour bâtir; ce *travertino* doit fon origine aux fources
chaudes, qui font dans cet endroit. *Rapolano* eft
fitué au commencement du vallon *di Chiana*, à
douze milles au levant de Sienne; ce bourg eft
renommé par fes bains chauds, dont les eaux incruftent d'une terre blanchâtre calcaire, femblable à celle des *bagni di S. Filippo*, les tiges, les racines & tous les corps, fur lesquels elles coulent.

15) De la ferpentine ou du *gabbro* verd, taché de noir, de *Vallerano* dans le territoire de
Sienne. Les tailleurs de pierres l'appellent *marmo di Vallerano*.

16) De la ferpentine ou du *gabbro di Prata*
verd, avec des taches rouges; on le nomme ordinairement *verde di Prato*.

17) Du marbre blanc écailleux, auffi beau &
auffi *falin* que celui de Carrare, marqué de quelques taches blanches, qu'on tire, mais feulement
en petits morceaux, de la *Montagnuola* dans le
Siennois; la couleur du terrein y eft grife.

18) De la *brocatelle* de Sienne; c'eft un marbre
jaune avec des veines noires; quelquefois le fond
eft couleur de pourpre, & quand on le calcine,
tout le marbre devient rouge. On le tire de *Montarenti* dans le Siennois, environ à huit milles au
couchant de Sienne; on en fait un grand ufage
dans toute l'Italie.

19) Le *marmo tigrato di valle di Rati* dans le Siennois; c'eſt un très-beau marbre tigré.

20) De l'albâtre blanc très-beau, & de l'albâtre fleuri, tiré de *Caſtell Nuovo dell' Abbate* dans le Siennois.

Mr. le docteur CALLURI, profeſſeur en médecine de Sienne, a une petite collection choiſie d'hiſtoire naturelle du Siennois. En voici les morceaux les plus précieux:

1) Une coquille pétrifiée dans de la pierre à fuſil (*ſilex pyromachus*) des environs de *S. Chianciano de' bagni*; ce ſont ces bains, que Mr. BALDASSARI a décrits dans l'ouvrage, que j'ai cité. Il y a encore dans le Siennois un endroit nommé *S. Caſciano de' Bagni*, dont les eaux ſont décrites dans le livre, qui a pour titre: *Analiſi dell' acque minerali di S. Caſciano de' bagni &c. di* ANNIBALE BASTIANI, *Firenze* 1770, *in-*8.

2) Différentes eſpeces de coquilles microſcopiques, telles que celles décrites & deſſinées par JANUS PLANCUS (BIANCHI.) On les trouve en quantité dans une colline argilleuſe jaunâtre, mêlée de ſable, à deux milles de Sienne, ſur la grande route de Florence.

3) Une *ſcalata* (*turbo ſcalaris*) pétrifiée, coquille très-rare & très-précieuſe, trouvée dans une colline de ſable mêlée d'argille, près du *monte Algino* en Toſcane.

4) Différentes coquilles pétrifiées univalves, comprimées & applaties par une force extérieure; c'eft-à-dire par la preffion du terrein, qui étoit au-deffus d'elles, des collines voifines du *monte Algino*, à quinze milles au midi de Sienne.

5) De la terre à foulon blanche, qu'on tire de *Perfonatina* dans les environs de *Cettinale*, à fept milles de Sienne.

6) *Nummi Diabolici* MERCATI, ou des lames rondes & plates de pyrites, de *Cuna*, à 6 milles de Sienne fur la route de Rome.

7) De la manganefe de *S. Chianciano de' bagni*.

8) Des criftaux de quarz, qui renferment de l'air & des gouttes d'eau, du pays de *Sienne*.

9) Des criftaux de quarz feuilleté, formé de lames placées les unes fur les autres, du *Siennois*; on en trouve beaucoup de la même efpèce dans le puits de *Chriftine*, à *Schemnitz* en baffe Hongrie.

10) Des criftaux de gyps, transparents, obliquement rhomboïdaux, de quatre pouces de longueur fur deux de largeur, nommés *Specchio d'Afino*, de *villa di Cettenali nella Montagnuola*. Quelques-uns de ces criftaux doublent les objets, que l'on voit au travers.

11) Du grand & beau fchœrl noir, en colonnes, du *monte Crifto*, petite isle, qui eft à côté de l'*Ifola del Giglio*, dans la Méditerranée, fur les côtes de la Tofcane.

12) Dif-

12) Différentes mines de cuivre, *malachites*, ochres ou azurs de cuivre d'un bleu clair, des minieres de cuivre, de *Maſſa di Maremma* dans le Siennois.

13) Des agathes, améthyſtes & criſtaux de quarz de la *Maremma*, à quelques milles des mines de cuivre de *Maſſa*.

14) Du ſchiſte, qui renferme des pyrites en cubes, ou marcaſſites, de *Rocca ſtrada*, près de *Maſſa di Maremma*.

15) De grandes boules blanches, quelquefois de la grandeur d'une téte, d'autres plus petites, argilleuſes & ſulphureuſes. Elles viennent du *monte Antico*, à trois milles des bains de *l'etriulo* dans le Siennois. Ces bains ont été décrits par Pinelli dans ſa *Lettera de' bagni di l'etriulo*, à Rome 1716, in-4. Les boules paroiſſent être foimées d'une argille blanche pénétrée de ſoufre, qui n'eſt peut-être que de la lave décompoſée par les vapeurs ſouterraines.

Mr. le docteur Tabarrani, profeſſeur d'anatomie à Sienne, eſt un homme d'un rare mérite.

Poſtſcriptum. Je vous ai fait mention, Monſieur, en vous parlant du cabinet particulier de Mr. Baldassari, de la poſition du ſchiſte ſous la pierre calcaire dans le Siennois. Je joins ici les obſervations, que Mr. Giovanni Arduini a faites à ce ſujet, lorsqu'il fit ouvrir en 1756 une miniere fur les filons de cuivre de *Montieri* & de *Bo-chejano* dans le Siennois, qui ont été exploités pendant plufieurs années fous fa direction. On en a tiré du cuivre, de l'argent, du vitriol bleu; tout eft abandonné aujourd'hui. Mr. ARDUINI avoit commencé à donner dans un écrit périodique, qui a paru, il y a quelques années, à Livourne, fous le titre de *Magazino Tofcano*, une courte defcription oryctographique de *Montieri* & des environs avec une carte topographique; mais elle n'a pas été continuée. Ce favant a eu la complaifance de me donner la note fuivante, lorfque j'étois à Venife. Je vous la communique telle qu'elle eft, parceque la quantité de noms pourroit en rendre la traduction défectueufe. Les idées de Mr. ARDUINI fur la formation du *traver-tino* s'accordent avec celles, que Mr. le confeiller RASPE de Caffel a publiées dans un des actes de la fociété littéraire de Londres, fur l'origine de quelques marbres falins *l*); & l'obfervation fur les criftaux prifmatiques, qui fe trouvent dans les anciennes fcories des fontes d'argent, fous le château de *Montieri*, me paroît très intéreffante. Il eft vraifemblable, que les criftaux de fchœrl fe forment de la même maniere dans la lave; l'air, qui y eft renfermé, produit des bulles dans les fcories brûlantes & écumantes; les parties criftallifables rempliffent les cavités, qui en proviennent.

---

l) Voyez la note *k*) pages 374, 375.

Ces criftaux trouvés dans ces fcories d'argent ne feroient-ils pas des fchœrls? Je l'ignore; au refte l'acide fulphureux & la terre calcaire peuvent fa-cilement fe rencontrer dans des fcories métalli-ques & former de la félénite. Lifez, Monfieur, cette note, & jugez-en:

"A *Montieri* in Tofcana nella valle della merfa
„di *Montieri* e *Bocbejano* fi trova, come altrove,
„per efempio a *S. Giovanni alla vena* ne' monti Pi-
„fani, lo fchifto inferiore alle foprapofte pietre
„calcarie e marnofe. Trallo fchifto e le pietre
„calcarie o marnofe a' ftrati, come altresì tralio
„fteffo fchifto ed il *Galeftro* di color rugginofo
„verdiggio, vetrefcente e ripieno di avenimenti
„di fpato, dal quale il medefimo fchifto è in varj
„luoghi coperto, vi è conftantemente una groffa
„matrice minerale, larga di molte braccia, la quale
„varia da fito a fito nella qualità delle materie,
„che la compongono, fecondo che varia la natura
„delle materie fopra incumbenti. Effa matrice o
„gran filone, eftefo per lungo tratto ne' monti della
„Maremma, trà *Gerfalco* e *Prata* verfo Rocca-
„ftrada ec., dove è coperto da pietre calcarie, par-
„tecipa molto della natura calcaria; dove è co-
„perto dal galeftro, è per lo più di materie ve-
„trefcenti compofto. In pieno fi può confiderare
„un' unione confufa di pietra calcaria, di marna,
„di quarzo, di fpato, di pyriti ferreo-fulfuree, di

„minera gialla di rame a fpruzzi, di blende, di
„minera di piombo, ricca d'argento, di manga-
„nefe, di minera di ferro nera, lucente, micacea,
„attirabile dalla calamita, e di criftalli di quarzo,
„Quefte materie non fono ugualmente però in
„ogni fito; in qualche luogo dominò più uno
„dell' altro, per efempio verfo *Gerfalco* manganefe,
„alla *merfa di Bochejano* il rame ed il ferro, e là la
„matrice è quafi tutta quarzofa; fendo la coperta
„di Galeftro. In fomma quefto gran filone còpre
„conftantemente lo fchifto. Paffato il *botro di Ca-*
„*gnano* alle carbonaje di *Montieri* (quefta valle
„difcende dell' altra montagna di Montieri) ed an-
„dando verfo fera, dietro la fuddetta gran vena
„fi giugne nella fommità d'un colle, detto il *Pog-*
„*gio* del *Duca Salviati*, dove principia di effa gran
„vena la pietra calcaria, colà chiamata *travertino*
„o *columbino*, unica in quei paefi di cui poffa
„farfi calcina bianca e da poterfi confervar bagnata
„in buche. Quefta pietra è porofiffima, fenza or-
„dine regolare de' ftrati, fimiliffima ai pori aquei
„formati dalle terme di *S. Quirico* &c., ed affatto
„priva di marine reliquie. Principia fottilmente
„da effa gran vena, abbaffandofi verfo Maffa e la
„marina, dove forma in varj fiti de' monti di con-
„fiderabil' altezza, fempre fopra pofta allo fchifto
„o al galeftro. Effa fà credere d'aver avuta la fua
„formazione da lunghiffimi fcorgamenti di acque
„bollenti fulfuree, ufcite da effa gran vena trallo

„fchifto e le pietre calcarie a' ftrati. Progrediendo
„il camino fempre verfo fera alle parti del *monte*
„*Rotondo* e del *Volterrano*, quefto travertino fi ve-
„de conftantemente. Anche nel travertino è tro-
„vata una minera di piombo argentofo appreffo
„un antico Caftello vicino al *monte Rotondo*; lo
„fteffo fenomeno fi offerva nella *montagnuola* di
„Siena, a *Montarenti*, dove cavafi il broccatello di
„Siena. Ivi forge dal profondo della terra lo fchi-
„fto coperto verfo fera da' filoni molto inclinati di
„marmi falini, uno de' quali è il broccatello di
„Siena. Trà il marmo e lo fchifto pare ufcito il
„*travertino* nella forma fuddetta, che coprendo
„lo fchifto verfo mattina difcende inclinatamente
„alla fottopofta pianura, piena di fabbione di
„mare, offia del tuffo giallaftro arenaceo di Siena.
„Il *Caftello di Montieri* è mezzo fabbricato fopra le
„fcorie delle minere d'argento, che ne' tempi andati
„fi cavavono ne' monti di Montieri. Rompendo
„quefte fcorie arteficiali fene trovano dentro cri-
„ftalli prismatici trasparenti di Geffo Scagliola
„offia felenites."

DIX-HUITIEME LETTRE.

De Florence le 14. Mai 1772.

Je vais vous faire part, Monfieur, de mes obfervations fur les différents terreins, qu'on

trouve fur la route de Sienne à Florence.　En fortant de Sienne par la porte de Florence , on voit auffitôt des collines de fable marin groffier & commun, d'un brun rougeâtre; une partie de ce fable eft endurcie, & forme une pierre de fable.　Ces collines fablonneufes s'apperçoivent déjà de l'autre côté de la ville de Sienne , hors de la porte de Rome , comme je l'ai remarqué ; avec la différence , que la pierre de fable y eft plus fine & jaunâtre ; il m'a paru, que ce fable jaune & rouge , & la pierre , qui en provient, font au-deffus des collines de marne , qui renferment des morceaux de pierre à chaux , qu'on voit entre *Radicofani* & *Sienne.* Il y a par-ci par-là dans le fable non adhérent, comme dans la pierre de fable , des mélanges & de petites couches pofées fans ordre les unes fur les autres. *a)* Quelquefois il y a une couche de pierre à chaux grife dans la pierre de fable. *b)* Une petite couche d'oftracites allongées & étroites, toutes de la même efpece, affez femblables à celle, que GUALTHIERI nous a décrites dans fon *Index teftarum*, tab. 102, fig. *D.* à l'exception qu'elles font plus longues, plus comprimées & plus étroites. *c)* De l'argille blanche difpofée par-ci par-là en maffes dans la pierre de fable. *d)* Un fable mélé de terre calcaire, qui eft indiquée par la couleur blanche du terrein. *e)* On voit près de *Staggia* de très-petites coquilles pétrifiées, mal conſervées & peu diſtinctes, dans une pierre calcaire jaunâtre, mêlée d'un peu de ſable. Il eſt aiſé de voir, que ces variétés dans les collines de ſable doivent leur origine aux différents dépôts, que les eaux de la mer y ont laiſ-ſés autrefois.

Depuis *Staggia* juſqu'à *Poggibonſi* & *Taver-nelle* on voit la pierre calcaire au-deſſous des collines de ſable; & au-deſſus il y a quelquefois du *travertino*, que les eaux, qui découlent des Appennins par-deſſus ces collines, y ont ſans doute dépoſé; on trouve auſſi quelques collines de marne tout à découvert, formées de marne molle, ou endurcie, de beaucoup de pierres calcaires roulées, griſes ou jaunâtres, & de différentes coquilles; ces morceaux de pierre calcaire ont beaucoup de dendrites ferrugineuſes à leur ſuperficie, quelques-uns ſont rongés par les *pholades*, d'autres enfin traverſés par des veines de pierre à fuſil noire.

Derriere les *Tavernelle* juſqu'à quelques milles de Florence le terrein eſt compoſé des collines de ſable & de pierre de ſable ci-deſſus décrites, de collines de marne, qui renferment des coquilles & des pierres à chaux roulées, & en quelques endroits de montagnes peu élevées de pierre calcaire. A quelques milles de *Florence* on découvre tout d'un coup des deux côtés de la riviere de

Greve *) du fchifte argilleux, qui entre dans
la profondeur du côté de Florence, paffe fous
cette ville, & de-là s'étend fans doute fous les
Appennins. Ce fchifte argilleux eft entiérement
pur dans la plus grande profondeur vifible; mais
plus il eft rapproché de la fuperficie du terrein,
plus il eft mêlé de mica; de forte que les couches
fupérieures ne font plus du fchifte, mais du *macigno*, ou une pierre micacée compacte, dont il
fe trouve une carriere à *monte Buoni* fur le grand
chemin, qu'on exploite pour la bâtiffe; cette
pierre renferme de petits rognons ronds, noirs

---

*) La riviere de *Greve* roule les foffiles fuivants:

1) De la *Cicerchina* ou breche calcaire à petits grains,
compofée de morceaux de pierre à chaux blanche arrondis, de
petits morceaux roulés de lave noire & quelquefois de petits
grains de quarz, réunis par une matiere calcaire; de temps
à autre il y a de petites taches vertes, qui m'ont paru provenir d'une argille endurcie; on s'en fert pour polir le marbre.

2) De la *Cicerchina* rouge, compofée d'une matiere rouge réunie à de petits morceaux de lave noire roulés.

3) De grands morceaux de lave noire, qui renferment de
petits morceaux de pierre calcaire blanche.

4) Un porphyre noir tacheté de blanc, tout-à-fait pareil
au *ferpentino nero antico*, que je vous ai décrit dans une de
mes Lettres de Rome; on doit en trouver en plufieurs endroits de la Tofcane, comme Mr TARGIONI TOZZETTI l'affure, & comme ces morceaux le prouvent.

5) Du jafpe rouge & brun.

6) De la pierre calcaire endurcie rouge mêlée de brun.

& argilleux, pénétrés en partie de bitume, ou de la nature du charbon de pierre.

Plus près de *Florence*, par conséquent par-deſſus le ſchiſte argilleux, qui s'eſt jetté dans la profondeur, on trouve juſqu'à la ville même des montagnes calcaires griſes. Peu avant que la pierre à chaux parut, & qu'elle eut ſuccédé au *maɩigno* ou terrein micacé, je découvris au moyen de l'eau forte des parties calcaires dans la pierre de mica.

Tout le chemin de *Sienne* à *Florence* eſt l'un des plus beaux de la Toſcane, & reſſemble à un parc formé par la nature ; la route entiere paſſant au travers de collines toujours vertes garnies d'oliviers, de cyprès, de différents ſapins, chênes, hêtres &c. & d'un grand nombre de maiſons de plaiſance &c.

Je vais reprendre, Monſieur, la ſuite de mes remarques ſur Florence ; je vous en ai déjà communiqué une grande partie lors du premier ſéjour, que j'y ai fait.

L'hôpital de *S. Maria Nuova* eſt un très-bel établiſſement ; on y a réuni une école de médecine & de chirurgie, une bibliotheque, un théatre anatomique, un jardin de botanique & une pharmacie ; Mr. le docteur RANIERI MAFFEI, jeune homme de mérite, y enſeigne l'anatomie.

Mr. l'abbéGIOVANNI LAPI eſt lecteur (*pubblico let-*

tore) en botanique, membre des académies de botanique & d'agriculture de Florence, & directeur du
jardin botanique de cet hôpital; mais on ne cultive dans ce jardin que des plantes médicinales.

Mr. l'abbé LAPI eft bon botanifte; il fuit le
fyfteme de LINNE'. Mr. LAPI a fait imprimer
quelques traités *), qui lui font honneur; il feroit à defirer, que ces foins fuffent récompenfés,
& qu'il fût encouragé par une rétribution plus
confidérable.

Les environs de Florence ne font pas auffi connus, qu'ils le méritent de l'être eu égard à la
botanique; car les ouvrages imprimés de MICHELI
ne font pour la plupart mention que des mouffes.
On trouve en Tofcane, mais en petite quantité,
le *Leontice*, *Leontopetalon*, *Aldrovanda* &c.; cet
heureux climat **) eft extrémement favorable à
la venue des plantes étrangeres dans les jardins de
botanique. Les *Melia Acedar.*, *Callicarpa Ameri-*
cana & beaucoup d'autres plantes exotiques y

---

*) 1) *Metodo ficuro per diftruggere i fucciameli con al-*
cune riffeffioni di agricoltura di GIOV. LAPI *&c. Firenze*
1767, 8.

2) *Difcorfo full' efterminio del Loglio e d'altre piante no-*
cive, Firenze 1767, *in-8.*

**) Une preuve de la beauté du climat eft que la glace,
que l'on raffemble en hyver dans les montagnes voifines &c.
fait partie de la régale; le prince l'afferme au plus offrant.

viennent en plaine terre, & forment des tiges aufſi élevées que celles des arbres, tandis que dans le nord il faut les conferver dans les ferres, que leurs tiges n'y deviennent jamais fortes, & que ces plantes y font toujours foibles.

Mr. FABRINI, de la monnoie de Florence, a une jolie collection de minéraux, de coquilles, de pétrifications & d'autres curiofités naturelles, formée par Mr. le docteur XAVERIO MANETTI, dont elle lui vient. Un voyage, que BARTHOLOMÉE MESNY, François de nation, a fait dans fa patrie, m'a empêché de voir fon cabinet.

La manufacture de porcelaine de *Doccia*, à quatre milles de Florence, appartient à Mr. le marquis LORENZO GINORI, fils du miniftre défunt *a*), qui l'a établie, & qui avoit beaucoup de

---

a) Mr. DE LA CONDAMINE dans les *Mém. de l'académie* année 1757, p. 345. dit: "Mr. le marquis GINORI, gouver-
„neur de Livourne, fuivoit depuis plufieurs années un travail
„confidérable fur les terres, les pierres, les minéraux &
„tous les fofſiles du pays. Il m'a montré fes tables de ré-
„fultats de fes diverfes expériences fur les matieres vitrifiables
„& calcinables, pures & mélangées en différentes proportions,
„pouffées au feu, ou foumifes à l'action de divers diffolvants.
„Dans la manufacture à porcelaine, établie & entretenue à
„fes frais à Florence, on exécute des morceaux d'un très-
„grand volume; j'y ai vu des ftatues & des grouppes grands
„comme demi-nature, modelés d'après les plus belles anti-
„ques; fes fourneaux font faits avec beaucoup d'art & revê-

connoiſſances dans l'hiſtoire naturelle. Ce miniſtre fit faire & jetter dans la mer ſur différentes côtes de la Méditerranée, de la Toſcane, de la Sicile, de la Sardaigne de forts vaſes de porcelaine, ſur lesquels les dates & l'année étoient inſcrites, pour conſtater la végétation des plantes animales, des coraux, & pour obſerver leur tige pierreuſe; on retira ces vaſes en différents temps avec les coraux & les plantes animales, qui y étoient attachées; je crois en avoir vu des fragments dans la collection impériale, ou du moins chez Mr. DE MOLL, agent de l'empire à Vienne. Cet ami, qui nous eſt commun, a eu connoiſſance des eſſais, qu'on faiſoit alors en Italie; il examina de ſon côté les animaux des coraux, leur nature & leur croiſſance, & fit en conſéquence à l'aide du microſcope les obſervations les plus intéreſſantes ſur les polypes d'eaux douces, qui ſont du même genre que les animaux des coraux; ſans doute, Monſieur, vous avez déjà vu chez

---

„tus de briques de la matiere même de ſa porcelaine. La „pâte en eſt fort belle, & l'on reconnoit dans le grain des „pieces caſſées toutes les qualités de la meilleure porcelaine „de la Chine. On deſireroit à celle de Florence un vernis „plus blanc pour la couverte; & cette perfection ne lui man- „queroit vraiſemblablement pas, ſi le marquis GINORI ne „s'étoit fait une loi de n'employer d'autres matieres que cel- „les, qu'il tire du pays même.''

lui quelques planches gravées de ces animaux merveilleux.   Il feroit bien à defirer, qu'elles fuffent
publiques,   ainfi que les remarques de Mr. DE
MOLL, qui lui font beaucoup d'honneur *).

Mr. le marquis DE GINORI n'a pas moins de
connoiffance & de goût pour les fciences que
fon pere; la bonté & la beauté de fa fabrique de
porcelaine, que l'on peut regarder comme un modele d'un établiffement folide, en eft la preuve.
La terre à porcelaine fe tire de *Trctto* dans le *Vicentin*, en attendant qu'on en trouve en *Tofcane*,
qui y foit propre.   Mr. le marquis DE GINORI
n'épargne rien pour cette découverte; il y a une
chambre deftinée à conferver les différents effais, faits pour la plupart fur les terres qui fe trouvent en Tofcane, & fur celles, dont on fait de la
porcelaine en France & en Allemagne; il y a auffi
du *pétunfe* & du *caolin* de la Chine.   On peut regarder cette collection comme un petit cabinet
d'hiftoire naturelle d'autant plus intéreffant que
ces fortes de collections font rares, & que la connoiffance des terres eft très-utile aux différents
befoins de la vie.   On y a raffemblé les diverfes
efpeces de quarz, de fpath, fufibles & autres

---

*) Cet homme de mérite eft mort d'apoplexie au mois de
Juillet 1772; il eft à defirer, que fon inftructive collection
tombe entre les mains d'un connoiffeur. Cette remarque eft
de l'éditeur.

pierres, qui peuvent fervir à la fabrication de la porcelaine. L'infatigable Mr. TARGIONI TOZ-ZETTI, le plus grand minéralogifte de fon pays, a augmenté le mérite de cette collection par le catalogue inftructif, qu'il en a fait. Il y a dans la manufacture des fourneaux très-propres aux petits eflais des terres & des couleurs; le même foin patriotique, qui a animé Mr. DE GINORI à découvrir dans fon pays les matieres brutes pour la fabrication de la porcelaine, brille dans le travail & dans le rafinage de ces matieres; prefque tous les ouvriers font Tofcans & fujets de la feigneurie de *Doccia*. Les parents montrent à leurs enfants la peinture, la fculpture, l'art de faire des modeles d'après leurs originaux du meilleur goût, & pour cet effet il y a une collection confidérable de bonnes gravures, de figures, de ftatues & de buftes de plâtre &c.

Immédiatement derriere le fuperbe bâtiment de cette fabrique eft la montagne de *Morello*, montagne calcaire, qui fait partie de la chaîne des Appennins: le dos de la montagne eft tout nud, mais fur fon penchant & à la bafe tout eft verd & couvert de maifons de campagne & de jardins. Cette montagne, fituée au nord de Florence, a quelquefois de la neige à fon fommet dans l'hyver. Je reviens de *Doccia* à Florence, en fuivant le pied de cette montagne, & je vis à *Quarto*, chemin faifant un moulin à eau pour fcier le marbre; j'y trouvai un grand bloc d'une efpece de granit, fi je puis le nommer ainfi, formé de grains de quarz gras, blancs & rouges comme de la carniole, mélées enfemble; on ne put me dire, d'où il étoit.   Il y a près de la *villa di Caftello* un jardin, que BELLONIUS a donné dans fon temps pour un modele de bon goût, par la maniere dont il eft deffiné.

Je vais vous donner, Monfieur, une notice des marbres de la Tofcane, qu'il vous importe de connoître, & des endroits, d'où on les tire; ces marbres font:

Le *Marmo verde di Firenze*, légérement coloré en verd de mer; il eft du Florentin.

Le *Marmo bianch' e nero di Porto Ferrajo*, qui vient du voifinage de ce port de mer; il ne cede prefque point en beauté au *bianch' e nero antico*; il eft noir veiné de blanc.   On pêche dans les environs de *Porto Ferrajo* la *Pinna marina*; on en nomme la foie *Pelo di Gnacchera*; on en fait des gands &c.

Le *Marmo polverofo di Piftoya* eft noir avec des veines grifes blanchâtres, comme pointées; il femble, que c'eft un marbre noir couvert de pouffiere blanche; on eft même tenté au premier coup d'œil de l'effuyer.   Il y en a de belles plaques aux murs de la chapelle *di S. Lorenzo*.   Au refte les montagnes des environs de *Piſtoja b)* ſont pour la plupart formées de *macigno*; Mr. MANETTI en a parlé dans le *Viridarium Florentinum*, 1751, in-8; mais Mr. ANTONIO MATANI, profeſſeur à Piſe, en a donné plus de détail dans ſon ouvrage: *Delle Produzzioni naturali del territorio Piſtojeſe, relazione iſtorica e filoſofica. In Piſtoja* 1762, *in-*4. Mr. GIUSEPPE MATANI eſt profeſſeur en philoſophie & en même temps botaniſte. Je juge par le *Giornale d'Italia*, que Mr. GIOVANNI DOMENICO STELLANTI de *Piſtoja* eſt bon chymiſte & botaniſte.

Le *verde di Prato* eſt le nom, qu'on a donné à la ſerpentine ou *gabbro*, qu'on trouve près de *Piſtoja*; cette pierre eſt verte avec des veines noires, rouges ou ſouvent blanches.

Le *granito di Cortona* eſt un nom, que l'on a donné, à ce qu'il m'a paru, à une lave griſe avec des taches blanches oblongues transparentes, qui reſſemblent à du caillou, mais qui vraiſemblablement ſont de la nature du ſchœrl, quoique je n'en aie pas fait l'eſſai; on a formé à *Cortone* une académie de botanique, dont Mr. LUDOVICO COLTELLINI eſt ſecretaire; on a tiré hors de terre près de *Cortone* un tiſſu de filaments adhérents, mince, & paroiſſant avoir été une *conſerva*; il reſſemble

à une

---

b) Il y a auprès de *Piſtoja* des forges & une filerie de fer, mais point de fourneaux de fontes. On y voit des poteries conſidérables.

à une espece de papier jaunâtre, qu'on fait avec de la soie crue; Mr. JOHN STRANGE, Anglois, dont je vous ai déjà parlé, a fait imprimer une lettre sur la *Carta fossile, che si trova presso di Cortona*.

Le *Diaspro di Volterra* est rouge. Je vous ai déjà fait mention, Monsieur, dans une de mes lettres précédentes de la calcédoine de *Volterra*. Mr. TARGIONI TOZZETTI, dans ses *Voyages de la Toscane*, s'est fort étendu sur la contrée remarquable de *Volterra*. Mr. LE LORGNE, professeur en langue françoise de l'académie des nobles à Florence, pourroit peut-être nous donner une traduction de ce livre utile, dont la nouvelle édition est arrêtée par la banqueroute de l'imprimeur; mais alors il faudroit qu'il se contentât de traduire ce qui concerne l'histoire naturelle de la Toscane avec de nouvelles corrections de l'auteur; il pourroit omettre les notions historiques fort prolixes, & qui ne sont intéressantes que pour les Toscans. Cette traduction réussiroit d'autant mieux que Mr. LE LORGNE est amateur de l'histoire naturelle, & qu'il a beaucoup voyagé en Toscane.

DIX-NEUVIEME LETTRE.

De Florence le 23. Mai 1772.

Pour apprendre à connoître les montagnes & le terrein du pays, il est bon de faire at-

tention aux pierres, qu'on emploie dans les villes
pour bâtir, pour paver & pour l'ornement intérieur des maisons; ensuite il faut en voir les carrieres: j'ai suivi ce principe à Florence. Voici,
Monsieur, les carrieres, que j'ai visitées.

1) *Cave di Macigno di Fiesoli*; on passe, pour
aller à *Fiesoli*, par la *porta S. Gallo*. *Fiesoli* est une
ancienne ville étrusque, située à quelques milles
au nord-ouest de Florence dans des montagnes
de Macigno; c'est avec ces ruines qu'on a bâti
Florence dans la vallée, où elle est. On voit encore auprès de cette ancienne ville un morceau
de mur étrusque, formé de grandes pierres quarrées de *macigno*, placées sans mortier les unes
sur les autres; les carrieres de *macigno*, qu'on exploite aujourd'hui près de *Fiesoli*, sont dans la
montagne de *Ceceri* & dans celle de *Settignano*,
qui est au sud-ouest de la premiere; les autres
montagnes des environs sont aussi formées de *macigno*; lorsque le *macigno* disparoît, on voit des
montagnes calcaires, telles que le *monte Morello* &c. Je vous ai déjà dit, Monsieur, que le
macigno est une espece de schiste à base argilleuse,
mêlé de beaucoup de mica & d'un peu de chaux;
de-là vient, qu'il fait tant soit peu d'effervescence
avec l'eau forte.

Les couches supérieures du *macigno* de *Fiesoli*
sont feuilletées & minces, entremêlées de petites

couches argilleufes, qu'on nomme *Bardelloni*. Le *macigno* devient plus compact en entrant dans la profondeur, & ne forme plus qu'une maffe; on en tire de très-grands blocs & des colonnes entieres, ce qui fe fait au moyen d'un grand nombre de coins de fer, qu'on place les uns près des autres dans des entailles faites en lignes droites, jufqu'à ce que le bloc, qu'on veut avoir, fe détache de lui-même; on trouve par-ci par-là dans le *macigno* compact des rognons d'argille endurcie, & une multitude de petites taches noires, quelquefois même des couches ou veines fort minces de charbon de terre. Il y a du *macigno* de deux couleurs; l'un, nommé 1) *Pietra bigia*, eft d'un jaune grifâtre; ce qui provient d'un mélange d'ochre martiale; on le tire des couches fupérieures. Cependant on le rencontre auffi de temps à autre dans les maffes de la 2) *Pietra Serena*, *Pietra Columbina* ou *Turchina*, qui eft l'autre forte de *macigno*; celui-ci eft gris bleu ou couleur de brochet; les maifons de Florence en font bâties; l'air noircit cette pierre, & la décompofe par la fuite des temps. On en voit beaucoup de colonnes dans l'églife de *S. Spirito*. L'ochre martiale, mélée avec la *pietra bigia*, la rend plus ferme & plus durable; auffi s'en fert-on pour l'extérieur des bâtiments; on emploie la *pietra serena* dans l'intérieur, où l'air a moins d'action fur elle. Les couches fupérieures des carrieres de *macigno*, fort mêlées d'argille, font appellées par les ouvriers *pietra morta*. On en conftruit des fours & des foyers.

2) *Cave di pietra forte alle Campora*, à deux milles de Florence. La *pietra forte* eft une pierre calcaire, ou plutôt marneufe, bleuâtre ou d'un gris jaunâtre, à grains ferrés, avec laquelle on pave les rues de Florence. Ce n'eft pas feulement d'*alle Campora*, qu'on tire cette pierre, mais encore de *S. Francefco di Paola*, dans une étendue de montagnes peu élevées, qui a jufqu'à fix à fept milles de longueur, & qui eft à trois milles au fud-oueft de Florence. La *pietra forte d'alle Campora* eft communément difpofée par couches horizontales les unes fur les autres, de trois à quatre pouces d'épaiffeur, féparées par-ci par-là par des couches d'argille endurcie, qu'on nomme *Bardelloni*, de la même épaiffeur. Il y a encore entre ces couches de petites veines de fpath calcaire, de l'épaiffeur d'environ une ligne; la *pietra forte* en eft même entiérement pénétrée, lui eft intimément unie, & lui doit fa dureté; c'eft en quoi la *pietra forte* fe diftingue du *bardellone*, qui eft abfolument argilleux. Il eft vraifemblable, que la *pietra forte* étoit du *bardellone* avant cette union avec le fpath calcaire, qui fe criftallife dans toutes les cavités de cette pierre. Peut-

être même tout le *bardellone* se feroit-il converti
en *pietra forte*, si le *guhr* du spath calcaire n'avoit
pas pris la consistence pierreuse, & ne s'étoit pas
formé en petites couches au-dessus du *bardellone*.

La couleur de la *pietra forte* est ou d'un jaune
gris, ou bleuâtre; quelquefois ces deux couleurs
sont réunies dans la même dalle (*lastra*); communément cette pierre n'a qu'une de ces couleurs
à la fois; de-là vient, qu'on la distingue en *pietra
bigia* & *pietra turchina*; ces variétés sont de même
nature; elles sont mêlées d'argille, & font peu
d'effervescence avec les acides. Quelques morceaux de *pietra forte* & de *bardellone* sont remplis
de mica fin, ce qui prouve le rapport de ces pierres avec le *macigno*, dans lequel on trouve aussi
de petites couches de *bardellone*. Le *macigno* a
pareillement deux couleurs; il est jaune ou bleu;
il fait un peu d'effervescence avec les acides, selon la quantité de parties calcaires ou de spath
calcaire, dont il est pénétré; de maniere qu'il ne
differe de la *pietra forte* & du *bardellone*, que par
la plus grande quantité de mica, qui le compose,
& qui en fait une espece de schiste.

Toutes les montagnes voisines de Florence
sont donc argilleuses immédiatement au-dessous
de la terre végétale, & dans une plus grande profondeur il y a du schiste argilleux pur, qui se
cache & s'enfonce sous les montagnes calcaires

attenantes, qui font des chaînons des Appennins, comme je l'ai remarqué en parlant des carrières de *macigno* du *monte Buoni*.

On voit fouvent dans l'intérieur & à la furface du *Bardellone d'alle Campora* des dendrites ferrugineufes noires. MICHELI a trouvé dans la *pietra forte* une *corne d'ammon* pétrifiée, & des impreffions de plantes. La furface des tables ou lames de la *pietra forte* jaunâtre eft comme réglée par de petites feuilles minces de fpath calcaire, qui la traverfent, & ont la forme de rhomboïdes, figure qu'adopte cette pierre, quand on la rompt; on voit fur d'autres lames de la *pietra forte* des élévations tortueufes, qui repréfentent des vers de terre. SCHEUCHZER en a donné la defcription fous le nom de *lapis Florentinus, Lumbricaria dictus*, d'après quelques morceaux, que MICHELI lui avoit envoyés. On trouve dans les crevaffes de la *pietra forte* beaucoup de bolus rouge. Une partie de la *pietra forte* fe trouve en tables minces tortueufes en forme de vagues, comme on le voit au pavé de Florence, qui eft cependant auffi uni qu'un parquet. Ce pavé eft compofé de plaques de *pietra forte*, ajuftées les unes à côté des autres; elles ont prefque toutes la forme de rhomboïdes ou de pentagones; car elles adoptent cette forme en fe brifant. On prétend, que la couleur éblouiffante blanchâtre ou grife de ce pavé eft la caufe

de la foibleſſe des yeux, dont ſe plaignent beau‑
coup de Florentins; mais cette maladie eſt encore
beaucoup plus commune à Naples, quoique cette
ville ſoit pavée de laves noires; on voit dans ces
deux villes beaucoup de gens, qui portent con‑
ſtamment des lunettes.

3) *Cave di pietra forte di S. Franceſco di Paola*;
le *bardellone* eſt encore mêlé ici avec les couches
de la *pietra forte*; la *pietra forte* y eſt plus ou
moins jaune, quelquefois d'un jaune noirâtre; le
reſte eſt bleuâtre. Elle fait généralement aſſez
d'efferveſcence avec l'eau forte; elle eſt traverſée
par une grande quantité de petites lames de ſpath
calcaire, qui forment des pentagones; cette pierre
affecte la même figure en ſe caſſant. Il y a quel‑
ques veines & nids de charbon de pierre dans
l'eſpece bleuâtre de cette *pietra forte*, qu'on nom‑
me *pietra Turchina* ou *Columbaria*.

4) La *Cava di pietra Arenaria nel Giardino di
Boboli* eſt à une des extrêmités de la haute colline,
ſur laquelle eſt ſitué ce jardin, du côté de la plai‑
ne, où eſt bâti le *palazzo Piti*. On en tire de la
pierre de ſable pour bâtir; mais il y a de la *pietra
forte* au-deſſus & au-deſſous de cette pierre de ſa‑
ble, de maniere que cette colline ne differe des
collines voiſines de Florence que par cette couche
de ſable. Il eſt vraiſemblable, qu'on trouveroit des
couches de ſable dans pluſieurs de ces montagnes.

C c 4

Voici, Monfieur, comme les couches de la colline, dont il eft ici queftion, fe fuivent du haut en bas. Il y a 1) un grand nombre de petites couches d'argille & de marne endurcie ou *bardellone*, & de *pietra forte bigia*, qui fe fuccedent les unes aux autres; mais elles font fi minces, qu'on ne fauroit employer les lames de la *pietra forte* pour paver les rues; leur furface eft auffi rayée de lignes fpathiques, dans lesquelles ces lames fe rompent toujours en rhomboïdes. 2) La couche de pierre de fable jaunâtre eft au-deffous; comme elle eft mêlée de parties calcaires, elle fa: un peu d'effervefcence avec les acides. 3) Sous la pierre de fable fe trouve encore la *pietra forte*, *turchina* ou *columbina;* ce qui eft au-deffous, n'eft plus à découvert.

5) *Montagna di Gabbro intorno Impruneta*, à fept milles au midi de Florence. Les montagnes d'*Impruneta* font formées de *gabbro* ou de *ferpentine* de Saxe, que l'on y tire de différents endroits. On s'en fert pour paver, & orner les maifons & les églifes. On en voit des échantillons dans la belle églife de la Chartreufe, qui eft à trois milles de Florence. J'ai des raifons de croire, que le *gabbro d'Impruneta* eft pofé fur un terrein calcaire; car à quelques milles de Florence, après avoir paffé cette Chartreufe, on trouve des montagnes de pierres calcaires, à grains, compactes,

que l'on monte jufqu'à un mille d'*Impruneta*, où
le *gabbro* commence ; on continue à monter fur
ce *gabbro* jufqu'à *Impruneta* ; on a creufé fur la
montagne, derriere ou à côté d'*Impruneta*, à
quelques tolfes de profondeur, & on a trouvé
deffous le *gabbro* une pierre calcaire grife compacte, qui renferme des rognons de pyrite. A
une petite diftance de-là on a auffi creufé dans le
gabbro, & on a découvert une couche oblique
d'argille affez confidérable d'un gris bleu & un
peu jaunâtre ; les potiers d'*Impruneta* font avec
cette argille de grands vafes, qui prennent une
couleur rouge au feu. La pofition particuliere
de cette terre dans & entre le gabbro & fes différents mélanges font naître des conjectures remarquables fur fon origine ; elle eft mélée de quelques parties calcaires ou marneufes, & fait effervefcence avec l'eau forte ; ce qu'elle doit à un
terrein calcaire, qui eft vraifemblablement au-
deffous de cette couche ; la couleur rouge, qu'elle
acquiert par la cuite, provient, felon toute apparence, de parties ferrugineufes, dont la préfence
eft confirmée par les pyrites ferrugineufes, qu'on
trouve, comme il eft dit ci-deffus, dans la pierre
calcaire. Les petits morceaux de félénite renfer-
mée dans cette argille peuvent aifément avoir été
produits par l'union de l'acide vitriolique, contenu
dans la pyrite, avec la terre calcaire ; mais cette

argille contient auffi une quantité de ce mica talqueux, qui eft communément mêlé avec le *gabbro*; on y voit même des morceaux de *gabbro*,
& il eft plus talqueux & plus gras au toucher que
les autres argilles. Il eft donc certain, que cette
terre eft mêlée avec une partie confidérable de
terre de talc, de *gabbro* ou de pierre ollaire. Cette
argille n'entreroit-elle point dans la compofition
du *gabbro* ou de la ferpentine? La plupart des
minéralogiftes ont mis les ferpentines au nombre
des pierres argilleufes; cette opinion paroît être
confirmée par la fituation de la ferpentine & de
l'argille, qui font attenantes & au-deffus l'une de
l'autre, dans les endroits, dont je viens de parler, par le rapport naturel de leur propriété extérieure & par les effais, que Mr. le D. STANGE,
profeffeur de chymie à *Würzbourg*, a publiés dans
fon *Traité académique de la ferpentine*, imprimé à
Francfort fur l'Oder.

Je n'ignore point cependant les travaux du
célebre MARGRAF *a*) de Berlin; il a découvert

---

a) Mr. MARGRAF dit en effet très-pofitivement, que la
ferpentine, ainfi que plufieurs autres pierres, ne fauroient
appartenir à la claffe des argilles, parceque la portion de terre
contenue dans ces pierres, qui eft diffoluble par les acides,
ne produit pas de l'alun avec l'acide vitriolique, mais des
fels amers. Cependant POTT, KRAMER, WALLERIUS &
GELLERT comptent la ferpentine au nombre des ftéatites,

dans la ferpentine une terre alcaline, qui lui eft propre & particuliere; la même terre, qui eft contenue
dans l'eau mere du fel commun & qui étant réunie à
l'acide vitriolique forme les fels amers. Peut-être
y auroit-il moyen de concilier ces deux opinions?

Les efpeces de ferpentine ou de *gabbro* des
environs d'*Impruneta* font blanches, rouges, jaunes, noires, vertes, d'une feule couleur, ou de
plufieurs enfemble; il y en a de jaunes mêlées de
rouge, de noires & rouges, vertes & jaunes;
toutes ces variétés font fermes, compactes & traverfées par de petites veines d'asbefte; elles contiennent un mica verdâtre, argenté, gras ou talqueux, cubique comme la blende cornée, qui fe
réduit, en le raclant avec un couteau, en une farine
graffe. J'obfervai dans les fentes perpendicu-

----

puifqu'elle fe durcit au feu, & qu'elle ne fait point d'effervefcence avec les acides.

Peut-être la terre, dont parle Mr. FERBER fous le nom
d'argille, contient-elle aulli de la magnéfie, & il paroit,
que la magnéfie réunie à une portion de terre vitrifiable a des
propriétés extérieures, pareilles à celles de la véritable argille. Ne feroit-il pas poffible cependant, que ne trouvant
qu'une certaine dofe de magnéfie dans la ferpentine, le refte
de cette pierre fût argilleux? Qu'après en avoir retiré la bafe
des fels amers, on en puiffe encore obtenir la bafe de l'alun.
Il paroît que non; car Mr. MARGRAF affure hardiment, que
la partie de la pierre, qui n'a pas été diffoute par l'acide vitriolique, eft une terre vitrifiable, une terre de cailloux.

laires & inclinées de ce *gabbro*, qui peuvent avoir depuis un travers de main jufqu'à une demi-aune de large, les variétés de terre fuivante:

1) De la terre ollaire blanche, molle & lâche.

2) La même terre, de couleur verte.

3) De la pierre ollaire ou ferpentine, compacte, blanche, qui paroît être formée par l'endurciffement de la terre blanche du no. 1. Cette pierre eft ou entiérement endurcie, ou encore graffe au toucher & facile à racler, comme la craie de Briançon.

4) De la pierre ollaire verte & blanche, compacte, formée par la terre ollaire molle & verte du no. 2, variée comme celle du no. précédent.

5) Du *gabbro* ou de la pierre ollaire filamenteufe comme l'amianthe, dont les ftries font plus ou moins fines; fa couleur eft blanche ou verte. On ne fauroit prendre à la vue les ferpentines ftriées, que pour de l'amianthe non mûr, fi j'ofe parler ainfi. Entre les filaments de la pierre ollaire, ou de la ferpentine à groffes ftries, il y a des veines de fpath calcaire blanc, dont la fuperficie eft pareillement rayée; ce qui provient des impreffions de la ferpentine filamenteufe, qui l'environne. Ce fpath calcaire fait effervefcence avec les acides; mais quelquefois & dans le même morceau il a acquis un tel degré de dureté, qu'il eft prefque de la nature du fpath dur ou *Feld-Spath*,

de maniere qu'il ne fe laiffe point racler avec le couteau, & que les acides n'ont plus d'action fur lui.

6) De l'amianthe *b*) blanc plus ou moins fin, qui fe rapproche de l'asbefte.

7) De l'amianthe verd, mais plus rare que le blanc.

8) De la terre d'amianthe blanche, feche, provenante de l'amianthe blanc détruit.

On trouve dans les montagnes de *gabbro d'Impruneta* des couches horizontales de *granitone*, compofé de beaucoup de fpath dur blanc (qui eft encore en quelques endroits de la nature du fpath calcaire, & fait effervefcence avec les acides), de mica cubique, verdâtre, argenté & de terre de ferpentine verte. J'ai vu dans la collection de Mr. TARGIONI TOZZETTI du *granitone* de cet endroit, qui ne renfermoit point de mica; il étoit formé de grands parallélipipedes de fpath dur blanc, réunis par la terre de *gabbro* verte. Le mica verdâtre argenté & cubique du *granitone d'Impruneta* fe réduit, en le broyant, en une poudre

---

b) On trouve à *Zæblitz* & dans toutes les carrieres de ferpentine, de l'asbefte, de l'amianthe, du talc; nous n'en devons plus être étonnés, depuis que Mr MARGRAF a démontré, que ces foffiles, comme auffi les terres ou pierres ollaires, font de la même nature que les ferpentines. Il en a retiré de la magnéfie, comme de la ferpentine.

graſſe talqueuſe, & forme en partie des parallélipipedes oblongs, compoſés de lames ou de cubes fort minces, poſées les unes ſur les autres; &
les couches du *granitone* ſont ſi conſidérables dans
les montagnes de *galbro* près de *Prata*, que l'on
en tire des pierres à moulin.

VINGTIEME LETTRE.

De Florence le 1. Juin 1772.

J'ai tardé juſqu'à préſent, Monſieur, à vous décrire mon voyage de Boulogne à Florence au
travers des Appennins; j'ai attendu, que j'euſſe
quelques éclairciſſemens exacts ſur des objets,
qui me paroiſſoient un peu douteux.

Mr. le comte DE CRONSTEDT vient de me communiquer les obſervations, qu'il a faites ſur cette
route ſous les yeux du célebre GUETTARD; elles
ſerviront de baſe à la relation, que je vais vous
faire.

De Florence à Boulogne on monte conſtamment juſqu'à *monte Traverſo* & *Pietra mala*, qui
eſt à-peu-près à moitié chemin; de-là on deſcend
juſqu'à Boulogne.

Le *monte Traverſo* eſt formé de lave, & doit
ſon origine à un ancien volcan.

Il y a près de Florence & de Boulogne des

montagnes & des collines toutes nues de fchifte argilleux micacé, ou de *macigno* & de marne; mais à une plus grande élévation la pierre calcaire grife des Appennins eft placée au-deffus par couches confidérables, de temps en temps féparées par de petites couches de marne ou d'argille. Toutes ces couches argilleufes, micacées & marneufes, qui font au pied des Appennins près de Florence & de Boulogne, ainfi que les couches calcaires, qui forment les Appennins mêmes, ont une pofition oblique du fud-eft au nord-oueft, c'eft-à-dire, qu'elles font élevées du côté de Florence, & s'enfoncent dans la profondeur du côté de Boulogne. Il eft poffible, qu'elles aient été au commencement toutes horizontales, & que l'éruption du volcan de *monte Traverfo* les a élevées vers le nord *a*), en les laiffant affaiffer du côté du midi, après que les matieres inflammables, fur lesquelles ces couches étoient po-

---

a) Voici fans doute une faute d'impreffion dans l'édition allemande. Mr. FERBER dit affirmativement, que les couches obliques des Appennins font élevées du côté de Florence, & qu'elles defcendent du côté de Boulogne, comme cela eft en effet; cependant dans ce paffage il dit, que l'éruption du *monte Traverfo* a élevé ces mêmes couches du côté du nord, & qu'elles fe font affaiffées au midi, ce qui eft contradictoire; car Florence eft au midi du *monte Traverfo* & Boulogne au nord; il faut donc dire, que les couches fe font abaiffées vers le nord & rehauffées au midi.

fées, eurent été confommées par le feu de ce volcan. Mr. le comte DE CRONSTEDT dit, qu'il n'a point trouvé de corps marins pétrifiés dans la pierre grife & compacte des Appennins, & dans les autres Alpes calcaires; mais il a précipité fon jugement. Peut-être a-t il confondu la pierre calcaire criftalline & feuilletée ou écailleufe, comme celle de Carrare, avec la pierre calcaire compacte, qui forme les Alpes; j'ai toujours trouvé dans la pierre calcaire grife compacte des Appennins & des Alpes de différents pays des pétrifications; elles n'y font pas à la vérité en grande abondance; il faut les chercher avec beaucoup de foin, & il eft vrai, qu'il y a quelques couches des Alpes entiérement dépourvues de pétrifications; d'autres couches des mêmes Alpes en renferment d'autant plus.

A deux milles de Florence, près du village de *Bobera*, s'éleve une montagne compofée de couches d'un fchifte argilleux tendre, & du même fchifte mêlé de mica ou de macigno, qui fe fuccedent les unes aux autres; ces couches, ainfi que toutes celles de cette route, font inclinées d'environ 25 degrés du fud-eft au nord-oueft. Le revers de la montagne eft plat & uni; on y fabrique des tuiles avec ce fchifte argilleux & tendre, qu'on trouve fur les lieux; il s'étend en s'élevant un peu à deux milles plus loin jufqu'à *Creika*.

On

On voit à *Creika* dans le fchifte de petites veines de gros fpath calcaire, dont les couches minces ont pris, felon les différentes matieres, qui fe
font unies à elles, une couleur noire ou rouge;
les rouges font rompues en cubes obliques réguliers. Ce fchifte argilleux renferme encore des
morceaux détachés de pierre calcaire jaune avec
des dendrites, qui forment accidentellement de
petites couches fort minces. Peu après on voit
des couches de ce fchifte argilleux lâche & tendre
prefque fans mélange de mica, & d'épaiffes couches de pierre calcaire grife fe relever alternativement; ces montagnes, en tirant fur la gauche,
s'élevent confidérablement, & forment les Alpes
appennines, compofées de pierre à chaux grife
compacte & dure, dans laquelle il y a de temps
à autre de petites couches argilleufes, qu'on ne
voit point dans les montagnes les plus élevées;
mais la chauffée paffe par les endroits les moins
élevés, & laiffe les hautes montagnes à la gauche
en defcendant le long d'un petit ruiffeau.

A huit milles plus loin on trouve dans les couches calcaires des fentes fermées par du fpath calcaire criftallifé & dentelé aux deux côtés, qui fe
joignent au milieu des fentes; ce fpath fe trouve
dans les couches d'argille par blocs; la chauffée
paffe de niveau fur une de ces couches d'argille
pendant quatre milles.

D d

Jufqu'à *Cajanello*, où elle commence à monter infenfiblement par un long revers de montagne, tellement couvert de buiffons & de petits bois, qu'on ne peut diftinguer aucune couche, on y voit feulement des morceaux détachés de fchifte marneux & argilleux avec un peu de mica, preuve, que la chauffée ne traverfe pas les hautes montagnes des Appennins, qui ne font formées que de pierres calcaires; elle paffe à côté d'elles en fuivant la côte, où le terrein argilleux & fchifteux fe montre encore.

De *Cajanello* au *monte Caravallo* on compte 14 milles; on ne voit fur tout ce chemin que ces éclats de pierres; au dernier de ces endroits on monte une colline nue, courte, mais fort roide, compofée de couches de pierre calcaire à gros grains mélée d'argille, ou marneufe, parfemée de mica & de morceaux irréguliers de *macigno*. Ces couches ont une inclinaifon oppofée à celle des autres couches; mais cela ne fe foutient pas, & on découvre les marques d'un bouleverfement occafionné par le *monte Traverfo*, qui en eft à deux milles.

Cette montagne, en la confidérant dans fa longueur, eft placée en travers fur la chaîne des Appennins, très-roide, fendue irréguliérement du haut en bas, & entiérement formée d'une lave d'un verd noirâtre avec des taches grifes; parmi les pierres détachées difperfées çà & là, qui font des marques d'un ancien bouleverfement & de l'éruption du volcan, on voit beaucoup de petits & de gros morceaux de pierre calcaire.   Nous verrons qu'au-delà du *monte Traverfo*, du côté de Boulogne, les couches de pierres calcaires gri-fes reprennent la même pofition oblique, qu'elles ont dans toute la traverfée.   On monte encore pendant quatre milles au-delà du *monte Traverfo*, pour arriver à *Pietra mala*, le plus haut point de la route, où l'on trouve une petite plaine en par-tie environnée de montagnes comme un vallon. Sur le penchant d'une de ces montagnes, du côté de la vallée, s'élevent jour & nuit des flammes, qui ont fait donner à cette montagne le nom de *Pietra mala b*).   A main droite de la vallée eft une

---

b) Il eft affez étonnant, que Mr. TARGIONI ne décrive pas dans fes voyages en Tofcane les feux de *Pietra mala*; à peine les nomme-t-il.   Les habitants de ce village donnent à ces feux le nom de *fuoco del legno*.   La place, d'où s'éle-vent les flammes, peut avoir douze pieds de diametre en tout fens; on ne remarque ni fente, ni crevaffe dans cet endroit; les flammes font très-vives, fort volatiles, donnent peu de chaleur, confument le bois, le papier & les autres matieres inflammables.   En remuant & creufant le terrein, la flamme fort avec plus d'impétuofité.   Les flammes font permanentes, plus fortes dans le temps d'orage; on a même cru y fentir une odeur à-peu-près femblable à celle du fluide électrique.   Les pluies & les neiges ne les empéchent point de brûler; de

montagne pointue, formée de la même lave que le *monte Traverfo*; à main gauche font les Ap-

grands coups de vent font feuls capables de les éteindre, mais feulement pour un moment; fi on faifit cet inftant pour y approcher un corps ardent, les flammes reparoiffent avec une efpece d'explofion, & fe communiquent à toute la circonférence comme à une traînée de poudre. Cette flamme eft affez vive la nuit; elle s'éleve fuffifamment, pour éclairer les montagnes des environs. On ne voit point de fleurs de foufre à la furface du terrein. Les vapeurs font fi fubtiles, qu'il faut néceffairement fe mettre fous le vent pour les appercevoir; ce feu n'étend point fes bornes; la circonférence enflammée eft bordée d'herbe, & tout ce qui l'environne eft enfemencé; on n'apperçoit en cette place aucune marque d'éruption provenante de ce feu. On connoit plufieurs feux de la même nature en Tofcane & dans d'autres provinces de l'Europe. On en voit un en Dauphiné à quatre lieues de *Grenoble*, près du village de *St. Barthelémy*. Il en eft parlé dans l'*Hiftoire de l'académie* année 1669, pag. 25, & année 1706, pag. 339. Mr. l'abbé ROZIER vient d'inférer dans fon *Journal de phyfique* année 1775, Tom. VI, p. 124. une lettre au fujet de la *fontaine ardente* du Dauphiné, dont il eft ici queftion. Mr. CASSINI a rapporté dans ce même volume de l'acad 1706 p. 336. les obfervations faites par Mr. BIANCHINI fur les feux de *Pietra mala* Mr. DE LA LANDE en fait mention dans fon *Voyage d'Italie* Tom. II. chap. 8; il propofe même d'employer ces flammes à quelque manufacture, où l'on auroit befoin d'un fourneau perpétuel, qui ne coutât point d'entretien; cette idée mériteroit, qu'on y fit reflexion. Mr. BIANCHINI fit une expérience affez curieufe; il frotta des pierres, qu'il avoit retirées des feux de *Pietra mala*, contre la terre brune, qu'on y trouve; ce frottement produifit une inflam-

pennins calcaires. L'endroit, d'où les flammes de *Pietra mala* fortent, eft couvert de terre & de

---

mation; lorsque Mr. BIANCHINI obferva ces feux, il y avoit de la neige à deux pas, qui fe confervoit fans fe fondre, non plus qu'une couche de glace, qu'elle couvroit. La terre brune, dont on vient de parler, eft répandue fur toute la circonférence du foyer de *Pietra mala*; il fembleroit, qu'elle contient elle-même quelques parties bitumineufes; car lorsqu'on en tire doucement avec le bout d'une canne hors du circuit ardent, les flammes fuivent la terre à la diftance d'un pied ou environ; mais d'après l'expérience, que j'ai faite, je fuis perfuadé, que cet effet ne provient que d'un refte de vapeurs contenues dans la terre. J'ai mis dans une cornue huit onces de cette terre brune; je lui ai donné un feu très-violent; la terre eft devenue grife, s'eft raffemblée en petites maffes & s'eft durcie; j'ai trouvé au col du récipient un foupçon de fublimé acide, & dans le fond de ce vaiffeau un peu de phlegme fentant décidément l'acide marin. Cette terre n'eft donc point bitumineufe, & cet effet n'eft dû qu'aux vapeurs fouterraines, qui s'enflamment; il eft à préfumer, que l'odeur agréable mais légere, qu'on fent, quand on eft fous le vent des flammes de *Pietra mala*, que quelques-uns ont prife pour une odeur électrique, & d'autres pour celle du benjoin, & que je n'ai pu déterminer fur les lieux, n'eft autre chofe que celle de l'acide marin, dont la préfence eft prouvée par mon expérience. On trouve du fel ammoniac fur le terrein ardent du Dauphiné, fous la forme d'une fine pouffiere, peut-être qu'on le découvriroit auffi aux feux de *Pietra mala*, fi on l'y cherchoit avec attention. Ces deux feux ont une analogie parfaite; l'auteur de la lettre rapportée par Mr. l'abbé ROZIER conclud d'après fes obfervations, qu'il fe fait conftamment en ces endroits une émanation d'exhalai-

pierres détachées talqueufes, argilleufes & marneufes, comme s'il y avoit eu un bouleverfement
violent; tout autour il y croît de l'herbe, & on
y cultive des grains; la place même, qui brûle,
n'a que trois aunes de diametre; le feu brûle entre & autour des petites pierres, qui font à la fuperficie du terrein; celles de ces pierres, qui font
argilleufes & marneufes, fe durciffent en fe cal-
cinant; les pierres calcaires deviennent tendres,
& fe réduifent en pouffiere. Ces flammes font
très-fubtiles, claires & d'un jaune blanc, comme
celle d'une huile enflammée; elles ont une foible
odeur de pétrole, dépofent fur les pierres une
fuie fine, s'élevent d'une aune au-deffus de terre,
n'indiquent nullement la préfence de l'acide fulphureux, deviennent plus fortes après les pluies,
& moindres dans les étés fecs, comme les gens,
qui y demeurent, l'affurent. Au-deffous de ces
pierres détachées & bouleverfées il y a des morceaux de *gabbro* ou de ferpentine *) & du tuf cal-

---

fons fulphureufes ou falines, qui s'élevent comme les vapeurs
de l'efprit de vin expofé dans un vafe découvert, que ces exhalaifons s'enflamment à l'approche du feu, comme on enflamme celles de l'efprit de vin, & qu'elles s'allument d'elles-
mêmes, lorsque des pluies excitent la chaleur.

*) Mr. GUETTARD a auffi trouvé autour d'un ancien vol-
can entre *Rome* & la *Lorette* de la ferpentine ou *gabbro*; fans
vouloir conclure de-là, que cette efpece de pierre foit un

.caire; en remontant un peu la montagne & fur
la même pente, on voit un autre foyer de pétrole
brûlant plus grand & plus étendu que le précédent; mais les flammes en font fi foibles, qu'on
les voit à peine le jour.   Plus haut, à l'extrémité
du vallon, où le terrein s'éleve vers la plus grande
hauteur du pays, il y a un petit marais, nommé
Aqua Buja c), dont les eaux, quoique froides, paroiffent bouillonner conftamment; il furnage à
leur fuperficie des parties de pétrole, qui s'allument à l'approche d'un flambeau, & continuent
à brûler jufqu'à ce qu'un vent fort ou que la pluie

produit volcanique, ce qui vraifemblablement feroit mal fondé,
j'allegue cependant cette remarque, parcequ'il n'y a aucune
apparition dans la nature, qui ne me paroiffe mériter attention.

.c) L'eau tarit quelquefois dans ce marais. Il étoit à fec,
lorsque je le vis; mais pour en voir l'effet, je fis jetter dans
le creux une certaine quantité d'eau, dont la furface s'en-
flamma quelque temps après à l'approche d'un tifon ardent,
fans doute que les parties inflammables contenues dans la
terre, que j'avois fait arrofer, furnageoient; peut-être auffi
que cette eau a occafionné une efpece de fermentation, qui
a échauffé les exhalaifons, qui s'élevoient en cet endroit. Au
refte il paroit, que les eaux de *Pietra mala* font bitumineufes par elles-mêmes; j'y bus de l'eau, dont les habitants boi-
vent ordinairement; elle avoit une efpece de parfum, &
étoit graffe fur la langue. Je fis faire la même obfervation à
quelques voyageurs, qui fe trouvoient avec moi à *Pietra mala*; ils éprouverent tous la même fenfation en buvant de
cette eau.

D d 4

les éteigne: tous ces phénomenes font raffemblés dans la circonférence d'un mille & demi de terrein. La grande hauteur, dont je viens de faire mention, eft formée de couches calcaires rougeâtres, au-deffus desquelles il y a plufieurs grandes couches d'une pierre calcaire grife à gros grains; ces couches rougeâtres, qui font près de la chauffée comme les grifes, font, comme à l'ordinaire, inclinées de 25 degrés; mais dans les montagnes, qui font à la gauche, les couches font irrégulieres & différemment fituées. Comme la defcente de la chauffée de *Pietra mala* à Boulogne n'eft pas fi rapide que l'inclinaifon des couches de la montagne, les couches inférieures horizontales fe montrent les premieres fur la route. On ne voit les couches fupérieures, qu'à mefure qu'on defcend du côté de Boulogne.

La pierre calcaire grife, à gros grains, continue alternativement avec du fchifte marneux pendant l'efpace de fix milles jufqu'à *Dojano*, où il y a des couches de cailloux ronds quarzeux maftiqués avec des pierres de fable, des pierres à chaux, des morceaux de fchifte argilleux roulés & avec de groffes pierres difformes des mêmes efpeces. Au-deffus de ces couches s'en trouve d'abord de fchifte marneux, enfuite d'une pierre de fable fine d'un gris blanc un peu calcaire, puis de pierres de fable compactes d'un gris foncé.

A cinq'milles plus loin, près de *Livergnano*, on trouve au-deffus de la pierre de fable d'un gris blanc des couches de terre marneufe, remplies de morceaux détachés de pierres à chaux roulées de différentes grandeur & couleur, de beaucoup de coquilles & de coraux; entre & au-deffus de cette terre marneufe font des couches de pierres calcaires à gros grains, qui deviennent peu-à-peu horizontales. On obferve fur cette route, que plus on defcend du haut des montagnes pour arriver dans la plaine, plus les couches & les pierres varient; elles fe foutiennent moins, & font accidentelles; il n'eft pas douteux, qu'elles n'ont pas la même antiquité, ni la même origine que les maffes régulieres & plus élevées des Appennins.

La pierre de fable d'un gris blanc reparoît à *Pianura*, qui eft à cinq milles de *Livergnano*. Enfuite viennent des collines plus petites, qui s'étendent jufqu'au plat pays; la plaine commence à la porte de Boulogne, à huit milles de *Pianura*, & s'étend, fans difcontinuer, jufqu'en Lombardie. On a planté des deux côtés de la route de grandes pierres ou groffes maffes de félénite, tirées de *S. Rofilo*; elles prouvent, qu'il s'eft fait autrefois une diffolution confidérable de pierres & de terres calcaires par l'acide vitriolique; cette diffolution a néceffairement occafionné une effervefcence & une chaleur, qui peuvent avoir produit des

des effets, dont nous aurions de la peine à trouver la caufe de nos jours.

J'ai fait une obfervation météorologique *d*) fur
Rome, Florence & Boulogne. Les vents de
mer, qu'on nomme *Scirocco*, amenoient l'hyver
dernier conftamment de la pluie & des nuages à
Rome, tandis que les vents de la montagne, la
Tramontana, procuroient le beau temps; mais
après le commencement d'Avril c'étoit juftement
le contraire; la raifon en eft peuṭ-être, que l'eau
de mer étant plus chaude en hyver que l'air; elle
s'évapore plus qu'en été, ou lorsque la chaleur
de l'air furpaffe la chaleur naturelle de l'eau de
mer. Deplus en hyver il tombe de la neige dans
la montagne, qui ne s'évapore que très-peu; au
printemps & en été au contraire, lorsque la neige
fe réduit en eau, & que cette eau coule par une
quantité infinie de ruiffeaux écumants, elle s'évapore très-fort. Durant mon voyage de Rome à
Florence par Sienne il plut avec la *tramontana*,
tandis qu'au-delà des monts le ciel étoit ferein;
à-peu-près dans le même temps il faifoit beau à
Ancone, pendant qu'il pleuvoit un peu à Boulo-

---

d) L'abbé NOLLET a fait quelques obfervations météoro-
logiques en Italie; elles font rapportées dans les *Mémoires
de l'acad. des fciences* année 1749. On trouve auffi beaucoup de remarques en ce genre dans les ouvrages de TAR-
GIONI TOZZETTI.

gne; n'eſt-ce pas parceque cette derniere ville eſt plus près des Alpes ? Il ne pleut jamais à Florence en été, ſi le vent du nord, la *tramontana*, n'a pas ſouffIé le matin.

Mais c'eſt aſſez parler de Florence ; mon projet eſt d'aller d'ici à Piſe, à Livourne & à Genes. Comme cela me privera de voir *Lucques* , *Parme* & *Modene*, je me contenterai, Monſieur, de vous dire de ces trois villes ce qu'on m'en a appris.

Il y a près de Lucques *e*) des bains chauds, décrits dans les *Libri IV. de Aquis Lucenſibus* , *in*-8. par JOH. BAPTIST. DONATI ; mais la deſcription la plus moderne & la meilleure eſt celle qu'a fait imprimer en 1758 in-8. le profeſſeur JOSEPH BENVENUTI dans ſon Traité *de Lucenſium Thermarum ſale.* Vous ſavez déjà, qu'on fait à Lucques une réimpreſſion de la grande Encyclopédie françoiſe, dont on a déjà publié pluſieurs tomes avec des additions & des remarques. Il paroît auſſi à Lucques

---

e) On bâtit à Lucques avec une pierre ſemblable à la *pietra ſerena di Fieſole & di Golfolina;* mais elle tient plus du *macigno.* On la tire de la côte des *monti Piſani*, qui eſt encore dans le territoire de la république. On tire du marbre blanc & du marbre rouge de cette même côte à *S. Maria del Giudice.* Ce marbre renferme quelquefois des cornes d'ammon. On s'en eſt ſervi dans les égliſes de Lucques, de Piſe & même de Florence. Voyez les *Voyages en Toſcane* de TARGIONI TOZZETTI, Tom. IV, pag. 249, 252. On ne fait aujourd'hui que très-peu d'uſage de ces marbres.

un Journal en forme de lettres, qui a pour titre: *Memorie di Fisica di Lucca*; il y en a maintenant quatre tomes in - 8.

On dit, que la collection d'histoire naturelle du duc de Parme mérite d'être vue; le savant pere FOURCAUD en est le directeur. Le pere PACIAUDI, bibliothécaire du duc, est instruit, & il est membre de l'académie royale des sciences, à laquelle il a communiqué plusieurs ouvrages intéressants de l'art, qui ne doivent pas, à ce qu'on m'a dit, être publiés avant sa mort. J'en ai lu quelque chose dans un journal littéraire; mais ma mémoire infidele ne me retrace maintenant ni l'endroit, où je l'ai lu, ni la chose même *f*).

---

f) Le cabinet d'histoire naturelle du duc de Parme devoit être rassemblé par le P. FOURCAUD. Mr. DU TILLOT avoit à cœur d'illustrer la résidence de son maitre. Ce cabinet ne pouvoit pas être bien considérable en 1772; car il étoit dans son enfance.

La bibliotheque de Parme étoit composée en 1770 de quarante mille volumes. Elle a été rassemblée en six années de temps; elle est très-précieuse; les livres d'histoire naturelle s'y trouvent en grand nombre. Le P. PACIAUDI a décrit les ruines de *Velleja*; je ne connois pas ses autres ouvrages.

Près de *Velleja*, ancienne ville, située à sept lieues de Plaisance, détruite par l'écroulement des montagnes, auxquelles elle étoit adossée, est une eau bouillante sans être chaude; une autre source, dont la surface de l'eau s'enflamme à l'approche d'un corps ardent, & un petit terrein ardent

On est occupé à faire une belle chauffée de Lucques à Modene, au travers des Appennins; elle n'est pas encore finie; mais on y travaille à force des deux côtés; il n'y a plus que peu de milles à percer. Le P. Boscowich, qui demeuroit autrefois à Modene, a fait imprimer un petit ouvrage touchant cette chauffée & sa construction; il y a joint quelques remarques minéralogiques, qu'il a faites sur les montagnes, qu'elle traverse.

Ce qu'on nomme *Salsa di Modena*, est un marais remarquable du duché de Modene, situé dans les montagnes des environs de *Saffuolo*, où on fait la nouvelle chauffée au travers des Appennins, pour aller à *Massa di Carrara*, environ à quatre milles de *Saffuolo*. Ce marais paroît être la couverture supérieure d'un volcan caché, qui doit de temps à autre vomir avec beaucoup de bruit de l'eau, de la terre, des pyrites & de grandes pierres. On peut y enfoncer une barre à la pro-

comme celui de *Pietra mala*. Voyez les *Mémoires de Mr.* Guettard Tome I, pag. 360.

Il y a à *Salsa*, endroit situé à 9 lieues de Parme, une source salée, qui fournit une grande partie du sel, que consomment les duchés de Parme & de Plaisance; ses eaux sont bitumineuses; on ne les gradue point; il suffit de les faire évaporer sur le feu pendant quinze heures, pour les amener au point de cristallisation.

On exploite dans le Plaisantin des mines de fer; on y a même fabriqué de l'acier depuis quelques années.

fondeur d'une toife ; lorsqu'on l'en retire , l'eau s'élance avec force hors du trou qu'on a fait ; plus haut , lorsqu'on fuit cette nouvelle chauffée pour arriver au cabaret, nommé *il Piano dell' oglio* , les habitants creufent beaucoup de puits , dans lesquels ils raffemblent le pétrole , qui furnage en abondance à la furface de l'eau *g*). Les fources font fi communes dans le duché de Modene, qu'on trouve de l'eau par-tout, où on creufe. RAMAZZINI & VALISNERI ont décrit les *Salfa di Modena*. L'ARIOSTE, parent du célebre poete, a fait un traité à ce fujet, que RAMAZZINI a inféré dans fon livre, qui a pour titre : *de admiranda fontium Mutinenfium origine*, *Mutinæ* 1691, *in-*4.

Dans les montagnes de *Vignuola* & autres endroits du *Modénois* on trouve des agathes rouges, des carnioles & différentes efpeces de jafpe , qui fe vendent à Milan, où on en fait des boutons, des tabatieres &c.

---

g) On lit dans les *Obfervations phyfiques du* BOCCONE , qu'il y a dans les Alpes du duché de Modene plufieurs feux femblables à ceux de *Pietra mala*.

On ne manque jamais d'eau à Modene ; quand toutes les rivieres font à fec, les fontaines de Modene font toujours trèsabondantes. On y trouve à 111 pieds fous terre une nappe d'eau très-pure, très-faine , qui s'étend au moins à fept milles du côté du levant. L'ouvrage de RAMAZZINI, que notre auteur cite , détaille la ftructure & la compofition des couches, qui font au-deffus de cette eau ; ces couches renferment beaucoup de pétrifications.

Il y a dans les Appennins du duché de Modene quelques mines de cuivre, fituées dans la paroiffe de *Pievi di Reno al Vefolo ed all'antico caftello di Medola, nella provincia grafagniana del Modanefe.* Il y a auffi dans le Modénois des montagnes de *gabbro* verd ou de ferpentine.

VINGT-UNIEME LETTRE.

De Livourne le 9. Juin 1772.

Le grand chemin de Florence à Pife fuit l'*Arno*, qui coule à fa droite dans la vallée; la chauffée paffe fur le penchant d'une montagne affez élevée, formée jufqu'au delà de moitié chemin de *macigno*, qu'on exploite en quelques endroits, & enfuite de fortes couches de pierres calcaires noires & d'un gris bleu, les eaux des bains chauds de Pife ont leur fource dans ces montagnes calcaires *a*); la pofition de ces bains eft

---

a) On fe fert des bains de Pife en forme d'étuves, de douehe & de bain. Il y a 36 cellules pour ces différentes façons de faire ufage de ces eaux; les logements des malades font auffi beaux que ces cellules font commodes. On y a pouffé la recherche jufqu'à y établir des bidets avec des canules, fur lefquels il fuffit de s'affeoir pour prendre un remede; l'eau entre dans le corps fans pifton, parcequ'on la fait tomber d'en haut dans le tuyau; mais cela eft fujet à des inconvéniens. Naturellement l'eau eft précédée d'air, & on ne fait point la quantité d'eau, qu'on prend. Ces eaux font plus

belle; on y a fait des bâtiments confidérables; les meilleures & les plus modernes defcriptions, qu'on en a données, font : COCCHI *differtazione fopra i bagni di Pifa*, in - 4. *Trattato de' bagni di Pifa del* D. GIOV. BIANCHI, *Firenze* 1757, *in* - 8.

Analifi dell' acque thermali de' bagni di Pifa, fatte dal D. Bartolomeo Mefny, *Firenze* 1758; *in* - 8.

Mr. TARGIONI TOZZETTI m'a dit, qu'il y avoit à côté de la chauffée de Florence à Pife quelques couches fupérieures compofées de breches ou de différentes pierres cimentées enfemble. En les brifant, on doit en trouver quelquefois, qui font creufes & remplies de terre ou de pouffiere. Les collines de Pife font du côté de la mer de marne, qui renferme des pierres figurées marneufes, dont la hauteur furpaffe celle d'un homme; elles reffemblent au corail ou au marbre par leurs branches, terminées par des nœuds arrondis comme des pommes. Ces pierres ne font cependant ni

des

---

ou moins chaudes; celles qu'on boit, n'ont que peu de faveur. Il s'attache des fleurs de foufre & de vitriol aux parois des bains; le dépôt des eaux eft blanc, & devient fort dur; il furnage une terre feuilletée de la même couleur très-légere; ces dépôts font calcaires; ils font une très-vive effervefcence avec les acides. Les collines voifines des bains de Pife font calcaires; il y a même une carriere de pierre à chaux tout près des bains. Ces eaux ont leur fource dans ces collines, comme le dit Mr. FERBER.

des plantes pétrifiées, ni des coraux, mais fimplement des jeux de la nature; elles fe font vraifemblablement formées dans les collines de marne, comme les ftalactites.

I'univerfité de Pife eft célebre par les grands hommes, qu'elle poffédoit autrefois, & dont elle eft encore pourvue. Il paroît un journal littéraire à Pife, qui a pour titre: *Giornale de' Letterati di Pifa*. On en donne tous les trois mois un tit volume; on n'en a encore imprimé que cinq *).

L'obfervatoire (*la fpecola*) eft bien bâti. Mr. THOMAS PERELLI, le profeffeur d'aftronomie, eft un homme célebre; il a pour adjoint l'abbé SLOP, qui eft fort inftruit.

Le jardin de botanique eft vafte & bien entretenu; Mr. le docteur TILLY, profeffeur de botanique & d'hiftoire naturelle, y demeure; il eft connu par le *Hortus Pifanus*, qu'il a publié. La collection d'hiftoire naturelle appartenante à l'académie eft confervée dans une belle falle du même bâtiment, où Mr. TILLY demeure; elle eft fous fa direction; le cabinet a été commencé par STENO, Danois favant, qui s'eft fait connoître par fon traité *de folido intra Solidum*; ce cabinet renferme aujourd'hui la précieufe collection de coquilles de GUALTHIERI, médecin de la cour de Florence. L'académie l'a achetée de fes héritiers; il avoit eu, de fon vivant, la permiffion de s'appro-

---

*) Il en a paru jufqu'aujourd'hui dix-huit.

prier les doubles de la collection de RUMPH, qui étoit placée dans la galerie de Florence. Parmi les autres particularités du cabinet de Pise j'ai remarqué sur-tout 1) un crâne humain, sur lequel il y avoit une branche de corail revêtue de la plante marine appellée *porum cervinum*; vraisemblablement l'homme avoit été noyé, & les coraux se sont attachés au crâne *b*), comme ils se fixent sur les bouteilles & les autres corps, qu'on laisse tomber dans la mer. Je vous fait mention de ce morceau, Monsieur, parceque c'est justement le même que GASSENDI a décrit & dessiné.

2) Des coraux *c*) pétrifiés, ou des lithophytes, dans de la pierre à fusil commune d'*Oxford* en Angleterre.

3) Un caillou arrondi ou cristal de quarz creux & rempli d'eau au-delà de la moitié; il nage dans l'eau un petit insecte; cette pierre est montée en bague. Si vous l'aviez vu aussi souvent que moi, vous ne douteriez pas, qu'elle ne renferme un véritable insecte; j'ai eu de la peine au commencement à m'en rapporter à mes propres yeux.

b) Rien n'est plus commun que ces sortes d'accidents; tous les corps jettés dans la mer sont couverts au bout d'un certain temps de lithophytes & de plantes pierreuses; les laves du Vésuve & les ponces de ce volcan servent très-souvent de fondation aux bâtiments, que les habitants de ces plantes se construisent.

c) On m'a montré dans le cabinet d'histoire naturelle de Pise un corail rouge de la mer de Sicile, dont l'épiderme est noircie; on prétendit, que cette couleur lui venoit des vapeurs volcaniques.

4) Une très-groſſe émeraude verte, parfaitement de la figure du ſchœrl en colonne, dans du quarz.

5) Des cailloux ronds jaunâtres du Nil (cailloux d'Egypte), creux & revêtus en-dedans de petits criſtaux de quarz.

6) Des morceaux de mine de cuivre griſe de *Seravezza* en Toſcane; ces mines ne ſont plus exploitées.

7) De la mine de mercure du même endroit *d*).

8) Un grand ourſin pétriſié, qui a été comprimé obliquement dans la colline, où il a été trouvé, par la peſanteur du terrein, qui étoit au-deſſus.

9) Une grande écaille de tortue, dont les côtés élevés étoient dirigés en longueur, juſtement comme ceux de la coquille, qu'on nomme *buccinum harpa.*

Mr. Nicolas Branchi della Torré, profeſſeur de chymie à Piſe, a commencé une petite collection d'hiſtoire naturelle & de chymie pour l'uſage de ſes leçons *e*).

La chauſſée de Piſe à Livourne paſſe à côté des montagnes calcaires de Piſe, dont il a été

---

d) Mr. Targioni Tozzetti raconte dans ſes *Voyages* Tom. I. p. 350, qu'on a trouvé à deux repriſes, en creuſant un puits dans une maiſon de *Piſe*, près de trente livres de mercure coulant.

Le même auteur décrit tous les marbres employés dans les égliſes de cette ville.

e) On fait obſerver aux étrangers, qui paſſent à *Piſe*, le

parlé plus haut; enfuite le pays devient plat, &
il eft couvert de fable marin brun, qui s'étend
jufqu'au rivage de la mer *f*). Le *monte Nero* eft
à cinq milles de Livourne; on en tire de la pierre
ollaire blanche (*fmectis*); on la nomme *pietra di Sar-
to*, parceque les tailleurs d'habits s'en fervent pour
crayonner *). Il y a dans les environs de Livourne, près du rivage, de petites collines formées
de tuf calcaire gris, ou plutót jaune gris, rempli
de petites coquilles microfcopiques & de petits
lithophytes, réunis par un ciment calcaire; les và-
gues de la mer détachent & brifent les petits rochers de ces collines, & en rejettent les fragments
& les petites coquilles fur le rivage *g*), où elles

Campo Santo, ou le cimetiere de cette ville, qui doit être couvert fur toute fon étendue de neuf pouces de terre fainte. On
prétend, que les corps morts s'y confumoient autrefois en
24 heures, & on m'a affuré, que cela arrive aujourd'hui en
48 heures. On attribue ce phénomene à la terre fainte. Si
la chofe eft vraie, on a fans doute foin de rafraichir fouvent
le terrein avec de la chaux vive.

f) Mr. GUETTARD rapporte ce que dit Mr. GROSLEY
Tom. III, pag. 245. de cette route; il eft d'accord avec Mr.
FERBER. Selon Mr. GROSLEY le terrein de l'ife à Livourne
„eft un grand attériffement de la nature des landes de Bour-
„deaux, & peut-être auffi impoffible à mettre en valeur. Les
„collines & les montagnes mémes, qui bordent cet attériffe-
„ment à l'eft, font un amas de fable & de coquillages &c."

*) Il y a auffi de femblables pierres ollaires blanches, autre-
ment dites craie d'Efpagne, à *Silvena in duchea di S. Fiora*
& dans d'autres endroits de la Tofcane.

g) Mr. TARGIONI TOZZETTI décrit le rivage de Livourne

fe mélent avec le fable. De-là vient, que Mr. l'abbé FONTANA a trouvé près du lazaret de St. Jacques de Livourne les lithophytes microfcopiques & les lithuites, qu'il a décrits. Dans une de ces collines de tuf calcaire & auprès du même lazaret eft une carriere (*cava di S Giacomo*,dans laquelle on trouve une quantité affez confidérable de grandes *buccardites*. On travaille à Livourne dans plufieurs fabriques de corail rouge,qu'on péche aux environs de la Sardaigne &c. ; on en fait des grains & des colliers &c. Ces manufactures appartiennent à plufieurs Juifs opulents. Toute la manipulation de ces fabriques eft exactement décrite dans le *Giornale d'Italia*. Ce commerce exige un grand fonds; on envoie le corail fabriqué aux Indes, en Tur-

dans le fecond volume pag. 162 de fes *Voyages*. Le fable y eft gris de cendre, mêlé de corps marins; on y trouve toutes fortes de cailloux roulés, la *pila marina* & une très-grande quantité de pierre-ponce fort fine: ces pierres-ponces viennent-elles de l'Etna, du Véfuve, des volcans de Tofcane ou de quelqu'autre volcan éteint au fond de la mer? Je l'ignore. Mr. DE BUFFON Tom. I pag. 542. s'explique ainfi à ce fujet: "La quantité de pierres-ponces, que les voyageurs nous „affurent avoir rencontrées dans plufieurs endroits de l'Océan „& de la Méditerranée, prouve qu'il y a au fond de la mer „des volcans femblables à ceux, que nous connoiffons &c." Au refte la mer rejette fur les rivages des chofes, qu'elle apporte de fort loin, notamment des pierres-ponces, qui font fort légeres. Voyez le même auteur Tom. I. pag. 438 & 439. Mr. TARGIONI fait auffi l'énumération des plantes, qu'on trouve fur la côte de Livourne.

E e 3

quie & dans les pays barbares de l'Afrique; on en fait aussi quelque usage en Italie & en Allemagne; toutes les femmes non mariées de moyen état de Boulogne portent des colliers de corail rouge.

Je n'ai pu parvenir à voir la collection d'histoire naturelle, qui appartenoit au défunt Sr. SCALI de Livourne.

Mr. le docteur GIOVANNI GENTILI, *medico dell' offizio della Sanità* de Livourne, s'est fait connoître par les ouvrages suivants, savoir:

> GIOVANNI GENTILI *Offervazioni fopra i terre-moti ultimamente accaduti a Livorno*, *Firenze* 1742, *in - 4.*
>
> - - - *Annotazioni fopra il commercio dell' oglio*, *Firenze* 1745, *in -4.*
>
> - - - *Sitologia* (*feu de plantis frumento fuc-cedaneis.*)

On réimprime à Livourne l'Encyclopédie françoise; cette édition fera très-belle, accompagnée d'augmentations & de remarques; il paroît qu'elle méritera la préférence fur toutes les autres; elle fe fait avec beaucoup de foin, fous la direction de l'abbé SERAFINI & du docteur GONNELLA; on a établi pour cet ouvrage une imprimerie parti-culiere, grande & confidérable; on y imprime en-core d'autres livres.

On n'ignore pas, combien le commerce de Livourne *h*) est confidérable. L'isle d'*Elbe* y four-

____

h) Les huiles & les grains faifant deux articles confidéranit beaucoup de fer; cependant il y vient beaucoup de fer en barre de Ruſſie & de Suede, que les Livournois envoient en Barbarie; auſſi la Suede ne leur fournit-elle que le plus mauvais fer; car la meilleure qualité du fer de Suede paſſe en Angleterre & la médiocre en Allemagne, en Hollande & en France.

---

bles du commerce de *Livourne*, il y a des caves à huile, qui appartiennent au gouvernement, dans lesquelles l'huile ſe conferve parfaitement; chaque négociant y envoie ſes proviſions moyennant une certaine rétribution. Notre auteur parle de ces caves dans la lettre ſuivante. On a la même facilité pour la garde des grains. Il y a pour cet effet de vaſtes ſouterrains intérieurement revêtus de toute part de bons murs & garnis de paille. On peut conferver dans ces magazins 300 mille facs de bled peſant 160 livres de Livourne l'un dans l'autre. On a grand ſoin de bien nettoyer les grains avant de les deſcendre dans les ſouterrains; quand même les bleds feroient attaqués par les vers, en les mettant dans ces caves, ils font parfaitement ſains au bout d'un mois. Ces ſouterrains n'ont d'autre ouverture qu'un trou circulaire, pratiqué à la ſuperficie du terrein, qui n'a que 18 pouces de diametre, par lequel on deſcend pour étendre les grains ou pour remplir des facs. On ferme cette ouverture bien hermétiquement; l'air ne pouvant y pénétrer, la fermentation ne peut point avoir lieu. On préfere à Livourne cette méthode aux étuves, dont on ſe ſert quelquefois ailleurs pour ſécher les grains, parceque l'entretien du feu eſt trop coûteux, & qu'il nuit ſouvent à la qualité. C'eſt auſſi celle, qui eſt en uſage en Sicile dans les villes, qui ont le privilege de faire le commerce des grains.

E e 4

On voit à Livourne dans un temps clair l'isle d'Elbe & la Corfe.

L'isle d'*Elbe* eft remarquable par fes riches & bonnes mines de fer; elle appartient au prince de *Piombino i*), qui eft obligé de livrer au grand-

---

i) L'isle d'Elbe a été donnée en fief au prince de PIOM-BINO par l'Efpagne, qui s'y eft refervée la place de *Porto Longone*; d'un autre côté les ducs de Tofcane ayant été tuteurs des princes de Piombino, fe font fait abandonner *Porto Ferrajo*, le meilleur endroit de cette isle, avec un mille de terrein tout autour du baffin de cette ville. Le grand-duc en tire un parti infini. On y pêche communément jufqu'à 450 milliers de ton, & on a établi autour de la moitié de la circonférence du baffin de *Porto Ferrajo* des marais falans, qui doivent produire annuellement au-delà de 60,000 facs de fel, chacun de 200 livres Tofcanes. On y fait travailler des forçats, dont on n'a pas befoin à Livourne, & quand le mauvais air fe répand fur les côtes des maremmes de Sienne, on envoie ces mêmes hommes aux marais falans de *Caftiglione* & de *Volterra*, parcequ'on ne fauroit trouver d'autres ouvriers dans la faifon du mauvais air.

On ne peut pas dire généralement, que les montagnes de l'isle d'*Elbe* foient formées de granit; les collines, qui environnent le baffin de *Porto Ferrajo*, font formées d'une pierre calcaire fchifteufe, fur laquelle il y a des arborifations revêtues d'un mica ferrugineux, que je n'ai vu fur aucune autre dendrite. En pénétrant plus avant dans l'isle, on trouve du fchifte argilleux endurci, que Mr. TRONSON DU COU-DRAY appelle pierre à rafoirs dans fon *Mémoire fur les mines de l'Isle d'Elbe*; enfuite on rencontre du granit; ce mémoire fe trouve dans le *Journal* de l'abbé ROZIER année 1774, Tom. IV, pag. 52. Je n'ai point apperçu de granit autour de la montagne ferrugineufe.

duc une certaine quantité de mine de fer à *Porto Ferrajo*. Les montagnes de cette isle font formées de granit; il y en a du violet, qui eft très-beau, parceque le fpath dur, qu'il renferme, eft violet à grands cubes, larges ou épais, oblongs & poligones. Le piédeftal de la ftatue équeftre de la place de *Santiffima Annonziata* à Florence, fur lequel on lit l'infcription *Majeftate tantum*, eft de ce granit, & les focles de la chapelle *di S. Lorenzo* en font revêtus.

La mine de fer de l'isle d'*Elbe* ne s'y trouve pas par veines ou filons; mais il y a une grande montagne *k)* entiere, qui n'eft formée que de

---

VIRGILE parle déjà des mines de fer de l'isle d'Elbe; PLINE en fait mention, cependant cette mine n'eft pas encore épuifée.

k) Cette montagne eft fituée au levant de l'isle, près du bourg, qu'on appelle *Rio*. Il ne paroit pas, qu'on ait tiré de la mine de fer de quelqu'autre endroit de l'isle d'Elbe; tous les rochers, qu'on voit fur le rivage, font ferrugineux; la mine n'eft qu'à une portée de fufil de la mer; cent cinquante ouvriers y travaillent conftamment; on fe fert beaucoup de la poudre à canon pour les exploiter. On m'a affuré, qu'on trouvoit toujours la même qualité de mines jufqu'à fix ou fept milles en avant dans la terre. Cette montagne eft actuellement attaquée fur une hauteur de 150 pieds & fur une étendue très-confidérable, que Mr. TRONSON DU COUDRAY porte à 400 toifes; il penfe, que du point, où l'on a commencé les travaux, jufqu'à celui, où l'on travaille actuellement, il y a plus de mille toifes. On n'a jamais cherché à pénétrer dans la terre. Il paroit, que cette mine fe reproduit; car on a

mine de fer & environnée de granit. On l'exploite à découvert comme une carriere. Il est notoire, qu'il y a de même en Suede, en Lapponie & en Sibérie des montagnes entieres de mine de fer; parmi les montagnes de *Campiglia* & d'autres endroits de la Toscane il y en a quelques-unes, qui font ou entiérement, ou du moins en grande partie, compofées de mine de fer. Des branches ou des veines paffent au travers des montagnes de *Maffa di Maremma*. Il est à préfumer, d'après la reffemblance des mines & leurs directions, que ces montagnes de Toscane font une continuation de celles de l'isle d'Elbe, qui paffent fous la mer, & qui gagnent la terre ferme; cela est d'autant plus probable, que la mer jette beaucoup de

---

trouvé dans les travaux actuels & dans le plus fort des mines d'anciens outils recouverts de mine de fer criftallifée. La mine y est difpofée fans ordre, par maffes entremêlées de pyrite, de marcaffite, de bols & de fchifte; il femble, que cette montagne eft le produit de quelque bouleverfement. Il y a un moyen d'expliquer cette prétendue reproduction de la mine de fer de l'isle d'*Elbe*, qui en fait tomber le merveilleux. Les mineurs rejettent & entaffent comme *déblais* prefque toutes les mines de fer, qui ne font pas d'une très-grande richeffe. Ces *déblais* font à la longue une maffe folide; les puiffants agents de la nature enlevent des parties hétérogenes, en ajoutent d'homogenes, augmentent le principe du fer déjà exiftant, operent la criftallifation, & rendent ces déblais auffi riches que les mines, dont ils avoient été féparés quelques fiecles auparavant. Des outils renfermés dans ces *déblais* ont été enveloppés par la mine, fans qu'il foit permis d'en conclure, que la

morceaux détachés de cette mine fur le rivage *).
La montagne ferrugineufe de l'isle d'Elbe confifte
pour la plupart en une mine compacte C'eft
ou de l'hématite couleur de fer (CRONSTEDT
Minér. §. 201.), ou de la mine de fer attirable
par l'aimant, fans être grillée *l*) (*ibid.* §. 210.).

---

mine de fer de l'isle d'Elbe fe reproduife ; mais on peut avancer
avec certitude, qu'elle a fubi des changements.

**)* J'ai aulli vu de l'isle d'*Elbe* de l'*hématite* noire; mais
elle eft fort rare.

l) Mr. TRONSON DU COUDRAY étant en contradiction
avec notre auteur à ce fujet, j'ai répété avec foin les expériences, qui pouvoient décider, fi la mine de fer de l'isle
d'*Elbe* eft vraiment attirable par l'aimant, fans être grillée.
J'ai réduit en poudre très-fine une petite portion de chacune
des variétés des mines de fer de cette isle, en évitant de me
fervir pour cet effet d'un inftrument de fer, j'ai préfenté fucceffivement à toutes ces poudres un aimant naturel, tirant une
livre; un autre portant trois livres; un troifieme foutenant cinq
livres, & enfin un aimant artificiel, auquel on fufpend avec facilité douze jufqu'à feize livres.   Les deux aimants les plus foibles
n'ont montré aucune action fur mes poudres; le troifieme les
a fait chatoyer; ce que j'attribuois à un fimple effet de lumiere,
jufqu'à ce que je vis, que l'aimant artificiel attiroit fortement
l'une de ces poudres, qui s'y attacha en forme de barbe difficile à enlever; les molécules de plufieurs autres échantillons
étoient mifes en mouvement, & fe retournoient en paffant
cet aimant à deux lignes au deffous du papier, qui les renfermoient; elles chatoyoient fortement, en portant l'aimant à
un pouce au-deffus; ce qui provenoit de ce qu'en allant & venant
avec l'aimant, je faifois coucher & relever alternativement les
petites lames ferrugineufes.   Enfin il eft certain, que toutes
les mines de fer de l'isle d'*Elbe*, qui ont un afpect métalli-

Il y a aufli du vrai aimant *m*) (*ibid.* §. 209.) très-bon & très-fort. Ces mines fe criftallifent dans

---

que, criftallifées ou micacées, font attirables par un aimant très-fort. Celles au contraire, qui font fimplement ochreufes ou fous la forme de chaux, ne le font point, fans avoir été grillées. L'erreur de Mr. DU COUDRAY ne fauroit lui être reprochée; il a fans doute fait fes expériences avec un aimant médiocre. Cet officier de mérite a décrit dans le *Mémoire* allégué ci-deffus note *i)* pag. 441. toutes les mines de fer de la *cava del Rio*, avec beaucoup plus de détail que ne le fait ici Mr. FERBER.

m) La pierre d'aimant ne fe trouve pas dans la mine de fer de *Rio*; c'eft fur la montagne la plus haute de l'isle d'Elbe, fituée à cinq milles au midi de *Capolivri*, qu'il faut chercher cette pierre par un chemin très-pénible. Environ à deux milles de la place, où on la trouve, la terre eft couverte de grands morceaux de pierres ferrugineufes, qui reffemblent à une mine de fer en roche, & paroiffent avoir fubi l'action du feu; les habitants prétendent, que toutes ces roches étoient de la pierre d'aimant, mais que le feu des ronces, qu'ils brûlent fur ce terrein, leur a enlevé leur propriété; auffi appellent-ils ces pierres *robba morta*. J'étois muni de limaille de fer & d'une bouffole. A une certaine diftance de l'endroit, où je trouvai la véritable pierre d'aimant, l'éguille fe porta entiérement au midi, parceque la pierre d'aimant étoit en effet au midi de mon chemin, & fur les bords efcarpés de la mer. Seroit-il donc impoffible, que les bouffoles des navires, qui cotoyent l'isle d'Elbe, déclinaffent en paffant devant cette montagne, comme on le prétend? Voici ce qu'en penfe Mr. DU COUDRAY *loc. cit.* "Quant à ce qu'on raconte de la bouffole, rien n'eft plus ab„furde; le fer & l'aimant n'agiffent pas l'un fur l'autre à de

toutes les cavités en forme de crête de coque,
en polygones, en trufes celluleufes ou feuilletées

„pareilles diftances; & ce qui détruit encore plus cette fable
„ridicule, c'eft que la mine de l'isle d'Elbe n'eft pas attirable
„par l'aimant." Je ne voudrois pas rejetter fi décidément
cette opinion vulgaire. Nous ne favons pas, & nous ne pouvons pas le favoir, à quelle diftance une montagne entiere
de pierres d'aimant peut faire effet fur le fer. Nous n'avons
point d'objet de comparaifon, qui nous mette en état d'en
juger. Il eft fort égal, que la mine de fer de l'isle d'*Elbe*
foit ou ne foit pas attirable par l'aimant; ce n'eft pas la mine
de fer de *Rio*, qui doit agir fur les bouffoles; c'eft la pierre
d'aimant de *Capolivri*, qui eft fort éloignée de cette mine.
On n'a jamais fait de fouilles fur ces pierres d'aimant, pour
favoir, fi elles font difpofées par veines ou par maffes; peut-
être toute la montagne n'eft-elle qu'une feule mine d'aimant,
comme la montagne de *Rio* eft toute ferrugineufe. La limaille, que j'avois apportée, me fervit à reconnoître les bons
morceaux, à juger de leur force & à les diftinguer des fimples
mines de fer, ou plutôt des pierres d'aimant, qui avoient
perdu leur qualité. J'ai fait rougir au feu une pierre d'aimant
bien forte; je lui ai préfenté de la limaille de fer, pendant
qu'elle étoit encore chaude, & lorsqu'elle étoit entiérement
refroidie, fans qu'il s'élevât la moindre paillette; il n'en refta
pas même fur la pierre en la plongeant entiérement dans la
limaille. Ce fait prouve, que les gens de l'isle ne m'avoient
pas trompé, & il mérite encore beaucoup d'attention. Le feu
ôte à la pierre d'aimant fa vertu magnétique; eft-ce, parcequ'il détruit la liaifon des molécules de la maffe, ou s'éva-
pore-t-il une fubftance volatile? Plufieurs autres minéraux
très-curieux fe trouvent dans les environs de la montagne
d'aimant de l'isle d'Elbe; leur defcription pafferoit les bornes
d'une note; elle fera le fujet d'un mémoire particulier.

& micacées, comme du mica de fer, appellé en allemand *Eifenmann*, *Eifenglimmer* &c. Ces mines font de toute beauté; elles égalent en bonté celles de Suede, & produifent un fer très-doux, quoique les Italiens ne fachent pas fondre & travailler le fer dans la perfection, comme je l'ai remarqué, en voyant du fer forgé dans le magazin de fer de Florence. On trouve dans cette mine de fer de la pyrite criftallifée, ou des marcaffites polygones & cubiques, un peu de pyrite cuivreufe, de l'amianthe blanc, de la crême de loup, en longues aiguilles concentriques. Dans les fentes, qui font fouvent très-longues & larges, & qu'on peut appeller des filons, il y a beaucoup de bolus blanc, rouge & couleur de foie. Une partie de cette terre bolaire eft quelquefois endurcie jufqu'à la confiftence d'un vrai jafpe. J'ai auffi vu des ftalactites ferrugineufes de cette isle, formées d'ochre ferrugineufe brune, entiérement de la couleur de fer; la mine de l'isle d'Elbe eft conduite dans différents ports de l'état eccléfiaftique & de la Tofcane, où on la vend aux propriétaires des fourneaux de fonte *n*).

---

n) La mine de fer de l'isle d'*Elbe* fournit aujourd'hui la Corfe, la République de Genes, la Tofcane, les fourneaux du prince de PIOMBINO, qui font à la *Felonica*, l'état eccléfiaftique, le royaume de Naples. On m'a affuré, que la vente de cette mine produifoit au prince de PIOMBINO

L'hiftoire naturelle de l'isle de *Corfe* fera vraifemblablement plus connue avec le temps par les
foins des poffeffeurs actuels.   Mr. BARRAL, officier françois du corps du Génie fort inftruit, dont
j'ai fait la connoiffance à Naples , m'a affuré , que
le granit y eft très-abondant; mais il doit y avoir
des montagnes d'une autre formation, parmi lesquelles il y en a, qui contiennent des mines *o*).

50,000 *fcudi* par an ; la mine étant peu éloignée du rivage ,
le prince la fait transporter à fes frais à dos d'ane.   Les navires approchent affez de terre pour communiquer par un
pont, & la mine fe charge aux frais de l'acheteur à bras
d'hommes ; près de cent familles vivent de ce petit transport.
Six cent foixante-fix livres , quatre onces de mine fe payerent
devant moi fur les lieux dix paules & demi, ce qui fait 105
fols , ou approchant, feize fols de France le cent. Mr. TRON-
SON DU COUDRAY dit pag. 5. de fon *Mémoire fur la maniere
d'extraire le fer en Corfe de la mine d'Elbe*, que le quintal
poids de France revient à 24 fols de notre monnoie. La différence des poids n'eft point affez confidérable, pour que
nous différions de huit fols.   Il fe pourroit, que cette mine
eût augmenté de prix depuis 1770; d'ailleurs les frais de
charge ne font pas compris dans mon calcul.

Mr. DU COUDRAY nous apprend par le mémoire curieux ,
que je viens de citer, qu'en Corfe & dans les états de Genes
on extrait le fer de cette mine, fans la fondre dans les hauts
fourneaux ; qu'elle fe fond dans l'aire du forgeron, après y
avoir fubi un grillage, & qu'elle eft malléable dès la premiere
fonte ; que le fer, qui réfulte de ce travail, eft excellent.
En général le fer provenant de la mine d'Elbe eft mis en parallele avec les meilleurs fers de l'Europe.

o) Mr. DU COUDRAY nous affure , que la Corfe ne manque

L'efpece de pierre, qu'on nomme *verde di Corfica*, n'eft point un marbre, mais elle eft très-dure, & fait feu avec l'acier ; fon fond eft blanc, avec des taches noirâtres ou un peu violettes, & des rayons de fchœrl très-forts d'un beau verd d'herbe, d'une couleur agréable. Il y en a de grandes plaques dans la chapelle *di S. Lorenzo*, qu'on a tirées de Corfe.

VINGT-DEUXIEME LETTRE.

De Genes le 16. *Juin* 1772.

Je viens de faire par mer le trajet de *Livourne* à *Genes*. La côte eft agréable & pittorefque ; on y remarque plufieurs endroits curieux, comme *Maffa di Carrara*, *Seravetza*, *Porto Venere*, *Seftri di Levante*, où il y a du beau marbre, & *Lavagna*, connu par fes carrieres d'ardoifes. Je vous ferai part, Monfieur, de ce que j'ai pu obferver aux endroits, où nous fommes abordés ; fans doute

pas de mine de fer. Un gentilhomme Alfacien, dont le régiment eft en Corfe, m'a rapporté de cette isle différents petits échantillons de minéraux ; mais fans aucune indication du canton, d'où il les avoit tirés. Ces échantillons confiftoient en mine de fer, en mine de cuivre pyriteufe, en galene & en asbefte. Le pays n'eft pas encore affez fûr, pour qu'on s'y permette des recherches minéralogiques.

doute j'aurois préféré de faire ce voyage par terre; mais la description, qu'on m'a faite du chemin, a modéré l'envie, que j'en avois. Toute la côte eſt compoſée de hauts rochers calcaires à pic du côté de la mer & du côté de la terre ferme, ſouvent entourés des précipices les plus eſſroyables. C'eſt ſur le ſommet de ces montagnes, que paſſe un ſentier jonché de rocailles, qui monte & deſcend continuellement, ſi étroit, qu'un ſeul faux pas du mulet, qu'on monte, & ſur lequel on charge ſon bagage, vous aſſure d'une chûte mortelle, ſoit dans la mer, ſoit dans le vallon le plus profond; chaque grande pluie produit dans les abîmes de ces montagnes les torrents les plus impétueux & les plus rapides; on ne ſauroit les traverſer qu'au péril de la vie, à moins d'attendre, que les eaux ſoient écoulées. Ajoutez. qu'il n'y a ſur cette route que peu d'auberges; encore ſont-elles déteſtables avec un peuple, qui n'a pas la conſcience la plus délicate (vous me comprenez ſans doute); d'après cela vous ne me désapprouverez pas d'avoir fait ce trajet par mer.

Carrare eſt ſitué d'un côté & *Seravezza* de l'autre côté d'une de ces montagnes. Le grain du marbre de *Carrare* eſt criſtallin; ſes écailles ſont aſſez grandes; le marbre de *Seravezza* a des écailles beaucoup plus petites; ſa maſſe eſt preſque continue; mais ſa poſition & ſon origine ſont les mê

F f

mes que celles du marbre de *Carrare*; car tous deux forment la même montagne. Le marbre de Carrare, qui est blanc de lait, approche beaucoup du marbre antique de *Paros*; celui, qui est gris, porte le nom de *Bigio di Carrara* ou *Bardiglio*. Lorsqu'il y a dans le marbre blanc ou gris de petites veines de mica, comme dans le marbre grec *Cipolino*; on nomme cette variété *Cipolinaccio di Carrara*. Le marbre de *Seravezza* est très beau, blanc & couleur de pourpre; il y en a différentes variétés, auxquelles on donne le nom des marbres blancs & rouges antiques, auxquels ils ressemblent le plus; comme *Fior di Persico*, *Pavonazzo Africano*, *Africano Fiorito Mischio* &c. *di Seravezza*. Quelquefois les taches blanches & rouges font tellement distinctes les unes des autres, que le marbre ressemble à une breche calcaire; alors on l'appelle *Breccia di Seravezza*, quoiqu'il dût plutôt être nommé *Broccatello*. Il y a aussi de temps à autre un mélange noirâtre dans ce marbre.

Le marbre de *Carrare*, de *Seravezza*, ainsi que tous les autres marbres cristallins, écailleux & colorés du Siennois, du territoire de Genes, par exemple de *Porto Venere* &c. se trouvent tous par grandes & fortes couches posées les unes sur les autres, dans lesquelles on n'a pas encore découvert de vestiges de pétrifications. Chaque couche à plufieurs crevaffes refermées par du fpath calcaire, & quelquefois par du quarz; le fchifte (*faffo morto*) fe montre au jour au-deffous du marbre de *Seravezza*.

Le marbre de *Porto Venere* dans le Génois eft très-beau, noir, veiné de jaune.

On tire des environs de *Seftri a*) & autres endroits de cette côte différents autres marbres colorés.

C'eft de *Lavagna*, qu'on tire l'ardoife noire, dont tous les toits de Genes & des environs font couverts, & dont on a revêtu l'intérieur des citernes, où l'on conferve l'huile à Lucques. Cette méthode pour les citernes à huile paroît préférable à celles, qui font en ufage dans d'autres en-

---

a) Il y a au-deffus du village de *Seftri di Ponente*, dans la montagne du *Gazo*, une carriere de tuf calcaire, qui prend un très-beau poli; il eft d'un brun jaunâtre demi transparent en quelques endroits, & ondoyé. Ces deux dernieres qualités le font prendre pour de l'albàtre; il en a le nom dans le pays; mais il fait effervefcence avec les acides. Je n'ai point vu fur le rivage de *Seftri* le fable ferrugineux, dont parle Mr. DE LA LANDE; il eft vrai, qu'il dit, qu'on ne l'y trouve qu'après les tempêtes. On prétend, que l'amiral HAUCK apperçut du côté de *St. Pierre d'Arena* un dérangement de bouffole provenant de ce fable.

Il y a une fource d'eau douce au milieu de l'eau de mer dans le golphe de la *Speffa*, à quatre lieues au levant de Genes.

droits, où on fe fert de plomb ou de murs de plâtre; l'acide caché dans l'huile diffout le plomb, & fi le gyps n'eft pas entiérement faturé d'acide vitriolique, cet acide attaque les parties calcaires furabondantes. On nomme cette ardoife en tables *Lavagna*, du nom de l'endroit, d'où elle vient.

Il y a aux environs de *Polzevera*, dans le territoire de Genes, une efpece de pierre, qui porte le nom de *Polzevera*; c'eft un gabbro rouge & verd, traverfé par des veines de fpath calcaire. Il y a encore d'autres montagnes du territoire de Genes & de l'Italie formées de cette pierre.

Les montagnes voifines de la ville de Genes font compofées du côté de la terre ferme d'une efpece de *macigno*, & du côté du rivage, derriere Genes, là, où eft le chemin de Turin, de pierres calcaires grifes & noirâtres.

Je ne faurois vous dire grand' chofe de la ville de *Genes*, qui ait quelque rapport à l'hiftoire naturelle *b*); c'eft une république de négociants,

---

b) On conferve à Genes un vafe d'eméraude (*il facro Catino*), dont le grand diametre eft de quatorze pouces & demi; la hauteur eft de cinq pouces, neuf lignes, & l'épaiffeur de trois lignes; ce vafe eft d'une feule piece.

Mr. DE LA CONDAMINE profita du paffage de Mrs. les princes CORSINI, pour l'obferver avec eux. La couleur lui parut d'un verd très-foncé. Il n'y apperçut pas la moindre trace de ces glaces, pailles, nuages & autres défauts de transparence, fi communs dans les éméraudes, & dans toutes

qui aiment mieux s'enrichir, que de ramaſſer des plantes & des pierres. Le docteur ROSINI, un des médecins de l'hôpital, eſt le ſeul amateur de botanique, que j'y ai trouvé; il a étudié à Mont-pellier; il cultive pour ſon plaiſir quelques plantes dans un petit jardin. On m'a montré un peu d'or fin en petites paillettes détachées, qui doit avoir été lavé d'un minéral, qui ſe trouve à vingt milles de *Genes* dans la montagne. La ville eſt magnifiquement bâtie, mais très-reſſerrée par les montagnes, qui rendent le climat preſque auſſi doux que celui de Rome. Les environs, les cô-tes & les vues ſur la mer ſont d'une beauté, qu'on ne ſauroit décrire.

VINGT-TROISIEME LETTRE.

De Turin le 30. Juin 1772.

Le terrein de *Genes* à *Turin* varie, comme il ſuit :

les pierres précieuſes un peu groſſes, même dans le criſtal de roche. Il y diſtingua très-évidemment pluſieurs petits vuides ſemblables à des bulles d'air, de forme ronde ou oblongue, tels qu'ils s'en trouvent communément dans les criſtaux ou verres fondus, ſoit blancs, ſoit colorés. Il eſt très-perſuadé, que ce vaſe eſt un verre artificiel; voyez les *Mémoires de l'a-cadémie des ſciences année* 1757, pag. 34c. On y lira avec intérêt la petite digreſſion ſur les émeraudes, que Mr. DE LA CONDAMINE fait à la ſuite de ſes remarques ſur le vaſe.

1) Derriere *Genes* il y a des montagnes de pierres calcaires grifes & noirâtres.

2) Les montagnes, qui compofent ce qu'on nomme la *bouchette*, font formées par parcelles d'ardoife noire veinée ou ondulée; de ferpentine ou de *gabbro* verd; de *polzevera* ou de *gabbro* avec des veines calcaires; de fchifte argilleux avec du mica fin brillant comme des écailles de poiffons & de pierres calcaires; ces efpeces fe fuccedent, fans qu'on puiffe diftinguer l'ordre, dans lequel leurs couches font placées les unes fur les autres. Il paroît qu'un morceau entier de la même montagne n'eft compofé que d'ardoife, une autre de fchifte argilleux micacé, une troifieme de *gabbro* ou de *polzevera*, & une quatrieme de pierre calcaire. La pofition de ces efpeces de pierres femble fortifier l'idée de ceux, qui penfent, qu'il entre de la terre argilleufe dans la compofition de la ferpentine ou *gabbro*, & qu'il fe diftingue du fchifte, auquel il touche, par l'union de plufieurs autres parties conftituantes; la bafe de ce fchifte eft toujours argilleufe, que ce foit du fchifte micacé ou de l'ardoife; le mélange de veines calcaires avec le *gabbro* a produit la *polzevera*, qu'on voit dans le voifinage de la pierre calcaire, qui le fuit immédiatement. Une partie du *gabbro* verd eft mêlée avec du mica calcaire; mais la plus grande partie eft graffe comme

celui d'*Impruneta*; il y a cependant du *gabbro* tout-à-fait fec, ou point gras, intimément uni avec de la terre de cailloux, & par-là très-dur, parfaitement femblable à un jafpe fec, verd de mer. Ces montagnes font couvertes de châtaigners ; elles font fort élevées & très-agréables à l'œil ; elles fe terminent du côté de *Norri*, & le pays y devient plus plat.

3) Avant d'arriver à *Ottacio*, & au-delà de cet endroit jufqu'à *Alexandrie*, le pays eft couvert de collines blanchâtres, qui bordent diverfes rivieres, auxquelles elles doivent vraifemblablement leur formation. Ces collines font compofées de fortes couches inclinées de marne endurcie, mêlée de mica, qui renferme quantité de morceaux de *gabbro* roulés ; elles s'étendent plufieurs milles au-delà d'Alexandrie, quoiqu'elles n'y foient pas élevées, & que le pays foit plat & bien cultivé. Une partie de ces collines contient des pierres calcaires roulées, quelquefois en fi grand nombre, qu'elles reffemblent à une breche ou *pouddingftone*.

4) Plus avant, dans un vallon à quelques milles d'Italie d'*Afti*, on voit une couche d'une terre glaife noire ou d'argille commune, fur laquelle eft pofée la même marne micacée. Elle contient dans cet endroit toute forte de fragments de coquilles, fur-tout de l'efpece, qu'on nomme *folé-*

nites. Le même terrein plat avec de petites colli-nes de marne se soutient jusqu'à Turin & pres-que jusqu'au pied du mont *Cénis* (l'une des Al-pes calcaires); tout le pays , ainsi que les collines du Piémont, sont à-peu-près de la même nature. On y trouve de petits morceaux de *gabbro* roulés, différentes pétrifications & corps marins; mais il y a aussi des montagnes en Piémont d'une autre nature, des calcaires, des quarzeuses; ces dernie-res ont des raies plus ou moins fortes de mica, & c'est de cette espece de pierre, que sont for-mées les montagnes voisines de Turin. On les nomme *Sarris*; on s'en sert pour les fondations des bâtiments, pour des colonnes &c.

L'arsénal de *Turin* doit absolument être vu par un amateur de chymie & d'histoire naturelle, parcequ'on y a rassemblé une collection de miné-raux, un bon laboratoire chymique, une petite bibliotheque minéralogique & une fonderie de canons très-bien ordonnée. L'utilité de la chy-mie dans l'artillerie & l'artifice, celle de la con-struction des mines dans l'art de miner les places, a déterminé la cour à réunir à l'étude du génie & de l'artillerie celle de la chymie & de la minéralo-gie, pour former en même temps d'habiles offi-ciers d'artillerie & de bons minéralogistes en état de rendre service à l'état. Ce bel établissement a été fait, il y a quelques années, par le chevalier

RUBILANTE, homme rempli de connoiffances & de mérite.   Il avoit voyagé avec trois autres jeunes gens *a*) aux frais du roi en Allemagne, & furtout aux mines de Saxe; ils furent à Freyberg, pour connoître les bonnes conftitutions, & pour profiter des habiles gens dans toutes les claffes de la minéralogie, dont cette ville peut fe prévaloir à jufte titre.   Vous vous fouviendrez, Monfieur, que Mr. GELLERT, confeiller de la commiffion des mines, a fait mention de ces voyageurs curieux dans la préface de fa *Chymie métallurgique*. A fon retour Mr. RUBILANTE fut chargé par le roi de former & de diriger cette petite académie des mines & d'inftruire des fujets; on lui donna auffi la direction des mines de Savoie, plufieurs desquelles il remit en activité; il s'en eft aquitté pendant plufieurs années avec beaucoup d'honneur & de fuccès; plufieurs éleves, qu'il a formés, en font la preuve.   L'un des jeunes gens, qui avoit accompagné le chevalier RUBILANTE en Allemagne, fut envoyé en Savoie, & les deux autres en Sardaigne, pour y faire des recherches fur la nature du terrein & des veines métalliques. Quel heureux moment pour l'hiftoire naturelle

---

a) Le chevalier RUBILANTE étoit même accompagné de quatre jeunes gens; mais l'un eft mort en Saxe, un autre en Sardaigne, le troifieme à Alexandrie dans le Montferrat, & le quatrieme à Turin.

F f f

de ces pays! DONATI avoit à-peu-près dans le même temps donné de nouvelles lumieres dans d'autres parties de cette fcience, & il étoit au moment de transporter les tréfors de l'Arabie en Europe. Vain efpoir! DONATI mourut de la pefte; le mauvais air fit périr les deux autres voyageurs en Sardaigne; celui, qui avoit été envoyé en Savoie, fut enlevé par une autre maladie, & RUBILANTE trouva des raifons pour renoncer au tumulte du grand monde, & pour chercher un repos, très-doux fans doute & très-convenable à la façon de penfer d'un philofophe, mais qui communément fait perdre à la patrie un homme utile, aux fciences bien des favants, qui auroient fervi à les étendre, & aux amateurs des lettres un mécene. Il avoit heureufement formé un homme capable de le remplacer en Mr. GRAFFION *b*), officier d'artil-

---

b) Mr. GRAFFION n'a pas proprement remplacé le chevalier RUBILANTE, mais bien Mr. RONZINI, capitaine d'artillerie. Le chevalier RUBILANTE étoit directeur en chef & infpecteur de la nouvelle école; Mr. RONZINI étoit *Cuftos* du cabinet des minéraux, obligé de faire les effais & les préparations fous les yeux du chevalier RUBILANTE. Mr. BUSSOLETTI, celui des jeunes gens, qui avoit été en Saxe, & qui eft mort à Turin, avoit fuccédé à Mr. RONZINI; enfin Mr. GRAFFION a remplacé BUSSOLETTI. Cette école eft tombée, parceque le roi ne trouva pas de gain à l'exploitation des mines les plus intéreffantes, qu'il faifoit aller pour fon compte. On continue à exploiter tout doucement les

lerie, profeffeur de chymie, de minéralogie, di-recteur de la petite académie des mines & des dif-férentes exploitations de mines en Savoie; il y fait fouvent des voyages; il pourroit fournir des remarques intéreffantes fur les montagnes de ce pays-là. La collection des minéraux, dont j'ai parlé, & qui eft fous fa direction, renferme de très-jolis minéraux de la Saxe & des autres pays de l'Allemagne, avec des échantillons de mine & des pétrifications du Piémont, de la Savoie & de la Sardaigne. Malheureufement il y en a peu de ces derniers, parcequ'il n'y a plus que peu de mines exploitées dans les pays du roi de Sardai-gne; un grand nombre ayant été abandonné. Voi-ci, Monfieur, ce qu'il y a de plus curieux dans cette collection.

1) De l'or vierge dans du quarz du val d'*Aofte nella valle di Chialland* en Piémont; on trouve dans ces environs différents filons confidérables de quarz, qui contiennent beaucoup d'or vierge, avec de la galene à très-petits grains, très-riche en argent; de la pyrite & de la mine d'argent grife cuivreufe. Quelquefois le quarz eft criftallifé; il y en a de petites trufes, dont les criftaux font pé-nétrés de mine de cuivre bleue, qui les a colo-rés en bleu célefte. Tous les ruiffeaux, qui dé-

---

mines d'argent de la Sardaigne. Mr. BELY, autre éleve du chevalier RUBILANTE, en a depuis longtemps la direction.

coulent des montagnes, où font ces filons de quarz, lavent de grands morceaux d'or quarzeux, compactes & très-riches, & les charient; ils égalent en richeffe & en grandeur ceux de la côte de Guinée.

J'ai vu dans ce cabinet des morceaux compactes d'or vierge, dans peu de quarz, de la grandeur de la moitié d'un poing, & de plus petites pieces d'or pur, qui ont été tirées du torrent *Evanzone.* Mr. RUBILANTE avoit remis en activité l'exploitation de ces riches filons d'or, que les anciens Romains avoient déjà travaillés; mais après fa mort on a difcontinué d'y fouiller.

2) De la mine d'antimoine rouge de *Chialland in valle d'Aofta*, en Piémont; il eft fi femblable à celui de *Braunsdorf* en Saxe, que je croirois prefque, que c'en eft effectivement.

3) De la mine de plomb verte de *Darba in valle d'Aofta.* J'en ai vu plufieurs beaux morceaux à Paris dans la collection du chevalier TURGOT, non criftallifée, compacte, liffe, brillante, prefque transparente & de la couleur d'un beau verd de bouteille, ou d'un verre de plomb très-foncé.

4) Quelques mines auriferes & de la mine d'argent grife de *Dallagna* du val *di Sezia*, en Piémont.

5) Des mines de cuivre pyriteufes & autres du même endroit; ces mines font encore exploitées aujourd'hui.

6) Différentes mines d'argent avec du cobolt, du bourg d'*Lauçean* en Dauphiné, dans les environs de Briançon.

7) Du cobalt de quelques mines du Piémont & de la Savoie, qu'on fouille encore; on vend le cobalt tout grillé à *Nuremberg*.

L'univerſité de Turin poſſede une bibliotheque riche & conſidérable, placée dans de beaux & grands bâtiments; un cabinet aſſez bien fourni d'antiquités, & une collection d'hiſtoire naturelle, qui n'eſt pas encore en ordre. Elle renferme 1) des coquilles & quelques minéraux d'Angleterre, que le roi a achetés de ſon ancien médecin, le comte DE CARBURY, qui eſt aujourd'hui à Paris. 2) De belles pierres dures & des marbres antiques polis, des pétrifications, des coraux, des zoophites & quelques minéraux, que le roi de Sardaigne a achetés pour l'univerſités, des héritiers du célebre VITALIANO DONATI; il les avoit ramaſſés avant ſon voyage en Egypte, en Italie & dans ſon voyage ſur l'Adriatique, qui a donné lieu à ſon *Iſtoria naturale marina dell' Adriatico, con figure*, à Veniſe 1750, in-4. 3) Quelques caiſſes de produits naturels, que DONATI avoit envoyés de *Goa*, par Lisbonne, dans ſon pays, durant ſon voyage en Egypte & en Arabie; elles renferment une quantité de plantes ſechées *c*),

―――――――――――――――――――

c) Les plantes ſechées n'étoient pas contenues dans la caiſſe

qui n'ont pas encore été examinées, ni déterminées; beaucoup d'antiquités, qui ont été réunies à la collection d'antiques de l'univerfité, & un grand nombre d'infectes, de coquilles, de coraux & d'autres animaux marins. Mais comme parmi les coraux, coquilles & corps marins il y en a beaucoup de la même efpece & de très-communs dans la Méditerranée, qui ne repondent pas à ce que l'on devoit fe promettre des connoiffances de Mr. DONATI & du pays, d'où il a envoyé cette collection, il eft vraifemblable, que les caiffes ont été ouvertes avant leur arrivée à Turin, & qu'on en a tiré ce qu'il y avoit de mieux; elles font reftées fort longtemps à Lisbonne, fans qu'on

---

de Lisbonne; mais dans un autre envoi, que DONATI avoit fait de la Paleftine par *Alexandrie*; cet envoi contenoit beaucoup d'animaux; mais ils étoient tous rongés par les vers.

Les caiffes, qui font venues de Lisbonne, avoient été formées au golphe Perfique. Mr. VANDELLI envoya de Lisbonne des graines à Mr. ALLIONI, en lui marquant, qu'il y avoit à la douane de Lisbonne une caiffe, qu'il foupçonnoit appartenir à Mr. DONATI. Le roi de Sardaigne donna ordre à fon miniftre de la faire retirer.

Le cabinet, qui appartenoit en propre à DONATI, renfermoit des manufcrits, que Mr. ALLIONI fe propofe de publier, pour faire honneur à fa mémoire.

Le roi a deftiné une place pour l'arrangement de toutes ces collections d'hiftoire naturelle; Mr. ALLIONI eft chargé de les mettre en ordre; il fe fait aider par Mr. DANA, fon fubftitut & profeffeur extraordinaire de botanique.

le fut à Turin, jufqu'à ce que le profeffeur Vandelli en donna avis. On n'a trouvé dans ces
caiffes d'autres écrits fur l'hiftoire naturelle, que
le catalogue des plantes, que Donati avoit envoyées, & quelques bons mémoires fur les antiquités des pays, qu'il parcouroit.

Donati naquit à Padoue avec un goût vif
pour l'hiftoire naturelle ; il mettoit de l'ardeur
dans fes entrepifes, avoit la conception facile,
une fanté vigoureufe, étoit à la fleur de fon âge,
& avoit acquis beaucoup de connoiffances, fur-
tout en fait de corps marins, lorfqu'il entreprit
le voyage, dans lequel il périt. On lui avoit
donné la chaire de profeffeur en botanique de
l'univerfité de Turin; enfuite le roi le chargea de
faire ce voyage, dont on devoit tout attendre,
s'il eût été achevé heureufement. La botanique
n'étoit cependant pas fon fort, du moins dans le
moment, qu'il fut fait profeffeur ; car il a donné
beaucoup de fauffes dénominations aux plantes
peintes en grand in-folio, d'après des plantes vi-
vantes du jardin de botanique, que l'on conferve
à la bibliotheque de l'univerfité, & qu'on continue encore aujourd'hui ; au refte il n'y auroit rien
de plus injufte, que de prétendre d'un feul homme des connoiffances profondes dans chaque partie d'une fcience auffi étendue que l'hiftoire naturelle ; il eft même impoffible de les acquérir. Les

anciens amis de Mr. Donati louent beaucoup fa franchife & fa gaieté. Ses ennemis ont cherché à noircir fa réputation; ils prétendent, qu'il exifte encore; qu'il demeure déguifé en Perfe, après s'être formé une bourfe confidérable de l'argent deftiné à la pourfuite de fon voyage.

On a trouvé dans les caiffes, qu'il a envoyées à Turin, des lettres, qui regardoient fes affaires domeftiques, qu'il ne fe foucioit fans doute pas de faire connoître, & qu'il n'auroit fûrement pas renvoyées à d'autres temps, s'il ne s'étoit pas flatté de l'efpoir trompeur de revoir fa patrie, & de les terminer lui-même; mais un fi heureux deftin ne lui étoit pas réfervé.

Donati mourut en Perfe de la pefte *d*), & non empoifonné, comme un autre faux bruit le portoit. Sa perte doit être d'autant plus fenfible aux amateurs des lettres, que malgré toutes les recherches on n'a rien trouvé de fes écrits & de fes collections. Toutes les dépenfes du roi, fon maitre, ont été perdues, & on le regrette aujourd'hui comme les Forskal, Hasselquist & Loefling.

Donati

---

d) Donati eft mort d'une fievre maligne l'onzieme jour de fa maladie, & non de la pefte. On a trouvé dans fes caiffes venues de Lisbonne le journal de fes dépenfes & environ 5000 livres en monnoie d'or, que le roi a données à fes héritiers.

DONATI ne pouvoit avoir de fuccefleur plus digne de lui; que Mr. le docteur CHARLES ALLIONE, profeffeur actuel de botanique à Turin, favant de la premiere claffe, qui réunit aux connoiffances les plus étendues en médecine & en différentes parties de l'hiftoire naturelle un caractere perfonnel, qui fait naître à la premiere vue l'amitié & l'eftime. Quoique la pratique lui prenne beaucoup de temps, il a pourtant donné le jour à plufieurs bons écrits *). On lui a donné un adjoint en la perfonne du docteur GIOVANNI PIETRO MARIA DANA, profeffeur extraordinaire de botanique & directeur de la collection d'hiftoire naturelle *e*) de l'univerfité. On trouve des mémoires eftimables de ces deux favants dans les actes de la fociété royale de Turin. Le jardin de botanique de l'univerfité eft attenant la maifon de plaifance

---

*) C. ALLIONII *Oryctographia Pedemontana.*

Ejusd. *Flora Nicæenfis*, Paris.

Ejusd. *Specim. Stirpium. Pedemont. Taurini* 1755, *in - 4.* On a droit d'efpérer, qu'il nous donnera un jour l'hiftoire complette des plantes du Piémont.

Ejusd. *Tractatio de miliarium origine, progreffu, naturá & curatione, in - 8. Taurini.*

e) Mr. DANA n'eft point infpecteur de la collection d'hiftoire naturelle; il n'eft que le fubftitut de Mr. ALLIONE, qui en eft le directeur; lorsque ce favant né peut montrer aux étrangers la collection, il charge Mr. DANA de remplir cette fonction.

G g

royale, nommée le *Valentin*, & fous la direction de Mr. ALLIONE. Ce jardin eft très riche en plantes rares & en productions des Alpes, & très-bien arrangé pour leur culture; tous les étés un des jardiniers fait un voyage dans les Alpes voifines, & en rapporte les plantes les moins communes. J'ai vu chez Mr. ALLIONE une collection choifie de plantes fechées, d'infectes, & fur tout de pétrifications & de minéraux venant pour la plupart du Piémont & de la Savoie, quoique ce favant fe procure aufli, par une correfpondance étendue, les produits naturels des autres pays. Je vous cite ici les morceaux les plus intéreffants de cette collection.

1) Des impreffions & pétrifications de poiffons dans une marne ou pierre calcaire blanche fchifteufe, mêlée d'argille, parfaitement femblable à celle de *Pappenheim*, de *Scappezzano* dans la campagne de Rome; d'autres de *Mondolfo*, de la même province, comme aufli du *mont Liban* en *Paleftine* *f*).

2) Des numismales rondes & plates, à fpirales repliées intérieurement, de *Daubrig* en Suifle; ce qui prouve, que les numismales font des coquilles pétrifiées.

---

f) La collection de Mr. ALLIONE contient des ichthyolithes de beaucoup d'autres endroits, comme de *Vérone*, d'*Oeningen*, d'*Eisleben*, de *Mansfeld*, d'*Aichftett*, de *Glaris*, de *Zullhofen* &c.

3) Des morceaux de bois pétrifié, rongés autrefois par le *Teredo navalis*, tirés des collines d'*Annone nel contado d'Afti* en Piémont.

4) Une pétrification des environs de Turin, abfolument femblable à un épi de bled *g*).

5) De la terre jaune fulphureufe, ou foufre vierge à petits grains, mêlé de terre, de *Tortone* en Piémont.

6) Du foufre vierge en petits morceaux, de *Tortone*.

7) Du bois pétrifié, converti en gyps ou en félénite, transparent ou feuilleté, couvert à la fuperficie d'une guhr de la nature de la terre des cailloux, de la *Morra* & d'*Alice* en Piémont.

8) Un *boletus* (champignon) pétrifié, de la *Morra* en Piémont; un autre des environs de Turin. Il eft difficile de douter, que ces pétrifications n'aient été de vrais *boleti*.

9) Un *agaricus* (autre champignon) pétrifié, des environs de Turin; il reffemble parfaitement à un champignon de bois.

10) Des dendrites ferrugineufes, fur des pierres à fufil communes d'Angleterre.

---

g) Cette pétrification vient de la *Morra*, & non des environs de *Turin*. Mr. ALLIONE poffede toutes fortes d'autres pierres figurées, comme amandes, noifettes, noyaux de péche, *ftrobilum pini* &c., renfermées dans une matrice, qui contient quelquefois en même temps des coquilles de mer. Ces pétrifications font toutes de la *Morra*.

G g 2

11) Du *porphyre*, compofé de jafpe d'un verd foncé, avec des taches blanches oblongues, comme celles du *ferpentino antico*, de *Montvifo*, haute montagne, du Piémont.

12) Une fcorie noire vitreufe volcanique, qui porte le nom d'agathe d'Islande, que l'on trouve en Sardaigne en morceaux détachés, à la fuperficie du terrein.

13) De la mine de fer brillante, couleur de fer, avec du mica fin, de la Sardaigne.

14) Du jafpe rouge, veiné de brun, de la Sardaigne; un des côtés de ce morceau eft mol. C'eft du bolus rouge, qui n'eft pas encore endurci.

15) Différentes terres argilleufes figillées, de diverfes couleurs, des mines de la montagne de *Nailer*, près de *Hof*, dans le marggraviat de Bareuth; il y en avoit un échantillon de la miniere dite *Fufpuhl*, dont l'argille renferme des cailloux ou pierres à fufil rouges ferrugineufes, & des jafpes rouges & verds.

16) De la mine de fer fpéculaire *h*), fur du *gabbro* verd, mêlé de rouge, des environs de *Feneftrelle*, forterefle du Piémont.

17) De l'amianthe blanche très-fine à longs fils, qu'on trouve en quantité dans les montagnes du *Piémont*.

18) De la mine de cobalt brillante, d'*Uffey* en Piémont.

____

h) Cette mine de fer fpéculaire eft de la vallée de *Stura*.

19) De la mine d'antimoine grife, de *Sardaigne*.

20) Du cinnabre vierge, de *Marienberg* en Saxe; il doit y être fort rare.

21) Du fel gemme, de *Sicile*.

22) Une breche ou *poudding ftone* calcaire, d'un fond gris de cendre, avec des pierres rondes, couleur de rofe, de *monte Alcamo* en Sicile; on l'appelle *Breccia rofata*.

23) Une efpece de porphyre, femblable à la ferpentine noire antique, à fond noir, avec de petites taches blanches, de *Sardaigne*.

24) De l'argille blanche, fine, en partie molle, en partie endurcie ou convertie en cailloux opaques, couleur de lait, ou blancs & demi-transparents, fur lesquels il fe trouve quelquefois des dendrites noires ferrugineufes, de *Baudiffe* en Piémont, dans le *Canavefe*. Ces cailloux forment des petites veines dans cette argille, qui reffemble entiérement à la terre à porcelaine blanche de *Raaden* en Boheme, qui contient auffi des cailloux blancs, décrits dans la *Minéralogie de* PEITHNER fous le nom de *Porcellanites*.

25) Des madrépores pétrifiées fimples, auffi petites que les plus petits clous; elles ont cinq pointes à la partie inférieure, & viennent des collines de marne du Piémont. Il y a dans ces collines divers petits corps marins pétrifiés très-rares, qui ne font pas encore décrits; les madrépores,

* G g 3

dont je parle, font de ce nombre. Il feroit à defirer, que Mr. ALLIONE, qui en poffede le plus grand nombre, les décrivît & les fît graver.

26) De gros morceaux de *malachite* fur de la mine de cuivre *azurée*, du *Congo*.

27) De grandes pieces de bois pétrifié & converti en pierre à fufil, qui fe trouve en abondance près de *Montferrat* en Piémont *i*).

28) Des criftaux de quarz, qui peuvent avoir un doigt & demi de longueur, de la montagne de *Chamonyx* en Savoie; on en trouve encore de plus grands.

29) *Marmo di Gaffino*, marbre gris tacheté par les coquilles peu diftinctes, qu'il renferme. On le tire de *Gaffino*, à quelques milles de Turin, pour en faire des colonnes.

30) *Bardilio di valle di Jeri k*), beau marbre gris du Piémont.

31) *Bardilio di Paefana*; ce marbre eft plus pâle; on le tire auffi du Piémont.

32) *Alabaftro fiorito*, de *Bufca* en Piémont.

33) *Verde di Suza* ou *Polzevera*, de *Suze* en Piémont, de couleur verte & blanche, parfaitement femblable à la vue au *marmo verd'antico l*).

---

i) Je ne connois point ce *Montferrat* en Piémont; il eft cependant probable qu'il exifte, & qu'on n'a point pris par faute d'impreffion le duché de *Montferrat* pour un endroit particulier, puisqu'il eft dit expreffément dans l'original allemand *près de Montferrat en Piémont*.

k) Ce n'eft point *valle di Jeri*; c'eft *Valdieri*.

l) Outre les morceaux, qu'a obfervé Mr. FERBER dans le

Les autres favants de Turin, que je dois vous faire connoître, font:

Mr. Ignazio Somis, médecin du roi & profeffeur de médecine à l'univerfité.

Le pere Beccaria, Piarifte, profeffeur en phyfique, connu par fes eftimables ouvrages fur l'électricité; on en fait une nouvelle édition, dont le premier tome eft déjà imprimé; le fecond volume doit fuivre inceffamment.

Mr. Charles Louis Bellardi, docteur en médecine, a foutenu à Turin des thefes inaugurales en 176$\frac{}{}$, in-8. fur différentes matieres mé-

____

cabinet de Mr. Allione & dans celui de l'arfénal, j'ai remarqué chez Mr. Allione une très-belle lumachelle de *Lu* à 30 milles de Turin, dans le *Montferrat*; un jafpe verd très-dur & très-beau, avec des parallélogrammes blancs plus tendres, du *monte Vezulo*, à la fource du *Po*; des mines de plomb & de cuivre de *Valaura* &c.; du bois & des coquilles pétrifiées & calcinées de toute efpece, prefque toutes du pays, comme des porcelaines, des patelles, des pinnes &c.

Il y a à *Turin* une verrerie & une fayancerie.

Le roi aujourd'hui regnant a érigé en académie des fciences la fociété littéraire de Turin, qui s'étoit fait connoître par les quatre volumes, qu'elle a publiés fous le titre de *Mifcellanea Taurinenfia*; depuis que ce prince lui a donné cette marque de protection, elle a publié un cinquieme volume. Le roi, comme duc de Savoie, avoit toujours donné des témoignages de bienveuillance à cette compagnie; il fait, qu'il eft utile à l'état d'encourager les citoyens à s'adonner aux fciences, fur-tout à la phyfique & à l'hiftoire naturelle, que ce monarque protege particuliérement.

G g 4

dicinales, entr'autres *de Motu Plantæ senfitivæ*. Il eft bon botanifte & difciple de Mr. ALLIONE.

VINGT-QUATRIEME LETTRE.

De Milan le 8. Juillet 1772.

Mon voyage de *Turin* à *Milan* ne m'a pas fourni l'occafion de faire une feule remarque digne de votre attention. Un pays plat & uni, bien cultivé, dans lequel il y a quelques champs marécageux, femés de ris, m'annonça la Lombardie. Non feulement dans le Milanois, mais aufli aux environs de *Mantoue* & dans le Véronois, on cultive beaucoup de ris *a*), felon la méthode décrite dans le *Poëme* de SPOLVERINI *fupra il rifo*, imprimé à *Vérone*. La partie feptentrionale du Milanois, qui touche aux montagnes des Grifons (*li Grifoni*) eft montagneufe; les mines du Milanois, d'où l'on tire de la mine de fer, mêlée de cuivre, & de la mine de plomb, font fituées dans la *valle Safina*, au-deffus du lac de *Come*, dans les montagnes nommées la *Grigna*, qui font formées d'un fchifte micacé. Plufieurs de ces montagnes font compofées de granit;

---

a) Cette culture eft mal-faine à caufe des marais. Le ris eft une plante aquatique; aufli les cultivateurs s'en reffentent-ils.

telles font celles, qui environnent en forme d'amphithéatre le *lago maggiore*, fur lequel font les charmantes isles Borromées. Ce granit *b*), a une couleur de chair pâle; on l'emploie beaucoup à Milan pour des colonnes, qu'on place dans les églifes & aux portiques des maifons. Au refte il y a différentes belles efpeces de marbre autour du *lago maggiore* & dans d'autres endroits du Milanois. Ces marbres font denfes & mats dans la fracture; ils ne prennent pas un fi beau poli que les marbres fins d'Italie. En voici les principaux:

1) Un marbre blanc, tigré par de petites taches noires, du *lago maggiore.* C'eft un des plus beaux; il décore les autels de prefque toutes les églifes du Milanois.

2) Du marbre blanc (*marmo bianco o bigio*), du *lago maggiore*; il reffemble à la *pietra d'Iftria*; mais le grain en eft plus gros. La cathédrale de Milan & toutes les tours & ftatues gothiques, dont elle eft chargée, font bâties de ce marbre.

3) Du très-beau marbre noir, du *lago di Como* (*nero di lago di Como*).

G g 5

---

b) Mr. l'abbé GUÉNÉE parle auffi du granit des environs de Milan. Il dit, que cette ville eft bâtie avec les pierres roulées de l'*Adda.* Voyez les *Mémoires de Mr.* GUETTARD Tom. I. pag. 404.

Il y a aussi différentes breches calcaires, que les tailleurs de pierres du Milanois nomment *ochiettina*, aux environs du *Lago maggiore* & du lac de *Como*; comme la *breccia Vecchia* &c.; on s'en sert beaucoup pour l'ornement des églises. Mr. VANDELLI nous fera mieux connoître les montagnes du Milanois; il y a fait plusieurs voyages, & promet d'en faire imprimer la relation, comme je vous l'ai mandé, Monsieur, il y a longtemps, dans une lettre, que je vous ai écrite de Padoue.

Le college *Ambrosien* de Milan possede une bibliotheque considérable & un cabinet d'histoire naturelle, quelques antiquités, des peintures & d'autres produits de l'art. On ne sauroit nier, qu'il n'y ait des morceaux beaux & précieux; mais l'arrangement & l'ensemble mérite le nom d'une boutique de curiosités, qui seroit du goût du Connoisseur des *Contes moraux* de *Marmontel*. Ce qu'il y a de mieux en fait de fossiles, est une très-belle truse quarzeuse de la longueur d'un empan, dans & sur laquelle il y a de vraies éméraudes en forme d'assez grandes colonnes de schœrl, accompagnées d'un grand nombre de petits cristaux de schœrl bruns polygones. Il y a de plus un caillou rond, blanc couleur de lait, demi-transparent & creux, qui renferme de l'eau. Ne vous laissez pas séduire par les livres, qui ont pour titre : *Guida, Iftruzzione* ou *Foreftiero illuminato;* gardez vous de demander à voir le jardin de botanique de ce college ; car vous ne fauriez vous empêcher de rire, en ne voyant qu'un coin de terre, qui a à peine la grandeur d'une petite chambre, dans lequel il n'y a que quelques figures de buis.

Milan eft au nombre des villes les plus agréables d'Italie ; elle renferme des favants de toute efpece.

Le plus grand connoiffeur & protecteur des mufes & des beaux-arts de cette ville eft Mr. le comte FIRMIAN, premier miniftre de S. M. impériale ; il a une bibliotheque choifie, de très-beaux tableaux, & contribue à tout ce qui tend à l'accroiffement des fciences, des arts & au bien du pays ; il reçoit avec une affabilité fans égale tous les amateurs des fciences.

Mr. PIETRO VERRI, chambellan de S. M. impériale & royale, confeiller intime & préfident de la chambre de commerce &c., a donné des preuves de fes connoiffances politiques & économiques dans fes *Meditazioni full' economia politica;* il fuffit de dire, que cet ouvrage vient d'être réimprimé cette année in-8. à Livourne pour la fixieme fois.

Le P. PAOLO FRISI de l'ordre des Barnabites, profeffeur en mathématique, membre de l'académie royale des fciences de Stockholm & de celle de Sienne, célebre par plufieurs ouvrages, n'eft pas feulement profond mathématicien; il eft encore inftruit dans beaucoup d'autres parties.

Le P. RUGGIERO GIUSEPPE BOSCOWICH, Jéfuite, profeffeur d'aftronomie & directeur du bel obfervatoire du college des Jéfuites à Milan, eft connu depuis longtemps pour un habile aftronome & bon phyficien; il a fait des voyages trèsétendus en France, en Angleterre, en Turquie, en Pologne &c. On l'avoit choifi pour faire le tour du monde avec Mrs. BANKS & SOLANDER, pour obferver le paffage de Venus devant le foleil; mais différentes circonftances l'en ont empéché. Il a paru nouvellement un *Journal d'un voyage de Conftantinople en Pologne par le R. P.* BOSCOWICH, grand-in-12. en 1772 à Laufanne. Ses *Relazioni della nuova ftrada fra Modena e Lucca, in-* 4. à Lucques 1767, renferment quelques obfervations fur les Appennins, qui traverfent cette chauffée.

Le P. LA GRANGE, Jéfuite françois, célebre par fes connoiffances en phyfique, demeure actuellement à Milan.

Mr. PAOLO SAN-GIORGIO, un jeune apothicaire de Milan, s'occupe beaucoup de la botanique & de la minéralogie de fa patrie. J'ai vu chez lui un morceau d'agathe d'Islande, ou lave noire vitreufe; mais il ne fait, où on l'a trouvé. Il y a dans cette lave quelques petites étoiles à rayons concentriques, courts & un peu épais, d'une couleur verte terreufe, qui fe font formées pendant que la lave fluide s'eft refroidie. Il m'a montré les gravures de quelques herbes économiques, que fon pere fe propofoit de décrire & de publier dans peu.

L'univerfité de *Pavie* (ville à vingt milles de Milan) eft encore dans fon premier âge, mais déjà pourvue de profeffeurs habiles, au nombre desquels on doit compter

Mr. l'abbé Lazaro Spallanzani, profeffeur d'hiftoire naturelle, qui a publié les ouvrages intitulés :

1) *Prolufio operis de animalibus microfcopio vifibilibus, Mutinæ* 1770, *in-4*.

2) *Prodromo d'un' opera fopra le riproduzioni animali, Modena* 1768, 4.

3) *Memorie fopra i muli de' varj autori*, 8.

4) *Nuove Offervazioni dell' Azzione del cuore ne' vafi fanguigni*, 8.

5) *De Corporibus in aqua refilientibus*.

6) *Traduzzione della Contemplazione della natura del S.* Bonnet, *con annotazioni*.

Le P. Fulgentius Vitman, *Vallonbrofien*, profeffeur de botanique à *Pavie*, a écrit deux tomes in-8. *de Medicatis herbarum facultatibus, Faventia* 1770.

Le P. Gregorio Fontana *c*), Piariste, pro-feffeur de mathématique, eft frere de l'abbé Fe-lice Fontana de Florence.

VINGT-CINQUIEME LETTRE.

De Vérone le 1. *Août* 1772.

J'ai paffé, pour aller à Venife, par Bergame, Brefcia, Vérone, Vicenze & Padoue; me

---

c) Le pere Fontana, particuliérement attaché au college Romain, lequel, ainfi que le college *Borromée* & les autres colleges de *Pavie*, eft dépendant de l'univerfité, eft favant mathématicien & bibliothécaire du college Romain. Ce pere eft occupé à former cette bibliotheque; le choix feul des livres, qu'on y voit, fait l'éloge de ce favant; il ne raf-femble pas une fuite de Bibles, de peres d'églife & de commentaires eccléfiaftiques, mais des livres utiles à toutes les fciences & à toutes les facultés.

La cour de Vienne a fait nommer en 1769 un profeffeur d'hiftoire naturelle à *Pavie*; cette partie y étoit entiérement négligée. L'impératrice a acheté à Vienne un cabinet d'hi-ftoire naturelle, dont elle a fait préfent à cette univerfité. C'eft un beau commencement; il renferme fur-tout de belles coquilles & d'autres productions marines.

J'ai vu à Pavie la collection de feu Mr. le marquis Belisomi, poffédée aujourd'hui par fes enfants; elle eft très-intéreffante. On y a réuni une bibliotheque, quantité d'inftruments de phy-fique, d'aftronomie, de méchanique & de chirurgie; les mo-deles des outils de chaque métier, des modeles d'armes & d'ar-chitecture militaire & civile; ceux des plus beaux édifices de Rome &c.; des médailles; des minéraux; un beau coquiller; enfin on peut y prendre une idée de tout-

voici de retour à Vérone, fur le point de m'en retourner en Allemagne; je quitte l'Italie avec bien du regret.

Je devrois encore vous parler, Monfieur, des forges du Brefcian & du Bergamafque, qui font environ à 20 milles de *Brefcia*, & vous décrire les montagnes de ces provinces; mais il faudroit plufieurs mois pour les connoître, avoir de bonnes recommandations de Venife, être muni d'une bonne paire de piftolets, felon l'ufage du pays, & fe faire accompagner par quelques gens affidés; la chauffée même de Milan à Vérone, qui paffe par le Brefcian, n'eft pas toujours fûre; il y a fouvent des bandits. Il eft facile de s'en convaincre par la quantité de petites croix de pierre ou de bois, qui font plantées fur le chemin, lesquelles défignent toutes des affaffinats. On a cependant pris des arrangements dans le Milanois & dans l'état Vénitien, qui diminuent le danger, & on donne des efcortes, quand il y a du rifque.

Lifez, Monfieur, l'*Hiftoire naturelle du Brefcian de l'abbé* PILATE SAGGIO, à *Brefcia* 1769, *in* - 4.

Il feroit bien à défirer, qu'on fît dans les travaux des mines plus d'attention, qu'on n'en a fait jufqu'à préfent, à l'hiftoire naturelle des montagnes, des filons & des minéraux, puifque toute la conftruction, le choix de l'emplacement pour commencer les ouvrages, & la maniere de pourfuivre les travaux doivent être fondés fur l'exacte connoiffance de ces objets, quand on veut exploiter fenfément & fans s'aventurer. Que de travaux précieux & inutiles l'ignorance de ces parties a occafionnés & occafionne encore journellement! Un naturalifte n'eft-il pas auffi néceffaire à l'exploitation d'une mine qu'un géometre fouterrain. Je ne parle pas de l'utilité, qui réfulteroit de remarques femblables pour la connoiffance phyfique de notre globe en général & en particulier; mais il faut bien encore un demi-fiecle pour l'accompliffement de ce fouhait, furtout dans les lieux, où on ne connoît encore l'hiftoire naturelle que par fon nom, où on la regarde au moins comme inutile, fi on ne croit pas méme, qu'il eft dangereux pour l'état, qu'un mineur en faffe fon étude. *Rifum teneatis amici.*

Je n'ai rien trouvé de remarquable de *Milan* à *Bergame*. Sur la chauffée de Bergame à Brefcia il y a quelques pierres à chaux roulées *) & beaucoup de morceaux de différentes laves, preuve, qu'une

---

*) On nomme *paragone di Bergamo* un marbre noir fi dur, qu'on pourroit prefque s'en fervir comme d'une pierre de touche; on le tire du *Bergamafique*, & il eft auffi beau que le marbre noir, qu'on appelle *paragone antico.*

qu'une partie des montagnes, qui font au nord de *Bergame*, n'eſt compoſée que de matieres volcaniques. Les différentes variétés de ces laves font 1) de la lave noire compacte (*lava ſoda*); 2) de la lave noire compacte renfermant des grenats blancs; 3) de la lave rouge contenant auſſi de petits grenats blancs ou criſtaux de ſchœrl; cette lave reſſemble entiérement au porphyre; elle en a même la dureté. Il y a des montagnes entieres dans le Bergamaſque de cette eſpece de lave; on en fait de petites colonnes pour l'ornement des cheminées &c. ; elle ſe vend à *Bergame* fous le nom de *Sarres*. 4) De la lave rouge dure, avec de petits criſtaux blancs de ſchœrl, en forme de grenats; elle reſſemble au porphyre comme la précédente; mais elle renferme de plus de grands parallélipipedes blancs de la même matiere que les grenats blancs.

Les montagnes calcaires reparoiſſent immédiatement derriere *Breſcia*, & font partie des Alpes. Entre *Bergame* & *Breſcia* elles paſſent derriere des rochers de lave ſemblable au porphyre, & derriere d'autres montagnes, trop éloignées de la chauſſée pour que j'aie pu les reconnoître. Les montagnes calcaires ſuivent pendant quelque temps la chauſſée, mais elles ſe jettent enſuite plus ſur la gauche, ſans cependant devenir inviſibles.

H h

Alors on trouve fur la chauffée jufqu'à *Vérone* quantité de morceaux : 1) De lave noire compacte (*lava foda*). 2) De la même lave avec des criftaux de fchœrl blancs. 3) Des morceaux brifés de colonnes régulieres de bafaltes. 4) De la lave rouge femblable au porphyre, avec des criftaux de fchœrl blancs en forme de grenats; toutes ces pierres s'emploient pour la bâtiffe des maifons, le pavé & l'entretien de la chauffée. 5) Des morceaux de pierre calcaire grife. La pluie détache différentes petites pétrifications des collines calcaires & marneufes des environs de Vérone.

Entre *Vérone* & *Vicence* on trouve des morceaux 1) de pierre calcaire, dont les Alpes de ces environs font formées. Il y a dans ces montagnes, comme dans la plupart de celles, qui font calcaires, des fouterrains ou grottes naturelles. On a décrit une de ces grottes ou plutôt la couche de pierres, qui la couvre, & qui forme une efpece de pont *a*), dans un petit traité publié à Vérone in-4. en 1766, intitulé : *Defcrizzione d'un maraviglioso ponte naturale ne' monti Veronefi.* 2) De lave noire compacte; 3) de la même efpece de lave avec des grenats blancs; 4) de lave d'un gris rougeâtre, lâche, poreufe & fpongieufe; 5) de

---

a) Ce pont eft fans doute dû au dépôt des eaux. Le pont de *St. Allire*, qu'on voit à Clermont en Auvergne, a la même origine, ainfi que le rocher de Crégy, d'après les obfervations de Mr. GUETTARD, *Mémoires de l'acad. des fciences année* 1754.

lave noire compacte avec des taches blanches oblongues, telles que celles du *Jerpentino antico*.

Les différentes efpeces de melons, qui meû-
riffent dans cette faifon, plantés dans les champs,
qui bordent la chauffée, répandent dans l'air une
forte odeur vineufe.

Entre *Vicence* & *Padoue* jufqu'à la *Mira*, d'où
l'on va par eau à Venife par la *Brenta* & la *La-
guna*, il y a des morceaux de pierre calcaire & de
lave noire.

Il vient dans toute la Lombardie quelques
efpeces d'*Arundo* très-élevées, dont les tiges font
fortes; outre celles, qui viennent d'elles-mêmes,
on en plante auffi en quelques endroits humides,
pour en couvrir les maifons. Je me rappelle d'a-
voir vu la même chofe en Carniole. Je fis à Vicence, dans le jardin de Mr. CORNARO, la connoiffance de Mr. ANGELO GUALANDRIS, jeune médecin de Padoue, qui s'applique fort à la botanique.

Mr. l'abbé FORTIS, dont je vous ai déjà parlé
dans une de mes Lettres précédentes, qui a eu la
permiffion du pape de devenir prêtre féculier, eft
à préfent en Dalmatie; il y voyage aux dépens
de trois nobles Vénitiens pour l'hiftoire naturelle
de ce pays. Mr. ANGELO DONATI (parent du
célebre DONATI), qui s'eft auffi appliqué à l'hiftoire naturelle, a été pendant quelque temps
avec l'abbé FORTIS; mais il eft à préfent à Venife.

Mr. l'abbé TALLIER a traduit de l'Anglois en

Italien la *Minéralogie de* CRONSTEDT, avec les *Remarques de* GUSTAVE D'ENGESTROEM de Stockholm; cette traduction fera bientôt imprimée.

VINGT-SIXIÉME ET DERNIERE LETTRE.

De Ratisbonne le 5. Sept. 1772.

Vous allez lire, Monfieur, la relation de ce qui s'eſt préſenté de remarquable ſur la route de poſte dans mon voyage de Vérone à Ratisbonne par le Tyrol; je ne m'écarterai pas de cette route dans mon récit; car vous connoiſſez beaucoup mieux, que je ne pourrois vous les décrire, les anciennes & conſidérables minieres du Tyrol.

Pour que vous puiſſiez, Monfieur, me ſuivre dans les obſervations, que j'ai faites, je vous donne ici la note des poſtes de Vérone à Fueſſen.

De *Verone*	- - à *Volarni*	-	1 ½ poſte.
Volarni -	- *Peri* - -	-	1
Peri -	- *Alla* - -	-	1
Alla -	- *Roveredo* -		1
Roveredo	- *Trento*	-	2
Trento -	- *San-Michele*		1
San-Michele	- *Neumark* -		1
Neumark -	- *Brandſol* -		1
Brandſol -	- *Bolzano* -		1
Bolzano -	- *Deutſchen* -		1

De *Deutfchen*	-	à *Colman*	-	$1\frac{1}{2}$ poſte.
Colman	-	- *Brixen* -	-	1
Brixen	-	- *Mittwald*	-	1
Mittwald -	- *Sterzing*	-	1
Sterzing	-	- *Brenner*	-	1
Brenner	-	- *Steinach*	-	1
Steinach	-	- *Schœnberg* -	1
Schœnberg	- *Infpruck*	-	1
Infpruck	-	- *Dirfenbach* -	1
Dirfenbach	- *Barwis* -	-	1
Barwis -	- - *Naffareit* -	1
Naffareit -	- *Lermos* -	-	1
Lermos	-	- *Haiterwang*	1
Haiterwang	à *Fueſſen* -	-	1

Le Tyrol eſt fans doute un pays très - montagneux, & malgré cela agréable, beau & fertile;
la franchife & la politeffe de fes habitants, les
bonnes auberges, & la propreté, qui y regne,
doivent plaire à tous les voyageurs. Jufqu'à *Brixen*
on cultive à l'italienne du vin & du maïs, mais
peu de figuiers, de meuriers & point d'oliviers.
On feme le maïs dans tout ce pays jufqu'à quelques poſtes d'*Augsbourg*, mais pas en ſi grande
quantité. La route de Vérone à Infpruck paffe
toujours au travers d'une vallée profonde &
étroite, revêtue des deux côtés de hautes montagnes, & le chemin fuit conftamment les bords de
quelques rivieres; on ne quitte point l'*Adige* de

Vérone à *Bolzano*; de *Bolzano* à *Brixen* on cotoie l'*Eisack*, qui paffe à *Sterzing*, & va jufqu'à *Schœnberg*; à *Infpruck* il y a l'*Inn*. Quelquefois la chauffée s'éleve fur le penchant des montagnes, qui bordent le vallon. Le pays eft plat depuis Vérone jufqu'à la montagne *di Chiufa*, à quelques milles de cette ville; cette montagne eft calcaire & fi roide, qu'il faut aux voitures un peu chargées le fecours des bœufs, pour les faire monter.

Au-delà de *Volarni* on voit d'abord des montagnes calcaires blanches (dont il y avoit des morceaux détachés blancs comme de la craie fur le chemin), enfuite des rouges *a*), dans lesquelles il y a des fragments de cornes d'ammon *), & enfin des montagnes calcaires grifes, en fortes couches horizontales d'un tiffu **) ferme & un

---

a) Voyez ci-deffus page 52. Voyez auffi la relation de l'abbé G U É N É E dans les *Mémoires de Mr.* G U E T T A R D Tom. I pag. 405. jufque 409, où il décrit la route de *Milan* à *Infpruck*.

*) C'eft le marbre rouge ordinaire du Véronois, qu'on nomme *breccia roffa di Verona*; on le tire des environs de *Volarni*; le fond eft d'un rouge de brique avec des taches d'un rouge foncé On a découvert, il n'y a pas longtemps, dans ces mêmes montagnes un beau marbre jaune, *Giallo di Verona*.

) Le mont *Baldo*, célebre par fes plantes rares, eft au nombre de ces montagnes calcaires grifes; je n'ai pas perdu cette montagne de vue jufqu'à **Trente.

peu écailleux ou falin, au travers & au bas desquelles l'*Adige* s'eft formé un lit ; cette riviere coule par un vallon jufqu'à *Neumark*. On trouve le long de l'*Adige* fur la chauflée de Vérone à *Neumark* grand nombre de pierres roulées, telles que 1) du porphyre rouge tacheté de blanc, pareil à celui, que j'ai vu en morceaux détachés entre *Bergame*, *Brefcia* & *Vérone*, qui forme dans le *Bergamafque* des montagnes entieres, & qu'on y nomme *Sarrès*. Je ne puis prendre cette pierre que pour une lave rouge, qui reflemble au porphyre. 2) Une efpece de porphyre noir avec des taches blanches oblongues, femblable, à la couleur près, au *ferpentino verd'antico*. 3) Du granit gris ou *granitello*. 4) Entre *San-Michele* & *Neumark* il y a beaucoup de morceaux détachés d'un porphyre, qui compofe les montagnes, qui font au-delà de Neumark, & que je vais vous décrire.

Immédiatement après *Neumark* il y a à main droite des montagnes de porphyre contigües, qui occupent une étendue confidérable. Elles font formées 1) de porphyre noir avec des taches blanches, transparentes, rondes, de la nature du fchœrl. 2) De porphyre avec des taches de fpath dur rougeâtre. 3) De porphyre rouge avec des taches blanches ; il y en a d'un rouge clair, d'un rouge foncé & de couleur de foie. 4) Le rouge eft tout-à-fait pareil à la pierre, qu'on nomme *farrè* dans le Bergamafque, avec la différence feulement, que dans les morceaux détachés du farrès, les taches de fpath dur font devenues opaques & couleur de lait par l'action de l'air; tandis que dans les montagnes de porphyre rouge ces taches font en partie du fpath dur couleur de chair, & en partie une efpece de fchœrl vitreux, transparent, pareil à celui des criftaux en forme de grenats des laves du Véfuve; mais le fchœrl du porphyre n'a point adopté de figure réguliere; même les taches transparentes blanches, qui font dans le porphyre noir du no. 1, font un fchœrl vitreux, & leur forme eft ou oblongue, ou indéterminée. En général la reffemblance de ces efpeces de porphyre avec les différentes laves du Véfuve &c. eft fi grande, que l'œil le plus habitué ne fauroit les diftinguer, & je n'héfite plus d'avancer, que les montagnes de porphyre, qui font derriere *Neumark*, font de vraies laves, fans cependant vouloir tirer de-là une conclufion générale fur la formation du porphyre. Une circonftance, que j'aurois prefque oubliée, m'en donne de nouvelles preuves. Toutes ces montagnes de porphyre font compofées de colonnes quadrangulaires, pour la plupart rhomboïdales, détachées, ou encore attenantes les unes aux autres. Ce porphyre a donc la qualité d'adopter cette figure en fe fendant & en fe rompant, comme différentes laves ont la propriété de fe criftallifer en colonnes de bafaltes. Ces hautes montagnes de différente couleur de porphyre s'étendent jufqu'à *Brandfol*, d'abord à main droite feulement; enfuite des deux côtés du chemin. Ce porphyre s'eft par-tout féparé en grandes ou petites colonnes généralement quadrangulaires, à fommet tronqué & uni; les faces, qui touchent d'autres colonnes, font liffes; leur figure enfin eft fi réguliere & fi exacte, que perfonne ne fauroit la regarder comme accidentelle; il faut néceffairement convenir, que ces colonnes font dues à une criftallifation. Les angles des fommets tronqués font pour la plupart inclinés, ou le diametre des colonnes eft communément rhomboïdal; mais quelques-unes ont la figure de vrais parallélipipedes rectangles, de la longueur d'un doigt jufqu'à celle d'une aune & demie de Suede, & d'un quart d'aune & plus de diametre. Il y a beaucoup de ces grandes colonnes plantées fur la chauffée, comme la lave en colonnes, ou le bafaltes l'eft aux environs de *Bolzano*. L'obfcurité de la nuit, qui me furprit, m'empêcha de remarquer jufqu'où ces montagnes de porphyre m'accompagnerent; je les ai au moins cotoyées pendant les $\frac{5}{8}$ du chemin de *Neumark* à *Brandfol*, ce qui fait deux lieues & demi; car il y a pofte d'Alle-

H h 5

magne ou quatre lieues d'un de ces endroits à l'autre.

Le matin fuivant j'ai trouvé près de *Brandfol* des montagnes de fchifte, les unes argilleufes micacées ou clamereufes (le *Gneis* des Saxons), les autres mélées de quarz. Il y avoit auffi du fchifte de corne compacte d'une feule couleur foncée, pénétré de fer; je vis enfuite des montagnes de quarz gris, ferme & opaque, mélé de petits rayons de fchœrl noir, ou d'un verd noirâtre. Le Véfuve produit de la lave, qui ne differe pas beaucoup de cette efpece de pierre, quoique leur formation n'ait peut-être rien de commun; après quoi les montagnes étoient toutes formées jufqu'à *Brixen* de fchifte argilleux micacé, ou bien de fchifte corné de la nature du *gneis*, compofé de quarz & de mica, & il y a quantité de morceaux de granit fur la chauffée.

Immédiatement après *Brixen* il y a des montagnes de granit gris, de l'efpece, qu'on nomme en Italie *granitello*; il eft compofé de quarz & de mica, taché ou rayé par très-peu de fpath dur *).

---

*) Il n'y a pas de partie de la minéralogie, fur laquelle on ait moins travaillé, que fur la maniere, dont les différents terreins fe fuccedent; elle eft cependant très-effentielle, & il faut la bien connoître, pour pouvoir obferver exactement en minéralogie. On eft fouvent très-embarraffé de décrire les montagnes d'un pays, faute d'une divifion exacte & d'une

Après ce granit il y a des fchiftes argilleux, du fchifte corné micacé (dont une partie a des taches

---

dénomination généralement reçue des différentes efpeces de roches. Cela eft d'autant plus difficile, que ces roches ne peuvent fouvent fe diftinguer que par une différence graduelle de leur mélange , la quantité & la figure des particules, qui le compofent ; ce qui eft plus facile à voir qu'à décrire. Il y a beaucoup de roches compofées, intimément unies, ou dont les particules font feulement maftiquées enfemble (voyez la *Minéralogie de* CRONSTEDT §. 258), qui n'ont encore aucune dénomination ; d'autres au contraire en ont tant de diverfes & de fi indéterminées, que l'on ne s'entend point, lorsqu'on fe fert de ces noms. Je me bornerai ici à la remarque fuivante : le granit, la roche cornée, le fchifte corné, ce qu'on nomme en allemand *Geftellftein*, font des noms, que l'on confond fouvent, & qu'on applique mal ; chaque granit, proprement dit, doit renfermer du quarz, du fpath dur & du mica ; mais on nomme auffi granit cette même efpece de pierre, quand il n'y a pas de fpath dur, tandis qu'alors elle doit être nommée roche cornée (en Suédois *Græberg*) ; car les parties effentielles de la roche cornée font du quarz, dans lequel il y a des taches ou des raies groffieres de mica, féparées les unes des autres ; mais lorsque ces raies de mica font très-rapprochées, & que par-là la roche devient fchifteufe ou feuilletée, on la nomme en allemand, d'après l'ufage, que l'on en fait, *Geftellftein* ; mais rien de plus ordinaire, que de voir donner le même nom à la roche cornée, fur-tout lorsqu'au défaut du vrai *Geftellftein* on s'en fert pour les foyers &c.

On défigne auffi par roche de corne quelques cailloux (*Petrofilices*), & Mr. le profeffeur WALLERIUS a nommé *corneum* (*corneus mollior*, *fuperficialis*, *con-*

blanches de fpath dur) & du granit gris à taches blanches farineufes de fpath dur; ces roches fe fuccedent alternativement jufqu'à *Sterzing*.

Derriere *Sterzing* il fe méle une pierre calcaire fchifteufe dans le fchifte corné; mélange, qui produit une pierre à chaux fchifteufe très-dure d'un gris bleuâtre. Enfuite il y a de la pierre à chaux pure, blanche fchifteufe, après quoi on trouve encore du fchifte corné. Ces roches fe fuivent fans ordre.

Au-delà de *Brenner* (non la haute montagne connue du Tyrol, mais une pofte de ce nom) il y a quantité de pierres, qu'on emploie à l'entretien de la chauffée: 1) De fchifte argilleux verdâtre, mêlé de veines de fpath calcaire. 2) De *gabbro* noir ou verd avec des veines blanches de

---

tortus, lapis tunicatus) une argille endurcie, qui fait la lifiere de quelques filons. On ne devroit donner le nom de fchifte corné qu'à l'efpece de pierre, dans laquelle le quarz eft intimément lié avec le mica, de maniere qu'ils ne fauroient être diftingués l'un de l'autre à la vue. Il n'eft pas rare, qu'il entre une affez bonne partie d'argille dans la compofition de ces pierres. Quand je vous ai parlé de ces pierres dans mes lettres, c'eft toujours dans le fens, que j'attribue à leurs noms dans cette note. Quelqu'incommode que foit cette dénomination, il a fallu, que je l'adopte pour me comprendre moi-même, & me faire entendre. Elle eft d'ailleurs conforme à celle de la plupart de nos minéralogiftes Suédois.

fpath calcaire, la même pierre, qu'on nomme
polzevera. 3) De quarz verdâtre, qui renferme
de petits grenats rouges.

Au-delà d'*Infpruck* il y a des collines peu élevées, compofées de différentes couches de pierre
calcaire tendre & farineufe, ou dure & compacte;
la couleur de ces pierres eft d'un gris clair ou
d'un gris noir avec des veines de fpath calcaire
blanc. Ces collines s'élevent peu-à-peu, de maniere qu'au-delà de *Barwis* elles forment de hautes
montagnes calcaires grifes, compofées de fortes
couches, & fe réuniffent entre *Naffareit* & *Lermos*
aux Alpes calcaires, qui y font très-élevées; la
chauffée paffe fur le penchant & les parties les
moins hautes de ces montagnes. Je raffemblai
fur ces Alpes & fur celles de la Baviere, qui leur
font contigües & toutes deux prefque toujours
couvertes de neige & de glace, beaucoup de
plantes, que Mr. SCOPOLI a décrites dans fa *Flora
Carniolica*.

Au fommet de ces Alpes pâturent les beftiaux
des villages voifins; ils y reftent tout l'été, fans
en defcendre. On y a fait des aqueducs & des
canaux pour flotter les bois à la faline de *Hall* en
Tyrol.

Près de *Lermos* eft une haute Alpe calcaire,
formée de pierre calcaire grife, qu'on nomme
Sonnen-Spitz ou *Wetterftein*. On exploite au bas

de cette montagne les mines de *Silberleuten*, qui fournissent du plomb & de l'argent.

Depuis *Fuessen* jusqu'à *Augsbourg* le pays est tout plat.

Aux environs d'*Augsbourg* on trouve des morceaux roulés de porphyre noir avec des taches blanches oblongues, femblable à quelques-uns des fragments, dont j'ai parlé plus haut, &, à la couleur près, pareil au *ferpentino verd'antico*. J'en ai vu de pareil dans la jolie collection de Mr. KI-LIAN, habile graveur d'Augsbourg; les mêmes fragments fe trouvent aussi au couvent de *Varenbach* fur l'*Inn*, près de *Munic*. Il y a en beaucoup de cantons de la Baviere de grands morceaux détachés de quarz transparent, d'un beau verd d'herbe, en lames minces & polies, ou peut-être plutôt de la matrice d'éméraude (voyez la *Minéralogie de* CRONSTEDT §. 73.). Cette pierre renferme de petits grenats rouges transparents; on la nomme à *Munic* mal-à-propos *granit*; on l'y polit & on en fait de très-jolies tabatieres. Quelques-unes des montagnes & collines voifines de *Ratisbonne* font calcaires; du côté de la Boheme elles font formées de granit & de *gneis*. Sur une des rives du *Danube*, près de quelques moulins, il y a beaucoup de grandes pierres taillées en quarré de granit gris, avec de très-grandes taches de fpath dur parallélipipédiques, couleur de lait, comme on en trouve de couleur violette dans le granit de l'isle d'Elbe. J'ai vu dans le pavé d'une des rues de Ratisbonne un porphyre rouge avec des taches blanches, dont je voudrois favoir la patrie. Au refte vous connoiffez déjà Ratisbonne, les ouvrages de Mr. le docteur SCHÆFFER, & les collections d'hiftoire naturelle, que lui & quelques autres amateurs de cette fcience poffedent.

Remarquez encore, que dans mon voyage de l'Italie par le Tyrol j'ai d'abord traverfé des montagnes calcaires, enfuite des fchifteufes, & enfin de granit; que ces dernieres étoient les plus élevées; que je fuis redefcendu de la partie la plus élevée de la province par des montagnes fchifteufes, & enfuite calcaires. Souvenez-vous de plus, qu'on obferve la même chofe en montant les autres chaînes de montagnes confidérables de l'Europe, comme cela eft inconteftable dans les montagnes Carpathiques, celles de la Saxe, du Harz, de la Siléfie, de la Suiffe, des Pyrénées, de l'Ecoffe & de la Lapponie &c. *). Il paroît, qu'on peut

---

*) Mr. CHARLES EUGENE PABST D'OHAIN, intendant des mines de Saxe & très-grand minéralogifte, a fait une quantité d'obfervations, qui prouvent cette hypothefe, & les inftructions, qu'il m'a données dans les différents entretiens, que j'ai eus avec lui, m'ont engagé à obferver avec attention cette partie de l'hiftoire naturelle dans tous mes voyages, ce qui m'a fait raffembler les preuves les plus claires de la ju-

en tirer la jufte conféquence, que le granit forme les montagnes les plus élevées, & en même tems les plus profondes & les plus anciennes, que l'on connoiffe en Europe, puifque toutes les autres montagnes font appuyées, & repofent fur le granit; que le fchifte argilleux, qu'il foit pur ou mélé de quarz & de mica, c'eft-à-dire, que ce foit du fchifte corné ou du *gncis*, a été pofé fur le granit ou à côté de lui, & que les montagnes calcaires ou autres couches de pierre ou de terre amenées par les eaux ont encore été placées par-deffus le fchifte.

Voilà, Monfieur, tout ce que j'ai pu remarquer fur l'hiftoire naturelle de l'Italie. Pardonnez moi les erreurs, qui fe font gliffées contre mon gré dans mes Lettres. Je fouhaiterois bien avoir l'occafion de les rectifier & d'étendre les obfervations, que je vous ai communiquées. Cela exige un nouveau voyage, que j'entreprendrois avec plaifir.

Thofe hallow'd ruins better pleas' d to fee,
Than all the pomp of modern Luxury.
   Mr. LYTTLETON to Mr. POPE.

---

fteffe de cette opinion dans les chaînes de montagnes les plus confidérables de l'Europe. On trouve auffi dans différents écrits de Mr. LEHMANN des remarques, qui ont rapport à ceci.

EXTRAIT

d'une relation de l'éruption, qui a produit le *monte Nuovo*, ayant pour titre: *Dell' incendio di Pozzuolo*; MARCO ANTONIO *delli Falconi all' illuftriffima Signora marcheſa della* PADULA *nel* 1538.

Je commencerai par raconter fidélement & avec naïveté les effets de la nature, dont j'ai été témoin oculaire, & dont j'ai été inftruit par ceux, qui ont joui du même fpectacle.

.Il y a maintenant deux ans, que *Naples*, *Pouzzole* & les environs reffentent fréquemment des tremblements de terre. On y effuya au-delà de vingt fecouffes, fortes & foibles, la nuit, qui précéda l'éruption; & le jour même, qu'elle commença, le 29. Septembre 1538, jour de la St. Michel, juftement un dimanche, une heure après le coucher du foleil, on apperçut, fuivant les avis qu'on m'a donnés, des flammes entre les *bains chauds* ou étuves & *Tripergola*; elles fe montrerent premiérement auprès des bains, s'étendirent enfuite vers *Tripergola*, & fe fixerent dans le petit vallon, qui conduit au lac d'*Averno* & aux bains, & qui eft fitué entre le *monte Barbaro* & la colline *del Pericolo*; le feu y fit en peu de temps de tels progrès, que la terre s'entr'ouvrit en cet endroit; il en fortit une fi grande quantité de cendres & de pierres-ponces mêlées d'eau, que toute la contrée en fut couverte. A Naples même il tomba pendant une grande partie de la nuit une très-forte pluie de cendres mêlées d'eau. Elle continua le lendemain matin lundi dernier du mois, & ne ceffa point de toute la journée; elle couvrit les maifons des habitants de Pouzzole, qui furent tellement effrayés de ce terrible afpect, qu'ils abandonnerent leurs foyers; ils fuyoient la mort, la terreur dans les yeux; les uns avoient leurs enfants dans leurs bras; les autres portoient des facs remplis de leurs effets; là on conduifoit des ânes à Naples, chargés de familles entieres faifies de terreur; ici on transportoit une quantité d'oifeaux de toute efpece, qui étoient tombés morts au commencement de l'éruption. Ailleurs on portoit des poiffons, qu'on trouvoit en grand nombre fur le rivage de la mer, qui étoit à fec fur un efpace confidérable.

Don Pedro di Toledo, vice-roi de Naples, accompagné de beaucoup de feigneurs, fe rendit fur les lieux, pour confidérer cette terrible apparition. J'en fis autant, & je rencontrai l'incomparable *Signor* Fabrici Moramaldo; nous voulions tous examiner la multitude des effets prodigieux de la nature. Du côté de *Baja* la mer s'étoit retirée affez loin, & paroiffoit avoir été entiérement deffechée par la quantité de cendres & de pierres-ponces brifées, qui avoient été vomies pendant l'éruption. Je vis dans des ruines nouvellement découvertes deux fontaines; l'une jailliffoit devant la maifon de la reine en eaux chaudes & falées; l'autre vomiffoit une eau froide & douce fur le rivage, environ 250 pas plus près de la place de l'éruption.

Quelques perfonnes prétendent, qu'à une plus grande proximité de cet endroit il s'étoit formé un petit torrent d'eau fraiche. Des montagnes d'une fumée en partie noire & en partie très-blanche, s'élevoient du gouffre à une très-grande hauteur; du milieu de cette fumée s'élançoient quelquefois des flammes foncées, accompagnées de pierres énormes & de cendres. Le bruit, qu'on entendoit en même temps, égaloit la décharge d'un grand nombre de groffes armes. Je crus, que TIPHÉE & ENCELADE avoient quitté *Ifchia* & l'*Etna* avec un nombre infini de géants, ou avec les habitants des champs phlégréens (qui, felon l'opinion de quelques-uns, étoient fitués dans ces environs), pour recommencer la guerre avec Jupiter. Les naturaliftes peuvent avancer avec vraifemblance, que les poëtes ont voulu indiquer par les géants les vapeurs renfermées dans les entrailles de la terre, lesquelles ne trouvant pas une libre iſſue, s'en ouvroient une par leur propre force, en élevant des montagnes, comme on l'a vu lors de cette éruption. Il me ſembloit voir ces torrents de fumée ardente, que PINDARE nous décrit avant l'éruption de l'*Etna* en Sicile, aujourd'hui le *mont Gibel*, & que quelques-uns croient, que VIRGILE a imité dans les lignes ſuivantes:

"*Ipſe, ſed horrificis, juxta tonat Ætna ruinis &c.*"

Le choc du feu & la puiſſance des vapeurs remplies d'air, qu'on obſerve dans une grande chaudiere bouillante, éleverent les pierres & les cendres juſques dans la moyenne région de l'air.

Quand la violence du choc étoit amortie par la grande diſtance, & que ces corps trouvoient dans la hauteur un air vif & froid, qui leur reſiſtoit, ils retomboient vaincus par leur propre poids, d'une force proportionnée à leur éloignement du gouffre; de nouvelles pierres & cendres furent ſoulevées avec autant de fumée & de fracas; le feu renouvelloit toujours ces ſecouſſes; elles durerent pendant deux jours & deux nuits, au bout desquelles la fumée & la force du feu diminuerent.

Une nouvelle & terrible éruption ſe déclara le jeudi, quatrieme jour, deux heures avant le coucher du ſoleil. Préciſément dans le même temps je venois d'*Iſchia*, & j'arrivai dans le golphe

de *Pouzzole*; j'étois près de *Misene*; j'apperçus
en peu de temps beaucoup de colonnes de fumée
s'élever, se replier sur la mer & s'approcher de
notre barque, qui étoit à une distance de trois à
quatre milles du lieu de l'éruption; jamais je
n'avois entendu un fracas si terrible que celui qui
accompagnoit cette fumée. Il paroissoit, que la
quantité de cendres, de pierres & de fumée devoit
ensevelir la terre & la mer; selon les efforts du
feu & des vapeurs renfermées dans la terre, il pleuvoit plus ou moins de grandes & de petites pierres mêlées de cendres, de maniere qu'une grande
partie du pays en fut couverte. Beaucoup de témoins oculaires disent, que les matieres vomies
ont atteint la vallée de Diane, & même quelques
endroits de la Calabre, qui est à 150 milles de
Pouzzole. Le vendredi & le samedi il ne se montra que très-peu de fumée; cela encouragea beaucoup de monde à aller à l'endroit même de l'é-
ruption; chacun assura, que les pierres & les
cendres, qui avoient été vomies, avoient formé
dans la vallée une montagne, qui n'avoit pas
moins de trois milles de circonférence, & presque autant de hauteur que le *monte Barbaro*, qui
est auprès; que cette montagne couvroit *Canetta-
ria*, le château de *Tripergola*, tous les bâtiments
& la plupart des bains de ces environs; qu'elle
s'étend au sud vers la mer, au nord jusqu'au lac

d'*Averno*, à l'oueſt juſqu'aux bains chauds, &
qu'elle touchoit à l'eſt le pied du *monte Barbaro*;
qu'ainſi ce local avoit tellement changé de face &
de forme, qu'il n'étoit plus reconnoiſſable. Il
paroîtra preſqu'incroyable à ceux, qui n'ont pas été
ſpectateurs de cet événement, qu'une montagne
auſſi conſidérable puiſſe ſe former en ſi peu de
temps. A ſon ſommet eſt une ouverture en forme
de coupe, qui peut avoir un quart de mille de
circonférence. Il y en a même, qui prétendent,
qu'elle eſt auſſi grande que notre place du marché
à Naples. Il en ſort conſtamment de la fumée,
& quoique je n'aie vu cette bouche que de loin,
elle paroît être très-grande; beaucoup de gens
allerent contempler ce phénomene de la nature
le dimanche ſuivant, 6. Octobre; quelques-uns
d'eux étoient à mi-côte de la montagne; d'autres étoient parvenus plus haut, lorsqu'il ſurvint
deux heures après le coucher du ſoleil une éruption ſi ſubite & ſi affreuſe, que la fumée a
étouffé pluſieurs de ces perſonnes; quelques-unes
même d'entr'elles n'ont jamais été retrouvées.
On m'a dit, que le nombre des étouffés & de
ceux, qui manquent, ſe monte à vingt-quatre.
Depuis ce moment il n'eſt plus rien arrivé de remarquable. Il ſemble, que les éruptions revien-
nent en des temps déterminés, comme la fievre
ou la goutte. Je crois, que les accès ne ſeront

plus fi violents, quoique celui de dimanche dernier fut encore accompagné d'une très-forte
pluie de cendres & d'eau, qui tomba à *Naples*,
& qui atteignit, comme on le peut voir, le *monte
Somma*, que les anciens nommoient Véfuve. J'ai
fouvent obfervé, que les nuages de fumée, qui
s'élevent du lieu de l'éruption, fe tirent en ligne
directe vers cette montagne, comme fi ces deux
endroits avoient une efpece de connexion. La
nuit on vit fortir de ce volcan beaucoup de colonnes de feu & des rayons femblables aux éclairs.
Beaucoup de circonftances méritent donc notre
attention dans cet événement, comme les tremblements de terre, l'éruption, la formation des
fontaines nouvelles, le defféchement de la mer,
la quantité de poiffons & d'oifeaux crevés, la
pluie de cendres avec & fans eau, les arbres in-
nombrables arrachés avec leurs racines, renverfés
& couverts de cendres dans tout le pays jufqu'à
la grotte de *Lucullus* ; on ne pourroit pas les regarder fans pitié. Tous ces effets ayant la
même caufe que les tremblements de terre, exa-
minons avant tout, d'où proviennent les tremblements de terre ; alors on comprendra & on
expliquera aifément les caufes de tous ces événements.

EXTRAIT

d'une relation de l'éruption du *monte Nuovo*, inférée dans un ouvrage intitulé : *Ragionamento del terremoto, del nuovo monte, dell' aprimento di terra in Pozzuolo, nell' anno 1538. e della significazione d'essi*; *da* PIETRO GIACOMO DI TOLEDO, *Stampata in Napoli, per* GIOVANNI SULZBACH, *Alemanno, a* 22. *di Gennaro* 1539.

Il y a maintenant deux ans, que la *Campanie* est affligée de tremblements de terre. Les environs de Pouzzole en ont plus souffert que toute autre partie ; mais le 27. & le 28. du mois de Septembre dernier la terre trembla nuit & jour à Pouzzole, sans discontinuer ; la plaine, qui est située entre le lac d'*Averno*, le *monte Barbaro* & la mer, fut un peu soulevée ; elle se fendit en beaucoup d'endroits ; l'eau jaillit par les crevasses ; en même temps le rivage de la mer le plus proche de cette plaine fut mis à sec sur une distance d'environ 200 pas, de maniere que les poissons demeurerent sur le sable, & que les habitants de Pouzzole s'en emparerent. Enfin le 29. du dit mois, environ deux heures après le coucher du

foleil, la terre creva près de la mer; il s'ouvrit
un gouffre énorme, qui vomit avec rage de la
fumée, du feu, des pierres & des cendres boueufes; on entendit en même temps un mugiffement
égal au bruit du tonnerre le plus terrible. Le
feu lancé hors de ce gouffre fut emporté vers les
remparts de la malheureufe ville de Pouzzole: la
fumée étoit noire & blanche; la noire étoit plus
obfcure que les ténebres, & la blanche reffembloit
au cotton le plus blanc; les différentes nuées de
fumée paroiffoient vouloir atteindre le ciel. Les
pierres, qui fuivoient cette fumée, furent converties par les flammes confumantes en pierre-
ponce, & s'éleverent à-peu-près à la portée d'une
carabine, après quoi elles retomberent fur les
bords du cratere, & quelquefois dans le gouffre
même; quelques-unes de ces pierres étoient plus
grandes qu'un bœuf. Il eft certain, que la fumée
fombre empêchoit, qu'on ne vit une partie de
ces pierres pendant qu'elles s'élevoient: mais quand
elles retomboient de l'air echauffé par la fumée,
elles montroient diftinctement par leur forte odeur
de foufre, d'où elles venoient, comme les pierres, qu'on a tirées d'un mortier, & qui ont volé
au travers de la fumée de la poudre enflammée;
la boue étoit couleur de cendre & très-fluide au
commencement; peu-à-peu elle étoit plus dure;
elle fut vomie en fi grande quantité, qu'en moins

de douze heures elle forma avec les pierres, dont j'ai parlé, une montagne haute de plus de mille pieds. Non feulement *Pouzzole* & le voifinage furent remplis de boue, mais même la ville de *Naples*, ou les plus beaux palais en furent endommagés. La force du vent transporta les cendres juf-qu'en *Calabre*; elles brûlerent chemin faifant l'herbe & les arbres élevés, dont plufieurs furent écrafés par leur poids. Les gens s'emparoient fans peine d'un nombre infini d'oifeaux & d'animaux de toute efpece couverts de cette boue fulphureufe; cette éruption dura fans difcontinuer deux jours & ceux nuits, cependant avec moins de violence en un temps que dans l'autre. Dans fa plus grande force on entendoit même à Naples le tonnerre de l'éruption, comme l'on entend le bruit des armes à feu, quand deux armées fe battent.

L'éruption ceffa le troifieme jour; il exifta au grand étonnement de tout le monde une nouvelle montagne. Je montai ce jour là, ainfi que beaucoup d'autres perfonnes, jufqu'au fommet de la montagne; je regardai dans le gouffre, qui formoit un creux circulaire d'environ un quart de mille de circonférence, au milieu duquel bouillonnoient les pierres, qui y étoient retombées, comme dans une grande chaudiere bouillante. Le quatrieme jour l'éruption recommença; mais le feptieme jour elle fut encore plus forte, cependant pas fi violente que la premiere nuit. Ce jour là beaucoup de gens, qui malheureufement étoient juftement fur la montagne, furent fubitement enfevelis fous la cendre, étouffés par la fumée, écrafés par les pierres ou brûlés par les flammes, & trouvés morts fur la place; la fumée dure encore maintenant; la nuit on voit fouvent du feu au milieu de cette nouvelle montagne. Enfin, pour achever de raconter toutes les circonftances de cet événement, il fe forme beaucoup de foufre fur la nouvelle montagne.

de l'Imprimerie de JEAN HENRI HEITZ, Imprimeur de l'Univ.

ERRATA.

Page 13. ligne 13. *lifez* : du mercure de fon minéral, avec

47. l. 15. *mettez : Agorth ;* lorsqu'on

l. 16. *mettez :* en cuivre, on y

71. l. 16. Ce qui, *lifez :* Ceci

82. l. 15. Prismes ifolés, *ajoutez :* à 4, 5, 6 & 7 côtés ;

103. l. 22. exotique, *lifez :* ergotique

114. l. 22. *après* inconnues *effacez :* qu'on trouve

115. l. 20. du Grec, *lifez :* du Grec. Quoiqu'il

l. 22. minieres ; *lifez :* minieres, il

129. l. 4. des fruits *ajoutez une virgule :* ,

136. l. 1. *lifez :* & que le ciment

146. l. 3. de verres, *lifez :* des verres

165. l. 6. d'en-bas. *Corrigez :* Voyez la note *ccc*)

177. l. derniere, *corrigez :* la note *bbb*)

181. l. 6. d'où on envoye, *lifez :* d'où on l'envoie

193. l. 7. *après* au-deffus *ôtez la virgule :* ,

204. l. 7. d'en - bas, qu'il éprouve, *lifez :* que notre globe éprouve

235. l. 4. d'en - bas. (CRONSTEDT, *corrigez :* CRON-STEDT (Minéralogie

251. l. 9. *après* refermé *mettez :* ;

356. l. 17. le décrit, *lifez :* les décrit

397. l. derniere fpath, fufibles, *lifez :* fpath fufibles

437. l. 9. de corail, *lifez :* le corail

439. l. 12. de ces caves, *lifez* de caves femblables

461. l. 2. d'*Eauçéan*, *lifez* d'*Eaueçan*

www.ingramcontent.com/pod-product-compliance
Lightning Source LLC
LaVergne TN
LVHW011212170726
843501LV00002B/207